dtv

Seit jeher prägen die Gezeiten das Leben der Menschen, haben Phantasie und Forschungsdrang angeregt. Viele der Mythen und frühen Vermutungen sind zwar von der modernen Naturwissenschaft widerlegt, trotzdem wissen wir noch wenig über die Elementarkraft der Meere. Von Aristoteles über Galilei und Isaac Newton bis heute spannt Hugh Aldersey-Williams den Bogen, beleuchtet die naturwissenschaftlichen, literarischen, historischen und künstlerischen Aspekte seines Themas und flicht immer wieder seine eigenen Erfahrungen mit ein. Er reiste an die Bay of Fundy in Kanada, besichtigte die Sperrwerke vor Venedig und suchte in Stockholm nach dem Meeresspiegel. Eindrücklich wird klar, dass die Macht der Gezeiten nach wie vor unberechenbar ist; fest steht jedoch, dass die Meeresspiegel ansteigen und unsere Zukunft stark bestimmen werden.

Hugh Aldersey-Williams, 1959 in London geboren, ist Naturwissenschaftler, Kurator und verfasst Bücher zu Wissenschafts- und Designthemen. Er ist Mitglied der Royal Society of Arts und lebt in London und Norfolk. Auf Deutsch sind erschienen: ›Das wilde Leben der Elemente‹; ›Anatomien‹.

Hugh Aldersey-Williams

FLUT

Das WILDE LEBEN
der GEZEITEN

Aus dem Englischen
von Christophe Fricker

dtv

Ausführliche Informationen über
unsere Autoren und Bücher
www.dtv.de

Bücher von Hugh Aldersey-Williams bei dtv:
Das wilde Leben der Elemente (34768)
Anatomien. Kulturgeschichte
vom menschlichen Körper (34871)

Ungekürzte Ausgabe 2019
dtv Verlagsgesellschaft GmbH & Co.KG, München
Lizenzausgabe mit Genehmigung des Carl Hansers Verlags München
Text copyright © Hugh Aldersey-Williams 2016
The author has asserted his moral rights
Original English language edition first published by Penguin Books Ltd., London
All rights reserved
Titel der englischen Originalausgabe:
›Tide. The science and lore of the greatest force on earth‹.
Viking, Viking is part of the Penguin
Random House Group of companies, London 2016
Alle Rechte der deutschen Ausgabe: © Carl Hanser Verlag München 2017
Das Werk ist urheberrechtlich geschützt. Jede Verwertung ist
nur mit Zustimmung des Verlages zulässig. Das gilt insbesondere
für Vervielfältigungen, Übersetzungen und die Einspeicherung
und Verarbeitung in elektronischen Systemen.
Für Inhalte von Webseiten Dritter, auf die in diesem Werk verwiesen wird,
ist stets der jeweilige Anbieter oder Betreiber verantwortlich,
wir übernehmen dafür keine Gewähr. Rechtswidrige Inhalte waren
zum Zeitpunkt der Verlinkungen nicht erkennbar.
Umschlaggestaltung: Katharina Netolitzky
Satz: Greiner & Reichel, Köln
Druck und Bindung: CPI books GmbH, Leck
Gedruckt auf säurefreiem, chlorfrei gebleichtem Papier
Printed in Germany · ISBN 978-3-423-34947-5

INHALT

Für John

»Es ist gut, den Blick vom Gezeitentümpel
zu den Sternen schweifen zu lassen
und dann wieder zurück.«

John Steinbeck, *Logbuch des Lebens*

VORBEMERKUNG

Die Gezeitenstände, die einzelnen Abschnitten vorangestellt sind, wurden mithilfe der »Admiralty Easytide«-Webseite des britischen Hydrographischen Dienstes errechnet (www.ukho.gov.uk/easytide). Ausnahmen: die Werte für Dover, deren Quelle im entsprechenden Kapitel genannt wird, und die Angaben für Stockholm, die ich Martin Ekman verdanke.

Datumsangaben entsprechen in der Regel dem zur jeweiligen Zeit gebräuchlichen Bezugssystem (also zum Beispiel dem julianischen Kalender). Nur im Zusammenhang mit Gezeitenständen wurden alle Datumsangaben in den heutigen, gregorianischen Kalender übertragen.

EINLEITUNG

Wer an der Küste der nordenglischen Grafschaft Northumberland der Dammstraße durch das Watt und das Marschland folgt, um zur Burg und Abtei der heiligen Insel Lindisfarne zu gelangen, erreicht auf halber Strecke einen kleinen Unterstand. Hölzerne Stufen führen hinauf zu dieser Hütte auf Stelzen. Hinweisschilder an der Tür erklären, wozu das eigenartige Gebäude da ist. Es diene jenen Reisenden, die auf der fünf Kilometer langen Strecke von der Flut überrascht werden. Zwischen den Schildern hängt ein sonnenvergilbter Comic aus der Lokalzeitung. Man sieht eine auf dem Autodach kauernde Familie – das steigende Meerwasser schwappt schon an die Fenster. Ein Elternteil sagt zu dem anderen:»Ich wusste ja nicht, dass die Gezeiten auch Touristen betreffen.«

Auf den Britischen Inseln sind wir von Wasser umgeben. Es steigt und sinkt nach Gesetzen, die den meisten von uns ein Rätsel sind. Wir treiben in einem Meer, dessen Bewegungen wir nicht verstehen. Fast jeden Sommer zerren die Gezeiten an meinem Norfolker Küstenabschnitt ein Kind aufs offene Meer hinaus, das Tage oder Monate später meilenweit entfernt tot wieder angespült wird. Die Hälfte der Weltbevölkerung lebt in Küstengegenden, die den Gezeiten ausgesetzt sind, und dennoch achtet kaum einer von uns, die wir unseren Lebensunterhalt nicht mit dem Meer verdienen, auf ihre eigenartigen Rhythmen und verborgenen Triebkräfte.

Deshalb verstehen wir auch nicht, warum der Vergnügungsdampfer am Sonntagmorgen nicht fährt, obwohl wir doch Wochenendpläne hatten. Wir verstehen nicht, warum der schöne Sandstrand, den wir noch von früher kennen, zu einem wenig einladenden Geröllfeld geworden ist. Wir verstehen nicht, dass ein einziger Gezeitenwechsel den Ausgang einer Seeschlacht oder eines Angriffs vom Meer aus entscheidend beeinflusst hat und dass wir deshalb so leben, wie wir heute leben, und die Sprache sprechen, die wir heute sprechen. Wir verstehen nicht, warum die Auster, deren Nährstoffzufuhr von den Gezeiten abhängt, früher einmal ein Arme-Leute-Essen war. Wir verstehen nicht, dass wir auf die beeindruckende Artenvielfalt der Gezeitenzone angewiesen sind, und wir vergessen allzu leicht, dass das Auf und Ab der großen Ozeane die Evolution selbst beeinflusst, weil es erst die Bedingungen dafür schuf, dass aus der richtigen Mischung chemischer Zutaten die ersten Organismen entstanden.

Die Gezeiten? Die sind doch so unwichtig, wie wenn in China ein Sack Reis umfällt! Oder eine Kiste Tee nicht richtig zu ist. Mit den Säcken und Kisten haben die Gezeiten vielleicht nicht so viel zu tun, wohl aber mit den Preisen, die man für Tee aus China bezahlen muss. Denn als die mit Tee beladenen Schiffe sich ein Wettrennen um das Kap der Guten Hoffnung lieferten, weil sie als Erste die neuesten Blätter nach London oder Boston bringen wollten, konnte der Gezeitenstand über Sieg oder Niederlage entscheiden. Und nur wer als Erster einlief, konnte seine Fracht zu guten Preisen verkaufen. Die Gezeiten hatten immer wieder etwas damit zu tun, wo wichtige Meeresressourcen zu finden waren. Im Lauf der Jahrhunderte waren sie oft der Grund dafür, dass große Häfen hier statt dort entstanden und dann mehr oder weniger erfolgreich waren.

Meine prägende Begegnung mit den Gezeiten spielte sich vor der Isle of Wight ab, jenem geradezu absurd ruhigen Ort, an dem das Wasser an eine Spielzeuginsel voller Gartenzwerge und Modelleisenbahnen schwappt. Ich bin heute noch verblüfft, dass wir hier in tödliche Gefahr gerieten.

Wir segelten in jenem hölzernen Boot von Weymouth nach Yarmouth, das mein Vater in zwölfjähriger Handarbeit gebaut hatte. Die Entfernung von fast fünfzig Kilometern entsprach für unser kleines Gefährt etwa einer Tagesreise – ostwärts an der Küste von Dorset entlang, an der Isle of Purbeck (eigentlich eine Halbinsel) und an Bournemouth vorbei und dann durch den Needles Channel in den Solent, die Meerenge zwischen Isle of Wight und englischem Festland. Der Needles Channel ist schwierig zu navigieren. Auf der einen Seite liegen die Shingles, eine Reihe von Kiesbänken, auf der anderen die scharfen Felsvorsprünge der Isle of Wight. Die Strömung ist schnell, vor allem bei Hurst Point, einem weit ins Meer hinausragenden Stück Festland, wo sich das Wasser durch eine weniger als eine Meile breite Öffnung zwängt.

Auch weil es sich um eine der meistbefahrenen Schifffahrtsrouten der Welt handelt, gibt es hier jede Menge Bojen – rote backbord und grüne steuerbord sowie die sogenannten kardinalen Zeichen, die auf unter Wasser liegende Hindernisse hinweisen. Nichts davon ähnelt den weichen Plastikbojen, die man von Ankerplätzen in geschützteren Wassern kennt. Platziert werden sie von Trinity House, der für die Sicherheits-»Beschilderung« auf dem Wasser zuständigen Behörde. Für schwimmende Objekte sind sie ganz schön groß – besonders die kardinalen Zeichen sind imposante Stahlstrukturen: Bis zur Höhe eines Doppeldeckerbusses ragen sie als Gerüste aus den Wellen, und unter Wasser ist noch einmal ebenso viel Eisen in Schwimmkästen und Ballast versteckt. Sie haben einen Durchmesser von ungefähr drei Metern und wiegen sechs Tonnen. Kein Schiff legt sich gern mit ihnen an, egal, wie groß es ist. Für eine kleine Holzyacht gilt das erst recht.

Als Segler muss man sich vor dem Ablegen über die Wetterverhältnisse informieren, besonders über Windstärke und -richtung und die Gezeitenbewegungen unterwegs. Was unter günstigen Bedingungen nur ein paar Stunden dauert, kann bei widrigem Gezeitenstand unmöglich sein. Im Ärmelkanal läuft das Wasser, wie in den meisten Küstengewässern der Welt, etwa sechs Stunden auf und dann die nächsten sechs Stunden ab. Unsere fünfzig Kilometer lange Route war so lang, dass uns die Strömung nicht immer begünstigen würde.

Die Herausforderung bestand für uns darin, eine Abfahrtszeit zu wählen, bei der die Strömung möglichst lange in unsere Richtung wirkte, besonders dort, wo sie besonders schnell sein konnte. Sonst würden wir zum Stehen gebracht oder gar zurückgedrängt. Vor allem mussten wir so planen, dass das »Tidetor« bei Hurst Point uns nicht gefährlich werden konnte. Hier werden Fließgeschwindigkeiten von bis zu vier Knoten erreicht – so schnell konnten wir kaum segeln, und selbst unter Motor und in ruhiger See waren wir nicht so schnell.

Wir wussten alles, was wir wissen mussten. Wir hatten die richtigen Karten: *Bill of Portland to The Needles* und *Solent: Western Approaches*. Meine Mutter tat alles dafür, dass sie auf dem neuesten Stand waren, und trug Korrekturen, die sich aus den wöchentlichen »Admiralty Notices to Mariners« ergaben, mit einer besonderen, lilafarbenen Tinte ein. Wir hatten auch einen Gezeitenatlas, eine jener Broschüren, die einen vollständigen, zwölfstündigen Gezeitenzyklus für ein bestimmtes Gewässer zeigten – eine Seite für jede volle Stunde vor und nach dem Hochwasser. Pfeile verschiedener Stärke zeigten die erwartete Geschwindigkeit und Richtung der Strömung im gesamten abgebildeten Gebiet an.

Mein Vater rechnete und rechnete, und dann legten wir an jenem Septembermorgen um zehn nach acht bei ablaufendem Wasser in Weymouth ab. Der Plan: gegen die Strömung segeln, wo sie schwach war, nämlich in Weymouth Bay, dann durch Stillwasser und schließlich mithilfe der Strömung in den Solent. Wenn alles gutging, war uns die Strömung am Tor eine Hilfe. Vor Einbruch der Dunkelheit wären wir in Yarmouth.

Morgens kam kaum Wind auf, und wir mussten mehrere Stunden lang unter Motor fahren, bis eine sanfte westliche Brise uns anregte, den Spinnaker zu setzen. Wir kamen quälend langsam voran. Erst im Laufe des Nachmittags konnten wir im Dunst endlich die Konturen der Isle of Wight ausmachen.

Einige Stunden später passierten wir die Needles. Die Sonne ging schon unter. Wir waren gegen eine sanfte Strömung vorangekommen, nun aber hatte sie sich zu unseren Gunsten gedreht. Wir hielten Ausschau nach den nächsten Anhaltspunkten: Shingle Elbow würde backbord vor uns liegen, steuerbord eine Boje namens Bridge. Letztere war ein Kardinalzeichen am westlichen Ende einer unter Wasser verlaufenden Felsenkette, die von den Needles ausging (und sich, geologisch gesprochen, bis zu den Kreidefelsen von Purbeck erstreckte, die wir längst hinter uns gelassen hatten). Wenn wir die Bridge-Boje gut gesehen hätten, wären wir westlich daran vorbeigefahren, gemäß den aufeinander zu zeigenden Kegeln oben auf der Boje. Weil es aber schon fast dunkel war, erkannten wir die Boje nur an ihrem Licht, das auf der Karte als VQ (9)10s gekennzeichnet war. Das bedeutet, dass sie alle zehn Sekunden neun kurze Lichtsignale aussendet. Es war schwer zu sehen, wie weit sie entfernt war, aber allem Anschein nach ziemlich weit steuerbord.

Wir segelten langsam durch das zähe Wasser, das Licht der Boje kam mit jeder Blitzsequenz näher. Diese Lichtstrahlen blieben aber nicht, wie wir angesichts der uns vorwärts tragenden Strömung erwartet hätten, steuerbord hinter uns zurück, sondern standen uns in gleichbleibender Entfernung vor Augen. Alle zehn Sekunden wurden sie heller und größer, und sie blieben stur an derselben Stelle vor unserem Bug. Langsam dämmerte uns, was da geschah. Unser Boot glitt zur Seite, während wir vorwärtssegelten. Die Strömung brachte uns nicht in den Kanal, sie drängte uns ostwärts, auf die unter der Wasseroberfläche lauernden Felsen zu. Wir bewegten uns mit Absicht vorwärts und unabsichtlich seitwärts und im Ergebnis auf Kollisionskurs auf die Boje. Wir kamen allerdings kaum voran. Es wirkte so, als wäre die Boje viel schneller, und das begriffen wir auf einmal, denn wir hörten ihre »Bugwelle« näher kommen.

Vom Land aus hatte ich oft beobachtet, wie die Strömungen des Solent an den küstennahen Bojen zerrten, deren auf dem Meeresgrund verankerte Vertäuungen sie kaum festhalten konnten. Zwischen all dem Schaum wirkten sie wie hastige Fähren. Oft hörte ich, wenn es abends stürmte, beim Einschlafen den fernen Glockenton einer wellenumspülten Boje, obwohl sie eine ganze Meile weit entfernt war. Erbarmungslos wechselten die Gezeiten einander circa alle sechs Stunden ab, und all die Bojen pendelten wieder zurück. Kurz vor oder nach dem Gezeitenwechsel, beim sogenannten Stauwasser, lagen sie still und schwer im Wasser, als könnte keine Macht der Erde sie in so hektische Bewegung versetzen. Zweifellos würde die Bridge-Boje in ein oder zwei Stunden ebenfalls zur Ruhe kommen. Aber das nützte uns nichts.

Um gegen die Strömung anzukommen, setzten wir hektisch einen neuen Kurs, mein Vater stieß die Pinne um, wir anderen trimmten die Segel in der Hoffnung, uns enger an den Wind zu legen und die Boje zu überholen. Es funktionierte nicht. Noch immer hielt unser armes Holzboot auf sechs Tonnen Trinity-House-Stahl zu. Die nächste, »sehr schnelle« Lichtsequenz wirkte umso bedrohlicher. Mir wurde plötzlich klar, dass wir nicht auf der richtigen Seite vorbeikamen. Das Boot würde einfach zum Stillstand kommen. Wir wären völlig machtlos. Instinktiv griff ich nach der Pinne und zog sie entschieden luvwärts, sodass das Boot sich aus dem Wind drehte und wir auf der »falschen« Seite ganz knapp an der Boje vorbeischossen.

Weil wir in unserem Übermut dachten, dass man auf einem Schiff ein Logbuch führen muss, hatte einer von uns noch auf der kleinsten Exkursion alle Einzelheiten festgehalten: Wetterverhältnisse, Abfahrts- und Ankunftszeiten und so weiter. Manchmal war es etwas Aussagekräftiges wie die Geschwindigkeit, die wir in einem bestimmten Wind erreichten, indem wir dieses statt jenes Segel setzten, oder Informationen über die Anlegeplätze in einem unvertrauten Hafen. So mancher

Messwert hatte damit zu tun, wie wir unter Motor möglichst schnell sein konnten. Wir notierten Propellersteigungen und Umdrehungszahlen, mit denen wir möglichst nah an die ersehnten vier Knoten kamen, die offenbar eine Art Höchstgeschwindigkeit waren. All das zeigte, dass wir irgendwie schon wussten, wie schnell die Strömung hier sein konnte und dass wir ihr unter Umständen hilflos ausgeliefert sein würden. Über das Drama jener Septembernacht steht im Logbuch fast nichts. Eine Fahrt von 52,77 nautischen Meilen findet sich dort festgehalten, was fast dem Doppelten der eigentlichen Distanz entspricht. Wir hatten also einen Großteil der Fahrt mit einem langsamen Kampf gegen die Strömung zugebracht, die unserem Fortkommen eher im Weg stand, als ihm zu nützen. »Fast ganz dunkel«, steht unter 20.00 Uhr. »Beinahezusammenstoß mit Bridge-Boje aufgrund des Gezeitensinns, während wir uns an den Richtfeuern von Hurst orientierten.« Zwischen den Zeilen steht: Mit unserer Unerfahrenheit oder Unfähigkeit hatte das alles natürlich gar nichts zu tun! Wir taten schon das Richtige, indem wir uns an den Lichtsignalen orientierten. Der »Gezeitensinn« war schuld! Die Gezeiten, jene unberechenbare, bösartige, weltbewegende Macht ...

Dies ist kein Buch über das Meer. Es geht nicht um Mast und Skorbut, Walfänger und Piraten, Schiffszwieback und Rum. Niemand kämpft hier gegen Hurrikane und Taifune. Es geht nicht um Männer, deren Schicksal es ist, ihr Leben lang über die Ozeane zu segeln, und auch nicht um Meerjungfrauen, die sie verführen. Es geht nicht um die tiefsten Tiefen und die oft eigenartigen Gründe, aus denen der Mensch die Auseinandersetzung mit ihnen sucht.

Und doch ist dies ein Buch über das Meer. Es geht um das Meer, das wir alle kennen: den Strand, die Küste, die letzten Ausläufer und Vorposten des Festlands. Das Meer, das wir im Urlaub aufsuchen und das wir doch kaum verstehen. Das Meer, auf dem wir uns vorsichtig bewegen und das uns auf geheimnisvolle Art und Weise körperlich und seelisch bewegt.

Die Gezeiten sind kompliziert, und manche meinen, dass die Mathematik sie am elegantesten erkläre. Aber auch wenn man die Symbole und Gleichungen nachvollziehen kann, spürt man in ihnen nicht das Auf und Ab der Meere und die Macht, die die Gezeiten über menschliche Vorstöße auf dem Meer haben. Die Gezeiten sind stärker als ein kleines Boot auf hoher See, aber manchmal auch stärker als unsere Wahrnehmung und unser Denkvermögen. Wer von Bord eines landnah in einem Gezeitengewässer vor Anker liegenden Bootes seinen Blick schweifen lässt, setzt sich eindringlichen Halluzinationen aus. Denn während die Strömung stark in die eine oder andere Richtung wirkt, scheint das Boot die Wellen ganz aktiv zu zerteilen, obwohl unser Verstand doch weiß, dass es sich gar nicht fortbewegt. Der Eindruck ist stark und verwirrend, und Lichteffekte auf dem strömenden Wasser oder das rhythmische Schaukeln des Bootes oder Hunger und Durst verstärken die hypnotische Wirkung noch. Wir blinzeln, um nüchtern zu werden, aber wenn wir die Augen wieder aufmachen, ist der Eindruck noch da: Ganz bestimmt bewegt sich das Boot vorwärts, einschließlich der Ankerkette, an der das Meer so beharrlich arbeitet wie ein Narwal mit seinem Stoßzahn.

Irgendwann stellt sich unser Gehirn auf das Trugbild ein. Zwischen all den funkelnden kleinen Wellen denkt es, dass das Wasser stillsteht und wir und das Boot und das ferne Land auf ein gemeinsames Ziel zurasen. Die Wasseroberfläche mag glatt wie Glas sein oder von der Strömung ganz leicht in Bewegung gebracht oder so aufgewühlt, wie wenn der Wind gegen die Strömung anweht und die Spannung zwischen Luft und Wasser kurze, steile Wellen aufwirft. Egal. Wir haben weiterhin den Eindruck, dass das Wasser eigentlich stillsteht. Welche riesige Macht könnte auch solche Wassermassen hin und her bewegen, ohne dass man irgendwo sieht, wie einer sich anstrengt?

Wir lernen natürlich in der Schule, dass der Mond und seine Gravitationskraft daran schuld sind, und als Erwachsene sind wir mit dieser Information zufrieden. Wir haken die Gravitation einfach ab und staunen allenfalls über moderne Verrücktheiten wie dunkle Materie oder die Quantentheorie. Aber die gigantische, unsichtbare Gravitationskraft erscheint uns dann doch sehr eigenartig, wenn wir einmal darüber nachdenken. In Ebbe und Flut haben wir einen sichtbaren, nassen und unbezweifelbaren Ausdruck dieser eigenartigen Kraft vor uns.

Bevor die Wissenschaft sich ihrer annahm, haben Mythen und Geschichten sie schon auf ihre Art verstanden. Schon weil die Gezeiten Seeleute wirklich in den Tod reißen, sind die Geschichten von Sirenen und die Tentakel von Kraken so spannend. Das Meer ist auf die Mithilfe böswilliger Kreaturen nicht angewiesen. Ungebildete Seeleute haben sie erfunden, weil sie eine glaubwürdige Geschichte erzählen mussten, damit keiner dachte, dass etwas so Banales und Berechenbares wie die Gezeiten einen Menschen umbringen könnten. Die fabelhaften Seeungeheuer auf den Rändern früher Weltumseglerkarten könnten doch unbekannte Tiefseefische sein, die die Gezeiten ans Licht gebracht haben, und die Gezeitenwellen mancher Flüsse haben ihnen den Namen eines Gottes oder Monsters eingetragen.

Die Wissenschaft hat inzwischen manches erklärt, aber die Geschichten leben weiter. Naturwissenschaftler beschäftigen sich mit den Geheimnissen der Ozeane, aber sie stehen noch ganz am Anfang: Die Meereskunde ist eine der jüngsten Wissenschaften, und ihr Arbeitsgebiet ist riesig. Auch bedeutet eine solche Beschäftigung nicht, dass wir die Meere zähmen. Theoretisch können wir die Gezeiten sehr genau vorhersagen, und zwar noch viel genauer, als wir sie je erfahren werden, denn in unser eigenes Erleben spielt noch vieles andere hinein. Warum sind wir also so besessen von der Präzision? Vielleicht weil die Gezeiten ein so gutes Beispiel für ein komplexes Problem sind, das eine genaue Lösung zu haben scheint. Wir kennen alle Teile, jetzt müssen wir nur noch das Ganze ausrechnen. Die Gezeiten sind eine unwiderstehliche mathematische Herausforderung, und wohl deshalb haben sie über Jahrhunderte hinweg die besten Physiker und Astronomen fasziniert. Aber auch aus praktischen Gründen gibt es einen Bedarf an Antworten, der über die Bedürfnisse von Seeleuten und Fischern hinausgeht, und diese Antworten sind für unser aller Zukunft relevant.

Dass es noch kein allgemein verständliches Buch über die Erforschung der Gezeiten gibt, hat seinen Grund. Das Thema wächst sehr schnell über das hinaus, was die Sprache erfassen kann. Die wenigen diesbezüglichen Bemerkungen in einem Exkursionsführer für die Salzmarschen Neuenglands tragen die trockene Überschrift:»Eine vielleicht für dieses Buch unnötig detaillierte Darstellung der Gezeiten«. Ich kann mir vorstellen, was der Autor durchgemacht hat. Mit ihren schönen und vielseitigen Gleichungen können Naturwissenschaftler effektiv arbeiten. In Ihrem und in meinem eigenen Interesse gehe ich aber einen anderen Weg.

Ich werde versuchen, die Geschichte der Gezeitenforschung von den Anfängen bis heute in Geschichten zu erzählen. Die Reise führt mich von den frühesten wissenschaftlichen Projekten des Aristoteles, der sich in die Wellen gestürzt haben soll, weil ihm die griechischen Gezeiten ein Rätsel blieben, über die faktenreicheren Untersuchungen von Galilei und Newton bis zu einem naturwissenschaftlichen Forschungsstand, der uns heute jene so genaue Voraussage der Gezeiten erlaubt, die über die Bedürfnisse von Seeleuten hinausgeht und die Auswirkungen unseres eigenen Handelns auf den so wasserreichen Planeten Erde sichtbar macht. Unterwegs legen wir auch in weniger bekannten Häfen an und lernen die Beiträge kennen, die zum Beispiel Beda der Ehrwürdige oder Thomas von Aquin zum Verständnis der Gezeiten geleistet haben. Beide waren nicht in erster Linie Wissenschaftler, konnten sich dem kosmischen Rätsel der Gezeiten aber auch nicht entziehen.

Den wissenschaftlichen Teil meiner Erzählung habe ich um zwei weitere ergänzt: einerseits um historische, künstlerische oder gänzlich fiktive Ereignisse, für die die Gezeiten eine wichtige Rolle spielen, andererseits um meine eigene Suche nach Orten, die von den Gezeiten geschaffen wurden. Durch diese beiden Aspekte will ich Ihnen zeigen, dass die Gezeiten nicht nur eine Herausforderung für die Wissenschaft sind, sondern auch eine physische und psychologische Macht ausüben, die aus unserer Kultur nicht wegzudenken ist. Die Gezeiten haben Schlachten beeinflusst und Dichter und Künstler inspiriert und tun dies bis auf den heutigen Tag.

Ich weiche manchmal von der Chronologie ab, um thematische Querverbindungen aufzeigen zu können. Was ich aus wissenschaftlicher Perspektive sage, ist hoffentlich leicht zu verstehen, ohne eine unzulässige Vereinfachung darzustellen. Dies ist kein Schulbuch, sondern ein Buch der Reisen und Geschichten. Ich würde mich freuen, wenn Sie seinen Rhythmen folgen könnten. Gegen die Gezeiten sollte man sich nicht auflehnen.

Was ist älter, die Zeit oder die Gezeiten? Da gibt es keine klare Antwort. Beide Wörter haben ähnliche Wurzeln. *Tide* und *Zeit* sind phonetisch miteinander verwandt. Im Englischen hatte *tide* früher nicht unbedingt etwas mit dem Meer zu tun, eher mit wichtigen Zeitpunkten oder Zeiträumen, und einige etwas altertümliche Bezeichnungen haben sich im kirchlichen Kalender gehalten: *Whitsuntide* ist im gehobenen Wortschatz Pfingsten (das man auch »Whitsun« nennen kann). Das altenglische *heahtid* ist »Hoch-Zeit« im Sinne eines Feiertags. Für alle, die am

Meer leben und deren Schicksal vom Meer abhängt, hatte *tide* aber immer mit Hoch- und Niedrigwasser zu tun.

Im Englischen bezeichnet *tide* wohl erst seit dem 14. Jahrhundert die Gezeiten. Damals ergänzte dieser mittelalterliche Neologismus die aus dem Altnordischen und Urgermanischen stammenden Wörter *ebba* und *flod*, Ebbe und Flut, die wahrscheinlich sogar indogermanische Wurzeln haben. Flut ist im engeren Sinne das auflaufende Wasser. Die weitere Bedeutung »gefährlich hoher Wasserstand« steht nicht im Widerspruch dazu, auch wenn das hohe Wasser nicht unbedingt vom Meer stammen muss. Ebbe ist das ablaufende Wasser. Bis ins 15. Jahrhundert zurück gehen die übertragenen Bedeutungen von Ebbe und Flut, beispielsweise *flood of tears* (Tränenflut) und das *ebbing* als Schwinden von Möglichkeiten.

Jonathan Raban spekuliert in seinem gezeitenreichen Abenteuerbuch *Passage nach Juneau*, dass der Mensch mit der Erfindung des Kompasses auf die kühne Idee kam, das Meer auf einer geraden Linie zu überqueren. Darauf weisen mittelalterliche Portolankarten hin, deren Routen von Dutzenden kerzengeraden Loxodromen – das sind Kurven auf der Erdoberfläche, die die Meridiane im geographischen Koordinatensystem immer unter dem gleichen Winkel schneiden – gekreuzt werden. Ein eher naturverbundener Segler versuchte dagegen vielleicht, die Strömung unter dem Bug zu erspüren und zu seinem Vorteil auszunutzen, ohne sich darum zu kümmern, wie sein Kurs auf einer Karte aussehen würde. Womöglich war es auch erst die Uhr, mit deren Erfindung das abstrakte Konzept der »Zeit« die viel greifbareren Gezeiten als Orientierungsmaßstab ablöste.

In unserem Wortschatz gibt es noch einige Spuren aus jenen Tagen, da die Technik Zeit und Gezeiten noch nicht voneinander getrennt hatte. In der englischen Umgangssprache bedeutet »someone will tide me over«, dass jemand mich eine Zeitlang unterstützt, meistens finanziell. Die Formulierung hat einen nautischen Ursprung: »Tide over« hieß, hohe Wasserstände auszunutzen, um ein Boot über Sandbänke oder andere seichte Stellen zu steuern, die sonst nicht passierbar waren.

Weil die beiden Wörter so ähnlich klingen und auch inhaltlich zusammengehören, werden *time* und *tide* oft verbunden. »Time and tide wait for no man«, heißt es, Zeit und Gezeiten warten auf keinen. Das klingt nach Shakespeare oder Chaucer, ist aber noch älter und stammt wahrscheinlich aus dem 13. Jahrhundert, von einem gewissen Sankt Marher, über den man kaum etwas weiß. Der Satz ist wahr und auch wieder nicht wahr. Zwar folgen Zeit und Gezeiten himmlischen Gesetzen und stehen nicht in menschlicher Macht. Doch vergeht die Zeit ein für alle Mal, während das Wasser stets wieder zurückkehrt. Die Zeit vergeht kontinuierlich, sie ist der Hintergrund allen Geschehens. Die Gezeiten ereignen sich innerhalb der Zeit.

Die Art und Weise, wie Zeit und Gezeiten nicht auf uns warten, ist also jeweils eine andere. Wenn wir eine Verabredung verpassen, weil die Zeit nicht auf uns wartet, haben wir vielleicht keine zweite Chance. Wenn wir einmal die Flut verpasst haben, ist uns ebenfalls etwas entgangen, aber wir wissen, dass wir dieselbe oder jedenfalls eine sehr ähnliche Möglichkeit bald wieder haben werden.

Es gibt auch andere wichtige Unterschiede. Der Zeitstrahl ist schwerelos, während hinter den Gezeiten gigantische Kräfte stehen. Wir können ihren Fluss spüren. Wenn wir in den Wellen stehen, bricht sich das steigende Wasser an uns. Die Ebbe zieht an unseren Waden oder Knöcheln. In solchen Augenblicken vergessen wir, dass die Gezeiten zyklische Prozesse sind, deren Bewegungen sich in immer neuer Gestalt endlos wiederholen. Dass wir das einzelne Ereignis an unseren Körpern spüren, schlägt sich in der Sprache nieder. Wir sprechen von Gezeiten und Ebbe und Flut auch in vielen anderen Zusammenhängen.

Dass zum auflaufenden Wasser die günstige Gelegenheit gehören kann, formuliert Brutus am Vorabend der Schlacht bei Philippi in Shakespeares *Julius Cäsar:*

> *Der Strom der menschlichen Geschäfte wechselt;*
> *Nimmt man die Flut wahr, führet sie zum Glück;*
> *Versäumt man sie, so muss die ganze Reise*
> *Des Lebens sich durch Not und Klippen winden.*
> *Wir sind nun flott auf solcher hohen See*
> *Und müssen, wenn der Strom uns hebt, ihn nutzen;*
> *Wo nicht, geht unser schwimmend Gut verloren.*

Wenn die Wasser hoch genug sind, kann unsere Entdeckungsreise beginnen – die manchmal auch eine Reise zu uns selbst ist.

Mit der Ebbe ist dagegen eine besondere Traurigkeit verbunden, eine körperliche Leere, die in eine geistige mündet, weil wir instinktiv den Verlust von Wasser mit einer Gefahr für das Leben verbinden. Das Wasser »macht sich davon«, und der Vorgang ist so einfach und verzweifelt wie die Formulierung. Seinem Schicksal folgend, lässt das Wasser eine Ödnis aus Sand oder Schlick zurück. Mit der Ebbe entzieht sich das Leben mit seinen reichen Möglichkeiten. So scheint es jedenfalls. Die Natur sieht es aber anders. Ihren größten Reichtum finden wir oft in den Grenzbereichen zweier Lebensräume. Vögel nisten gern in Hecken, nicht auf offenem Feld oder mitten im Wald. Amphibien lieben die Randzonen von Gewässern, nicht die Tiefe oder die trockene Erde. An den Rändern hat man die Auswahl – Nahrung auf der einen, Rückzugsräume auf der anderen Seite zum Beispiel. Und wo sich diese Ränder stets verschieben, wie in der Gezeitenzone des glänzenden Landes zwischen Hoch- und Niedrigwasserlinien, wird das Angebot immer wieder aufgefüllt. Innerhalb der Gezeitenzone, deren Streifen auf einer Länge von über einer Million Kilometern die Kontinente umflattert (genau lässt sich das kaum messen), liegen einige der Gegenden mit der weltweit größten Artenvielfalt. Hier »kriecht und krabbelt es so verrückt wie nirgends sonst«, wie es im Musical *Pipe Dream* von Rodgers und Hammerstein II heißt, dem wohl einzigen Musical, in dem ein Meeresbiologe im Mittelpunkt steht. Es geht auf John Steinbecks Roman *Sweet Thursday (Wonniger Donnerstag)* zurück.

Auflaufendes und ablaufendes Wasser füllt die Regale der Kontinente zweimal täglich so effizient auf, wie es keine Supermarktkette vermag. Die Natur ist darauf angelegt, Energie zu sparen. Alle Lebewesen wollen sich durchschlagen und sich vermehren, sich dabei aber möglichst wenig anstrengen. Die einen fahren per Anhalter, die anderen warten den Lieferservice ab. Das begünstigen die Gezeiten. Sie stellen jede Menge Energie zur Verfügung, und Tiere und Pflanzen können sie nutzen, wenn sie sich auf ihren Fahrplan einstellen.

In diesem Buch geht es um die Entdeckung und Erforschung kosmischer Gesetze, denen unser Planet unterworfen ist. Es geht aber auch um Orte. Auf der unendlichen Küstenlinie aller Kontinente gibt es viele Stellen, an denen die unwiderstehliche Macht der Gezeiten und die unbewegliche Masse der Erde gemeinsam am Werk sind und natürliche Häfen, Flussmündungen, Meeresarme und Fjorde, Landengen und Felsvorsprünge schaffen, deren besondere Form sich den Bildhauerkünsten der Gezeiten verdankt.

Für die Seeleute halten die Gezeiten auch Orte des Schreckens bereit: Strudel und Gezeitenströme und Widerwellen, hier einen riesigen Tidenhub und dort, weit draußen auf dem Meer, inmitten großer Gezeitenbewegungen, stille Stellen, an denen das Wasser weder steigt noch sinkt. In den Atlanten der Landratten tauchen sie nicht auf, nur auf manchen Seekarten finden wir sie. Es sind Orte, und es sind Spektakel. Sie finden zu ganz bestimmten Zeitpunkten statt, und nur, wenn den Schauspielern danach ist. Einmal kommt es zu dramatischen Strudeln oder Gezeitenwellen, und bei der nächsten, genauso hohen Flut bleiben sie aus, weil irgendwelche Umstände sich geändert haben.

So außergewöhnliche Gewaltausbrüche ereignen sich meist dort, wo die Gezeiten durch die besondere Gestalt des Meeresbodens oder der Küstenlinie stark beeinflusst werden. Dies mag am Äquator oder an den Polen, in stürmischer oder ruhiger See, in der Nähe großer Küstenstädte oder in abgelegenen Regionen der Fall sein. Ich bin nach Nova Scotia in Kanada gefahren, wo es die größten Gezeitenunterschiede überhaupt gibt, hätte aber auch nach Argentinien oder Nordwestaustralien fahren können. In der norwegischen Arktis habe ich beobachtet, wie das Wasser erschreckend schnell ansteigt, aber auch in Japan oder der Magellanstraße oder der Bucht von Vancouver hätte ich das erleben können. Auf den genauen Ort kommt es nicht an. Etwas Ähnliches gibt es an jeder Küste eines jeden Ozeans.

Eigentlich könnte ich in meiner Heimat bleiben. Die Küsten der Britischen Inseln werden von den Gezeiten mit einem weltweit fast einmaligen Nachdruck bearbeitet. Wohl kein Land kann mit der Geschwindigkeit und den Höhenunterschieden des Gezeitenwassers mithalten, das man in Großbritannien beobachten kann. Wie wirkt sich das aus? Es wird mehr angespült und mehr weggespült und beschädigt, es gibt mehr Erosion, mehr Sedimente, mehr Leben, mehr Tod. Wir halten uns gern für eine Seefahrernation, aber wir wissen erschreckend wenig darüber, was an unseren Küsten vor sich geht.

Die flüchtigen Wirkungsstätten der Gezeiten hinterlassen keine Narben oder Spuren, die uns wie berühmte Straßen oder Berggipfel zum Nachdenken anregen. Wir können sie uns nur anschauen und von ihnen berichten. Daher widme ich mich nicht nur der wissenschaftlichen

Forschung, sondern erzähle auch fantastische Geschichten und berichte von meinen eigenen Reisen. Wenn eine einzelne Ebbe oder Flut das Gesicht eines Ortes prägen kann, ergibt ein ganzer Gezeitenzyklus eine Lebenslinie. Wenn ich von einem Ort an der Küste aus die Gezeiten beobachte, müsste ich mich erst wie von Zauberhand in ein neues Land versetzt und dann wieder in meine Heimat zurücktransportiert fühlen. Ich müsste mich fragen, ob ich meinen Augen trauen kann. Das will ich versuchen. Ich kenne die Küste bei Ebbe und bei Flut. Ich habe mir die äußersten Punkte des Gezeitenzyklus schon zunutze gemacht: Bei hohem Wasser bin ich in seichten Gewässern gesegelt, bei niedrigem habe ich Gezeitentümpel bestaunt. Ich habe aber noch nie einen ganzen Zyklus verfolgt. Ich habe noch nie genau gesehen, wie sich die Gezeiten bewegen. Vielleicht kann ich einen mystischen Einklang zwischen ihnen und mir herstellen, sie danach vielleicht besser wissenschaftlich und theoretisch analysieren. Meine Fragen will ich aber aus persönlicher Erfahrung ableiten, erst dann soll die Suche nach Antworten beginnen.

Nehmen wir also unsere Plätze ein. Das große Meeresspektakel beginnt in Kürze. Die Vorstellung dauert ungefähr zwölf Stunden und dreißig Minuten.

EIN BLICK AUF
ENTSPANNTE GEZEITEN

Dreizehn Stunden

Blakeney, Norfolk

	HW*	NW**	HW	NW
4. September 2013	05:57		18:27	
	3,0 m		2,9 m	

* Hochwasser   ** Niedrigwasser

Zugegeben, es ist eine kauzige Idee, zwölf oder dreizehn Stunden lang aufs Meer zu schauen. Dem Gras beim Wachsen zuzusehen ist interessanter, werden Sie sagen. Aber ich lasse mich nicht abhalten. Ich weiß auch nicht, was mich erwartet, aber ich werde alles sorgfältig aufschreiben. Ich weiß wirklich nicht, was mich erwartet, und genau deshalb reizt es mich.

Zuerst musste ich mich entscheiden, wo ich dieses kleine Experiment denn durchführen wollte. An der britischen Küste sind die Gezeiten überall mächtig am Werk. Ich lebe in Norfolk, einer fast schon unanständig weit in die Nordsee hinausragenden Grafschaft. Wenn auf alten Landkarten Großbritannien als Person dargestellt ist, ist Norfolk meist der dicke Bauch. Entsprechend ausgedehnt ist die Küste, und so fiel mir die Wahl nicht leicht. Ich dachte an Blakeney Quay. Dort hatte ich einmal beobachtet, dass das Wasser so schnell die Flussbiegung hinauflief (sicher drei Meter pro Sekunde, wie ich an vorbeischwimmendem Gras ablas), dass es feste hölzerne Dalben richtig durchschüttelte. Doch gab es dort zu viele Touristen. Irgendjemand würde mich dauernd ablenken. Deshalb suchte ich mir eine Stelle ein oder zwei Kilometer weiter aus, wo mich niemand stören würde.

Es hätte natürlich auch viele andere schöne Möglichkeiten gegeben: den Tidefluss Yar, der die Isle of Wight, wo ich meine Kindheit verbrachte, praktisch in zwei Teile teilt. Griswold Point an der Mündung des

Connecticut River, wo mich mein amerikanischer Cousin hinführte und wo wir zuschauten, wie die seltenen Gelbfuß-Regenpfeifer ihre Nestmulden in den Sand scharrten. Viele der verlassenen Strände, die ich vor Jahren an der Route 101 sah, als ich durch Oregon Richtung Süden fuhr. Die Hafenstadt Cádiz, die dank ihrer Lage auf einer atlantischen Halbinsel schon den Phöniziern als Hafen diente und wo sich die streunenden Katzen auf dem Wellenbrecher treffen. Oder auch Cape Trafalgar, jenen sandüberwehten Strand, wo ich einmal darüber meditierte, wie der Norfolker Seeheld Horatio Nelson die spanische Flotte besiegte. Am Ende blieb ich aber in meiner Heimat. Die Küstenlandschaft ist hier größtenteils flach. Tiefliegende Weideflächen gehen in breite Salzmarschen über, die von einem Labyrinth schlickiger Priele und Wasserläufe, durchzogen werden, bis schließlich Dünen und Kies den Meeresstrand bilden. Diese Szenerie ist ganz anders als zum Beispiel die ins Gediegene gewendete Erhabenheit des Strandes in Lyme Regis, die Jane Austen in *Persuasion (Überredung)* beschreibt:»Mit seinen vielen kleinen Felsen ist der Strand ideal für die Beobachtung der Gezeiten.« Mich erwartet eher das, was George Crabbe in »The Borough«, einem epischen Gedicht über das Leben in East Anglia, beschreibt:»entspannte Gezeiten, die durch heiße Schlickkanäle langsam gleiten«. Aus mir würde, wie bei Charles Dickens in *Our mutual friend (Unser gemeinsamer Freund)*, eines jener»amphibienähnlichen Menschenwesen, die die undurchsichtige Fähigkeit besitzen, aus der Gezeitenströmung nur dadurch Kraft zu saugen, dass sie sie betrachten.«

Für viele Autoren sind Ebbe und Flut offenbar so etwas wie das Pendel eines Hypnotiseurs. Der Beobachter gerät in einen Traumzustand, der sich zur gefährlichen Trance steigern kann. Ich musste aufpassen, nicht zum Tagträumer zu werden, wenn ich dem endlosen Kommen und Gehen des Meeres etwas Sinnvolles abgewinnen wollte.

Als Nächstes musste ich mir eine geeignete Jahres- und Tageszeit für meine kleine Studie aussuchen. Die Gezeiten sind immer in Bewegung, aber sie werden von astronomischen Faktoren beeinflusst, die wiederum eigenen, komplexen zeitlichen Rhythmen unterworfen sind. Ich wollte auf dem Marschland weder erfrieren noch verbrutzeln, vor allem aber wollte ich die für meine Beobachtungen nötigen dreizehn Stunden bei Tageslicht verbringen. Denn so lange dauert ein ganzer Gezeitenzyklus von Hoch- zu Hoch- beziehungsweise Niedrig- zu Niedrigwasser, und zwar überall auf der Welt. Also kamen nur die Monate März bis September infrage, wenn die Tage lang genug sind. Außerdem wollte ich einen einigermaßen typischen Gezeitenverlauf beobachten und keine Extreme, die mich bei auflaufendem Wasser von meinem Aussichtspunkt fortspülten oder so mager wären, dass mir kaum etwas auffiele. Bei jeder Spanne von dreizehn Stunden würde ich ein Hochwasser und ein Niedrigwasser sehen, einmal Ebbe und einmal Flut. Aber an welchem Punkt des Zyklus sollte ich anfangen? Das war natürlich vor allem eine Frage der künstlerischen Vorlieben eines Geschichtenerzählers. Bei einem der Extreme zu beginnen, hätte etwas Melodramatisches. Eine etwas eigenartige Logik sagte mir, dass Niedrigwasser der naheliegende Einstieg wäre: Immerhin sind auch eine Badewanne und ein Eimer zuerst leer, und unser Umgang mit ihnen beginnt damit, dass wir sie füllen. Der Eindruck der Flut wäre besonders augenfällig. Ich könnte zuschauen, wie sie in die kleinen Priele dringt, müsste dann aber auch verfolgen, wie das Wasser wieder abläuft, und irgendetwas daran störte mich. Ich könnte auch bei Hochwasser anfangen. Aber auch das kam mir unangemessen vor. Ich würde zwar aufhören, wenn es am schönsten ist, aber ich müsste mit dem Abschied dessen beginnen, worum es in meiner Geschichte geht. Wenn sofort das Wasser ablaufen würde, käme vielleicht auch meine Erzählung vorschnell zu einem Ende.

Letztlich hatte ich weniger Auswahlmöglichkeiten, als ich dachte. Laut Gezeitentafel war der Tidenhub nur an relativ wenigen Tagen so, wie ich ihn mir wünschte, und wenn ich ausreichend Sonnenstunden und gute Wetterverhältnisse haben wollte, aber keine Wochenendausflügler oder Schulklassen, blieben immer weniger Tage übrig. Ich entschied mich für einen, an dem sich der Wasserablauf bei Sonnenaufgang gerade beschleunigen würde. Mein Tag als Beobachter würde also etwa eine Stunde nach dem Hochwasser beginnen, in ruhiger, erwartungsvoller Atmosphäre. Vormittags würde die Ebbe schlickiges Watt zum Vorschein bringen. Die Flut käme spät, als willkommener Höhepunkt. Wenn ich eine oder zwei Stunden nach dem Hochwasser anfinge, würde ich die ganze folgende Flut erleben und dann gerade noch den Anfang der nächsten Ebbe. Damit hätte ich gesehen, dass der Gezeitenzyklus bei Hochwasser nicht wirklich zu einem klaren Gipfelpunkt kommt, wie wir allzu leicht denken, sondern dass es sich um einen unendlichen Vorgang handelt, bei dem kein einzelner Augenblick wichtiger ist als die anderen.

Meinen Tag musste ich gut vorbereiten. Ich wollte möglichst viel von dem beobachten, was mit den Gezeiten zu tun hat: Veränderungen des Wassers selbst, der von ihm beeinflussten Pflanzen, der Tiere, wie sie kommen und gehen, auch der Menschen, die sich die Gezeiten zunutze machen. Meine Liste der dazu nötigen Dinge wurde schnell länger: Fotoapparat, Notizbuch, Millimeterpapier, Vergrößerungsglas, kleine Tüten für Pflanzen. Und auch ein alter Windsurfmast aus Fiberglas, den ich in einen Tidenmesser verwandelte, indem ich ihn in Abständen von zehn Zentimetern mit wasserfestem Klebeband umwickelte. Ich schnallte mir sogar mein Kanu aufs Autodach, für den Fall, dass ich die mich umfließenden Geheimnisse durch einen Vorstoß aufs Wasser näher erkunden wollte.

Es war meine Absicht, ein unermüdlicher Beobachter zu sein, aber ich stellte mich darauf ein, dass auch immer wieder längere Zeit wenig passieren würde. Deshalb packte ich das *Oxford Book of the Sea* ein. Es enthielt Auszüge aus vielen Werken, mit denen ich mich vertraut machen musste, von Rachel Carsons *The Sea Around Us* (*Wunder des Meeres*) bis zu Matthew Arnolds allegorischem Gedicht »Dover Beach«. Diese Gedichte und Prosastücke sollten mich immer wieder an den Hauptstrom erinnern, mit dem meine unbedeutenden gedanklichen Priele durch die Gezeiten auf ewig verbunden blieben.

Erste Ebbe

Eines warmen Septembermorgens kurz nach Sonnenaufgang komme ich also auf dem Marschland an. Die Sonne scheint und hat den leichten Morgennebel schon aufgelöst. Ein sanfter südlicher Wind macht sich auf dem Wasser bemerkbar. Auf den Zuflüssen eines größeren Wasserlaufs kann ich an der Bewegung jenes leichten Films an der Wasseroberfläche ablesen, dass die Ebbe begonnen hat.

Ich postiere mich an einer Holzbrücke über einem Priel und richte meine Messlatte ein, indem ich den Mastfuß ins Wasser stoße, bis ich spüre, wie er den Grund erreicht. Das obere Ende binde ich am Geländer der Brücke fest. Die erste Messung ergibt, dass das Wasser um 7:15 Uhr 2,02 Meter tief ist. Dann suche ich mir eine Stelle, von der aus ich Fotos machen kann. Im Sucher sehe ich einen Priel, der sich von meinem Beobachtungspunkt aus in den Hauptarm entleert, und Ufer, Brücke und mein Messinstrument. Im Vordergrund ruht ein kleines Boot, das hier schon so lange liegt, dass es von Flechten überwachsen ist.

Im Lauf der nächsten Minuten bemerke ich, wie das ablaufende Wasser an Fahrt gewinnt. Der Wind weht in den Priel und kräuselt das Wasser, sodass der Eindruck eines glatten Wasserlaufs der Vergangenheit angehört. Ich hatte vor, ungefähr einmal pro Stunde den Messwert abzulesen, aber schon jetzt wird mir klar, dass mir dann das Wichtigste entgehen würde. Ich muss alle paar Minuten nachschauen. Um 7:30 Uhr ist der Wasserstand schon auf 1,92 Meter gefallen.

Ich hechte zurück zu meinem Auto und schnalle das Kanu ab, um es über das ablaufende Wasser zu meinem Aussichtspunkt zu bringen, solange noch genug Wasser im Priel ist. Fast ohne dass ich paddeln muss, gleite ich durchs Wasser. Der Gezeitenstrom bleibt dem Auge verborgen, auch von diesem niedrigen Punkt aus. Nur die Geschwindigkeit, mit der Schlickbänke und festgebundene Boote an mir vorbeiziehen, zeigt ihn an. Ich kenne das bestrickende Gefühl, das diese optische Täuschung hervorruft, und doch verunsichert es mich jedes Mal aufs Neue. Man sieht daran, wie unwohl es uns bei dem Gedanken ist, dass die Wassermassen der ganzen Erde ihren eigenen, undurchsichtigen Gesetzen folgend über festen Grund gleiten.

Ich binde das Kanu fest und kehre zu meinem Aussichtspunkt zurück. Im immer schneller fließenden Wasser hat sich das übergrünte Boot um seinen Pfahl gedreht, und sein Bug zeigt jetzt genau stromaufwärts. Ein besonders klares Zeichen für die Veränderung der Fließgeschwindigkeit. Um den tiefsten Brückenpfeiler hat sich eine Welle gebildet. Ihre Bewegung lässt immer neue kleine Wirbel entstehen. Es sind Kommas und Doppelpunkte, die nach ein paar Sekunden von der Strömung mitgerissen werden. Mir fällt auf, dass sie sich sowohl mit dem als auch gegen den Uhrzeigersinn drehen. Warum sind sie offenbar immun gegen die berühmte Badezimmergeschichte, der zufolge abfließendes Wasser sich immer in die gleiche Richtung dreht? Die größeren Wirbel ziehen kleine Pflanzen nach unten, spielen ein bisschen mit ihnen und bringen sie dann einige Meter weiter wieder zum Vorschein.

An den Rändern des Wassers haben sich kleine Schwimmschlamminseln gebildet. Wo kommen sie her? Hat das fließende Wasser sie hervorgetrieben? Hat die Kraft der Strömung sie hervorgeschäumt? Leben sie? Ich habe nicht die geringste Ahnung. Wie Schnee-Eier bewegen sie sich ziellos umher. Einige von ihnen bummeln den Priel entlang, andere schlagen sich auf die Seite und in kleine Seitenarme, Fußgängern gleich, die sich nach einem Schaufenster umdrehen. Ich sehe mir das Wasser um sie herum genauer an und bemerke, dass sie in kleinen Wirbeln stecken, in Kehrwasser, das auf eine Unregelmäßigkeit im Wasserlauf zurückgeht. Sie erinnern mich daran, dass die Gezeiten im Großen und Ganzen verständlich und vorhersehbar sein mögen, in ihren konkreten Verläufen aber alles andere als simpel sind.

In einiger Entfernung suchen Vögel nach Nahrung. Ein Gänseschwarm ist von irgendwoher aufgetaucht. Aus der Nähe dringt der Gesang von Wiesenpfeifern herüber, auch das hohle Piepen von Watvögeln. Zwei Brachvögel fliegen steil heran und landen in einem Zufluss ganz nah bei mir, offenbar von der Aussicht auf Nahrung in dem gerade freigelegten Schlick angezogen. Über mir segelt eine redselige Schwalbe. Die Schwalben kommen auf den Oberleitungen zusammen, um sich auf ihren Zug vorzubereiten – ein weiterer jener natürlichen Zyklen, in dem das himmlische Uhrwerk für ein Kommen und Gehen sorgt.

Schon ist es Zeit für meine nächste Messung, meine erste offizielle, stündliche: 1,38 Meter. Es ist erstaunlich, wie viel Wasser schon abgeflossen ist, in aller Stille, ohne Aufsehen zu erregen. Sechs Stunden Ebbe sollen es doch sein, aber schon in der ersten Stunde hat sich ein Drittel der Handlung ereignet. Wie es dazu kommt, weiß ich nicht.

Mir sind frühmorgens einige Spaziergänger mit Hunden begegnet, zwei oder drei Motorboote sind an mir vorbeigefahren, aber jetzt, wo der Wasserstand schon so niedrig ist, steht mir wohl ein ruhiger Tag bevor. Früher war hier mehr los, als die örtliche Bevölkerung Schalentiere und Meerfenchel sammelte. Heute ist die Küste ein Ort der Erholung, und um als solcher attraktiv zu sein, braucht es Wasser. Selbst die Landschaft zieht bei Ebbe kaum Besucher an.

Ich wende mich einem der Schnee-Eier zu, um es genauer zu untersuchen. Es ist graubraun und schaumbekrönt wie ein mittelmäßiger Cappuccino. Die Größe der Bläschen schwankt zwischen Stecknadelkopf und Erbse. Obenauf sitzen winzige Insekten: schlanke, langbeinige Fliegen mit eckigen Gelenken und eleganten, nach hinten abstehenden Flügeln. Unterdessen bemerke ich, dass sich auch auf der Unterseite der

Schnee-Eier Insekten niedergelassen haben. Eine Welt im Spiegel. Ich hebe etwas von dem Schaum auf, er zerrinnt mir zwischen den Fingern. Er ist völlig geruchs- und geschmacklos. Eindeutig ein Naturprodukt, kein Zeichen von Umweltverschmutzung, wie wir vielleicht schlechten Gewissens vermuten würden.

Der schlammige Schaum zieht auch winzige segmentierte Wesen an, deren Farbe zwischen Anthrazit und Blau schwankt. Die zusammengerollten Tierchen wirken leblos. Erst halte ich sie sogar für Samenschoten. Aber sobald ich eines aufhebe, wird es lebendig und turnt um meine Finger herum. Sein Körper ist gelenkig, und sowohl sein Hinterteil als auch sein Kopf halten Ausschau nach den Gründen für den plötzlichen Aufruhr. Dieses hier ist so blau, dass ich es nicht mehr sehe, wenn ich es auf einen hellen Plastikfender lege. In meinem »vollständigen« Handbuch der britischen Küstenfauna kommt es nicht vor. In dem Buch kommen überhaupt keine Lebewesen vor, die kleiner als fünf Millimeter sind, und ich frage mich, ob das ein Zugeständnis an den Publikumsgeschmack ist: Werden nur noch mit dem bloßen Auge sichtbare Organismen aufgenommen? Schlägt sich diese Haltung auch in der Forschungsagenda der Meeresbiologen nieder?

Ich versuche, mich zwischen den Vogelrufen und den Verkehrsgeräuschen auf etwas zu konzentrieren, was ich, wie mir jetzt bewusst wird, bis vor Kurzem als »Schwappen« des Wassers abgetan habe. Hier gibt es aber gar keine Wellen, die schwappen könnten. Was höre ich da also? Ich fixiere den Schlick, der seit ungefähr einer Stunde sichtbar vor mir liegt, und plötzlich sehe ich, dass es dort vor kleinen Tieren nur so wimmelt. Fast durchsichtige Würmer wirbeln durch den dünnen Film auf dem Schlick. Die kleinen Löcher, aus denen sie gekrochen sind, fallen wieder zu, öffnen sich wieder mit einem nassen Plopp, und all das hundertfache Öffnen und Schließen sorgt für das musikalische Hintergrundrauschen. Aus dem wärmer werdenden Schlick, der seit einem halben Tag kein Sonnenlicht mehr gesehen hat, steigt ein süßer Geruch nach Schalentieren auf. Der Meeresgrund lebt auf.

Der Schlick erwacht

Die Sonne steigt. Das gekräuselte Wasser wirft helle Flecken auf die Unterseite der Holzbrücke. Ich habe einmal gehört, dass es im Venezianischen ein Wort für dieses wunderbare Lichtspiel gibt, konnte es aber nicht finden und frage mich, ob ich das vielleicht nur geträumt habe. Vielleicht werde ich der Sache auf den Grund gehen, wenn ich in Venedig erkunde, wie sich die Stadt vor Überschwemmungen schützt.

Ich hatte mich eigentlich auf Phasen der Langeweile eingestellt, aber mir wird nun klar, dass ich den ganzen Tag beschäftigt sein werde. Meine Aktivitäten zwischen zwei Messungen müssen sorgfältig geplant werden, weil ich einige Dinge, zum Beispiel die Suche nach Würmern im Schlick oder die Beobachtung des vom Wind aufgewühlten Wassers, nur bei bestimmten Wasserständen erledigen kann. So ergibt sich ein Stundenplan fast wie in der Schule. Alle Fächer kommen zum Zuge: Veränderungen des Wasserstandes auf einem Diagramm eintragen (Mathematik), Fauna und Flora von Schlick und Marschland beobachten (Biologie), Fließeigenschaften des Wassers aufzeichnen (Physik), Kanufahren (Sport), über die Ordnung der Welt und des Kosmos nachdenken (Religion?). Das wird mich so sehr auf Trab halten, dass der Englischunterricht ausfallen muss. *The Oxford Book of the Sea* habe ich beiseitegelegt. In der trockenen Brise werden die Seiten schon spröde.

Um zehn Uhr ist mein Priel so gut wie leer. Mir gegenüber verläuft ein weiterer kleiner Priel, aus dem nun die verfaulenden Planken eines hölzernen Bootes auftauchen, das hier vor langer Zeit seine letzte, augenscheinlich recht bequeme Ruhestätte gefunden hat. Meine Messlatte zeigt 0,21 Meter an. Selbst im Hauptarm steht das Wasser nun beinahe. Man sieht es daran, dass der vorher von einer schnelleren Strömung aufgewirbelte Schlick, der immer noch im Wasser hängt, inzwischen wie Rauch in der Luft Richtung Meer von dannen zieht.

Auf der glitzernden Schlammbank haben sich nahrungssuchende Möwen niedergelassen. Eine Lachmöwe tut plötzlich etwas, was ich noch nie gesehen habe. Mit ihren Füßen schlägt sie wie wild auf die Oberfläche des Schlicks ein. Dann hält sie inne und schaut nach unten. Und legt wieder los. Irgendwann wird mir klar, was da vor sich geht: Unter ihren roten Füßen wird der Schlick weicher, und das soll ihre Chancen erhöhen, dass etwas Essbares auftaucht.

An der Mündung meines Priels lässt sich die Strömung nun an nichts mehr ablesen. Der Wind hält ein paar Schaumflecken fest, sodass das Fließen des Wassers darunter kaum noch erkennbar ist. Im Hauptwasserlauf fällt der Wasserstand aber weiter – das kann man sehen und nun auch hören. Das Wasser schlägt an den festgebundenen Booten an. Es ist hier so trüb, dass ich seine Tiefe nicht einschätzen kann. Vor allem könnte ich eines wohl nur mit großer Mühe prüfen, was mich wirklich interessiert, nämlich wie sich das Fließen des Wassers in unterschiedlicher Tiefe darstellt. Wird ein Kubikzentimeter Wasser, der sich bei Flut an der Oberfläche befindet, bis auf den Grund absinken oder sich seitwärts bewegen? Runter oder raus? Wir stellen uns die Gezeiten als ein Kommen und Gehen vor, aber der Wasserspiegel steigt und sinkt doch. Was ist wichtiger? Oder ist beides wichtig? Welches Wasser fließt am schnellsten? Das Wasser an der Oberfläche, das am Meeresgrund keiner Reibung ausgesetzt ist? Das Wasser mittendrin, in mittlerer Tiefe? Wie lange wird mein imaginärer Kubikzentimeter überhaupt in Form bleiben? Wird er auf seiner Reise zum Meer langgezogen wie ein Kaugummi, den man sich aus dem Mund zieht? Oder dehnt er sich komplizierter aus, indem er sich wie eine Hydra mit ähnlichen, brackigen Kubikzentimetern rechts und links verwickelt? Diese Fragen sind vielleicht naiv. Ich will es aber wissen. Die Vorstellung, dass verschiedene Teile desselben Gewässers unterschiedlich schnell und in unterschiedliche Richtungen fließen, mag auf den ersten Blick wenig Sinn machen, entspricht aber der Wirklichkeit, denn ich sehe zum Beispiel, dass das Wasser sich aus meinem Norfolker Priel zurückzieht, während es in ähnlichen Prielen, ganz in der Nähe, in die entgegengesetzte Richtung fließt. Wasser ist eine unelastische Flüssigkeit. Es lässt sich weder komprimieren noch expandieren. Wenn Wasser irgendwo verschwindet, muss es anderswo auftauchen. Wie wird jener Kubikzentimeter Wasser also auf seiner Reise aus meinem Priel auf die offene See gedehnt oder gestaucht, verwandelt oder vermischt?

Ich werfe eine trockene Samenhülse ins Wasser und versuche, ihre Geschwindigkeit abzuschätzen. Dann suche ich etwas, was langsam sinkt und mich die Fließgeschwindigkeiten an der Oberfläche und im tieferen Wasser vergleichen lässt. Mir fällt auf, dass der Tang, der von den Anlegern herunterhängt, in mittlerer Wassertiefe zu flattern beginnt. Ich reiße einige Büschel aus, die ich in jeweils unterschiedlicher

Tiefe loslasse. Anscheinend schwimmen sie alle gleich schnell weg. Als würde das ganze Meer abgesaugt.

Mit dem Sinken des Wasserspiegels wird immer mehr Schlick sichtbar. Was vor einer Stunde wie ein flacher Hang aussah, fällt nun steil als weiche, klebrige Klippe ab. Selbst in diesem kleinen Maßstab hat die Topographie etwas Erhabenes – Norfolks Grand Canyon. Ich bemerke ein von der immer noch schräg stehenden Sonne grell beleuchtetes Stück Schlick. Seine Oberflächenstruktur ist außerordentlich fein, einige Stellen glitzern wie Chrom. Schattig sind die tieferen Mulden, als hätten

Kinder dort bei der letzten Ebbe Fußspuren hinterlassen. Hier und da macht sich ein später Tropfen noch auf den langen Weg zum Meer, eine winzige, gräuliche Welle, wie eine Kontaktlinse, die durch ein feuchtes Becken gleitet.

Der nur scheinbar unbelebte Schlick zwitschert nun so lauthals wie Spatzen im Gebüsch. An der Oberfläche hat er die Farbe einer Pastete. Aber schon unmittelbar darunter und so tief, wie ich mit der Hand hinunterkomme, ist er bläulich schwarz und feinkörnig. Woran liegt das? Warum ist die Farbe oben anders? Fragen über Fragen. Geräusche kommen aus kleinen Löchern überall um mich herum, die in dieser mondgleichen Gegend wie Fumarolen vor sich hin blubbern. Bei genauerem Hinsehen erkenne ich, wie sich an einem der Löcher etwas bewegt. Ich greife eine Handvoll Schlick heraus. Nach kurzer Suche finde ich ein fünf Zentimeter langes, hellgrünes Tier, eine Art Tausendfüßler mit schwarzen Streifen auf dem Rücken. Zum roten Schwanz hin verjüngt es sich. Später erfahre ich, dass es sich um einen Schillernden Seeringelwurm handelt. Er wirkt ziemlich schlaff – ein bisschen wie ein alter Wischmopp aus bunten Stofffetzen. Es ist erstaunlich, ein so buntes Wesen, das auf Lateinisch passenderweise *Hediste diversicolor* heißt, in einer beinahe farblosen Umgebung vorzufinden. Welchen evolutionären Vorteil die farbenfrohe Vielfalt wohl verheißt?

Mein kleiner Zufluss ist beinahe leer, das harte Bett aus Kies und Muscheln ist auch an der tiefsten Stelle sichtbar – das Wasser ist nur wenige Zentimeter tief und fließt jetzt eindeutig abwärts, es will in seiner Gänze aus dem Marschland abziehen, was ihm natürlich bis zur nächsten Flut nicht gelingen wird.

Eine unberechenbare Macht

Nach der nächsten Messung habe ich Zeit, mir die Flora genauer anzuschauen. Was hier wächst, ist höhenabhängig, denn je nachdem, wie lange eine Stelle aus dem Salzwasser herausragt, ist sie für die eine oder andere Pflanze geeignet. Ökologen nennen das Zonierung – Organismen suchen sich die für sie günstigsten biogeographischen Zonen aus. Das gilt für alle Organismen, Pflanzen wie Tiere, aber normalerweise betrifft es riesige Landflächen mit unklaren Grenzen, sodass man eine

Zone als solche fast nie wahrnimmt. Das Siedlungsgebiet der Lachmöwe, der ich vorher bei der Nahrungsaufnahme zuschaute, erstreckt sich über mehr als drei Prozent der Erdoberfläche und umfasst Meere und Ackerflächen in ganz Europa, an der Nordwestküste Amerikas und in großen Teilen Asiens und Afrikas nördlich des Äquators.

Aber hier, zwischen den Hoch- und Niedrigwasserhöhen, lösen die Zonen einander schnell ab. Eine deutlich sichtbare biologische Grenze liegt vielleicht nur Meter oder sogar Zentimeter von der nächsten entfernt, und die horizontalen Bänder erstrecken sich, so weit das Auge reicht, an der zerklüfteten Küste entlang. Ich beginne mit den Pflanzen, die an den höchsten Stellen am weitesten hinaufwachsen, mache mir Notizen und nehme Proben, um sie nachher einzuordnen. Die auffälligste Pflanzenart ist ein Busch, der etwa einen Meter Höhe erreicht. Seine kleinen, fleischigen Laubblätter sind an den Spitzen rot. Wie sich später herausstellt, handelt es sich um eine *Suaeda*, die Strand-Sode. Wo die Flut nur wenige Male im Jahr hingelangt, wachsen auch verschiedene Gräser. Nach Wuchshöhe, Umfang und Dicke der Blätter sowie nach Fruchtstand unterscheiden sie sich. Viele gehören zum Schlickgras, mit dem man die Erosion des Schlickwatts verhindern will. Ich sehe auch Meerlavendel, der ganz anders als sein festländischer Namensvetter aussieht.

Bis im 18. Jahrhundert die wissenschaftliche Bestandsaufnahme der Natur im eigentlichen Sinne begann, glaubten viele, dass jede Pflanze und jedes Tier des Festlands am oder im Meer ein Gegenstück besaß. Ein Erbe dieser Zeit sind die vielen Pflanzen und Tiere, deren Namen mit »See-« oder »Meer-« anfangen, obwohl sie kaum Ähnlichkeit mit ihren vermeintlichen Festlandsverwandten aufweisen. So blüht der Meerlavendel anders als der Gartenlavendel nicht an langen, grauen Stielen, sondern in niedrigen, trockenen Büschen, die ich beim Vorbeigehen zum Rascheln bringe.

Der Bodenbewuchs besteht vor allem aus Strand-Salzmelden, kleinen Büschen mit salbeiartigen Blättern, die angeblich essbar sind und von skandinavischen Modeköchen sehr gelobt werden, an die ich mich aber noch nicht herangetraut habe. Nur etwas Meerfenchel nehme ich für die heimische Küche mit. Er sprießt ein bisschen weiter unten aus dem getrockneten Schlick. Zu den anderen Pflanzen gehören ein großer Wegerich mit spatelförmigen Blättern, die weichen, grauen, aromatischen Blätter des Strandbeifußes, die malvenfarbenen und gelben Blüten der Strandaster und viele andere, die ich nicht bestimmen kann.

Bei meinem einzigen früheren Besuch hier war mir aufgefallen, wie bei besonders hohem Wasser große Mengen von totem Laub und Grashalmen zusammen mit Schaumbergen fortgespült wurden. Mich würde interessieren, wie viel Pflanzenabfall auf diese Weise das Meer erreicht und was mit ihm passiert und wie viele tote Hinterlassenschaften des Meeres umgekehrt von der Flut an den Stränden abgeladen werden. Dass ich nichts aus Plastik an mir vorbeischwimmen sehe, freut mich allerdings. Wie an so vielen Küsten zeichnet sich jedoch auch hier die Hochwasserlinie durch eine Mischung aus bunten Plastikflaschen, zerrissenen Fischernetzen und jeder Menge Leinen, Bändel und Kordeln aus, die aus dem faulenden Tang hervorglänzen. Winden und Wasser transportieren dieses Strandgut oder Treibgut (die Bedeutung dieser Wörter wird mir später klarwerden) über große Entfernungen und verteilen es dann an den Stränden. Kaputte Plastikschäufelchen und verknitterte Luftballons, die wie durchsichtige Meerestiere vor mir liegen, stammen sicherlich aus der Nähe. Aber hier und da erspähe ich den Teil einer norwegischen Transportkiste für Fische oder eine Flasche mit kyrillischer Aufschrift. Sie legen Zeugnis ab von Verschwendung und mangelndem Umweltbewusstsein, aber natürlich auch von den Bewegungen von Ebbe und Flut.

Etwas unterhalb der Linie, wo die Strand-Salzmelde nicht mehr wächst, fällt der Schlick plötzlich steil ab. Über viele Hektare war er völlig flach und gehörte sichtlich zu einer Landschaft, die auf die See angewiesen ist und von ihr stabilisiert wird. Der erste halbe Meter eines so steilen Teilbereichs besteht vor allem an der Südseite oft aus aufgesprungenem Schlick, der also nicht von jeder Flut bedeckt wird. Der Meerfenchel der Ebene und seine Nachbarn wachsen hier nicht, dafür aber andere Pflanzen. Mir springt vor allem eine ins Auge, deren viele winzige, artischockenartige Köpfchen jeweils eine große Zahl noch verschlossener gelber Blüten enthalten.

Die unmittelbar darunterliegende Schicht ist feuchter und von einer königsblauen Algenblüte bedeckt. Es folgt ein Streifen scheinbar leeren Schlicks und danach der eigentliche Tang. Dunkel klammert er sich an die Brückenpfeiler, und er hängt in Fransen herab, sobald das Wasser sich zurückzieht. Hier und da sieht man fast durchsichtige, grüne Tangwedel. Ich muss aufpassen, dass ich nicht dauernd ausrutsche. Dem aufmerksamen Beobachter erschließt sich eine beeindruckende Pflanzenvielfalt. Aber vor allem die vertikale Ordnung ist faszinierend. Jede Pflanze bleibt auf Linie, als hätte sie Angst vor der ordnungsstiftenden Macht der bald zurückkehrenden Flut.

Es ist zwei Uhr. Das Wasser steht. Altweibersommer nach der Urlaubszeit. Ich bin allein auf dem Marschland. Das Wasser ist wieder so glatt wie bei Sonnenaufgang, die leichte Brise reicht nicht mehr bis zu seinem tiefen Spiegel herunter. Ein letztes, winziges, aber schnelles Rinnsal schwemmt einigen Schlick in den Hauptarm, in dessen langsamerem Wasser er sich zu einer trägen Haut verbreitert.

An den allertiefsten Stellen besitzt der Schlick eine andere Farbe. Mit ihm wird eine senfgelbe Blütenschicht sichtbar. Möwen haben ihre Fußabdrücke hinterlassen. Einige deuten, ganz wie meine, darauf hin, dass sie ausgerutscht sind. Auch dies ist eine überraschende Entdeckung.

Auch nachdem es seinen Tiefststand erreicht hat, steht das Wasser noch lange still, jedenfalls wenn ich Niedrigwasser als den genauen Mittelpunkt zwischen zwei Hochwasserhöhen definiere. Ich weiß aber nicht genau, ob das so richtig ist, und meine Gezeitentafel hilft mir nicht weiter, denn sie zeigt nur die Hochwasserhöhen an.

Plötzlich sehe ich etwas Eigenartiges. Breite, kleine Wellen dringen in den flachen, ruhigen Hauptwasserlauf vor, und zwar gegenläufig zu den letzten abfließenden Rinnsalen. Neues Wasser setzt sich über das alte hinweg – mit einem so komplexen Bild hatte ich nicht gerechnet. Kann Wasser gleichzeitig kommen und gehen? Wenige Augenblicke später sind die kleinen Wellen verschwunden. Hat mir die heiße Sonne einen Streich gespielt? Die Gezeiten werden mich doch nicht zum Narren halten, sie sind doch sicher majestätisch und unwandelbar ehrlich?

Gegen vier Uhr werde ich ungeduldig. Ich bin überhaupt nicht eins mit der Natur, sondern frage mich, ob die Flut je wiederkommen wird. Der Zeitpunkt genau in der Mitte zwischen zwei Höchstständen liegt schon drei Stunden zurück. Wie kann es zu solchen Unregelmäßigkeiten kommen? Sind die Gezeiten nicht eine gut geölte Maschine wie ein oszillierender Kolben, dessen Bewegung mathematisch als Sinuskurve beschreibbar ist, die aussieht wie eine ungebrochene Wasserwelle? Gibt es diese Störungen überall oder nur hier? Bei jedem Gezeitenwechsel oder eher selten? Was ist da mit dem kosmischen Uhrwerk los? Die gleichmäßige Bewegung von Mond und Sonne wird doch sicher für einen ebenso ruhigen Puls des Meeres sorgen. Warum also diese Unregelmäßigkeiten? Diese Verspätungen? Sobald ich alle Daten für meinen Gezeitenzyklus zusammen habe, werde ich sie als Diagramm darstellen. Dann lässt sich ablesen, wie sich das Wasser zwischen zwei Höchstständen wirklich verhält. Die Winkel des Graphen werden zeigen, wie schnell sich meine kleine Bucht geleert und wieder gefüllt hat. Eine halbe Stunde später hat die Flut ganz offensichtlich begonnen. Allerdings wohl wirklich unerwartet spät. Einige Menschen stehen Schlange für eine Bootsfahrt zu den Robben, die sich auf einer nahen Sandbank tummeln, aber die Boote stecken noch fest. An dieser nordseitigen Küste kann ein Südwind das Wasser zurückhalten, aber heute ist es überhaupt nicht windig. Die Sache scheint mir immer rätselhafter.

Ein Stück vom Rand des Kanals weg fließt das Wasser am schnellsten um eine der Kurven. Grüne Ranken rauschen schneller vorbei, als ich schwimmen oder vielleicht sogar laufen könnte. Auch die Schnee-Eier sind wieder da. Wieder fließt nicht alles Wasser gleich schnell. An den Rändern ist es langsamer, und Schaumkronen reichern sich zu einem Film an, der wie kleine Hokusai-Wellen in Zeitlupe an mir vorbeizieht. Mit kehligem Glucksen machen sich Boote wieder vom Grund los. Ich beobachte, wie das auflaufende Wasser den Fußabdruck einer Möwe auffüllt. Es steigt innerhalb von nur zehn Sekunden um einen Zentimeter. In die Priele strömt etwas, was wie Kaffee aussieht, bei dem man noch nicht umgerührt hat – so viele Sedimente bringt das Wasser mit. Neue Organismen, die hier leben werden. Nahrung und Nährstoffe vom verlässlichen Dreizehn-Stunden-Lieferservice der Natur. Neue Mineralien, die die unbeständige Landschaft nach und nach verändern werden. Neuer Schutt, der sich in den Stunden der Ebbe auf den Schlick gelegt hat – weiße Möwen- und Reiherfedern.

Land wird überspült, eine Landschaft auch. Die Landschaft wird man bei der nächsten Ebbe wieder sehen, aber das eigentliche Land wird ein anderes sein, ein neues, ein mit den neuen Sedimenten und Nährstoffen gestärktes. Niemand steigt zweimal in denselben Fluss, sagt Heraklit. Der griechische Philosoph hatte natürlich recht. Das Wasser von Flüssen fließt nur in eine Richtung, daher hat man an jedem bestimmten

Punkt immer neues Wasser vor sich. Das Gleiche gilt aber auch für die Wasser des Meeres, die immer in Bewegung sind, und es ist nie dasselbe Wasser, das bei der nächsten Flut über Watt und Strände vordringt. Mancherorts sind die Gezeiten Baumeister, andernorts Zerstörer. Kein Land, das sie berühren, bleibt sich gleich. Das Wasser scheint nun ganz bewusst in eine bestimmte Richtung zu fließen, obwohl es natürlich kein Ziel hat. Stark und gleichmäßig sieht es vor mir aus, stark und gleichmäßig stromaufwärts sowie stromabwärts. Es strebt nicht auf einen Ort zu, es füllt Räume auf, genauer gesagt Hohlräume. Es steigt, auch wenn es nur zu fließen scheint. Wo es am schnellsten ist, entstehen um Hindernisse herum wieder Wirbel. Wie ich sehe, ist der Wasserstand nahe am Meer höher als weiter im Landesinneren. Vor lauter Wassermassen drängt ein Abhang heran, als hätte er eine ungemein wichtige Verabredung einzuhalten. Wenn das Wasser noch mehr drängeln würde, käme es wahrscheinlich ins Stolpern, stelle ich mir vor. Das wäre die sogenannte Gezeitenwelle.

In meinem kleinen Priel hat das auflaufende Wasser das alte Boot wieder herumgerissen, das nun scheinbar reisefertig meerwärts zeigt. An seinen Rändern sieht das Wasser oft unsicher oder verwirrt aus. Ich lese jetzt alle drei Minuten den Wasserstand ab, so schnell sind die Veränderungen: 16:49 Uhr: 0,20 Meter; 16:52 Uhr: 0,30 Meter; 16:55 Uhr: 0,39 Meter; 17:00 Uhr: 0,52 Meter; 17:05 Uhr: 0,61 Meter … Nach kurzer Zeit steht das Wasser wieder so hoch, dass der über das Marschland wehende Wind es erfasst. Die Brise ist überhaupt zum ersten Mal wieder spürbar und sorgt für einen leichten Dunst. Ich höre die Signalrufe des Rotschenkels, der aus nachmittäglicher Erstarrung erwacht. In der Luft liegt die Aussicht auf einen kühleren Abend. Zum ersten Mal heute stehen Wind und Gezeiten gegeneinander. Diese Spannung lässt immer wieder kleine Wellen entstehen. Auf See vermitteln diese gut sichtbaren, steileren Wellen einen besseren Eindruck vom tatsächlichen Gezeitenstand als gedruckte Tabellen und Karten. Sie werden von Seeleuten aber auch als Gefahrenquelle gefürchtet.

Und nun spielen sich wunderbare Vorgänge um mich herum ab. So viel Wasser, solche Mengen und Massen werden durch einen kosmischen Fingerzeig umgelenkt! Wie Sonne und Mond auf die irdischen Ozeane einwirken, ist atemberaubend. Für mich war das alles eine Achterbahnfahrt. Ich bin zwar zum Ausgangspunkt zurückgekehrt, aber die

Höhen und Tiefen kamen immer wieder unerwartet, fast wie die Launen einer unsichtbaren Macht, deren Einfluss sich auch auf mich erstreckt.

18:30 Uhr: 1,83 Meter. Mein Tag geht zu Ende, ich habe einen neuen Rhythmus kennengelernt, habe ein Gespür dafür entwickelt, was zwölf Stunden und ungefähr vierzig Minuten sind, der Zeitraum zwischen zwei Tälern oder zwei Spitzen eines Gezeitenzyklus, eine der grundlegenden Zeiteinheiten der Erde und insofern dem Tag und dem Mondmonat und dem Jahr vergleichbar. Aus meinem Tag am Strand erschließt sich mir aber noch nicht, warum dieser Zeitraum nicht einen halben Tag, sondern immer etwas mehr umfasst und in welchem Verhältnis er zu anderen großen Zeitmaßen steht. Deutlich verstanden habe ich, wie künstlich beschleunigt unser Leben ist. Gerade knattert ein Mann mit Außenbordmotor auf dem Weg zu seinem im Hafen liegenden Fischerboot an mir vorbei! Spaziergänger mit Hunden, die ich eben erst verschwinden sah, kommen mir nach kürzester Zeit schon wieder entgegen. Auch manche Bootsausflüge, die offenbar durchaus Anklang finden, dauern kaum länger.

Später schaue ich mir *Estuary*, einen Kurzfilm der Künstlerin Susi Arnott, an. Er zeigt zwei vollständige Gezeitenzyklen am Fluss Camel in Cornwall. Mithilfe von Zeitrafferfotografie hat Susi Arnott über vierundzwanzig Stunden auf zwölf Minuten zusammengestaucht. Bei dieser Geschwindigkeit fallen mir Dinge auf, die ich im normalen Tempo nicht beobachten konnte. Sonne und Mond fahren mit großer Bestimmtheit über den Himmel. Wenn man sie so sieht, kann man sich gut vorstellen, wie sie den Ozean hinter sich herziehen. Menschen in Booten huschen wie Fliegen vorüber. Wie Pendel schwingen festgemachte Boote von einer Seite auf die andere. Sie tun das unterschiedlich schnell, abhängig wohl von der Länge ihrer Vertäuung oder der Form ihres Rumpfes oder der Strömungsgeschwindigkeit. Und irgendwann, wenn das Wasser flach genug ist, stecken sie fest. Mitten im Fluss kommt eine Sandbank zum Vorschein, ein Bogen neugeborenen Landes, der einem Fingerabdruck ähnelt und wächst und wächst, während die Ebbe in ihren Rinnsalen meerwärts schlittert. Wenn die Flut kommt, läuft der Film keineswegs rückwärts. Neue Wasser laufen mit großer Kühnheit über den inzwischen ausgetrockneten Sand, und aus breiter Front ragen neugierige, wässrige Finger hervor. Beim Kentern, dem Umschlagpunkt der Gezeiten, dreht die Brise alle noch schwimmenden Boote zugleich um, es sieht fast aus wie Pirouetten in einer Revue. Die Halteleinen sind wieder straff, nun landeinwärts gespannt, und das wilde Gewackel beginnt aufs Neue. Ich bin davon ganz gebannt. Nachdem ich die DVD einmal angeschaut habe, entdecke ich die Option, sie in Endlosschleife zu sehen. Das leuchtet ein.

In meinem Mündungsgebiet ist das Watt nun wieder komplett überspült. Zu meinen Füßen spielt das Wasser mit Pflanzen. Mir wird ganz eigenartig zumute. Vielleicht weil ich einen langen Tag in der Sonne verbracht habe, allein auf diesem Marschland, nur ein paar Zentimeter über dem Meeresspiegel, Land und Meer und alles andere um mich herum gleich flach. Ich weiß zwar, dass die Flut ihren Höhepunkt erreicht hat und in den nächsten Stunden wieder abfließen wird, bin aber trotzdem mit einem Mal einsam, habe sogar Angst zu ertrinken und für immer in dieser Zwischenwelt zu verschwinden. Womöglich hört das Wasser diesmal doch nicht auf zu steigen?

Der Wind hat sich gelegt. Um Viertel nach sieben steht das Wasser so hoch wie heute Morgen, als ich ankam. Es ist erstaunlich, dass es so schnell so hoch gestiegen und jetzt trotzdem so still ist, als wäre nichts geschehen.

Aber zur Ruhe kommt es nicht. Schon beginnt die Ebbe. Man sieht zwar noch keine Bewegung des Wassers, aber die Boote spüren schon, dass sich etwas ändert, und zittern an ihren Anlegestellen. Nach einer Viertelstunde steht das Wasser schon niedriger. Ein neuer Zyklus beginnt.

JENSEITS DES MIKROMAREALS

Philosopher's End

Auf den Reisen, die ich für dieses Buch unternommen habe, sind mir immer wieder gewissenhaft platzierte Warnschilder begegnet, die den Besuchern eines Ortes die mit den Gezeiten verbundenen Gefahren vor Augen führen. Und so sollte ich vielleicht nun selbst den Warnhinweis ausgeben, dass es in diesem Kapitel um zwei ziemlich sinnlose Todesfälle mythischen Ausmaßes geht, die sich im Wasser ereignet haben, bevor irgendein sicherheitsbewusster Beamter sich für das Gemeinwohl eingesetzt hat.

In die griechische Stadt Chalkida kommen kaum Touristen. Sie liegt im Einzugsbereich von Athen auf der langgezogenen Insel Euböa, und zwar an der engsten Stelle jenes Kanals, der die Insel von der Festlandprovinz Böotien trennt. Hinter Apartmentblocks mit Meerblick liegt auf einem Felsen die Altstadt, während am gegenüberliegenden Ufer eine neue Stadt entstanden ist, jenseits dessen, was man heute den Euripos-Kanal nennt.

Der Euripos-Kanal ist hier außerordentlich eng, obwohl die Landmassen zu beiden Seiten riesig erscheinen. Die beiden Ufer liegen weniger als fünfzig Meter voneinander entfernt und werden seit der Antike durch die eine oder andere Brücke miteinander verbunden. Leider wurde eine besonders schöne steinerne Brücke mit mehreren Bögen und einem zinnenbekrönten Torhaus, die die byzantinische wie die venezianische Epoche überstanden hatte, vor einiger Zeit durch eine allenfalls praktische Stahlbrücke ersetzt, die sich zur Seite schieben lässt, um Schiffen die Durchfahrt zu ermöglichen.

Hier hat sich Aristoteles kurz nach seinem sechzigsten Geburtstag zur Ruhe gesetzt, um dem hektischen Athener Geistesleben zu entkommen. Er hatte zwar aufgehört zu schreiben und zu unterrichten, doch er beobachtete und philosophierte weiter, und bald achtete er besonders darauf, wie das Wasser durch die Meerenge floss. An kaum einer Mittelmeerküste lässt sich die Bewegung des Wassers beobachten, aber ausgerechnet hier schoss es auf so eigenartige Weise hin und her, dass Aristoteles ins Grübeln kam.

Die Strömung im Euripos verläuft mal in die eine, mal in die andere Richtung, und die Fließgeschwindigkeit des Wassers beträgt bis zu drei Meter pro Sekunde. Schwimmer und sogar viele Boote kommen nicht dagegen an. Die Legende besagt, dass es sich hier nicht um einen Gezeitenrhythmus handelt, sondern um launenhafte, unregelmäßige Veränderungen, die bis zu siebenmal am Tag auftreten. Das griechische Wort *euripos* leitet sich denn auch von der Wetterfahne ab, dem sprichwörtlichen Fähnchen im Wind. »Euripus-Köpfigkeit« bedeutete Entscheidungsschwäche. Der Ort wurde so bekannt, dass schließlich jeder schnell fließende Kanal Euripus genannt wurde.

Im Gegensatz zu Platon glaubt Aristoteles nicht, dass die Gezeiten einfach Wirbel sind, die sich vor Flussmündungen bilden, oder dass es sich eigentlich um die Körperflüssigkeiten der animalischen Erde handelt. Andere griechische Philosophen umgingen das Thema, indem sie die Gezeiten einfach dem Willen der Götter zuschrieben.

Am Euripos beobachtete Aristoteles das Wasser und schloss, dass die Strömung nichts mit dem Wind zu tun hatte. Weiter kam er aber nicht. Deshalb stürzte er sich im Jahr 322 v. Chr. aus Verzweiflung in die Wellen und starb. So stellen es jedenfalls die wohlmeinenden Historiker der Spätantike dar. In einer besonders herzzerreißenden Version der Geschichte ruft Aristoteles im Sprung den Wogen noch zu: »Si quidem ego non capio te, tu capies me« – »Wenn ich dich nicht begreife, musst du mich erfassen«. Die Forschung sieht allerdings keine Anhaltspunkte dafür, dass Aristoteles eines unnatürlichen Todes starb.

Im Lauf der Zeit wuchs die Zahl der Geschichten, und auch die Gezeitenfolge nahm zu. Nicht siebenmal, nein, vierzehnmal drehe sich die Strömungsrichtung. Manche meinten, der Euripos verhalte sich die meiste Zeit während eines Mondmonats ganz normal, und nur an wenigen Tagen drehe das Wasser durch – an welchen, sagten sie allerdings nicht. Mit dem Wiedererwachen des Interesses an der Antike widmeten sich die Naturphilosophen der Renaissance dem Thema erneut. Der englische Schriftsteller und Arzt Sir Thomas Browne wollte sich nicht damit abfinden, dass eines seiner wissenschaftlichen Vorbilder Selbstmord begangen haben sollte, und versuchte in seinem 1646 erschienenen Katalog irriger Ansichten, der *Pseudodoxia Epidemica*, den Mythos zu zerstören. Er musterte einige antike Meinungen und kam dann auf einen Monsieur Duloir zu sprechen, der ein guter Empiriker war und irgendwann in den 1620er Jahren einen Seemann samt Boot anwarb und von einem geeigneten Punkt aus selbst Beobachtungen anstellte. Sein Ergebnis war, dass es vier Umschlagpunkte pro Tag gab, ganz wie man es erwarten würde. Vielleicht war er aber einfach am falschen Tag da und verpasste das außergewöhnliche Schauspiel.

Aristoteles' Ruf wird von der modernen Naturwissenschaft gerettet. 1997 nahm sich der griechische Meeresforscher Mikis Tsimplis vom Proudman Oceanographic Laboratory in Liverpool der Sache an. Er erzählte mir, dass er sich besonders für »marine Extreme« interessiere und sich den Euripos-Kanal schon mehrmals angesehen habe. Um den Gezeitenverlauf zu modellieren, analysierte er nördlich und südlich der Meerenge gesammelte Messwerte. Er erkannte, dass der Tidenhub, also der Unterschied zwischen Hoch- und Niedrigwasserhöhe, auf der Nordseite viermal so groß war wie auf der Südseite und dass der entsprechende Höhenunterschied zu verschiedenen Zeitpunkten für eine besonders schnelle Strömung sorgte. Außerdem werde die Hochwasserhöhe nördlich und südlich des Kanals zu unterschiedlichen Zeiten erreicht, da sich aus der Zeit, die das Wasser brauche, um die Insel Euböa zu umrunden, eine Verzögerung ergebe. Auch dieser Effekt trage zu dem Höhenunterschied und der Schnelligkeit der Strömung bei, so vermutet Mikis Tsimplis.

Aber die Sache ist sogar noch komplizierter. Sowohl nördlich als auch südlich des Euripos liegen weitere Meerengen, jeweils etwa sechzig Kilometer von Chalkida entfernt. Die dadurch entstehenden zwei Gewässer, beide fast vollständig von Land umgeben, sind nicht nur den Gravitationskräften von Mond und Sonne ausgesetzt, sie besitzen auch ihre jeweils eigene Form der Oszillation, fast wie das abfließende Wasser im Waschbecken. Ein plötzlicher Wetterwechsel kann sie in Bewegung setzen. Dadurch werden die Gezeitenkräfte weit über das im Mittelmeer Übliche hinaus verstärkt. Auf der Nordseite kommt es etwa viermal am Tag zu Oszillationen, auf der Südseite eher sechsmal. Durch diesen Unterschied ist das Gefälle innerhalb des Euripos nicht immer dann am größten, wenn man es von den Sonnen- und Mondkräften her vermuten würde. Tsimplis' Analyse zufolge passiert auf der Nordseite nichts Ungewöhnliches, und vielleicht hat Monsieur Duloirs einheimischer Führer ihn dorthin gerudert. Auf der Südseite träten allerdings bis zu sechsmal täglich starke Gezeitenströmungen auf.

Zu Aristoteles' Zeiten könnten die hier zusammenwirkenden Kräfte noch größer gewesen sein, denn als die neue Brücke gebaut wurde, wurde auch der Kanal etwas verbreitert, wodurch die Fließgeschwindigkeit des Wassers sich unter Umständen verlangsamt hat. Allerdings liegt sie immer noch über dem Doppelten von dem, was ein flotter Fußgänger leisten kann. Was sich an unberechenbaren Kräfteverschiebungen unter der Brücke von Chalkida abspielt, zeigt uns deutlich, welche ganz eigenartigen Auswirkungen die Gezeiten an bestimmten Orten haben können, selbst wenn ihre eigenen Kräfte eingeschränkt sind. Denn immerhin beträgt der Tidenhub in Chalkida gerade mal fünfunddreißig Zentimeter. Der folgende Abschnitt führt uns zu einigen weiteren Orten dieser Art.

Mediterrane Gezeiten

Den größten Tidenhub im Mittelmeer gibt es in der tunesischen Hafenstadt Sfax, und selbst hier beträgt er allenfalls anderthalb Meter. Signifikante Gezeitenkräfte lassen sich auch in der nördlichen Adria beobachten, so zum Beispiel in Venedig oder Triest, und an den Säulen des Herakles, jener Meerenge, die hinaus auf den Atlantik führt. Hier gibt es einen Tidenhub von etwa fünfzig Zentimetern, während gleich auf der anderen Seite, an der Atlantikküste, drei Meter oder mehr zu verzeichnen sind. An einigen Stellen des Mittelmeers, auf den Balearen oder in der Ägäis, gibt es fast gar keine Tiden.

Das bedeutet natürlich nicht, dass sich das Wasser nicht bewegt. An einigen Orten am Mittelmeer kommt es gelegentlich zur sogenannten Rissaga, einer Art Minitsunami, der durch plötzliche Luftdruckschwankungen ausgelöst wird, die sich auf die Meeresoberfläche auswirken. Innerhalb von manchmal nur zehn Minuten kann der Meeresspiegel dann sehr stark steigen und wieder sinken. Allgemein spricht man hierbei von Schaukelwellen. Diese wurden im Jahr 1890 erstmals am Genfer See beobachtet, wo es natürlich keine Gezeiten gibt. Der Hafen von Ciutadella auf Menorca ist aber, wie man heute weiß, für *rissagues* besonders anfällig, weil seine Größe und Form eine Wellenformation ermöglicht, die im Verbund mit bestimmten Luftdruckphänomenen zu einer Resonanzüberhöhung führen kann. Am 15. Juni 2006 bewirkte eine außergewöhnliche Rissaga einen Anstieg des Meeresspiegels um vier Meter. Die Flutwelle riss fünfunddreißig Boote mit sich, die im Hafen vor Anker lagen, und beschädigte viele weitere. Die dafür nötigen Luftdruckbedingungen herrschen meist im Juni, wenn das Wasser noch relativ kalt ist und warme Luft aus Afrika herüberweht. Daher assoziiert man die Rissaga mit dem Johannistag am 24. Juni, auch wenn das Wetterphänomen wohl schon in vorchristlicher Zeit der Anlass von Festen war. »Ich würde behaupten, dass das alles auf Menschen zurückgeht, die das Phänomen beobachtet haben und sahen, wie es den Hafen in Mitleidenschaft zog«, sagt Graham Giese, emeritierter Professor für Küstenozeanographie an der Woods Hole Oceanographic Institution in Massachusetts. »Das muss eine große Sache gewesen sein. Wie heute auch immer noch.«

Trotz solcher vereinzelter Phänomene betrachten Naturwissenschaftler und vor allem Meeresbiologen, für die das besonders wichtig ist, das Mittelmeer als »mikromareale« Region. Mikromareal bedeutet, dass es sich nicht wirklich um ein Mare, ein Meer, handelt, anders als etwa die Ozeane oder selbst ein relativ unauffälliges Gewässer wie die Nordsee, wo es immer noch große Gezeitenkräfte gibt. Dank dieser mikromarealen Situation mit geringen Gezeitenkräften können wir das Mittelmeer als gutartiges Gewässer mit verlässlichen Stränden und gastfreundlichen Häfen genießen, ohne uns darüber Gedanken zu machen.

Skylla und Charybdis

Nicht nur den Euripos haben die Menschen der Antike als bemerkenswert empfunden. Im »Zwölften Gesang« der *Odyssee* macht Odysseus auf der Heimreise Station auf der Insel Aiaia, wo die Göttin Kirke ihn und seine Ruderer vor Gefahren warnt: den zauberhaften Sirenen und Skyllas Felsen. Und »drunter lauert Charybdis, die wasserstrudelnde Göttin. Dreimal gurgelt sie täglich es aus, und schlurfet es dreimal schrecklich hinein.« Kein Seemann entkomme ihnen unbeschadet.

Odysseus hört auf die Warnung und gibt entsprechende Anordnungen. Seine Männer rudern mit wachsverstopften Ohren heil an den Sirenen vorbei. Unmittelbar darauf allerdings »sah ich von ferne Dampf und brandende Flut, und hört' ein dumpfes Getöse«, wie Odysseus berichtet. Er befiehlt seinen Ruderern, sich nahe an Skyllas Felsen zu halten und den noch gefährlicheren Strudel zu meiden:

Seufzend ruderten wir hinein in die schreckliche Enge:
Denn hier drohete Skylla, und dort die wilde Charybdis,
Welche die salzige Flut des Meeres fürchterlich einschlang;
Wenn sie die Flut ausbrach; wie ein Kessel auf flammendem Feuer,
Brauste mit Ungestüm ihr siedender Strudel, und hochauf
Spritzte der Schaum, und bedeckte die beiden Gipfel der Felsen.
Wenn sie die salzige Flut des Meeres wieder hineinschlang,
Senkte sich mitten der Schlund des reißenden Strudels, und ringsum
Donnerte furchtbar der Fels, und unten blickten des Grundes
Schwarze Kiesel hervor.

Voller Entsetzen starrten sie auf Charybdis und segelten zu nahe an Skylla heran. Sie entriss ihnen sechs Besatzungsmitglieder und verschlang sie auf ihrem felsigen Strand. Mit den anderen kann Odysseus fliehen und erreicht schließlich die relativ sichere Sonneninsel des Helios.

Aber wo ist denn nun dieser berühmte Strudel, dieser Schrecken der Gezeiten? Aus Homers traumwandlerischer Geschichte lässt sich das nicht ersehen. Geographie ist nicht seine Stärke. Charybdis kommt allerdings auch in den Schriften des römischen Dichters Vergil vor, der sich auf die genauen Beschreibungen des Historikers Sallust stützt, sowie auch bei anderen antiken Schriftstellern. Der römische Geograph Strabo glaubte zwar, dass die Gezeiten durch Seebeben ausgelöst werden, verortete aber Charybdis mit großem Selbstbewusstsein in der Straße von Messina zwischen Sizilien und dem italienischen Festland. Heutige Altphilologen haben da ihre Zweifel. In seinem Kommentar zu Sallusts *Historiae* schreibt beispielsweise Patrick McGushin: »In der Straße von Messina gibt es überhaupt nichts Vergleichbares.«

Mir stellt sich die Frage, ob es den furchterregenden mythologischen Ort Charybdis in der Antike vielleicht wirklich gab und er inzwischen durch Veränderungen der Küstenlandschaft oder des Meeresgrundes einfach weniger auffällig ist. Unabhängig davon, ob es ihn gab oder gibt oder er immer nur ein schwacher Abglanz jener Menschenfressergeschichten war, hat sich der Ausdruck »zwischen Skylla und Charybdis« bis heute gehalten. Wir benutzen ihn für eine Situation, in der wir uns zwischen zwei unangenehmen, möglicherweise gefährlichen Alternativen entscheiden müssen. Im Englischen hat man darüber hinaus die Wahl »zwischen einem Felsen und einer schroffen Stelle« und »zwischen Teufel und tiefblauem Meer«. Skylla ist zwar weiblich und kein männlicher Teufel, aber immerhin ist das Meer in der Straße von Messina ausgesprochen tief und blau. McGushins verächtliche Geste halte ich für ungerechtfertigt. Vielleicht weiß er nicht, dass die Gezeiten nicht nur von örtlichen, sondern auch von zeitlichen Faktoren abhängen und erst dann auftreten, wenn bestimmte Strömungen stark genug sind. (Er bezweifelt übrigens auch, dass die Wellen dort jenes bellende Geräusch machen können, von dem Sallust spricht. Ich halte es dagegen für sehr gut möglich, dass das schrille Klatschen des dem Wind entgegenwirbelnden Wassers ein peitschendes Schlagen und Schreien hervorruft, das an sizilianische Straßenköter erinnert.)

Ich hätte Lust, mir das selbst anzuschauen. Die felsige Landzunge Skylla an der kalabrischen Küste ist auf heutigen Landkarten namentlich verzeichnet. Ein Leuchtturm warnt Schiffe vor jenen berühmten Gefahren. Aber Charybdis, das man dort Cariddi nennt, sucht man vergeblich. Es findet sich weder auf Karten – was vielleicht noch nachvollziehbar ist, weil es sich immerhin um eine veränderliche Gegebenheit der See handelt und nicht um eine feste Eigenschaft des Landes – noch in Reiseführern. Nur der Michelin erwähnt die *Odyssee* in einem Nebensatz.

Und trotzdem zögere ich. Ich habe mich auf so etwas schon einmal eingelassen. Von lebhaften Erinnerungen an Aeneas' Reise in die Unterwelt aus Buch VI der *Aeneis* getrieben, begab ich mich auf die vom Lateinunterricht gelegten Spuren zum Averner See, jenem stinkenden Gewässer, an dem laut Plinius sogar die Vögel eingehen. Bei Vergil steht er für jene Schwelle, an der Aeneas die Sibylle von Cumae befragt. Was ich sah, war eher ein Tümpel mit viel Schilf, wenig Landschaft und einer metallisch blauen Oberfläche, die keine Rückschlüsse auf die Tiefe des Gewässers zuließ. Ich sah wirklich keine Vögel, aber auf einem kommunalen Freizeitgewässer würde ich die auch nicht erwarten, und nach einem solchen sah es aus. Nicht nur ich war enttäuscht. Der Publizist Peter Stothard, der noch viel schlimmer an klassischer Spurensucheritis leidet, schreibt in seinem Buch *On the Spartacus Road,* dass »Skylla und Charybdis für Antike-Touristen von Anfang an wenig hergaben«. Das verächtliche Urteil des Dichters und Historikers Hilaire Belloc lautet:»Habe Charybdis gesehen. Popelig.« Diesmal erspare ich mir also die Authentizität, denn eigentlich will ich Sie zu wichtigeren und noch furchterregenderen Gezeitenorten führen, die weit jenseits des zahmen Mittelmeers und des klassischen Horizonts liegen. Bevor wir dazu kommen, will ich Ihnen aber noch eine Geschichte erzählen.

Der Kaiser experimentiert

Trotz aller homerischen Mythen illustriert eine Begebenheit aus der Regierungszeit des staufischen Herrschers Friedrich II. das Geheimnis der Charybdis und den Drang, es zu verstehen, am besten. Friedrich war im 13. Jahrhundert Kaiser des Heiligen Römischen Reiches und König von Sizilien. Im Gegensatz zu vielen anderen mittelalterlichen Monarchen war der rothaarige Friedrich, was die Verwaltung seines riesigen Reiches anging, effizient und aufgeklärt. Er war deutscher, normannischer und sizilischer Abstammung und liebte Sizilien als Treffpunkt griechischer, lateinischer, jüdischer und arabischer Kultur. Er gründete die Universität von Neapel, aber geistiges Zentrum seiner Welt war der Hof in Palermo. Hier widmete er sich der Philosophie, der Mathematik und den Naturwissenschaften und legte jene Lebensfreude an den Tag, die ihn immer wieder in Konflikte mit der Kirche verwickelte. Seine Untertanen lobten Friedrichs Toleranz und fürchteten seine Sturheit.

Uns heute beeindruckt vor allem Friedrichs rationaler und offener Geist. In seinen Diensten standen zwei wissenschaftliche Ratgeber, ein Schotte und ein Ägypter, die für ihn Handbücher zu Hygiene und Veterinärwissenschaften verfassten. Friedrichs eigener Intellekt übertraf sie aber noch. Er selbst schrieb Abhandlungen über Pferde, Vögel und die Falknerei. Er schaffte das Gottesurteil ab, denn seiner Meinung nach schützt es nicht die Unschuldigen, sondern die Starken. Er führte die Trennung zwischen Arzt und Apotheker ein, damit Ärzte nicht mit dem Verschreiben von Medikamenten Geld verdienten. Diese Regelung ist noch heute in Kraft.

Friedrich erkannte den Nutzen empirischer Beobachtung und systematischer Experimente. Über die Ergebnisse führte er Buch. Er entlarvte zum Beispiel den Mythos, dass Nonnengänse aus Entenmuscheln schlüpfen, denen sie eigenartig ähnlich sehen. Indem er Raubvögeln die Augen verband, zeigte er, dass sie allein durch ihren Geruchssinn zu ihrer Nahrung finden. Insgesamt war sein Vorgehen erstaunlich wissenschaftlich: Aussagen mussten sich auf Fakten stützen, nicht auf Meinungen, und wenn nicht genug Fakten vorlagen, durfte es keine Schlussfolgerungen geben. Die Forscherfrage »Wie?« stellte er gern, auch wenn uns der Untersuchungsgegenstand manchmal überrascht: Wie viele Himmel gibt es? Wie sitzt Gott auf seinem Thron? Aber auch: Wie groß ist die Erde, und wie kommt es, dass manche Wasser süß und andere salzig sind?

Von Friedrichs besonders exzentrischen Experimenten berichtet uns sein Zeitgenosse, der Franziskanermönch und Chronist Salimbene von Parma. Schon als dieser fünfzehn war, hinterließ der König einen bleibenden Eindruck, als er in Begleitung zahlreicher exotischer afrikanischer Tiere durch Salimbenes Heimatstadt zog. Der erwachsene Salimbene war geneigt, dem bewunderten König seine Sünden und Exzesse zu vergeben: Dem König machten doch so viele Feinde das Leben schwer, und immerhin habe er Humor. Friedrich war laut Salimbene »ein ansehnlicher Mann, gut gebaut, aber nicht übermäßig groß«. Er sprach mehrere Sprachen, »und wenn er ein guter Katholik gewesen wäre und Gott und seine Kirche geliebt hätte, wäre er wohl der bedeutendste Kaiser der Welt gewesen.«

Salimbene wirkt hier wie ein objektiver Biograph, aber es ist unklar, ob wir ihm glauben dürfen, wenn er von Friedrichs gewagteren Taten erzählt. Der Chronist erklärt, von den vielen »Exzentrizitäten« sieben besonders abstoßende für seinen Bericht ausgesucht zu haben, darunter jenen Tag, an dem auf Geheiß des Königs einem Juristen die Daumen abgehackt wurden, der »Fredericus« statt »Fridericus« geschrieben hatte. Von größerer Neugier, allerdings wohl kaum von mehr Humanität zeugt ein Experiment, mit dem Friedrich die Ursprache des Menschen herausfinden wollte. Er befahl, dass eine Anzahl von Babys ohne jeden Sprachkontakt aufgezogen werden sollten. Würden sie Hebräisch sprechen, die »erste Sprache«, oder Griechisch, Lateinisch oder Arabisch? Oder die Sprache ihrer Eltern, von denen sie zuvor getrennt wurden? Der König fand es nie heraus, denn alle Kinder starben, bevor sie sprechen konnten. Dann wieder gab er zwei Männern zu essen und schickte einen schlafen und den anderen auf die Jagd. Beiden ließ er anschließend den Bauch aufschlitzen, um herauszufinden, welcher sein Essen besser verdaut hatte. Im Rahmen eines anderen Experiments ließ er einen Mann in ein Fass einschließen und dort sterben, weil er wissen wollte, ob die Seele mit dem Körper zugrunde geht.

Die vierte »Exzentrizität« hatte mit den Geheimnissen jener wilden Wasser in der Straße von Messina zu tun. Im Mittelpunkt der Geschichte steht ein junger Mann, der so gut schwimmen konnte, dass man ihn Colapesce nannte: Nicolà den Fisch. Weil er wissen wollte, wie die Strudel der Charybdis entstanden, schickte Friedrich Nicolà auf Tauchtour. Nach seiner Rückkehr aus den unruhigen Wassern sollte er berichten. Nicolà zögerte, tauchte aber schließlich mehrmals, doch der König war nicht zufrieden:

Und Friedrich wollte wissen, ob Nicolà wirklich den Meeresboden berührt hatte, bevor er wieder auftauchte, und so warf er seinen Goldpokal dort ins Wasser, wo es seiner Ansicht nach am tiefsten war. Und Nicolà tauchte, fand ihn und brachte ihn wieder mit, und der Kaiser staunte. Der Kaiser wollte ihn nochmals losschicken, doch Nicolà antwortete:»Nicht noch einmal, denn der Grund ist so rau, dass ich nicht zurückkehren kann.« Doch der Kaiser bestand darauf, und Nicolà kehrte nicht zurück, denn er war tot.

Von seinen Franziskanerbrüdern in Messina wusste Salimbene:

Am Grund des Meeres gibt es, wenn Sturm weht, große Fische, und es gibt dort Felsen und gescheiterte Schiffe, wie jener Nicolà erzählte. Er berichtete Friedrich, was in Jona 2 steht: Du hast mich in die Tiefe geworfen, in das Herz der Meere; mich umschlossen die Fluten, all deine Wellen und Wogen schlugen über mir zusammen.

Salimbene hebt etwas hervor, was ältere Mythen gern verschleiern, dass nämlich Charybdis etwas Vorübergehendes und Veränderliches ist – etwas, was *manchmal* auftritt. Jener berühmte Strudel oder, besser gesagt, jene Folge immer wieder neuer Strudel entsteht beim Kentern der

Gezeiten, wenn in unterschiedlichen Richtungen fließende Strömungen aufeinandertreffen. Denn jede der beiden verhält sich anders. Das auflaufende Wasser strömt in die sich verjüngende Straße, zunächst auf ganzer Breite gleichmäßig, dann schneller, wenn es in die Enge gezwängt wird. Wenn die Ebbe aus dieser Enge abläuft, bleibt sie von sich aus auf gerader Bahn wie Wasser aus einem Hahn. Es füllt also nicht die ganze Breite des Kanals aus. Alte und neue Tide fließen aneinander vorbei, und es entstehen Turbulenzen, wo sie miteinander in Berührung kommen. Wenn die Strömung schnell genug ist, bilden sich Strudel.

Normalerweise wechseln sich Ebbe und Flut, wie wir alle wissen, zweimal am Tag ab. Warum spricht Homer also von einem dreimaligen Entstehen und Vergehen der Charybdis? Trotz all dem, was sich vor der Küste abspielt, bleibt der Wasserstand bei Messina fast unverändert. Meerwasser durchquert die Straße in die eine und dann in die andere Richtung, aber die Höhe verändert sich kaum. Mit anderen Worten, der Hafen von Messina liegt an einem von Ozeanographen sogenannten amphidromischen Punkt, um den herum sich die Gezeiten drehen, dessen Wasserhöhe aber unverändert bleibt. Dieser Punkt ist so etwas wie das Auge des Orkans oder der Schwingungsknoten einer Geigensaite. »Amphidromisch« bedeutet »umherrennend«, und zufälligerweise weicht die Zeitspanne, die die Flut für ihren Weg um Sizilien herum benötigt, gerade so weit vom normalen Gezeitenzyklus ab, dass es Komplikationen gibt. Die Gezeiten kommen also in der Straße von Messina, genau wie im Euripos, zu anderen Zeitpunkten zum Tragen als im nördlich gelegenen Tyrrhenischen oder im südlich gelegenen Ionischen Meer.

Außerdem ist das Meerwasser klar geschichtet, mit einer kälteren, dichteren, salzigeren Schicht unterhalb einer wärmeren Oberfläche. Und diese Schichten bewegen sich auch noch in entgegengesetzte Richtungen fort. Noch komplizierter wird das Ganze durch den Wind, der an einem heißen Tag kräftiger weht und auf einem von Bergen umgebenen Meer aus unerwarteter Richtung kommen kann. Wahrscheinlich hat das Zusammenspiel von Wind und Gezeiten jene Brecher hervorgerufen, die in den Ohren von Odysseus und seinen Männern wie bellende Hunde klangen.

Salimbene hat recht damit, dass viele Lebewesen in der Nähe der Charybdisstrudel ungewöhnlich groß sind. Wie an vielen anderen Orten, wo die Gezeiten für ungewöhnliche Verhältnisse im Meer sorgen, ist die Artenvielfalt erstaunlich. Mit dem kalten, salzigen Wasser, das durch die quer zur Straße liegende Felsschwelle aufwärtsgelenkt wird, kommen Nährstoffe nach oben, die eine ganze Nahrungskette von Plankton und Algen über Schalentiere bis zu großen Fischen versorgen. Außerdem geraten fremdartige »abyssale« Tiere wie Viperfische oder biolumineszente Laternenfische an die Oberfläche und in die Nähe von Fischernetzen. Die durch die Straße von Messina schwimmenden Fische kommen einer vielfältigen Vogelwelt zugute, weshalb dieser Teil des Mittelmeers für viele Zugvögel eine wichtige Etappe ist. Einige dieser Wesen kann man getrost als Seeungeheuer bezeichnen, beispielsweise die Gorgonenhäupter aus der Klasse der Schlangensterne mit ihren barocken, weit ausgreifenden Armen oder den Seeteufel mit seinem breiten Schlund und seinem geradezu unheimlichen Köder. Warum sehen die Kreaturen der Tiefe so viel eigenartiger aus als diejenigen der Oberfläche? Müssen oder dürfen sie in einer Welt fast ohne Licht und unter größtem Druck so schreckliche Formen annehmen? Oder sind wir durch unsere Vertrautheit mit den Fischen seichterer Gewässer für die besondere natürliche Schönheit dieser seltenen Botschafter der Tiefe blind geworden?

Wie dem auch sei, Messina ist das perfekte Betätigungsfeld für die Wissenschaftler des italienischen Umweltinstituts für Küstenlandschaften, das sich der Ökologie, der physikalischen Meereskunde und anderen Forschungsbereichen widmet. Zum ersten Mal haben übrigens Deutsche die Tierwelt dieser Wasser genauer unter die Lupe genommen. Angezogen wurden sie im 19. Jahrhundert, allerdings wohl nicht nur von der vielversprechend exotischen Natur, sondern auch von der Sonne und Goethes *Italienischer Reise*. Heutige Wissenschaftler untersuchen von Messina aus die Fischbestände und das Potenzial für eine kommerzielle Nutzung der Wasserkraft.

Das genaue Strömungsmuster in der Straße von Messina, das der griechische Geograph Eratosthenes im 3. Jahrhundert v. Chr. mit den Gezeiten des Atlantiks verglich, wurde übrigens jüngst nachgewiesen. Mauro Federico von der Universität Messina fand heraus, dass die Strömungsrichtung sich alle sechs Stunden und acht Minuten ändert, und zwar weil die Insel Sizilien selbst dafür sorgt, dass die Zuflüsse aus dem Tyrrhenischen und dem Ionischen Meer wechselweise die Oberhand gewinnen.

Zweitausend Jahre hat es gedauert, den ruhigen Wassern des Mittelmeers diese alten Geheimnisse zu entlocken. Wie viele andere Phänomene dieser Art harren in den Ozeanen dieser Welt noch der Erklärung? Wie viele überhaupt erst der Entdeckung?

Alexander und Pytheas

Einige Griechen wagten sich über das Mittelmeer hinaus in gefährlichere Wasser. Herodot war wahrscheinlich der erste. Ungefähr 450 v. Chr. sah er die großen Gezeitenunterschiede des Roten Meeres, aber diese vereinzelten Beobachtungen erregten in seiner griechischen Heimat kein Aufsehen.

Im Jahr 334 v. Chr. machte sich der zwanzigjährige Prinz Alexander von Makedonien, der einstmalige Musterschüler des Aristoteles, aus dem einmal Alexander der Große werden sollte, mit einer Armee von vierzigtausend Soldaten auf, um die Perser zu besiegen, Ägypten zu erobern und das griechische Reich über Europa hinaus zu vergrößern. Die Kämpfe waren hart, und Alexander wurde mehrmals verwundet. Erst, als seine Truppen kurz vor der Meuterei standen und der Himalaja ein unüberwindliches Hindernis darstellte, wandte er sich südwärts, um auf diesem Wege in die Heimat zurückzugelangen. Im Sommer 325 v. Chr. stand er bei Pattala, in der Nähe der heutigen pakistanischen Stadt Hyderabad an den Ufern des Indus. Während ein Großteil der Armee ein Lager aufbaute, setzte sich Alexander an die Spitze einer Exkursion per Schiff flussabwärts, um herauszufinden, wie weit er vom Meer entfernt war. Er hatte keinen ortskundigen Führer, und Einheimische erzählten ihm, dass der Fluss zwei Tagesreisen weiter salzig sei – vom Meer wussten sie nichts.

Zwei Tage später legten die Makedonier auf einer Insel an, um Vorräte an Bord zu nehmen, und plötzlich sahen sie das Wasser flussaufwärts fließen. Es roch und schmeckte nach Meer. Vielleicht gratulierten sie einander schon zur baldigen Heimkehr, da schlug ihnen eine hohe, flussaufwärts verlaufende Welle entgegen, sodass der Strom »anfangs in seinem Lauf aufgehalten, danach mit solcher Heftigkeit zurückgetrieben wurde, dass das Wasser mit eben der Schnelligkeit zurücktrat, mit der es sonst bei dem starken Fall eines Flusses vorwärtszulaufen pflegt«, schrieb der römische Historiker Quintus Curtius Rufus drei Jahrhunderte später. Welle um Welle drängte ungebrochen von einem Ufer zum anderen und überflutete trockene Felder. Die Wellen warfen die Boote gegeneinander, »dass es schien, als lieferten zwei Flotten einander ein Treffen«, so Curtius Rufus. »Plötzlich aber überfiel sie ein neuer und noch größerer Schrecken«: Das Wasser sank so schnell, wie es gestiegen war, die Boote waren gestrandet, die Ausrüstung zwischen eigenartigen Tieren verstreut. »Auf dem Lande Schiffbruch zu erleiden und ein Meer im Fluss, da wollte man seinem eigenen Gefühl, seinen Augen fast nicht trauen.«

Abends schickte Alexander einige Reiter weiter flussabwärts, die ihn gegebenenfalls vor der Wiederkehr dieses noch nie beobachteten Schauspiels warnen sollten. Das war, wie sich herausstellen sollte, eine gute Idee. Etwa zwölf Stunden später kamen sie angeritten, dicht gefolgt von einer zweiten Welle. Diese war kleiner, aber hoch genug, um die gestrandeten Schiffe wieder ins Wasser zu holen, und »da erschallten vom frohen Jubelgeschrei der Soldaten und Matrosen über diese ihre unverhoffte Rettung das Ufer und Gestade.«

Ohne dass Alexander es wusste, waren er und seine Männer von einem der dramatischsten und zerstörerischsten Gezeitenphänomene erfasst worden, einer Gezeitenwelle. (Wenn es eine einzelne Welle gewesen wäre, würden wir sie vielleicht für einen Tsunami nach einem Seebeben halten, aber dass es gerade nach gut zwölf Stunden eine zweite Welle gab, wie Alexanders Historiker festhalten, zeigt eindeutig, dass es sich hier um ein Gezeitenphänomen handelt.) Die griechische Armee setzte ihre Erkundung bis an die Küste des Arabischen Meeres fort, opferte dem Gott Poseidon, gründete noch eine letzte Siedlung namens Alexandria, wie sie es schon ein Dutzend Mal vorher getan hatte, und dann machte sie sich auf den Heimweg.

Weniger bekannt, aber für unser Wissen über die Gezeiten viel wichtiger, war die Reise, die Pytheas von Marseille um etwa dieselbe Zeit in entgegengesetzte Richtung unternahm. Im griechischen Mittelmeerraum kursierten Gerüchte über Hyperborea, ein kaltes Land jenseits des

Nordwinds, von dem auch Herodot gesprochen hatte. Genaues wusste man nicht. Pytheas sorgte dafür, dass sich das änderte. Er reiste über Land bis an die Gironde, dann per Schiff in die Bretagne, schließlich nach Cornwall, über die Irische See und womöglich sogar bis zu den Orkney- und Shetlandinseln. Der Legende zufolge segelte er sogar über den Polarkreis hinaus zu einem Land, dass er Thule nannte.

Pytheas' eigener Bericht ist nicht überliefert. Wir müssen uns auf die Schriften sehr viel späterer Geographen wie Strabo und Plinius des Älteren stützen. Allerdings stellt der bekannte Archäologe Barry Cunliffe fest:»Das Meer und seine Unwägbarkeiten fand der neugierige Pytheas offenbar ziemlich aufregend, und er erwähnt es mehrmals.« Auf dem Weg aus der Mündung der Gironde hinaus fand er sich»in einer völlig anderen Welt mit einem Tidenhub von bis zu fünfzehn Metern«. Den späteren Autoren zufolge erreichte Pytheas Orte, die nur über Dammstraßen zugänglich sind, und vielleicht handelt es sich dabei um Mont-Saint-Michel in der Normandie und St Michael's Mount in Cornwall. Plinius spricht auch von Tidenstiegen bis zu achtzig römischen Ellen. Das entspricht etwa sechsunddreißig Metern und übertrifft alles, was Pytheas gesehen haben könnte, um das Dreifache. Plinius war aber nicht nur ein lebendiger Erzähler, er war wie seine mediterranen Zeitgenossen einfach mit den Gezeiten und ihren Maßstäben völlig unvertraut. Ein anderer Grieche, der Philosoph Aëtios, hielt fest, dass Pytheas zufolge Hoch- und Niedrigwasser mit Voll- und Neumond einhergingen. Allerdings schreibt Cunliffe, dass hier wohl eher der Unterschied zwischen der Durchschnittshöhe von Springtiden (die bei Voll- und Neumond auftreten) und Nipptiden (bei Halbmond) gemeint sei und nicht die halbtäglichen Hoch- und Niedrigwasserhöhen.

Außer Alexander dem Großen und Pytheas haben offenbar nur ganz wenige furchtlose Seelen die Gezeiten außerhalb des Mittelmeers in Augenschein genommen. Der Universalgelehrte Poseidonius beschrieb die Gezeiten bei Cádiz, aber wie die Schriften des Pytheas sind seine Originaltexte verloren (in diesem Fall durch den Brand der Bibliothek von Alexandria), nur bei Strabo werden sie zitiert. Der babylonische Astronom Seleukos von Seleukia, geboren am Roten Meer, hielt als Erster fest, dass die Höhen von Hoch- und Niedrigwasser veränderlich sind und dass dies wohl mit den Mondphasen zu tun hat.

Um wie vieles früher hätte die abendländische Kultur ein genaues Verständnis von den Gezeiten entwickelt, wenn ihre Wiege nicht am stillen Mittelmeer gelegen hätte, sondern an wechselvolleren Wassern? Um wie viel vertrauter wären uns die Gezeiten, wenn ein solches Verständnis zum Grundbestand unseres Naturbewusstseins gehören würde? Womöglich hat jener Zufall abendländischer Geschichte dafür gesorgt, dass wir immer noch recht wenig über die Gezeiten wissen.

Wir sagen gern, dass die Anfänge unserer Mathematik, Geometrie, Architektur, Physik, Mechanik, Astronomie und Naturgeschichte bei den Griechen liegen. Umso eigenartiger wäre es, wenn sie über die Gezeiten nichts zu sagen gehabt hätten – falls sie ihnen denn wichtig waren. Den Griechen und auch den Römern sind die bescheidenen Veränderungen der Meereshöhe angesichts starker Winde und Witterungsveränderungen aber oft einfach entgangen. Sie hatten nicht wirklich die Möglichkeit, in Bezug auf die Gezeiten ein Muster zu beobachten. Selbst wenn sie eine Verbindung zwischen Mondphasen und Gezeiten geahnt hätten, wären sie auf das Mittelmeer als Maßstab angewiesen geblieben. Die riesigen Veränderungen auf den Meeren jenseits der Wüste oder der Säulen des Herakles hätten sie dann vielleicht gar nicht als Bestätigung ihrer Theorie, sondern als ein völlig anderes Phänomen aufgefasst. Die wenigen auffälligen Auswirkungen der Gezeiten sind aber eben doch in Mythen und Legenden eingegangen, wie wir schon gesehen haben.

Ganz ähnlich ist die Situation bei den Völkern der Bibel, die ebenfalls an der Mittelmeerküste beheimatet sind. Auch die alten Ägypter, deren Land im Norden an das Mittelmeer und im Osten an das Rote Meer grenzte, waren hier nicht wirklich neugierig.

Und wie steht es mit jenen frühen Hochkulturen, die nicht das Glück hatten, als Fundament abendländischer Kultur zu dienen? Der Großteil der Küsten der Welt liegt außerhalb Europas. Gab es Zivilisationen, die etwas über die atmenden Ozeane an ihren Küsten herausgefunden haben? Einige haben eine gute Ausrede: In Japan und auf vielen Pazifikinseln sind die Gezeiten kaum spürbar. Die Mayas waren besessen von Kalendern und bezogen die Mondphasen mit ein, aber verständlicherweise brachten sie sie nicht mit den winzigen Gezeiten im Golf von Mexiko in Verbindung. Auch die Chinesen machten die entscheidenden Fortschritte erst im 11. Jahrhundert, als der Universalgelehrte Shen Gua auf die Idee kam, dass der Mond einen größeren Einfluss als die Sonne hat.

Am meisten wusste die Harappa-Kultur des Industals, und zwar schon vor über viertausend Jahren. In Gujarat, wo das Arabische Meer für große Gezeitenunterschiede sorgt, haben Archäologen eine aus dieser Zeit stammende Gezeitenschleuse entdeckt, ein von Menschenhand angelegtes Becken, das sich bei Flut füllt und das über einen kurzen Kanal mit einem Mündungsgebiet verbunden ist. Wenn die Ebbe beginnt, verhindert ein Tor den Rückfluss des aufgestauten Wassers. Indische Völker machten sich die Gezeiten schon jahrhundertelang zunutze, bis sie sie zu erklären versuchten. Eine der vedischen Schriften, die um 1200 v. Chr. zusammengestellte *Samaveda*, erwähnt den Einfluss des Mondes. Das hinduistische *Mahabharata*-Epos erkannte den Zusammenhang zwischen Springtiden und dem Voll- und Neumond, und später ersetzten die *Puranas* die Vorstellung, der Ozean wachse und schrumpfe, durch die richtige Annahme, dass die Wassermenge insgesamt weitgehend gleich bleibe, sich aber immer wieder anders verteile.

Ein größeres Reich

Dover, Kent

	NW	HW	NW	HW
27. August 55 v. Chr.		07:31		

Im September 54 v. Chr. war Julius Cäsars Einmarsch in Britannien in vollem Gange, als Marcus Tullius Cicero von Rom aus einen Brief seines Bruders Quintus beantwortete, der mit Cäsar unterwegs war. Die Angst der Römer vor den Gezeiten kommt darin deutlich zu Sprache: »Wie habe ich mich über Deinen Brief aus Britannien gefreut! Vor dem Meer, vor der Küste dieser Insel hatte ich Angst. Die anderen Aspekte des Unternehmens will ich nicht unterschätzen, aber diese machen mir mehr Hoffnung als Angst.«

Die Römer waren kaum an Veränderungen des Meeresspiegels gewöhnt und kannten schnelle Strömungen nur aus wenigen Meerengen, daher musste ihnen vor der Eroberung der Britischen Inseln tatsächlich bange gewesen sein. Und zwar auch aus ganz praktischen Gründen. In einer mediterranen Flaute kommen von Sklaven geruderte Triremen schnell genug voran, aber wenn auf dem Atlantik der Wind bläst, sind sie den Gezeiten ausgeliefert.

Bei beiden Landungen in Britannien, 55 und 54 v.Chr., hatte Julius Cäsar mit der schnellen Strömung im Ärmelkanal zu kämpfen. Strabo schreibt:

Zweimal ist Cäsar zu der Insel hinübergefahren, doch er ist bald wieder zurückgekehrt, ohne Großes getan zu haben oder weit in die Insel vorgedrungen zu sein; schuld daran waren einmal die Empörungen im Keltischen, teils der Barbaren, teils seiner eigenen Soldaten, zum anderen der Verlust vieler Schiffe dadurch, dass beim Vollmond die Ebben und Fluten stärker geworden waren.

Wo genau Cäsar und seine Truppen im August 55 zum ersten Mal britisches Land betraten, geht aus zeitgenössischen Quellen nicht hervor und wird seit Langem heftig diskutiert. Wer das Rätsel lösen will, muss nicht nur etwas von militärischer Taktik, sondern auch von den Gezeiten verstehen.

Cäsars Flotte brach am 27. August frühmorgens von zwei französischen Häfen aus auf, und zwar sieben Tiden vor Vollmond, wie Cäsar selbst in *De bello Gallico* schreibt. Beteiligt waren ungefähr achtzig Transportschiffe, genug für zwei Legionen, und weitere Schiffe hatten Reiter und Pferde an Bord. Angesteuert wurde Dover mit seinem natürlichen Hafen. Als sie sich einige Stunden später der Küste näherten, sahen die Römer überall an der Küste kampfbereite Briten, sodass ein Landgang Selbstmord gewesen wäre. Stattdessen habe er befohlen, so erzählt Cäsar selbst, dass man bis in den Nachmittag vor der Küste vor Anker liegen sollte.

Und hier kommt nun die Unsicherheit bezüglich der Gezeiten ins Spiel. Cäsar schreibt, er sei schließlich sieben Meilen weiter an Land gegangen, als Wind und Gezeiten die Sache begünstigt hätten. Nur, sieben Meilen in welche Richtung? Leider enthält keine römische Quelle eine genaue Beschreibung des Landekopfs, und archäologische Spuren gibt es nicht. Das schöne Denkmal mit dem Kopf Cäsars in Walmer Green wurde wohl etwas voreilig aufgestellt.

1862 wollten zwei viktorianische Gentlemen die Sache ein für alle Mal klären. Thomas Lewin argumentierte, die Flotte könne nur nach Westen in Richtung Hythe abgedrängt worden sein, während Edward Cardwell vom Gegenteil ausging, also von einem Landgang hinter South Foreland in Richtung Deal. Diese beiden Orte liegen ungefähr in der richtigen Entfernung von Dover entfernt.

Warum war den beiden Herren die Sache so wichtig? Hatten sie einfach nur zu viel Zeit? Natürlich ging es darum, mit Sicherheit festzustellen, wo genau die Zivilisation in England ankam, und das war für die ambitionierten Architekten des britischen Weltreichs durchaus von Bedeutung. Schon nach kurzer Zeit wurden die höchsten militärischen und wissenschaftlichen Autoritäten eingeschaltet, bis die Sache schließlich auf dem Schreibtisch des Hofastronomen landete.

Richtig rund ging es dann, als sich der Präsident der ehrenwerten Londoner Gesellschaft für Altertumsforscher, Lord Stanhope, der Sache annahm. Er bat den Herzog von Somerset um eine Expertise. Dieser war First Lord of the Admiralty, Marineminister, und damit sicher ein Experte für alle Schifffahrtsangelegenheiten.

Man hat ausgerechnet, dass am 27. August um 7:31 Uhr Hochwasser gewesen sein muss. Lewins Überlegungen zufolge herrschte am Nachmittag also Ebbe, und Cäsars Flotte wurde Richtung Hythe abgelenkt. Cardwell hingegen hatte sich mit Seeleuten in Folkestone unterhalten, die ihm sagten, dass die Gezeiten sich vor Ort nicht so verhielten, wie es die von der Admiralität ausgegebenen Tafeln für den Ärmelkanal beschrieben. Eine nie offiziell gemessene küstennahe Strömung hätte Cäsars Flotte damit bei Stauwasser ostwärts abgelenkt, Richtung Deal. Cardwell hatte sogar mit dem Fährmann in Folkestone gesprochen, der »in solchen Fragen in Dover normalerweise die unwidersprochene Autorität war«. Und der würde den Unterschied zwischen einer küstennahen und einer küstenfernen Strömung schon kennen. Der Fährkapitän hatte bestätigt, dass Cäsar ostwärts und nordwärts abgetrieben worden wäre, wenn er bei Ebbe den Anker gelichtet hätte, also um South Foreland herum und keineswegs nach Westen.

Konteradmiral Lord Clarence Paget, Sekretär der Admiralität, bestätigte Stanhope gegenüber, dass sich die Messwerte auf die Mitte des Ärmelkanals bezogen. Er bot daher an, neue Messwerte für küstennahe Wasser einzuholen, und legte eine Karte bei, auf der Stanhope eintrag en sollte, wo genau die Messungen stattfinden sollten. Stanhope zückte seinen Bleistift und markierte ein Gebiet zwischen South Foreland und Shakespeare Cliff, auf beiden Seiten von Dover, eineinhalb bis zweieinhalb Kilometer vor der Küste. Sieben Monate später schrieb Paget zurück – es hatte vier volle Mondzyklen gedauert, die Messungen durchzuführen und die Ergebnisse auszuwerten. Der Inspektor der Admiralität hatte festgestellt, dass der Gezeitenwechsel in Küstennähe vier oder fünf Stunden nach Hochwasser stattfand, also deutlich später als in der Mitte des Kanals. Der Inspektor fügt hinzu, er gehe davon aus, dass das Wasser jeweils etwa sechseinhalb Stunden in die eine und in die andere Richtung fließe. Diese grobe Schätzung ging an der eigentlichen Frage vorbei, nämlich dass Wasser in beide Richtungen gleich lang floss.

Am Ende sprach der Hofastronom, Sir George Biddell Airy, das Urteil. Er erinnerte daran, dass sein berühmter Vorgänger Edmond Halley sich mit dem Zeitpunkt, aber nicht dem Ort von Cäsars Vorstoß beschäftigt habe, und stellte fest, dass Cardwells Theorie einer Landung bei Deal oder Walmer »völlig unhaltbar« sei. Allerdings war er so klug, sich nicht auf eine Alternative festzulegen. Cardwell hatte den Fehler gemacht, eine in der wissenschaftlichen Literatur angegebene Tageszeit (3:10 Uhr nachmittags) für einen Zeitraum zu halten (nämlich für einen Gezeitenfluss von drei Stunden und zehn Minuten). Er hatte also als Landratte irrtümlich angenommen, dass die Wasserhöhe dort sinkt, wo Ebbe herrscht, was aber oft nicht der Fall ist. Die Erklärung regte Airy zu einer kleinen Reminiszenz an:

Noch bevor ich mich als junger Mann mit der Theorie der Gezeiten beschäftigte, ging ich gern zur Baustelle der neuen London Bridge. Einmal stand ich auf einem der mittleren Pfeiler und sah zu meiner großen Überraschung, dass das Wasser zwar schon um einen Fuß gesunken war, die Strömung aber immer noch flussaufwärts wirkte. Dies erzählte ich meinem inzwischen verstorbenen lieben Freund, Mr. (dem späteren Sir William) Cubbitt, und er entgegnete mir: »Das Wasser muss weiterhin aufwärtsfließen, damit auch dort oben Hochwasser wird.« Selten haben mich so wenige Worte so vieles gelehrt. Doch dieses Gesetz kennen auch die Menschen des Wassers kaum, deren Vorstellung von Hochwasser fast nur mit dem Stauwasser zu tun hat. Vielleicht sollte man diese beiden Dinge einfach nicht miteinander vermengen.

Cäsar zog sich im Winter zurück, um für das folgende Jahr einen weiteren, größer angelegten Vorstoß zu planen. Neu gebaute, landungstauglichere Schiffe sollten fünf Legionen und Kavallerie mit sich führen. Die Römer lernten bald, mit solch anspruchsvoller See umzugehen. Tacitus beschreibt, wie die römische Flotte Britannien umsegelte: »Eines füge ich bei, dass nirgends das Meer ausgedehnter herrsche; dass es in vielen Strömungen sich hierhin und dorthin ergieße; es nicht bloß am Gestade sich hebe und senke, sondern ins Land hineinfließe, es umflute und sich zwischen Höhen und Berge eindränge, gleich als auf eigenem Gebiete.«

An anderer Stelle schreibt er über die Eroberung der Insel Mona (Anglesey), auf die die Briten sich zurückgezogen hatten. Zu diesem Zeitpunkt, im Jahre 60 n. Chr. hatten die Römer offenbar schon viel über die Gezeiten gelernt. Die Menaistraße, die die Insel vom walisischen Festland trennt, ist für ihre schnellen und gefährlichen Strömungen bekannt. Agricola, Tacitus' Schwiegervater, ließ sich davon nicht abhalten und befahl, dass man Schiffe mit flacherem Rumpf bauen sollte, damit man Untiefen überwinden konnte und nicht gegen die Strömung ankämpfen musste.

Damit wurden die Briten wohl zum ersten Mal an ihrer eigenen Küste ausgetrickst, indem sich jemand die Gezeiten zunutze machte. Auch anderen sollte das noch gelingen.

UFER DES UNWISSENS

Der König lädt zur Flut

Stellen Sie sich die berühmte Szene vor. Das altehrwürdige englische Buch *Our Island Story*, das die Geschichte der Britischen Inseln für Kinder erzählt, wird Ihnen dabei helfen. Die Autorin H. E. Marshall steuert sogar die Dialoge bei. Der dänische König Knut, Knut der Große, der England im 11. Jahrhundert beherrschte, ist ein weiser Mann. Am Hof ist er von Schmeichlern umgeben. »Sogar die Wellen gehorchen Eurer Majestät«, flüstern sie ihm ein. Genervt stellt der König fest, dass gute Argumente allein sie nicht von dieser idiotischen Vorstellung abbringen. Sie müssen die Sache mit eigenen Augen sehen, und darauf legt er es an.

Die ganze Mannschaft macht sich zum Strand auf. Sie warten. Und warten. Und da muss die Sache wohl kompliziert geworden sein. Denn das Wasser steigt natürlich, aber eben nur langsam. Sehr langsam. Wird der Hof einsehen, dass auch der König dem Willen Gottes unterworfen ist, wenn ihm das Wasser bis an die Knöchel steht? Oder erst bei der Hüfte? Wie lange muss er durchhalten, bis er sie überzeugt hat? Wie weit wird das Wasser steigen müssen? Ich war auch einmal an jenem Strand in Southampton, wo Knut angeblich versuchte, den Wellen Einhalt zu gebieten. Mein Thron war ein Klappstuhl, den ich einen guten Meter vom Wasser entfernt postiert hatte. Wie schon vor tausend Jahren stieg das Wasser, es erreichte meine Füße und kroch dann langsam meine Waden hoch. Das dauerte ungefähr eine halbe Stunde. Was mag in diesem Zeitraum passiert sein? Haben die Höflinge geduldig darauf gewartet, dass sich die göttliche Macht ihres Königs schon erweisen wird, da er sie doch hierhergeführt hat? Streiten sie sich mit ihm oder miteinander, da das Wasser langsam den Saum seiner Gewänder benetzt? Ich stelle mir die Situation ungefähr wie Leonardo da Vincis *Letztes Abendmahl* vor: ein stiller Held im Mittelpunkt, um ihn herum eine lebendige Auseinandersetzung. Aber ein so bekanntes Gemälde gibt es in diesem Fall nicht. Auf einigen Radierungen in Geschichtsbüchern ist das Wasser noch ziemlich weit von der ganzen Gruppe entfernt, und Knut streckt einfach wie ein Verkehrspolizist seine offene Hand aus. Die Flut folgt derweil ihren eigenen Gesetzen. »Ich bin dein Herr und Meister und befehle dir, mein Land nicht zu betreten«, spricht der König. Er durchschaut seine eigene Show natürlich. Wie mag er geklungen haben? Ging er auf die Hoffnungen seiner Höflinge ein und sprach mit tiefer, ernster Stimme? Oder doch mit verschmitztem Lächeln, hochgezogener Augenbraue und vielleicht sogar hochgezogenem Mundwinkel? »Weiche zurück und wage es nicht, meine Füße zu benetzen!« Die Flut hörte freilich nicht auf ihn, und wir dürfen annehmen, dass seine Entourage geknickt und beschämt zurück an die Arbeit ging, nachdem das Spektakel vorbei war.

Die Geschichte hat der englischen Sprache eine der bekanntesten Flutmetaphern geschenkt. Wenn ein Politiker oder ein Beamter das Unausweichliche aufhalten will, schreiben die Journalisten, er handele »wie ein neuer Knut« (»He is acting like Canute«). Dabei übersehen die Reporter natürlich, dass Knut seine Machtlosigkeit bewusst zur Schau stellen wollte. Aber manchmal ist eine Metapher mehr wert als eine historische Tatsache, jedenfalls was Journalisten angeht. Sie stellen den Vergleich mit Knut an, wenn es um die Haltung der Musikbranche zur Digitalisierung oder um den Widerstand von Priestern gegen die Schwulenehe geht. Besonders eindrucksvoll war eine Schlagzeile im Juni 2012, bei der die wörtliche Bedeutung die übertragene beinahe in den Schatten stellte. An der Küste von North Carolina ansässige Firmen setzten sich dafür ein, dass jeder Hinweis auf den Klimawandel aus den Gesetzen des Bundesstaates gestrichen werden sollte, und erschreckenderweise hatten sie sogar Erfolg damit. »NC verbietet Anstieg des Meeresspiegels. König Knut: ›Kein Kommentar!‹«, scherzte ein Blogger.

Die Begebenheit wird auf das Jahr 1028 datiert, aber über ihren Ort weiß man noch weniger als über Cäsars Landung in Kent, und diesmal gibt es noch nicht einmal eine zeitgenössische Quelle. Auf einer Erinnerungstafel am ehemaligen Canute Castle Hotel auf der Southamptoner Canute Road steht:

Hier rügte im Jahre 1028
Knut
seine Höflinge

Aber es könnte auch in Bosham in der Grafschaft Sussex oder sogar auf der längst in den Fluten versunkenen Themseinsel Thorney bei Westminster gewesen sein.

Die älteste Quelle ist die ungefähr ein Jahrhundert nach Knuts Herrschaftszeit (1016–1035) verfasste *Historia Anglorum* (Geschichte des englischen Volkes) des Erzdiakons Heinrich von Huntingdon. Er wertete verschiedene angelsächsische Chroniken aus, stützte sich bei Knut aber wohl vor allem auf altenglische Gedichte. Knut habe

befohlen, dass sein Thron an den Strand gestellt werde ... Und er sprach zu den heraufziehenden Wassern:»Ihr seid in meinem Reiche, und mein ist das Land, auf dem ich sitze. Niemand hat sich je straflos meinem Befehl widersetzt. Daher gebiete ich euch, mein Land nicht zu betreten und nicht die Verwegenheit zu besitzen, die Gewänder oder die Gliedmaßen eures Herrn zu benetzen.«

H. E. Marshall hat diese Passage ganz offensichtlich gekannt. Nicht seine Allmacht, sondern seine Ohnmacht vor Gott wollte der König zur Schau stellen. Er soll später erklärt haben:»Die Macht der Könige ist leer und oberflächlich, und keiner hat das Recht, sich König zu nennen, außer Ihm, dessen Willen der Himmel, die Erde und das Meer gemäß Seinen ewigen Gesetzen gehorchen.« Heinrich von Huntingdon ergänzt, der König habe »sich seine goldene Krone vom Kopf genommen und fortan nie wieder getragen«.

Ein Herrscher muss sich der Treue seiner Untertanen und der Stabilität in seinem Land schon sehr sicher sein, wenn er das Risiko eines so exzentrischen Verhaltens auf sich nimmt. Worum ging es ihm tatsächlich? Knut war der erste und einzige Däne, der je König von England war. Seine Streitkräfte erreichten im Jahre 1015 die Küste von Kent, gingen aber erst sehr viel weiter südlich von Bord, eroberten zuerst Wessex und brachten schließlich das ganze Land unter ihre Kontrolle. Knut festigte seine Position, indem er Angelsachsen und Skandinavier bei der Vergabe hoher Ämter gleichmäßig berücksichtigte. Er war ein kluger Politiker und stabilisierte das von Aufständen und Korruption zerrüttete Land, das er seinem Vorgänger Æthelred entrissen hatte. Historische Quellen erwähnen keine der üblichen Auseinandersetzungen, weshalb Historiker Knuts Herrschaft für relativ unumstritten halten.

Wichtig ist auch, dass Knut Christ war, während sein Vater Sweyn der neuen Religion noch mit gemischten Gefühlen begegnet war. In den Diensten eines jeden nordischen Herrschers standen damals Skalden. Diese Dichter hielten wichtige Ereignisse in einprägsamen Versen fest und sind damit so etwas wie die Vorgänger heutiger Pressesprecher. Die Refrains ihrer Gedichte verbreiteten sich im Volk und trugen ähnlich wie heute der Slogan einer Marke zum positiven Image des Königs bei. Knuts Skalden legten weniger Wert auf seinen Schlachtenruhm als auf seine Wohltaten. Seine Rolle als Friedensstifter und Beschützer des Reiches brachten sie explizit mit Gottes Rolle in dessen Reich in Verbindung. Unterschwellig sollte die Botschaft vermittelt werden, dass König und Gott eng zusammengehören. Knut war in den Worten von Roberta Frank, Historikerin an der Universität Yale, eine Art »PR-Genie«:»Die Parallele zwischen Gott und Herrscher in diesen Gedichten war so etwas wie ein Knut'sches Leitmotiv.«

Offenbar hat die Imagepflege sogar ein bisschen zu gut funktioniert, denn zumindest die eher leichtgläubigen oder besonders unterwürfigen Untertanen nahmen bald an, dass der König wirklich göttliche Macht besaß, und wohl deshalb inszenierte er jenes eigenartige Strandspektakel, das die Begrenztheit seiner Kräfte erweisen sollte. Frank geht davon aus, dass die einprägsame, aber auch recht allgemeine Geschichte vom Herrscher, der die Flut aufhalten will, aus diesem Grund gerade Knut zugeschrieben wird.

Und welche Rolle spielen die Gezeiten bei alldem? Es ist sicher kein Zufall, dass der König sich die Flut ausgesucht hat und nicht zum Beispiel versuchte, einen Fluss aufzuhalten oder ein wildes Tier zu zähmen oder das Wetter irgendwie zu beeinflussen. Von alldem unterscheiden sich die Gezeiten dadurch, dass sie ganz offensichtlich bestimmten Gesetzen gehorchen. Nicht nur Küstenbewohner, auch Intellektuelle wussten das. Der Mönch und Historiker Beda aus Northumberland ging 725 in seinem Buch *De temporum ratione* (Über die Berechnung der Zeit) auf die Gezeiten ein und erwähnte den Zusammenhang zwischen höchsten Hochwasserhöhen und Neu- und Vollmond, auch wenn ihm der dafür verantwortliche Mechanismus noch verborgen blieb. Er konnte aber die frühere Annahme widerlegen, dass die Gezeiten auf Unterseegeysire zurückzuführen seien. Er charakterisierte die Gezeiten zwar als Naturphänomen, aber eben als eines, dessen Regelmaß und Sinn der Mensch zumindest ansatzweise erkennen konnte. So konnten die frühen Christen in der Ebbe und Flut das Wirken eines vernünftigen christlichen Gottes erkennen, während Flüsse und Tiere oft noch die Namen alter nordischer Götter behielten.

Knut dachte sicher auch politisch. Indem er sich dem Meer widmete, erinnerte er seinen Hof und damit alle seine Untertanen daran, dass er nicht nur England, sondern auch ein riesiges Reich jenseits der See beherrschte, zu dem im Jahr 1028 neben Dänemark auch Norwegen und Teile von Schweden gehörten. Die Gezeiten kontrollierte er vielleicht nicht, dafür aber das größte Reich in Europa.

Der Wortschatz der Gezeiten

Man könnte meinen, dass der englische Gezeitenwortschatz ebenso wie viele Ortsnamen im Osten Englands auf die Zeit der nordischen Eroberungen zurückgehe. Tatsächlich haben aber bereits die Angeln und Sachsen zahlreiche Begriffe mitgebracht. Viele von ihnen landeten beispielsweise in Ebbsfleet in Kent, und dieser Name hat mit der schnellen Strömung zu tun.

Beda schrieb mittellateinisch, und Worte wie *malina* oder *malinae* und *ledon* oder *ledones* bezeichnen »lebendige« oder »tote« Wasser, also das, was wir heute Spring- bzw. Nipptiden nennen. Für andere Phasen im Gezeitenzyklus haben wir heute keine Begriffe mehr. Bedas *dodrans* bezieht sich auf ein Verhältnis von neun Zwölftel und damit auf den Zeitpunkt, an dem die Flut beginnt. In einigen romanischen Sprachen heißt die Nipptide auch heute noch »totes Meer«.

Im Englischen mussten sowohl die lateinischen als auch die noch älteren keltischen Begriffe für die Gezeiten dem angelsächsischen Wortschatz weichen. *Tíd* ist der regelmäßige Rhythmus des Meeres, aber allgemein auch eine bedeutungsschwere Zeit. Über die Gezeiten sprach man eher konkret als *flód* (Flut) und *ebba* (Ebbe). Diese Wörter stammen aus dem Altfriesischen, das die meisten nordeuropäischen Sprachen mit einem Gezeitenvokabular ausstattete. Zusammengesetzte Substantive bezeichnen bestimmte Gezeiten: *apflód* – Ebbe, *héahflód* – Flut, *népflód* – Nipptide, *fylleflód* – Springtide.

Das Wort *Nipp-* (im modernen Englisch: *neap*) gibt es im Mittelalter an sich nur in Wortverbindungen wie *népflód* oder später *níptíd,* mit der einen bemerkenswerten Ausnahme des *Cædmon*-Manuskripts. Dieser altenglische Text entstand um das Jahr 1000 n. Chr. und erzählt die Geschichte des Buches Exodus als Heldenepos nach Art des *Beowulf.* Allein schon die eindrucksvollen Schilderungen der stürmischen See verlegen die Flucht der Israeliten aus Ägypten vom Roten Meer an die englische Küste. Im Original heißt es:»Mægen wæs on cwealme fæste gefeterod, forðganges nep, searwum asæled.« Das bedeutet in etwa:»[Pharaos] Streitkräfte waren todgeweiht. Ihr kraftloses [*nep*] Vorankommen wurde durch Waffen behindert.« Es ist gut möglich, dass»nep« als lyrische Kurzform sowohl die Wasserhöhe als auch die Ägypter charakterisiert. Die Bibel selbst spricht übrigens nirgends von den Gezeiten, was angesichts der Verhältnisse um das Heilige Land herum auch nicht überrascht. Die entsprechende Stelle lautet:»Die Ägypter setzten ihnen nach; alle Pferde des Pharao, seine Streitwagen und Reiter zogen hinter ihnen ins Meer hinein.«

Das Wort *spring* wird erst seit dem Mittelalter für hohe Wasserhöhen verwendet. Es bedeutete Quelle und sorgt noch heute für Verwirrung, denn im Englischen heißt so auch der Frühling, der mit den Wasserständen freilich nichts zu tun hat.

Was *flód* bedeutet, ist recht klar, denn es entspricht der allgemeineren Bedeutung des Wortes»zu viel Wasser«. *Ebba* hat seine Wurzeln in der germanischen Vorsilbe *ab-,* also»weg-«,»zurück-«. Etymologen verweisen aber darauf, dass sich spezifische Gezeitenworte wie»Nipp-« oder»Spring-« nicht weiter zurückverfolgen lassen, wohl weil die entsprechenden Phänomene noch nicht genau genug beobachtet worden waren.

Überraschend ist, auf welchen Wegen sich diese Wörter verbreitet haben. Im Altnordischen fehlen viele dieser Konzepte. Bekannt ist, dass die englische Sprache dem Altdänischen und Altnorwegischen viel verdankt, aber in diesem Fall haben sich nach den Wikingereinfällen umgekehrt die skandinavischen Sprachen bei den Angelsachsen bedient, an deren Küsten die Gezeiten so viel sichtbarer sind.

Byrhtnoths letztes Gefecht

Maldon, Essex

	NW	HW	NW	HW
10. August 991		10:23		22:48
		2,7 m		2,9 m

Im frühen Mittelalter waren die Britischen Inseln verschiedenen Angriffswellen ausgesetzt, bei denen es sich auszahlte, wenn man etwas von den Gezeiten verstand. Viele Gefechte werden in den Chroniken geschildert. Die Überfälle der Wikinger begannen im Jahr 793 n. Chr., und da der Widerstand gering war, ging es eine ganze Zeit lang so weiter, bis den sporadischen Raubzügen die dauerhafte Kolonisierung folgte.

König Alfred der Große besiegte im Jahr 896 angeblich in einer Seeschlacht im Ärmelkanal die dänischen Wikinger. Alfred standen neun neue Schiffe zu Gebote, die er möglicherweise selbst entworfen hatte. Sie waren doppelt so groß wie die dänischen und außerdem wendiger und einfacher zu beherrschen. Mit ihnen konnte er daher sechs angreifende dänische Schiffe in einem Hafen festsetzen. Dass dieses Treffen irgendwo in der Nähe der Isle of Wight stattfand, berichtet die *Angelsächsische Chronik*, die ursprünglich auf königliches Geheiß im 9. Jahrhundert verfasst und im Lauf der folgenden Jahrzehnte immer wieder ergänzt wurde. Nur wenige Orte an der Küste entsprechen allerdings den Beschreibungen der Chronik. Der Schriftsteller und Segler Hilaire Belloc geht davon aus, dass die berüchtigte Bramble-Sandbank im Solent, an der Mündung des bei Ebbe manchmal trocken liegenden Southampton Water, der Ort dieser Vorkommnisse war.

Bei Ebbe legten drei der dänischen Schiffe ab, um die englischen anzugreifen. Zwei wurden rasch gekapert und ihre Mannschaften getötet, aber das dritte entkam. Im Getümmel strandeten drei englische Schiffe in der Nähe der drei weiteren dänischen, und dazwischen lag nur ein kleiner Zufluss, aus dem das Wasser noch ablief. Noch schlimmer allerdings war, dass die anderen englischen Schiffe auf der anderen Seite ebenfalls auf Grund liefen und ihren Mitstreitern nicht zu Hilfe kommen konnten, nicht bei noch anhaltender Ebbe.

Es war immer noch Ebbe, als die Dänen ihre Schiffe verließen, den

Wasserarm durchwateten und die drei gestrandeten englischen Mannschaften angriffen. Die Engländer behielten die Oberhand, auch weil sie von friesischen Söldnern unterstützt wurden. Als das Wasser wieder stieg, kamen die dänischen Schiffe als Erste los und entflohen. Sie versuchten, es in das von Wikingern gehaltene East Anglia zu schaffen. Zwei wurden vor der Küste von Sussex erobert, nur eines kam davon.

Zu Alfreds vielen Ehrentiteln gehört auch »Gründer der britischen Navy«. Seine Kapitäne hatten zwar diesmal den Sieg errungen, zeichneten sich aber offenbar sonst nicht durch große Seemannskunst aus. Selbst wohlwollende Chronisten berichten, dass die englischen Seeleute im Ernstfall mit ihren Schiffen Schwierigkeiten hatten und dass sie im Hinblick auf die Gezeiten kaum Ortskenntnis besaßen.

Ein Jahrhundert später hatte sich die Situation der Angelsachsen kaum verbessert. Im Sommer 991 kam es an den Küsten von Kent, Essex und Suffolk immer wieder zu Angriffen einer großen dänischen Flotte. Am 10. August segelten dänische Langschiffe auf dem Blackwater flussaufwärts Richtung Maldon.

Hier ist die geographische Lage übersichtlich, wie ich mit eigenen Augen feststelle. Es handelt sich um ein graues, glitschiges Mündungsgebiet in einiger Entfernung von der Nordsee. Aus dem Schlick des Flusses erhebt sich vor mir eine flache Insel, die kaum eine halbe Meile breit ist. Die Struktur von Land und Meer ist gut erkennbar. In die Ufer des Flusses und in die Insel schlängeln sich Priele und Rinnen. Bei Hochwasser wird aus der einen Insel dadurch eine Vielzahl von Inseln. In der Mitte gibt es etwas festes Weideland, das auch einen Namen hat, Northey Island, das »Wuthering Heights von Essex«, wie es ein Witzbold von Auftragsschreiber für die Webseite des National Trust formulierte. Am Südufer entlang verläuft ein Feldweg, der auf einen bei Ebbe zugänglichen Dammweg führt. Ein Schild am Wegrand weist diesen Ort als frühestes »lokalisierbares Schlachtfeld Englands« aus.

Bei Flut segelten die Wikinger flussaufwärts und legten an der Insel an. Auch wegen der starken Strömung an der Nord- und der Südseite war der Ort strategisch wichtig. Sie besaßen offenbar sowohl Gezeiten- als auch, aufgrund früherer Überfälle, eine solide Ortskenntnis, sodass sie sich die beste Ankunftszeit aussuchen konnten. Zumindest während der Flut lag die Flotte hier geschützt. Einige Stunden lang konnten sich die dänischen Truppen auf die unvermeidliche Schlacht vorbereiten.

Derweil sammelte König Æthelreds örtlicher Sheriff, Ealdorman Byrhtnoth, seine Mannen, um die Angreifer zurückzuschlagen.

Ein Gedicht aus dieser Zeit hält Eindrücke von der Schlacht bei Maldon fest. Es ist fragmentarisch erhalten und lässt darauf schließen, dass
die Gezeiten den Ausgang der Kampfhandlungen entscheidend beeinflussten. Die Wikinger schrien von der Insel herüber, dass die Engländer
Tribute zahlen sollten, sonst hätten sie das Schlimmste zu befürchten.
Byrhtnoth entgegnete den »Seeräubern« selbstbewusst: »Als Tribut bieten sie euch ihre Speere an!« Doch dann schlug die Stunde der Gezeiten:

Der Wasser wegen erreichte die eine Armee die andere nicht,
Denn nun begann nach der Ebbe die Flut.
Die Ströme des Meeres waren verschlossen, es dauerte wohl zu lang,
Bis sie ihre Speere zusammen benutzten.

Die Pattsituation dauerte an, bis wieder die Ebbe begann. Wer nutzte
diese Zeit besser? Die Wikinger, deren Schiffe auf der Insel in Sicherheit
lagen, oder Byrhtnoths Männer am Strand, die Verstärkung und Nach-
schub aus dem Landesinneren organisieren konnten? Für die Verteidi-
ger lässt sich die Sache gut an. Sobald sich das Meer zurückzieht, kommen ihnen die ersten Wikingerkrieger auf dem Dammweg entgegen,
mit denen sie rasch fertigwerden. Doch dann befal der »eitle« Byrhtnoth all seinen Männern, über den Dammweg in den Kampf zu ziehen:

Über das glänzende Wasser trugen sie ihre Schilde.
Seeleute an Land, die Schilde geschultert.

Byrhtnoths Armee war nicht stark genug. Die Männer kämpften helden-haft, doch als ihr Anführer verwundet wurde, ahnten sie ihre kommende Niederlage. Viele flohen. Der schmähliche Ausgang der Schlacht hat-te auf den skandinavisch kontrollierten Teil Englands große Auswir-kungen, denn nun begann die systematische Eintreibung der außer-ordentlich hohen, »Dänengeld« genannten Grundsteuer. Zehntausend römische Pfund in Silber wurden sogleich fällig und bezahlt.

Byrhtnoth hätte die Wikinger aber wahrscheinlich unbegrenzt auf ihrer Insel schmoren lassen und einzeln erledigen können, sobald sie sich über den Dammweg getraut hätten. Warum hat er sich anders ent-schieden? Vielleicht hatte er Angst, dass sie bei der nächsten Flut weiter flussaufwärts fahren und schutzlose Orte angreifen würden. Vielleicht war es aber auch einfach nur Übermut. Die Wissenschaft streitet über die genaue Bedeutung des angelsächsischen Wortes *ofermod,* das gern als »eitel« übersetzt wird, vielleicht aber auch die positive Bedeutung Heldenmut oder die negative Konnotation von Maßlosigkeit besitzt. Jedenfalls wurde Byrhtnoth an jenem fernen Augusttag zum Urahn jenes beliebten englischen Typus des scheiternden Helden, der es verdient, auf Wandteppichen dargestellt und in Liedern besungen zu werden. Auch heute ist er nicht vergessen, wie die lauten Balladen mancher Death-Metal-Bands bezeugen.

Auf dem Schlachtfeld vor mir stehen hier und da hölzerne Stümpfe, deren unterschiedliche Höhe sie wie Mahnmale für die Gefallenen aussehen lässt. Auf dem Dammweg glänzt das Wasser noch immer. Etwas weiter weg, auf der Strandpromenade von Maldon, reckt ein in Bronze gegossener Byrhtnoth sein Schwert ungebrochen mutig den Wellen entgegen.

Die Schlacht davor

Jeder kennt die Schlacht bei Hastings, in der der normannische Herzog Wilhelm der Eroberer im Jahr 1066 den englischen König Harold besiegte. Eifrige Geschichtsstudenten wissen vielleicht auch, dass Harold einige Tage zuvor den norwegischen Thronanwärter Harald Hardrada, den späteren Harald III., in der Schlacht bei Stamford Bridge in Yorkshire schlug, knapp fünfhundert Kilometer weiter nördlich. Weniger bekannt ist die Geschichte der Schlacht vor *dieser* Schlacht. Aber die Schlacht bei Fulford, ganz in der Nähe von Stamford Bridge, hat die weitere Geschichte Englands vielleicht stärker beeinflusst als ihre beiden Nachfolger, und wiederum spielten die Gezeiten eine entscheidende Rolle.

In Fulford traf Hardradas angreifende Armee zum ersten Mal auf englische Verteidigungsstellungen. Seine Flotte war den Humber und dann die Ouse in Richtung der nördlichen Hauptstadt York hinaufgesegelt und ging bei Riccall vor Anker. Die Norweger drangen dann über Land vor. Einheiten mercischer und northumbrischer Soldaten hätten sie auf die Stadt York mit ihren gut ausgebauten Befestigungen zudrängen können, entschlossen sich aber zum Kampf auf den sumpfigen Ufern der Ouse. Die Invasoren rückten auf der einen Seite des in den Fluss mündenden Priels Germany Beck vor, die Engländer auf der anderen, und beide warteten auf die Ebbe. Lokalhistoriker haben die Wasserhöhen für den fraglichen Tag berechnet und sind zu dem Schluss gekommen, dass auch hier, wie bei Maldon, die Gezeiten für eine Verzögerung sorgten. Die erfahreneren norwegischen Kämpfer überquerten dann das Wasser zuerst, zogen um die Engländer herum und trieben sie in den Schlick, um viele von ihnen dort niederzumetzeln. (Vor Kurzem fand in der Gegend wieder eine Schlacht statt: Aktivisten wehrten sich gegen den Neubau eines Wohngebiets an dieser historischen Stelle; sie erlitten eine Niederlage.)

Hardradas Armee triumphierte, wurde aber nur eine Woche später von den aus dem Süden vorrückenden Truppen König Harolds überrascht. Mit der Schlacht bei Stamford Bridge endete die skandinavische Besetzung Britanniens. Harold und seine dezimierten und erschöpften Truppen mussten sofort wieder Richtung Süden ziehen, um rechtzeitig zur Schicksalsstunde bei Hastings einzutreffen. Wenn die mercischen und northumbrischen Armeen bei Fulford nicht unterlegen gewesen wären, wäre König Harold der Sieg über Hardradas geschwächte Truppen vielleicht leichtergefallen. Für die Auseinandersetzung mit den normannischen Angreifern wäre er dann in besserer Verfassung gewesen, und die englische Geschichte wäre womöglich in ganz anderen Bahnen verlaufen.

Es ist schon eigenartig, dass die an gezeitenreichen Küsten lebenden Engländer so oft von Feinden besiegt wurden, die über das Meer kamen und sich die Gezeiten zunutze machten. Die Gezeiten in Norwegen und Dänemark sind deutlich schwächer als an den meisten britischen Küstenabschnitten. In einer Zeit, in der ein Großteil der Schiffe, sobald kein Wind herrschte, auf Ruderer angewiesen war – die es höchstens auf ein paar Knoten brachten, was in etwa der Geschwindigkeit der Strömung an britischen Küsten entspricht, vor allem in den für Angriffe geeigneten Mündungsgebieten –, war die beeindruckende nordische Seemannskunst viel wichtiger als jede noch so ausgeprägte Gezeitenkenntnis, die die Engländer hätten besitzen können.

Selbst heute, wo Schiffe schneller und Strategien ausgereifter sind, muss das Militär die Gezeiten berücksichtigen, wenn es um Angriffe vom Meer aus geht. Solange auf Land und Meer Krieg geführt wird, werden die Gezeiten stets der einen Seite eher in die Hände spielen als der anderen.

Diese Niederlagen sind insofern überraschend, als die Engländer zur Zeit der Wikingerüberfälle zumindest in der Theorie schon sehr viel über die Gezeiten wussten.

Einer der ersten Wikingerangriffe galt 794 dem Kloster Jarrow am Fluss Tyne. Am Tor genau dieses Klosters wurde ein Jahrhundert zuvor ein siebenjähriger Junge zurückgelassen, aus dem dann der Benediktinermönch Beda wurde.

Beda war eine Art Universalgelehrter, der sich in seinen Werken mit Geschichte, Theologie, Grammatik, Naturgeschichte und Hagiographie beschäftigte. Er besaß die Neugier eines Wissenschaftlers. Wenn er beispielsweise beobachtete, wie das Sonnenlicht durch die Glasfenster seiner Abtei fiel, stellte er Überlegungen zur Optik an. Dies schlägt sich in den Titeln seiner frühen Werke nieder: *De natura rerum* (Über die Natur der Dinge) oder *De temporibus* (Über die Zeit), beide etwa 703 geschrieben. Diese Schriften zeigen, wie intensiv sich Beda mit der Zeit beschäftigte. Die einzelnen Kapitel des ersten Buches sind den Einheiten der Zeitmessung gewidmet; die Gezeiten werden im Kapitel über den Monat angesprochen. 725 legte Beda eine noch umfangreichere Untersuchung vor, *De temporum ratione* (Über die Berechnung der Zeit). Hier beschäftigt er sich auch weit ausführlicher mit den Gezeiten. Beda trat dafür ein, das Jahr von Christi Geburt zum Ausgangspunkt der Zeitrechnung zu machen und die verwirrenden Zählungen nach den Regierungszeiten örtlicher Herrscher aufzugeben. Seitdem sprechen wir von Jahren »nach Christus«. Aus seinem Hauptwerk, der *Kirchengeschichte des englischen Volkes* von 731, spricht ebenfalls ein wissenschaftlicher Geist, dem die Küsten seiner Heimat wohlvertraut sind. Gleich zu Beginn legt der Autor eine Schätzung der Länge und Breite sowie des Umfangs von »Britannien, einer Insel im Ozean, die man früher Albion nannte«, vor.

Bevor es Uhren gab, war die Vorstellung, Zeit messen zu wollen, beinahe sinnlos. Die Länge einer Stunde schätzte man am Sonnenstand oder an anderen Naturphänomenen wie dem Gesang der Vögel oder dem Wind ab. Für Fischer und andere Küstenbewohner war die Sache ganz einfach: Die Gezeiten waren die Zeit. Ebbe und Flut bestimmten den Tagesablauf. Was heute stattfand, fand morgen etwas später statt, bis nach zwei Wochen der Zyklus wieder von Neuem begann.

Mönche mussten sich mit der Zeitmessung genauer beschäftigen, um die Daten christlicher Feiertage festlegen zu können. Beda ging nie übers Meer auf Pilgerfahrten oder andere Reisen, daher ist es nicht ganz naheliegend, dass er sich so genau mit den Gezeiten beschäftigen sollte. Der Grund dafür liegt in seinem ausgeprägten Willen zur Lösung theologischer Probleme. 703 hatte man sich noch nicht darauf geeinigt, nach welchen Prinzipien das Datum von Ostern festgelegt werden sollte. Der höchste christliche Feiertag hat mit den Mondphasen zu tun, aber astronomische Gegebenheiten mussten mit dem vom Menschen gemachten Kalender in Einklang gebracht werden. Leisten sollte dies ein komplizierter Prozess namens *Computus:* Teile des dreizehnmonatigen jüdischen Mondkalenders, bei dem das Passahfest auf den ersten Vollmondtag des ersten Monats fällt, und der zwölfmonatige römische Kalender dienten als Bezugspunkte.

Beda beschäftigte sich also zunächst deshalb mit Sonne und Mond, weil er die Osterfrage klären wollte. Von der Grenze zwischen römischem und keltischem Christentum aus würde eine von ihm vorgeschlagene Lösung große Strahlkraft besitzen. Er kannte die in der hervorragenden Klosterbibliothek vorhandenen Werke der klassischen Antike sehr gut, die er für weniger vermögende Institutionen kurz zusammenfasste. Außerdem hatte er Beziehungen zu irischen Mönchen, die sowohl in Bezug auf Ostern als auch auf die Gezeiten ihre eigenen Vorstellungen hatten.

Das auf Bitten von Bedas Klosterschülern geschriebene Werk Über die Berechnung der Zeit entwickelt die in Über die Zeit vorgestellten Ideen weiter und weist Vorwürfe zurück, das frühere Buch sei häretisch. (Im Zuge seiner Berechnungen kam Beda zu einer unorthodoxen Meinung zum Alter der Erde, was einige kirchliche Würdenträger gegen ihn aufbrachte.) Beda bezog den überkommenen *Computus* noch klarer auf seinen astronomischen und kosmologischen Kontext. Er zeigte zum Beispiel, dass der jüdische und der römische Kalender alle neunzehn Jahre konvergieren und dass dieser Zeitraum dem langsamsten an den Gezeiten ablesbaren Zyklus entspricht. Er nannte, was er im Hinblick auf den Mond und dessen Auswirkungen direkt oder indirekt beobachtet hatte, den »Einklang des Meeres mit der Umlaufbahn des Mondes«, und er stellte Volkserzählungen zum Einfluss des Mondes auf die Größe von Austern und auf die beste Zeit für Aussaat und Ernte zusammen.

Beda deutete in einer Metapher sogar die Rolle der Gravitation an: Es sei, als würde das Meer »unwillkürlich von den Atemzügen des Mondes angezogen«. »Wenn die Kräfte des Mondes sich abschwächen«, scheine das Meer »in sein angestammtes Becken zurückzufließen«. Bemerkenswerterweise hielt er auch fest, dass sowohl der Zeitpunkt, an dem die Hochwasserhöhe erreicht wird, als auch der Mondaufgang jeden Tag siebenundvierzigeinhalb Minuten später stattfindet. Und er sprach zum ersten Mal davon, dass Wasserhöhen und Mondphasen etwas miteinander zu tun haben könnten.

Beda muss die Gezeiten an der northumbrischen Küste in der Nähe seines Klosters selbst gemessen haben. Einen Durchbruch stellt seine Arbeit aber vor allem insofern dar, als er vergleichbare Messungen an anderen britischen Küstenabschnitten in Auftrag gab. Dazu haben ihn vielleicht die Berichte durchreisender Mönche aus küstennahen Klöstern angeregt, zum Beispiel von der abgelegenen Insel Iona vor der schottischen Westküste. Mit anderen Worten, er spannte das Netzwerk von Klöstern für ein wissenschaftliches Projekt ein. Einer von Bedas heutigen Biographen spricht davon, dass dieses Vorgehen unserem Verständnis von Forschung durchaus entspricht.

Die von Beda gesammelten Daten waren der erste Beleg dafür, dass die Wasserhöhe an der einen Stelle hoch und zugleich an einer anderen Stelle niedrig sein konnte. »Denn wir, die wir an verschiedenen Orten an der britischen Küste leben, wissen, dass an einem Ort die Flut beginnen kann, während an einem anderen die Ebbe beginnt.« Seine Studien ergaben auch, dass die Flut im Norden seines eigenen Küstenabschnitts früher kam als im Süden. Aber der Mond geht natürlich an all diesen Orten zur gleichen Zeit auf, da sie auf einer ziemlich geraden Nord-Süd-Linie liegen. Das könnte darauf hindeuten, dass die Gezeiten mit dem Mondaufgang doch nichts zu tun haben. Aber der Zusammenhang ist weiterhin beobachtbar. Es verhält sich einfach so, dass die Hochwasserhöhe erreicht wird, wenn der Mond in einem bestimmten Winkel steht, und dieser Winkel ist von Ort zu Ort ein anderer. Der Mond steht bei Hochwasser nicht unbedingt auch hoch und bei Ebbe nicht unbedingt niedrig, selbst wenn seine Bahn mit dem Rhythmus der Gezeiten im Einklang zu stehen scheint.

Bedas Untersuchungsergebnisse widerlegten die klassische Vorstellung, dass die Gezeiten mit so etwas wie den Lebenssäften der Erde zu tun hätten, die sich überall gleich ausdehnen oder zusammenziehen, oder dass sie ein Ergebnis der Tatsache seien, dass Flüsse auf der ganzen Welt gleichzeitig ins Meer oder wieder aus dem Meer herausfließen. Das neue Wissen verbreitete sich von Mund zu Mund und wurde nicht immer sinngemäß wiedergegeben. Wirklich publiziert wurde es erst im 16. Jahrhundert.

Ein Jahrhundert nach seinem Tod erhielt Beda den Beinamen »der Ehrwürdige«, und sehr viel später, 1899, wurde er heiliggesprochen. Eine noch größere Auszeichnung stellt wohl Dantes Entscheidung dar, ihn als einzigen Engländer im »Paradies« seiner *Göttlichen Komödie* zu erwähnen. Aus heutiger Sicht schreiben wir ihm wissenschaftliche Entdeckungen zu, aber eigentlich war der Kontext seiner Arbeiten von Frömmigkeit geprägt. Für ihn waren die Gezeiten nicht nur ein Naturphänomen, sondern auch eine reinigende Kraft. Naturwissenschaft und Religion lassen sich in jener Zeit kaum trennen, und seine Verstandestätigkeit trug sicherlich ebenso sehr zu seinem frühen Ruhm bei wie seine fromme Gelehrsamkeit. Der Meereskundler David Pugh schreibt: »Wer zukünftige Geschehnisse voraussagen konnte, zumal wenn diese von praktischer Bedeutung waren, wurde ganz sicher auch verehrt.«

Ein lösbares Rätsel

Ein Jahrhundert nach Beda machte der persischstämmige, am Hofe der Abbasiden in Bagdad arbeitende Astrologe Abu Maschar al-Balchi noch größere Fortschritte. Der im Westen eher unter dem Namen Albumasar bekannte Forscher schrieb ein bedeutendes astrologisches Werk, das im 12. Jahrhundert ins Lateinische übersetzt wurde und nach Europa kam. Möglicherweise geht die westliche Wiederentdeckung des Aristoteles auf Albumasar zurück, dessen arabische Aristoteles-Übersetzungen zur selben Zeit ebenfalls ins Lateinische übertragen wurden. Albumasar identifizierte im Einklang mit älteren Theorien den Mond als Urheber der Gezeiten und argumentierte, sein Licht erwärme das Wasser und führe zu dessen Ausdehnung.

Wie Beda verfolgte Albumasar sowohl religiöse als auch wissenschaftliche Ziele. Licht war für ihn nicht nur eine messbare Eigenschaft von Sonne und Mond, sondern auch ein göttliches Zeichen und der Ursprung der menschlichen Seele. Allah zeige den Menschen seine Macht, indem er dafür sorge, dass das Mondlicht die Meere beherrsche. Albumasar beschrieb auch einige andere Zusammenhänge: Zum Beispiel trage die Sonne um die Voll- und Neumondtage zur Höhe der Gezeiten bei. Er beobachtete, dass die Höchststände der Gezeiten dann auftraten, wenn der Mond am größten erschien, weil er der Erde besonders nahe war. Außerdem erkannte er die Bedeutung der Monddeklination für die Gezeiten, also den Erhebungswinkel des Mondes über dem Himmelsäquator. Insgesamt benannte er acht Ursachen der Gezeiten und lag bei den meisten im Prinzip richtig. Sie werden auch heute noch in Berechnungen miteinbezogen.

Schon im frühen Mittelalter wurde also vielen klar, dass die Gezeiten ein komplexes Phänomen sind, dessen verschiedene Bestandteile jeweils einzeln erklärt werden müssen, wenn sie zur Grundlage von Vorhersagen werden sollen. Albumasars Theorie der Erwärmung durch Mondlicht konnte beispielsweise nicht erklären, warum es jeden Tag auch dann eine Flut gab, wenn der Mond nicht sichtbar war.

Albumasar war sich dieser Schwierigkeiten offenbar bewusst, denn er bezog in seine Gedankenspiele auch Winde und verschiedene Aspekte der Küstentopographie mit ein, die mit den astronomischen Faktoren nicht direkt zu tun haben. Dass Ebbe und Flut an Orten, die am selben Küstenabschnitt liegen und nicht weit voneinander entfernt sind oder die auf unterschiedlichen Seiten ein und desselben Gewässers liegen (wie zum Beispiel an der Irischen See, wo einige von Bedas Kollegen Messungen vornahmen), zu sehr unterschiedlichen Zeiten auftreten können, verdeutlicht, dass sich die Gezeiten nicht nach einer einfachen oder allgemeingültigen Regel prognostizieren lassen. Gleichwohl zeigte die Erfahrung an vielen Orten, dass sich die Gezeiten trotzdem immerhin so genau vorhersagen lassen, dass dies auch ohne hochtrabende Theorien für Seeleute sehr nützlich sein konnte. Für einen Händler oder Fischer oder Krieger reichten im Mittelalter diese Vorhersagen aus. Die dahinterliegenden Beweggründe interessierten weniger. Ihnen würde sich die Wissenschaft erst in späteren Jahrhunderten wieder widmen.

Natürlich bezogen sich die gründlichsten Voraussagen zunächst auf die dramatischsten und regelmäßigsten Besonderheiten der Gezeiten, vor allem wenn diese in der Nähe dichtbevölkerter Gegenden oder wichtiger Handelsplätze auftraten. Die Chinesen feiern zum Beispiel schon seit langer Zeit die auf dem Qiantang-Fluss Richtung Hangzhou rollende Gezeitenwelle. Der sogenannte Silberne Drache ist die weltweit größte Gezeitenwelle auf einem Fluss. Seit Tausenden von Jahren versammeln sich die Menschen, um sie zu beobachten, und heute gibt es an bestimmten Aussichtspunkten sogar feste Pavillons. Im September, wenn der Silberne Drache besonders groß ist, finden die wichtigsten Feierlichkeiten statt. An verschiedenen Orten am Fluss stehen Denkmäler, die den Drachen beruhigen sollen, der im Laufe der Jahrhunderte viele Leben gefordert hat.

Weil das Phänomen so auffällig und so gefährlich ist, haben die Chinesen im Jahr 1056 die wahrscheinlich erste Gezeitenvorhersagetafel erstellt, die für jeden Tag eine Ankunftszeit der Welle und eine vermutete Höhe verzeichnet.

Sogar heutige Voraussagen sind nicht immer richtig. Im August 2013 war die Welle aufgrund eines Taifuns sehr viel höher als erwartet. Sie durchbrach Geländer und versetzte die Schaulustigen in Panik. Im August 2014 verursachte ein sogenannter Supermond (ein besonders erdnaher Mond) eine außergewöhnlich hohe Flut, sodass die gigantischen Wellen des schmutzigen Flusses über zahlreiche Betonabsperrungen schwappten und Tausende Besucher durchnässt oder sogar verletzt wurden.

Die erste Gezeitentafel für die normale Ebbe und Flut stammt aus dem Jahr 1220 und bezieht sich auf die London Bridge, einen Ort, für den auch heute noch Gezeitentafeln erstellt werden. Ein gewisser John von Wallingford, ein Benediktinermönch aus St Albans, hielt in klarer Schrift mit dunkler Tinte in der einen Spalte jener Tafel, die einer heutigen sehr ähnlich sieht, die Stunden und Minuten fest, an denen die »fflod at london brigge« auftrat, während die andere Spalte verzeichnet, wann der Mond am nördlichen Himmel zu sehen ist, was jeweils drei Stunden vor Hochwasser der Fall ist. Jeden Tag finden beide Ereignisse genau achtundvierzig Minuten später statt. Im Unterschied zu heutigen Gezeitentafeln verzeichnet Johns Tafel nur eine Flut, da die andere, ungefähr zwölf Stunden später eintretende offenbar nicht eigens erwähnt werden musste. Die Tabelle war für Händler wie für Fischer nützlich, da sie Uhrzeit und Mondstand direkt aufeinander bezog.

Dies war also der Wissensstand vor der Epoche der modernen Natur-

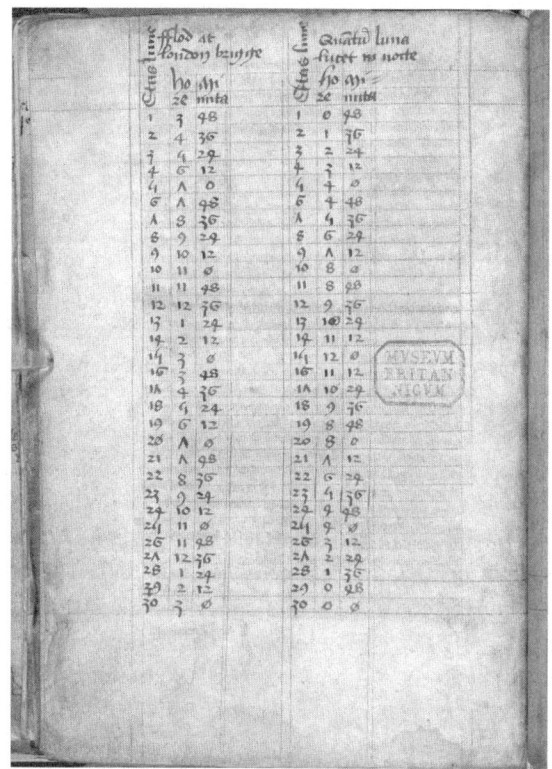

wissenschaft. Die Gezeiten waren, wie Knut befriedigt vorführte, dem Willen Gottes unterworfen, aber man konnte sie bis zu einem gewissen, nützlichen Grad verstehen und ihr Zeitmaß und ihre Höhe errechnen. Immer wieder hielten sie aber auch unangenehme Überraschungen bereit, und erst viele Jahrhunderte später kamen Forscher der Lösung ihrer schwierigsten Rätsel näher.

AUSWEGLOSES WASSER

Anderswo

Ich stehe auf dem Crosby Beach in der Nähe von Liverpool und schaue aufs Meer – und ich bin nicht der Einzige. Ungefähr einhundert gusseiserne Herren stehen in unregelmäßigen Abständen auf insgesamt mehreren Kilometern rechts und links von mir auf dem leicht abfallenden Strand und tun dasselbe wie ich. Unerbittlich haben sie im Blick, was sich der Merseymündung nähert.

Ich denke an die Wanderung, die ich für den nächsten Tag geplant habe. Einige Kilometer weiter, auf der Nordseite von Morecambe Bay, will ich das Schlickwatt einer anderen Mündung erkunden. Nur bei Ebbe ist der Sand dort sichtbar, und er ist voller Gefahren.

Die eisernen Herren sind das Werk des Bildhauers Antony Gormley und heißen *Another Place*, »Anderswo«. Ich komme gerade an, als die Flut anfängt, und die erste Reihe der Figuren steht schon bis zu den Waden im Wasser. Es ist kalt, es weht ein heftiger, auflandiger Wind, und ihr Planschen hat etwas Unwirkliches. Ich gehe los, um mir einen der Herren genauer anzusehen. Er ist weiter weg, als ich dachte. Das Licht am Meer verzerrt eben die Perspektive. Sind das dort auch Gormleys oder echte Menschen? Ich bin mir nicht sicher.

Seit die Figuren aufgestellt wurden, hat das Meer die Küste verändert, deshalb stehen einige inzwischen auf kleinen Sockeln, während andere im Laufe der Jahre bis zu den Knien im Sand versunken sind. Mir fällt auf, dass die Dünen am oberen Ende des Strandes von alten Weihnachtsbäumen an ihrem Platz gehalten werden. Nicht nur die See ist hier in Bewegung, auch das Land marschiert, es dringt immer weiter landeinwärts vor.

Manche der eisernen Männer sind farbverschmiert, einem eisernen Rumpf hat jemand einen Bikini angezogen, ein anderer trägt ein Kondom. Was denken die Figuren nach Meinung des Künstlers wohl? Was sehen sie, da sie unentwegt aufs Meer schauen, ohne zu blinzeln? Wo ist »anderswo«? Aus Sicht der Aus- und Einwandererstadt Liverpool jen-

seits der Meere – vielleicht auch unter Wasser, auf dem Meeresgrund in einer Landschaft, die der unseren ähnelt. Womöglich ist auch die See selbst ein Ort. Oder geht es dem Künstler um etwas Geistiges, Spirituelles? Auch der Sand des Strandes taucht anderswo wieder auf. Selbst wenn die Figuren einfach stehenbleiben, sind sie nach einer Weile anderswo.

Ich werde von laut hupenden Baggern aus meinen Tagträumen gerissen, die den Strand für die nächste Saison vorbereiten. Die Welt bleibt nicht stehen. Ein Offshore-Windpark bringt gegenüber von Gormleys rostenden menschlichen Figuren eine Armee weißer Monster in Stellung. Vielleicht liegt Anderswo in der Vergangenheit.

Zwei Rettungsschwimmer halten jetzt, bei Flut, am Strand die Augen offen. Sie sitzen bei offenem Fenster in ihrem Wagen. Ich frage sie, ob sie viel zu tun haben. Die größte Gefahr seien die Sandbänke, sagen sie, denn bei Ebbe bemerkten viele Leute sie nicht, und dann seien die Schwimmer plötzlich vom Land abgeschnitten. Anfangs hätten ihnen auch die Figuren Arbeit gemacht, weil viele Leute sie für Badegäste in Seenot hielten. Inzwischen hätten sich aber wohl die meisten Besucher an sie gewöhnt. Das Gemeindeparlament wollte sie aus Sicherheitsgründen wieder entfernen, aber nach öffentlichen Protesten wurden diese Pläne aufgegeben.

Ich beobachte, wie das Wasser steigt. Eine der Figuren steht bis zum Hals im Wasser. Unwillkürlich schaut man genau hin: Ist das ein Seehund oder eine Boje, die auf einen Hummerfangkorb hinweist? Schwimmt da jemand? Ertrinkt er? Zwischen dunklen Schatten und Wellen verliere ich ihn dann aus dem Blick, und er geht unter. Ich stelle mir vor, wie ich in Morecambe Bay versinke.

Küstenlinien

Die Küste der Insel Großbritannien, an der ich gerade stehe, ist fast achtzehntausend Kilometer lang – nach Angaben der Ordnance Survey, der britischen Behörde für Kartographie, sind es genau 17 819,88 Kilometer. Beda schätzte die Länge vor tausenddreihundert Jahren auf »vier Dutzend mal fünfundsiebzig Meilen«, also auf nur etwa fünftausendachthundert Kilometer. Allerdings hängt die genaue Länge natürlich von der gewählten Messmethode ab. Die Angaben der Behörde beziehen sich auf Karten im Maßstab 1:10 000. Wenn man eine weniger genaue Karte benutzt, ist die Strecke kürzer, denn viele Unebenheiten wie kleine Buchten oder Felsvorsprünge sieht man darauf nicht. Eine dicke, schwarze Linie geht über sie hinweg. Ein am Wasser entlanglaufender Spaziergänger, auf dessen Wahrnehmung man sich in einem Buch über die Gezeiten doch sicher verlassen sollte, legt wohl viele Millionen Schritte zurück, während man auf Basis eines Satellitenbildes eine eher kleinere Zahl erhielte, da der kaum je in gerader Linie verlaufende Weg des Wanderers bei einer Bildauflösung von zehn Metern zum geraden Strich durch einen jeden Pixel verkürzt werden würde. In einem Text über die Berechnung der weltweiten Gezeitenenergie habe ich gelesen, dass die Küstenlinie aller Kontinente zusammen hundertfünfzigtausend Kilometer lang ist, aber diese Schätzung kommt mir noch weniger genau vor. Die britische Küste mag zerklüftet sein, aber über zehn Prozent der Küsten der Welt umfasst sie doch wohl nicht.

Der polnischstämmige Pionier der fraktalen Geometrie, Benoît Mandelbrot, illustrierte in einem berühmten Aufsatz am Beispiel der britischen Küstenlinie 1967 sein »Küstenparadoxon«. So nannte er die Eigenschaft mancher Dinge, umso vielfältiger zu sein, je genauer man hinschaut. »Fraktal« taufte er später jene geometrischen Formen, in deren Unregelmäßigkeit und Unebenheit sich eine unerwartete Ordnung verbirgt, da ihre einzelnen Bestandteile – hier eine Ausbuchtung, dort ein scharfer Einschnitt – in verschiedenen Maßstäben stets wieder sichtbar sind. Mithilfe der fraktalen Geometrie lassen sich einige sonst nur schwerverständliche Gegebenheiten beschreiben, zum Beispiel die Formen von Wolken oder die Ausschläge von Aktienkursen.

Die Länge einer den Gezeiten ausgesetzten Küste ist noch schwerer zu bestimmen. Denn die Grenze zwischen Land und Meer lässt sich durch gleich mehrere Linien zeichnen. Die Frage ist also nicht nur, wie genau man hinschaut und ob man jeden Felsen und jedes Sandkorn berücksichtigt. Das Problem ist auch, dass sich die Linie selbst bewegt. Auf offiziellen Karten ist die Hochwasserlinie schwarz eingezeichnet. Eine Niedrigwasserlinie gibt es nicht. Niedrigwasser ist dort, wo der für die Küste verwendete Farbton (Ocker für Sand, Grün für Schlick) in das monotone Blau übergeht, das sowohl die Weiten des Meeres als auch unsere fehlende Kenntnis davon verkörpert. Die Kartographen erklären auch nicht, auf welche der vielen Hoch- und Niedrigwasserhöhen sie Bezug nehmen: mittlere Höhen, mittlere Springtiden, die größeren Extreme astronomischer Tiden? Darauf kommt es aber auch nicht an, denn sicher ist doch der Umfang einer Insel bei Niedrigwasser größer als bei Hochwasser, einfach weil mehr Land da ist?

Nicht unbedingt. Die fraktale Geometrie sagt uns, dass die Niedrigwasserlinie der Hochwasserlinie sehr ähnlich sehen kann, aber nicht muss. Ein gerader, sandiger Küstenabschnitt ist bei Ebbe und bei Flut ganz unabhängig vom gewählten Maßstab gleich lang. In beiden Fällen sorgt die Komplexität der wasserumspülten Sandkörner für eine ähnlich komplizierte Linie. Auch eine Felsküste kann bei Ebbe und bei Flut dieselben fraktalen Eigenschaften besitzen, wenn die Felsen an beiden Enden des Spektrums dieselben kleinen Einschnitte und Vorsprünge besitzen. Aber diese Selbstähnlichkeit der Küsten ist nicht überall gegeben. Wenn sich das Wasser bei Flut an netzartige Salzmarschen schmiegt und weit in Mündungsgebiete mit unregelmäßigen Umrissen vordringt, wird die Küstenlinie länger sein, als wenn sich das Wasser bei Ebbe dann vor einem geraden Schlick- oder Sandstrand zurückzieht.

Glücklicherweise fallen diese Runzeln und Falten nicht ins Gewicht, wenn es um die Messung von etwas nicht nur theoretisch Wichtigem geht: die Gezeitenzone zwischen diesen beiden Linien. Für Tang und Weichtiere ist dieser außergewöhnlich reiche und große Lebensraum von zentraler Bedeutung. Anders als Waldgebiete oder die Savanne verändert er ständig seine Größe, er bläht sich auf und wird wieder zusammengestaucht und ist auch deshalb besonders gefährdet. Die Nachlässigkeit des Menschen hinterlässt hier tiefe Spuren.

Wie groß ist die Gezeitenzone? Sie ist vor allem lang, so lang wie die Küste, bei der wir nun zum Glück nicht jede kleine Unebenheit berücksichtigen müssen, denn es geht uns um einen breiteren Streifen, dessen ausgefranste Ränder keinen großen Einfluss auf die Berechnung der Gesamtgröße haben. Schwieriger ist diesmal die Berechnung der grundsätzlich zu dieser Linie im rechten Winkel stehenden kürzesten Strecke zwischen Hoch- und Niedrigwasserhöhe. Wie lang sie ist, hängt von der Geologie und auch vom Tidenhub eines jeden noch so kleinen Küstenabschnitts ab. An einem Kliff in einer gezeitenarmen Gegend ist die Gezeitenzone weitgehend vertikal und umfasst höchstens wenige Meter, an einigen Stellen des Mittelmeers vielleicht nur wenige Zentimeter, während sie an einem flach abfallenden Strand in einer Region mit starken Gezeiten mehrere Kilometer messen kann. Welche Lebensformen hier gedeihen können, hängt von Größe, Lage und Gestalt der Zone ab sowie von der Art und Weise, wie die Gezeiten über sie hinwegziehen.

Wenn wir schon die Länge der Küste nicht berechnen können, gelingt uns dann wenigstens eine vernünftige Schätzung der Größe der Gezeitenzone? Auch eine solche liegt offenbar bisher nicht vor. Zu viele Faktoren sind einfach zu unübersichtlich: der Verlauf der Küste, das Gefälle des Strandes, die Reichweite der Gezeiten. Mich würde es allerdings nicht wundern, wenn sich herausstellte, dass Großbritannien den Spitzenplatz einnehmen würde, wenn man alle Küsten begradigt und ihre Länge dann in Beziehung zum Tidenhub setzt. In Norwegen mag die Küste zerklüfteter sein, aber die Gezeiten sind schwächer. In Kanada sind sie mancherorts stärker, an anderen Stellen aber fast gar nicht vorhanden. Nein, ich wette, dass Großbritannien im Verhältnis zu seiner Landmasse die größte Gezeitenzone besitzt. Bemerken wir das? Interessiert uns das? Wohl nicht. Und das ist vielleicht auch in Ordnung, denn so kann das Leben in einem fast noch unberührten Lebensraum relativ ungestört vonstattengehen. Die Gezeitenzone ist vielleicht sogar der ursprünglichste Lebensraum überhaupt, abgesehen vom Meer selbst.

Herzmuscheln

Morecambe, Lancashire

	NW	HW	NW	HW
5. Februar 2004	05:13	10:56	17:45	23:15
	2,1 m	8,6 m	1,8 m	8,6 m
6. Februar 2004	05:51	11:29	18:22	23:50
	1,8 m	8,9 m	1,6 m	8,9 m

Morecambe Bay ist die größte britische Gezeitenzone und umfasst über sechshundert Quadratkilometer, zu denen die Mündungsgebiete von fünf Flüssen gehören. In ihrem Schlick- und Sandwatt gedeihen Tang, Seegras und Wirbellose. Bei Flut wird sie zur Futterstelle für Flachwasserfische, bei Ebbe finden sich hier große Schwärme von Wat- und anderen Vögeln ein.

Auch für Menschen ist die Gezeitenzone wichtig. Menschen haben sie bei Ebbe schon immer als praktische Abkürzung benutzt. Von Hest Bank bei Morecambe nach Kents Bank auf der Halbinsel Cartmel sind es über festes Land fast vierzig Kilometer, während es in gerader Linie über das Watt nur zwölf sind. Da es keine Hügel gibt, ist die Strecke ganz offensichtlich auch bequemer. Vor gar nicht allzu langer Zeit brachten Bauern und Handwerker noch über diesen Weg ihre Erzeugnisse auf den Markt, zu Fuß oder zu Pferde mit Wagen und Kutschen. Unter den Angestellten vieler nahe gelegener Gutshäuser waren Kärrner, die auf die andere Seite der Bucht, nach Lancaster, zum Einkaufen fuhren. Auch Straftäter wurden so ins Gefängnis nach Lancaster verbracht. Diese Vergangenheit schlägt sich heute noch in gesetzlichen Regelungen nieder, die wiederum auf offiziellen Karten ihre Spuren hinterlassen. Quer über das Watt verläuft jene gepunktete rosa Linie, die in Großbritannien öffentliche Wege kennzeichnet – sie wirkt wie die Spur einer Ausflugsgesellschaft, die sich unvermittelt für einen kerzengeraden Sprint über den Sand entschieden hat. Auf der Karte sieht dieser Weg verführerisch einfach aus. Rechtlich gesehen handelt es sich um eine »für alle Fahrzeuge freigegebene Nebenstraße«. Aber man kann sie nicht zu jeder Zeit befahren und auch nicht mit einem normalen Auto. Das Risiko steckenzubleiben oder weggeschwemmt zu werden, ist zu groß. Auch dem Fußgänger drohen Gefahren. Ohne ortskundigen Führer soll man das Gelände nicht betreten; dieser Empfehlung leiste ich gern Folge.

Der Tag der Wanderung beginnt mit einem unangenehmen Sprühregen. Für Mai ist es sehr kalt, und insgeheim hoffe ich, dass die ganze Sache abgeblasen wird. Das könnte gut sein, denn es hat fast die ganze Nacht stark geregnet. Mit der Ebbe fließt also eine große Menge Süßwasser ab. Die Priele, die wir zu überqueren haben, führen daher mehr Wasser mit sich, und das Wasser fließt schneller als gewöhnlich. Aber auf dem Weg nach Arnside, dem Ausgangspunkt unseres Fußmarschs, sehe ich, wie sich die Wolkendecke lüftet. Das Watt liegt fast einladend vor mir.

Gerade aufgrund der Weiten ist die Bucht gefährlich. Der Tidenhub ist bis zu zehn Meter groß; noch gefährlicher ist aber die Tatsache, dass die Flut fast ungehindert über diese glattgebügelten Flächen vordringen und dabei gut und gerne fünfzehn Stundenkilometer erreichen kann. Auch eher flache Sandbänke sind plötzlich auf allen Seiten von Wasser umgeben, unauffällige, vom Land aus nicht wahrnehmbare Senken verwandeln sich in nasse Fallen. Hinzu kommt hier und da auch Treibsand.

Man kann sich kaum vorstellen, dass sich eine so große Bucht so schnell füllen könnte. Zahlen helfen einem dabei auch nicht wirklich weiter. Nach grober Schätzung stehen bei Flut sechshundert Quadratkilometer Land unter zehn Meter Wasser. Insgesamt sprechen wir also von sechs Kubikkilometer oder sechs Milliarden Kubikmeter Wasser. Die üblichen Vergleiche mit olympischen Schwimmbecken kann man

sich fast sparen. Dieses ganze Wasser muss innerhalb weniger Stunden auf- und dann genauso schnell wieder ablaufen. Hinzu kommt das Süßwasser der Flüsse. All diese Mengen schwanken ständig. Mit jeder Flut bringen die schnellen Wasser neue Ablagerungen, und sie bringen den bereits vorhandenen Schlick und Sand in Bewegung. Mit der Zeit kann es zu großen topographischen Veränderungen kommen. Im besonders feuchten Frühling des Jahres 1983 wurde der große Kanal, der jahrelang in der Nähe von Grange-over-Sands verlaufen war, nach Süden umgelenkt. Allerdings hat sich sein Verlauf offenbar auch in den letzten Jahren wieder verändert, denn meine aktuelle Karte zeigt mir nicht das, was ich vor mir sehe.

Auch ich weiß, dass man in dieser Gegend keine Risiken eingehen darf, denn 2004 sind hier dreiundzwanzig chinesische Muschelsammler ertrunken. Am Nachmittag des 5. Februar, einem Donnerstag, fuhr eine Gruppe von über dreißig jungen Männern und Frauen, die auf der Suche nach Arbeit aus der chinesischen Provinz Fujian nach Großbritannien gekommen war, auf die Sandbänke hinaus. Es wurde früh dunkel, und mit der Dämmerung kam die Flut. Am nächsten Tag war Vollmond, es war die Zeit der Springtiden. In aller Eile stiegen die Muschelsammler in ihren alten Transporter, den sie für die Überfahrt zu den Sandbänken genutzt hatten, aber der steckte im Sand fest und war schon bald von tiefen

Wasserarmen umfangen. Die kalte Flut stieg über die Reifen, bis an die Fenster, die Muschelsammler flüchteten sich aufs Dach. Es war inzwischen dunkel. Einer der Männer setzte per Handy einen Notruf ab. Andere riefen verzweifelt ihre Familien an. Für viele war es ihr letzter Anruf. Die britische Seenotrettung konnte in jener Nacht einige Arbeiter per Hubschrauber retten (das Wasser war zu flach und gefährlich für Rettungsboote), aber das kurze Zeit später eintreffende Luftkissenboot stieß auf ein Leichenmeer. In den folgenden Tagen wurden einundzwanzig tote Körper geborgen. Noch sechs Jahre nach der Tragödie fand man den Schädel einer Frau. Ein Mann wurde nie gefunden.

Die Tragödie wäre vermeidbar gewesen. Im Jahr zuvor saß schon einmal eine größere Gruppe chinesischer Muschelsammler in den Fluten fest, konnte aber gerettet werden. Nur zwei Monate vor dem wiederholten Vorfall wurde die Regelung eingeführt, dass die »Gangmaster« genannten Zeitarbeitsvermittler einen Kurs über Sicherheitsmaßnahmen in der Gezeitenzone bestehen und Vorschriften befolgen mussten, die auf einen nachhaltigen Umgang mit natürlichen Ressourcen abzielten. Diese Regelungen wurden aber nicht befolgt, und Konfrontationen mit einheimischen Fischern verleiteten die Chinesen dazu, in abgelegeneren, gefährlicheren Gegenden tätig zu werden. Einer der Überlebenden wurde als Zeuge gehört, und so konnte der Gangmaster wegen Totschlags und anderer Vergehen zu vierzehn Jahren Haft verurteilt werden. Inzwischen müssen die Arbeitsvermittler eine Lizenz erwerben, und während der lukrativen Saison wird der Küstenabschnitt genauer überwacht. In Morecambe Bay wie auch an anderen Orten entlang der britischen Küste locken Herzmuscheln, die über 120 Euro pro Sack wert sind, weiterhin viele Sammler an. Auch nach 2004 kam es immer wieder zu Rettungsaktionen. Es scheint nur eine Frage der Zeit zu sein, bis sich die Tragödie wiederholt.

Küstenbewohner wussten die Schellfische der Gezeitenzone stets zu schätzen – eine solche Proteinquelle lässt man schließlich nicht einfach links liegen. Das wissen auch Hunderttausende von Wintervögeln, die sich an den mit jedem Gezeitenzyklus aufs Neue enthüllten und aufgestockten Nahrungsvorräten der Morecambe Bay laben.

Wer hier seinen Lebensunterhalt verdienen wollte, setzte sich schon immer Risiken aus und stand in mehr als einer Hinsicht am Rande. Der romantische Maler J. M. W. Turner widmete sich wie viele seiner Kollegen den Menschen, die über die »Lancaster Sands« zogen. Seine vor zwei Jahrhunderten entstandenen, düster-schönen Aquarelle kontrastieren das Getümmel der Menschen auf dem Watt mit den erhabenen cumbrischen Gipfeln im Hintergrund. An der Darstellung des hohen Himmels mit seinen eindrucksvollen Wetterphänomenen erweist sich das Talent des Künstlers, der die Gefahren freilich ausblendet. Mit ihnen lebte ganz selbstverständlich, wer in der Bucht zugange war.

Dass die Ernte bei Ebbe gefährlich war, sieht man dagegen sehr genau auf Auguste Delacroix' Gemälde *Ramasseuses de coquillages surprises par la marée* (Von der Flut überraschte Muschelsammlerinnen) aus dem Jahr 1852, das auf einer winzigen Insel in der Nähe der französischen Stadt Cherbourg in einem Museum hängt. Dem rührseligen, für seine Zeit typischen Werk fehlt das exotische Flair, das wir von Augustes berühmtem Namensvetter und Zeitgenossen Eugène her kennen. Man sieht eine kleine Gruppe von Mädchen, die zwischen der auflaufenden Flut und einer steilen Klippe gefangen sind. Die beiden älteren haben die Hände gefaltet und beten, dass Gott sie erlöse. Eines der beiden kleineren Mädchen versucht vergeblich, die Klippe hinaufzuklettern, während das andere seinen Kopf im Schoß von einem der beiden älteren verbirgt. Ihre Körbe sind umgefallen, Muscheln liegen verstreut auf dem schrumpfenden Sandstrand. Bei genauerem Hinsehen entdecke ich, dass die älteren Mädchen besonders große, goldene Ohrringe tragen. Vielleicht will der Künstler sie als Zigeunerinnen kenntlich machen, die seinerzeit so etwas waren wie die unglückseligen, ausgebeuteten Wanderarbeiter von heute.

Gier und Ausbeutung haben Menschen in Morecambe Bay in Gefahr gebracht, vor allem aber auch Unwissenheit und Leichtsinn. Handys haben sicher vielen das Leben gerettet, die den Gezeiten sonst hilflos ausgeliefert gewesen wären, und die so um Hilfe rufen konnten; in einem Fall haben sie uns ein Zeugnis furchtbaren Schreckens überliefert.

Am 5. Januar 2002 machten Stewart Rushton und sein neunjähriger Sohn Adam, die in der Gegend wohnten, einen Ausflug auf die Sandbänke, vielleicht um nach Ködern fürs Fischen zu suchen. Das Wasser lief schon auf, aber sie hatten wohl nicht vor, weit hinauszugehen oder lange unterwegs zu sein. Mit der kalten Flut kam aber auch dichter Nebel, und so sahen die beiden weder einen Weg zurück zum Strand noch einen Weg vorwärts auf möglicherweise höhergelegenes Land. Per Handy rief der Vater um Hilfe. Schon bald hörten die beiden, dass Rettung nahte. Aber auch schreiend konnte weder der Vater noch der inzwischen auf dessen Schultern sitzende Sohn den Helfern vermitteln, wo sie waren. Am Telefon sagte der Junge: »Mit Papa ist alles in Ordnung.« Dem Vater stand das Wasser aber schon bis zum Hals. Beim nächsten Anruf konnten die Rettungskräfte nur noch die Wellen hören; das Telefon wurde aus dem Wasser herausgehalten. Erst am nächsten Tag fand man die Leichen, nachdem sich der Nebel gelüftet und das Wasser zurückgezogen hatte. Die Küstenwache weigerte sich, die Mitschrift der grauenerregenden Gespräche zu veröffentlichen. Der Untersuchungsbericht bezeichnete Rushtons Verhalten als waghalsig und hielt seine Todesursache als »death by misadventure«, grobe Fahrlässigkeit, fest, die des Sohnes als Unfall.

Grausame und unerhörte Strafen

Das erinnert mich daran, dass das kommende und gehende Land zwischen den Gezeitenstränden zuweilen auch als Hinrichtungsstätte diente. Im Mai 1685, während der »Jahre des Tötens« in den schottischen Konfessionskämpfen, wurden zwei weibliche Mitglieder der Covenanters, einer presbyterianischen Sekte, zum Tode verurteilt, weil sie sich nicht zur offiziellen Episkopalkirche bekennen wollten. Im Solway Firth – einem etwas weiter nördlich gelegenen, ebenfalls riesigen, sandigen Mündungsgebiet – sollten sie hingerichtet werden. Männer wurden für dasselbe Vergehen normalerweise gehenkt. Margaret Maclauchlan, eine Witwe über sechzig, und die achtzehnjährige Margaret Wilson band man dagegen an Pfähle, die in der Bladnochmündung nahe Wigtown in den Sand getrieben wurden. Die Flut sollte sie ertränken.

Beiden Frauen wurde die Möglichkeit gegeben, ihrem Glauben abzuschwören. Zeitgenössischen Berichten zufolge wurde die ältere Frau an einer niedriger gelegenen Stelle postiert, sodass das Wasser sie zuerst erreichen würde, damit die jüngere noch Zeit hätte, ihren Fehler zu berichtigen. Keine der beiden gab nach. Margaret Wilson sang den fünfundzwanzigsten Psalm, bis sie im steigenden Wasser das Bewusstsein verlor. Schließlich hielt ihr einer der Soldaten den Kopf noch einmal über Wasser und forderte sie auf, für den König zu beten. Sie weigerte sich, der Soldat ließ los, und ihr Kopf versank in den Fluten. Presbyterianer feiern die beiden Frauen als »Märtyrerinnen von Wigtown«, während Episkopalen bezweifeln, dass die Hinrichtung je stattfand. Gleichwohl hält ein im 19. Jahrhundert aufgestellter Gedenkstein für die »jungfräuliche Märtyrerin« Margaret Wilson die Namen derer fest, die das »grausame Verbrechen« begingen. Außerdem heißt es: »Sie litt, gebunden an den Pfahl, für Christus Jesus hier im Meer.«

Wikingergeschichten haben die Henker vielleicht erst auf die grausame Idee gebracht. Aus den nordischen Sagas geht hervor, dass das Ertränken in steigenden Fluten eine weitverbreitete Hinrichtungsmethode war. Alles andere als authentisch und ganz besonders kitschig ist die Darstellung im Hollywoodfilm *Die Wikinger* von 1958. Die beiden Halbbrüder Einar und Erik kämpfen in Northumbria um den Thron ihres Vaters. Um anzugeben, lässt Erik (Tony Curtis) seinen Falken aufsteigen, der Einar (Kirk Douglas) ein Auge aushackt. Erik wird zum Tode verurteilt, aber ein Schamane warnt vor einer Hinrichtung durch Menschenhand. Erik wird daraufhin in eine Flutmulde geworfen – die Natur soll es richten. Der um Beistand gebetene Gott Odin rettet Erik das Leben, indem er das Wasser zurückhält.

In *Peter Pan* setzt Piratenanführer Captain Hook die »indianische« Prinzessin Tigerlilie auf einem Felsen ab. Sie soll ihm sagen, wo Peter ist, sonst werde sie in der Flut ertrinken. Natürlich kann Peter sie retten, allerdings erst, nachdem sie sich ausmalte, dass ein solches Ende »schlimmer als Tod durch Feuer oder Folter [sei], denn steht nicht im Stammesbuch geschrieben, dass es keinen Weg durchs Wasser zu den ewigen Jagdgründen gibt?« So jedenfalls heißt es in J.M. Barries Romanfassung seines Theaterstücks über Peter Pan.

Ethel Smyths in Cornwall spielende Oper *The Wreckers* (*Strandrecht*) handelt von Thirza, die mit dem korrupten Priester Pascoe verheiratet ist. Dieser fragt sich eingangs, warum Gott in letzter Zeit keine Schiffe an der Felsküste hat auflaufen lassen, damit sie von den Einheimischen nach gewohnter Manier geplündert werden können. Wie sich herausstellt, liegt das an einem jungen Fischer namens Mark, der entlang der Küste Leuchtfeuer als Warnung aufgestellt hat. Thirza verliebt sich in Mark, aber die Fluchtpläne der beiden werden vereitelt. Die Oper endet damit, dass die beiden Liebenden in einer Höhle angekettet auf ihren Tod durch Ertrinken in steigenden Fluten warten.

Am »Execution Dock«, einer Hafenanlage im Ostlondoner Stadtteil Wapping, wurden Männer, die man eines Verbrechens auf See überführt hatte, gehenkt (manchmal an einem besonders kurzen Strang, damit sie noch möglichst lange litten) und dann die Zeit von drei Fluten im Wasser hängengelassen. Das sollte eine abschreckende Wirkung haben, hatte aber sicherlich auch mit alten Vorstellungen von rituellen Reinigungen zu tun, denn immerhin ist die dreifache Waschung Teil einiger religiöser Zeremonien.

Mönche des Mittelalters

Die Flut brachte in religiösen Auseinandersetzungen zwar manchmal den Tod, öfter sorgte sie aber für religiöse Inspiration. Vor allem Mönche gaben im Mittelalter das Wissen über die Gezeiten weiter, auch wenn sie wenig Neues beitrugen. Der führende englische Wissenschaftler war Robert Grosseteste, der in bescheidenen Verhältnissen in Suffolk aufwuchs, es aber zu hohen Kirchenämtern und einer herausgehobenen Stellung an der Universität Oxford brachte. Wie der Name schon sagt, war Grosseteste ein stämmiger Mann, der zudem auch großmütig war. Nach allem, was wir wissen, war er umgänglich, voller Energie und unendlich neugierig, und außerdem lebte er lange. Alles in allem also eine körperlich und intellektuell imposante Figur, die in vielerlei Hinsicht der Wissenschaft in Oxford zum Durchbruch verhalf.

Er stand als junger Mann zu Beginn des 13. Jahrhunderts in den Diensten des Bischofs von Hereford. Damals schrieb er einige Abhandlungen, aus denen sein großes Interesse an der Physik und an Aristoteles-Kommentaren hervorgeht. Außerdem schrieb er über die Zeit, die Optik, die Farben des Regenbogens, die Eigenschaften des Schalls und die Bewegungen der Planeten. Zwar hat er anders als sein Vorgänger Beda wohl keine Messdaten gesammelt, doch dachte auch er über die Gezeitentheorie sehr intensiv nach. Seine Schrift *Questio de fluxu et refluxu maris* setzt sich mit Albumasars acht Ursachen der Gezeiten auseinander und berücksichtigt auch Faktoren wie die Stellung des Mondes zur Erde, dessen Stellung am Himmel und die Rolle der Sonne.

Grossetestes größtes Interesse galt dem Licht, das er sowohl als Manifestation des Göttlichen als auch als physikalisches Phänomen interpretierte. Sicher auch deshalb berief er sich auf Albumasars Theorie, dass die Gezeiten etwas mit der Helligkeit des Mondes zu tun hätten. Das Mondlicht führe zu einer Erwärmung, aufgrund derer die Ozeane sich ausdehnten. Grosseteste versuchte auch, den einen offensichtlichen Schwachpunkt dieser Theorie zu erklären, dass zwar zweimal am Tag Flut herrscht, der Mond aber nur in einem dieser beiden Fälle am Himmel steht. Wie soll er das Wasser dann erwärmen? Die Lösung war ein eleganter optischer Trick: Das Mondlicht werde vom Himmelszelt auf einen Punkt auf der anderen Himmelshalbkugel umgelenkt, wo eine Art virtueller Mond erscheine, der zwar keine Substanz besitze, aber Lichtstrahlen aussende.

Grosseteste ist weniger bekannt als der Mönch Roger Bacon, der wahrscheinlich sein Schützling war und der heute gern als Urahn der empirischen Wissenschaften bezeichnet wird. Bacons Methoden unterschieden sich kaum von denen seiner berühmten Zeitgenossen in Paris und Oxford. Nur hatte er bessere Verbindungen, die er auch sehr selbstbewusst nutzte. 1265 gab Papst Clemens IV., den er schon vor dessen Wahl gekannt hatte, bei ihm eine Abhandlung über die Rolle der Philosophie innerhalb der christlichen Theologie in Auftrag. Bacon kam auf verschiedene Wissenschaften zu sprechen und fügte Grossetestes Werk über die Gezeiten in seine eigene Schrift ein. Schamlos schrieb er dem Papst:»Ich habe eine der berühmtesten, größten und schwierigsten Gegebenheiten, die uns in der Wirklichkeit begegnen, erklärt, nämlich das Hin- und Herfließen des Meeres.«

Wir wissen natürlich, dass Grosseteste mit seiner Hypothese falschlag, und seine empirische Begründung war schon damals fragwürdig, da die höchsten Hochwasserhöhen sowohl bei Vollmond als auch bei Neumond dann erreicht werden, wenn der Nachthimmel am dunkelsten ist. Grosseteste folgt Albumasar auch in der Auffassung, dass der Wind eine Ursache der Gezeiten sei, was im Kleinen richtig ist, da der Wind Wasser beispielsweise in eine Bucht hinein- oder aus ihr herausdrängen kann; zum grundlegenden Erklärungsmuster der Gezeiten gehört er aber nicht. Entscheidend ist die damals noch nicht bekannte Gravitationskraft.

Im selben Jahr, in dem Bacon seine aufgewärmte Version von Grossetestes Theorien vorlegte, ernannte Clemens IV. einen gewissen Thomas von Aquin zum Magister in Rom. Thomas wurde 1225 in der italienischen Region Latium geboren. Während seine älteren Brüder in die Dienste des deutschen Kaisers und sizilischen Königs Friedrich II. traten und diesen in seinem Kampf gegen die Autorität des Papstes unterstützten, wurde Thomas Dominikaner. Der Dominikanerorden machte sich um die Wiederbelebung antiker Gelehrsamkeit verdient. Thomas selbst konnte im Kloster seinem Drang folgen, die Arbeiten des Aristoteles, den er einfach »den Philosophen« nannte, in die christliche Theologie zu integrieren. Thomas nahm an, dass man auch scheinbar unergründliche natürliche Gegebenheiten rational erklären könne und sie nicht als potenzielle Beweise gegen die Existenz Gottes verstehen müsse.

Unter der Schirmherrschaft Clemens IV. verfasste der Philosoph sein Hauptwerk, die *Summa theologica*, zu dem ein fünffacher Gottesbeweis gehört, der ganz bewusst philosophisch und nicht theologisch grundiert ist, um auch Leser außerhalb der Klostermauern überzeugen zu können. Thomas war ein solcher Erfolg beschieden, dass er schon kurz nach seinem Tod heiliggesprochen wurde, obwohl man ihm keine Wundertätigkeit nachweisen konnte.

Der erste Beweis hat mit der Bewegung zu tun. Thomas nahm an, dass spontane Bewegungen in der Natur auf die Existenz Gottes verweisen würden. Mit Aristoteles argumentierte er, dass ein Objekt, das sich nicht selbst in Bewegung versetzen kann, einen Beweger haben müsse. Ein Objekt wird durch ein anderes bewegt, und es ergibt sich eine Kette, an deren Ende ein »unbewegter Beweger« stehen müsse, und das sei Gott.

In diesem Zusammenhang verdienten die Gezeiten als unübersehbar gewaltiges Beispiel einer scheinbar spontanen Bewegung besondere Beachtung. In *De occultis operationibus naturae*, einem späteren Werk, versucht Thomas zu zeigen, dass eine ganze Anzahl scheinbar unerklärlicher, von vielen für dämonisch gehaltener Kräfte wie der Magnetismus und eben auch die Gezeiten in Wahrheit auf natürliche Veränderungen zurückzuführen seien und daher Gottes Willen gehorchten. Thomas entwickelte zwar die Theorien von Albumasar und Grosseteste nicht wirklich weiter, sprach aber als Erster vom Einfluss des Mondes auf das Meer als einer »Kraft«.

Dank dieser einflussreichen Philosophen wurden die Gezeiten auch im Mittelalter nicht ganz vernachlässigt, sondern als erklärungsbedürftiges Naturphänomen weiter untersucht. Systematische Beobachtung und empirische Methoden standen diesen Denkern aber noch nicht zur Verfügung. Hinderlich war auch, dass sie an einigen alten Vorstellungen wie dem aristotelischen Glauben an vier Elemente festhielten. Weil sie die Sonne mit dem Element Feuer und den Mond mit dem Element Wasser identifizierten, gerieten sie bei der Untersuchung des Einflusses beider auf die Meere in Schwierigkeiten. Nicht zu Unrecht brachten sie empirische Beobachtungen von Seeigeln und Schalentieren und die Flut bei Vollmond mit der Eigenschaft »feucht« und dem Mond in Verbindung. So war der Einfluss der Sonne, unter deren Hitze diese Meeresfrüchte vertrocknen, auf die Gezeiten aber nicht zu verstehen. Verschiedene durchaus richtige Ideen mussten außerdem erst aus weiterhin verbreiteten Vorstellungen von Quellen am Meeresboden oder dem Atmen der Erde als Ursachen der Gezeiten herausgeschält werden. Ein genaues Verständnis der Gezeiten wurde erst mit dem Beginn des wissenschaftlichen Zeitalters und der Arbeit großer Forscher wie Galileo Galilei und Isaac Newton möglich.

Der Führer der Königin

Ich bin erleichtert, dass ich bei meiner Durchquerung von Morecambe Bay nicht nur von der Royal National Lifeboat Institution (RNLI) eskortiert, sondern auch von Cedric Robinson, »the Queen's Guide to the Sands«, geführt werde. Angeblich hat König Johann diese Position Anfang des 13. Jahrhunderts geschaffen. Der König war natürlich auf solche Führer angewiesen, immerhin hatte er im Laufe seiner Flucht aus Bishop's Lynn, dem heutigen King's Lynn, am Ende seiner desaströsen Regierungszeit im Herbst 1216 auf den öden Marschen des Norfolker Wash die Kronjuwelen verloren. Zuverlässigere Quellen bestätigen, dass das Herzogtum Lancaster spätestens seit 1548 Wattführer bestellt. In jenem Jahr wurde Thomas Hogeson nach der Aufhebung der Klöster unter Heinrich VIII. zum »Verweser, Aufseher und Leiter« der Kenter Watten ernannt. Zuvor stellte das Kloster Cartmel das entsprechende Personal. Heute ist die Position mit einem symbolischen Jahresgehalt von fünfzehn Pfund und kostenlosem Wohnrecht in Guide's Farm, der Dienstwohnung mit Blick über die Bucht, ausgestattet.

Seit die Eisenbahngesellschaft Furness Railway 1857 ihren Betrieb aufnahm, mussten immer weniger Menschen die Watten durchqueren. Die Einkünfte aus den vom Queen's Guide geleiteten Touren kommen heute gemeinnützigen Organisationen zugute. Hospize, Naturschutzgruppen und Lebensretter machen sich im Sommer eifrig Konkurrenz. Die Wanderungen finden gebündelt in zweiwöchentlichen Abständen statt, wenn die Springtiden niedrig sind. Die Einkünfte aus der Wanderung, an der ich teilnehmen werde, kommen der britischen Seenotrettung RNLI zugute. Diese Organisation rettet jährlich zwischen drei- und vierhundert Menschen, die durch die Gezeiten auf verschiedenste Weise von der britischen Küste abgeschnitten werden. Viele weitere stranden oder laufen mit ihren Booten auf Grund. Die meisten Notrufe gibt es während der sogenannten Rippströmungen, bei denen es sich meist um normale Gezeitenströmungen in Strandnähe handelt. Wenn die Menschen nur etwas mehr über die jeweils aktuellen Gezeitenverhältnisse wüssten, bevor sie losgehen, ließen sich die meisten dieser Einsätze vermeiden.

Cedric feiert gerade sein fünfzigjähriges Dienstjubiläum als Queen's Guide. Die Königin selbst hat seine Dienste nie in Anspruch genommen, doch immerhin führte er 1985 den Herzog von Edinburgh an der Spitze einer Gruppe festlich geschmückter Kutschen durch die Bucht. »Das Verkehrsamt hat mich angerufen«, sagt er mir gleich bei unserem ersten Gespräch ganz aufgeregt. »Ich wurde für einen Preis vorgeschlagen, und das dürften die mir gar nicht sagen, aber ich habe den gewonnen. Jetzt gibt es ein Festessen im Midland Hotel. Das ist doch was ganz Besonderes, oder?«

Leichtsinnigen Wanderern, die die Durchquerung der Bucht in Angriff nehmen, muss er manchmal ins Gewissen reden. Landkarten sind verführerisch, und selbst in unserer sicherheitsbewussten Zeit können sie Menschen das Gefühl geben, dass sie das Recht haben, jeden Weg zu wagen, der auf dem Papier als Möglichkeit angedeutet wird. Neben der irreführenden Kennzeichnung als »für alle Fahrzeuge freigegebene Nebenstraße« steht die Warnung: »Fußwege über die Morecambe Bay können gefährlich sein – bitten Sie vor Ort um Rat!« Nicht jeder tut das. »Einmal kam ich von Kents Bank, da sehe ich hinter mir zwei Range Rover«, erzählt Cedric mir. »Die dachten, sie fahren auf einer Straße nach Morecambe. Wenn ihr jetzt losfahrt, sieht niemand euch je wieder, habe ich ihnen gesagt.«

Jede Wanderung muss sorgfältig geplant werden. Nach jeder einzelnen Flut muss Cedric den genauen Weg neu ermitteln, da sich Sandbänke verschoben haben können. Bei Ebbe macht er sich zunächst allein auf den Weg. Die Uhrzeiten für Ebbe und Flut schreibt er sich auf den Handrücken. Dann sucht er den besten Weg über Priele und um den Treibsand herum. Die trockenen Streckenabschnitte durchquert er schnell mit dem Traktor, aber bei den tieferen Prielen muss er barfuß nach dem besten Weg über festen Grund suchen. Wenn er sich entschieden hat, bohrt er mit einer Brechstange tiefe Löcher in den Sand und steckt Lorbeerzweige als Markierungen hinein. Obwohl die Blätter verwelkt sind, fallen sie nicht ab, man sieht sie also auch aus einiger Entfernung noch gut. Schon bei der nächsten Ebbe kann sich der Flusslauf um einhundert Meter verschoben haben.

An dem kleinen steinernen Pier von Arnside geselle ich mich zu den anderen Wanderern. Es regnet, bei nur neun Grad. Allgemein herrscht Vorfreude, und wir versuchen, dem Wetter das Beste abzugewinnen: »Wenigstens haben wir keinen Sturm.« Ein paar Passanten rufen den Organisatoren zu, dass sie das auch schon immer einmal machen wollten. Sie könnten gern mitkommen, wenn sie wollten – aber da fällt ihnen schon wieder eine Ausrede ein. Letztlich sind wir eine Truppe von über dreihundert Menschen – und einigen aufgeregten Hunden. Ich frage mich, ob man sich in so einer großen Gruppe nicht automatisch geschützt fühlt. Außerdem habe ich den Verdacht, dass wir allein schon deshalb losgehen müssen, weil wir so viele sind. Aber Cedric versichert uns, dass er die Sache immer noch absagen könnte. Letztes Jahr habe er vier Touren aus Sicherheitsgründen abgesagt. »Das entscheidet einer ganz allein, und das ist Cedric«, sagt Cedric, der manchmal in der dritten Person von sich spricht.

Unser Ziel ist Kents Bank, ein kleines Stück östlich von Grange-over-Sands. Wir sehen es auf der anderen Seite des Mündungsgebiets schon ganz genau vor uns. Luftlinie sind es nur fünf Kilometer, aber da wir dem Treibsand ausweichen müssen, sind es wohl eher fünfzehn, selbst wenn wir die nicht so tiefen Priele durchwaten. Wir machen uns auf den Weg, an der Flutgrenze entlang in Richtung Mündung. Gleich zu Beginn warnt uns ein Schild:

ACHTUNG!
Gefahr bei schnell steigender Flut
Treibsand
Verborgene Priele
Sirenenwarnung bei Flut
Notruf 999 – Küstenwache verlangen

Eigenartig ist es schon, dass Sirenen vor Gefahren warnen, wo sie Reisende in der Antike doch in gefährliche Gebiete lockten. Der Hauptarm verläuft ganz in der Nähe unserer Küstenlinie. Das Wasser läuft weiterhin ab, sanft und trüb, und wie tief es ist, lässt sich nicht erkennen. Über dem flachen Ufer liegt eine Regenwasserschicht. So sieht man nicht, wo das Wasser endet und der Sand beginnt. Wir laufen ein paar Kilometer Landweg zu einer kleinen, felsigen Bucht, von der aus wir aufs Meer hinausblicken. Hier beginnt nun die eigentliche Wanderung. Wir fühlen uns plötzlich ein bisschen wie Aufständische. Eine normale Wanderung endet meistens auf einem Kap oder einem Strand, von dem aus man einen schönen Meerblick hat, und der ist die Belohnung. Unser Weg beginnt hier erst.

Cedric ist groß und voller Leben, und seine Wangen sind so rot, dass man ihm seine achtzig Jahre nie ansehen würde, auch wenn unter seiner fluoreszierenden Kapuze schon weißes Haar hervorragt. Er wirkt nicht im Geringsten schwach und strahlt eiserne Führungsstärke aus. Er gibt uns ein Zeichen, und wir rücken auf breiter Front wie eine Armee über Gras und dann über Schlamm und Sand vor. Das Terrain (falls das das richtige Wort für Land ist, das täglich die Hälfte der Zeit unter Wasser ist) kennzeichnen eintönige Wellen. Das Wasser kräuselt sich über dem Sand, und quer dazu verläuft ein größeres Muster. Das Ergebnis sieht aus wie Fischfilets auf einer großen Felsplatte. Vielleicht haben Flut und Wind heute Nacht verschieden große Wellen aus verschiedenen Winkeln hier herübergeschickt, um ein so kompliziertes Muster anzulegen. Nur ganz selten unterbricht die Spur eines Kiemenringelwurms das regelmäßige Bild. Später entdecke ich davon abweichende Oberflächen, wo das Wasser vielleicht anders ablief oder der Sand grob- oder feinkörniger ist. An manchen Stellen sehe ich ein wirres Muster aus amboss-förmigen Stellen, andernorts ist die Oberfläche glatt wie Leder.

Ab und zu ruft Cedrics Trillerpfeife uns auf, die langsameren Teil-

nehmer aufholen zu lassen. Wir sind so viele, dass ich unwillkürlich an Trainingseinheiten für Hütehunde denken muss. Nach ungefähr einem Kilometer Wegstrecke über den Sand erreichen wir die aktuelle Gezeitenlinie, auf die sich die Ebbe am Rande des Flusses Kent zurückgezogen hat. Cedric hat hier seine Lorbeerzweige eingepflanzt, einen auf unserer Seite, den anderen einige Hundert Meter weiter. Die Pflanze ist aus einem ganz bestimmten Grund besonders geeignet für diese Aufgabe, wie ich später erfahre. In der antiken Mythologie versucht die Nymphe Daphne, die Tochter eines Flussgotts, vor dem in sie verliebten Gott Apollo zu fliehen. Sie merkt, dass sie nicht entkommen kann, bittet ihren Vater um Hilfe, und der verwandelt sie in einen Baum. Aus ihren Armen wachsen Lorbeerzweige, ihre Füße schlagen Wurzeln. Apollo gibt sich geschlagen, gelobt aber, den Baum in Ehren zu halten. Er verleiht ihm Unsterblichkeit, und so verliert der Lorbeer nie seine Blätter.

Auf die Lorbeerzweige sind wir angewiesen. Hier gibt es kaum Orientierungspunkte. Die wenigen sind außerordentlich unscheinbar: ob eine bestimmte Art von Tang da ist oder nicht, wie steil eine Sandbank ist, wie groß die Herzmuscheln sind. Letzten Endes ist auch das alles nicht zuverlässig, denn mit jeder Flut verschieben sich die Koordinaten.

Nun ist das Wasser fast zur Ruhe gekommen. Der Kanal hat seine minimale Tiefe erreicht. Wir steigen ins Wasser, sollen aber nebeneinander gehen. Wenn wir hintereinandergingen, würden die Vorderen den Boden gefährlich aufweichen. In der Mitte des Wasserlaufs stecken zwei weitere Zweige, um Treibsand zu kennzeichnen, von dem wir uns fernhalten sollen. Und was tun, wenn wir in Treibsand geraten? Da gibt es nur eines, auch wenn einem das widerstreben mag: schneller gehen! Mir steht das Wasser bis zum Oberschenkel. Es schmeckt, wie ich feststelle, nach Brackwasser – warmes, mit kaltem Regen stark verdünntes Salzwasser. An meinen Beinen fühle ich das Meerwasser immer noch ablaufen. Ich habe gehört, dass man in Panik geraten kann, wenn man zuschaut, wie es sanft und regelmäßig an einem vorbeifließt, weil man denkt, dass man nicht geht, sondern schwimmt. Deshalb soll man den Blick immer auf ein Objekt in der Ferne richten.

Ein Teilnehmer vergleicht unsere Tour mit der Durchquerung des Roten Meeres. Mich wundert, dass erst jetzt jemand daran denkt. Die überzeugendsten heutigen Erklärungen für die Geschichte von Moses, der das Rote Meer »teilte«, um die Israeliten aus Ägypten zu führen, konzentrieren sich tatsächlich auf seine überlegenen Kenntnisse der Gezeiten, aber viele Fragen sind offen.

Gott sprach zu Moses: »Und du heb deinen Stab hoch, streck deine Hand über das Meer und spalte es, damit die Israeliten auf trockenem Boden in das Meer hineinziehen können.« (Ex 14,16) In der Bibel steht zwar viel über die Geographie des Ortes, aber wo das Ereignis tatsächlich stattfand, ist unklar. Am weitesten verbreitet ist die Theorie, dass die Durchquerung ganz am nördlichen Ende des Roten Meeres in der Nähe des Großen Bittersees stattfand, etwa auf halber Höhe des heutigen Suezkanals. Möglich wäre auch, dass die Israeliten in der Nähe des Bardawilsees an der Mittelmeerküste entlangzogen.

Anders als am Mittelmeer gibt es am Roten Meer einen beträchtlichen Gezeitenunterschied. Bei Suez selbst, am südlichen Ende des Suezkanals, beträgt der Tidenhub ungefähr zwei Meter, bei Port Said, wo der Kanal das Mittelmeer erreicht, dagegen nur etwa fünfundzwanzig Zentimeter. Zu Moses' Zeiten war der Meeresspiegel höher, vielleicht waren auch die Gezeitenunterschiede größer. Verstärkt wurden sie jedenfalls, wie auch heute, durch Wirbelbildungen im langen Becken des Roten Meeres und besonders im Golf von Suez an dessen nördlichem Ende. Das gleiche Phänomen haben wir in der Adria bereits beobachtet.

Der Moses der Bibel weiß, was er will (auch wenn Gott natürlich letztlich die Richtung vorgibt). Jemand wie er würde nicht auf etwas so Unwahrscheinliches wie jenen Tsunami warten, den ein Vulkanausbruch auf der griechischen Insel Santorin auslöste, was als eine der möglichen Erklärungen gilt. In der Wüste hat sich Moses mit dem Roten Meer vertraut gemacht, und die Bibel lässt keinen Zweifel daran, dass das Warten auf den rechten Augenblick ein wichtiger Faktor war. Über die Gezeiten selbst sagt das Buch der Bücher explizit zwar nichts, doch steht da immerhin die folgende Andeutung: »Mose streckte seine Hand über das Meer aus, und der Herr trieb *die ganze Nacht* das Meer durch einen starken Ostwind fort.« (Ex 14,21; meine Hervorhebung.) Kräftige Winde können die Wasserhöhe tatsächlich erstaunlich stark beeinflussen. In diesem Fall würden sie den Wasserspiegel um bis zu zwei Meter senken und die Küstenlinie um bis zu einen Kilometer in Richtung Meer hinausschieben, so jedenfalls sagen es einige Experten. Und wenn ein starker Wind den Meeresspiegel dort senken kann, wo die Durchquerung stattfand, wird das Abflauen des Windes vielleicht sogar innerhalb von Minuten dazu geführt haben, dass das Wasser wieder stieg.

Zwischen den Zeilen erfahren wir auch etwas über die spezifische Form der Gezeiten. Suez hat zwar heute die üblichen zwei Fluten am Tag, aber an einigen Stellen am südlichen Ende des Roten Meeres gibt es die sogenannten Eintagsgezeiten, bei denen es innerhalb von vierundzwanzig Stunden nur zu einer Flut und einer Ebbe kommt, und zwar wegen der Wirbel im Wasser. Wenn der Meeresspiegel damals tatsächlich höher war, könnte es auch am nördlichen Ende des Roten Meeres zu Eintagsgezeiten gekommen sein. Zumal es angesichts des starken Ostwindes möglich ist, dass das Wasser die ganze Nacht lang so niedrig gestanden hat, dass Moses und seine Leute sich auf den Weg machen konnten, bevor das Wasser morgens wieder stieg und die heranrückenden Ägypter verschluckte.

Andere biblische Einzelheiten widersprechen dem allerdings und lassen sich auch mit anderen Erklärungsversuchen nur schwer vereinen. Angeblich hat Moses sechshunderttausend Menschen und ihr Vieh in Sicherheit gebracht. Dass so viele Menschen und Tiere während einer einzigen Ebbe das Rote Meer durchqueren, ist unvorstellbar. Auch das eindrucksvolle Bild der sich teilenden Fluten (»Die Israeliten zogen auf trockenem Boden ins Meer hinein, während rechts und links von ihnen das Wasser wie eine Mauer stand«; Ex 14,22) ist problematisch, denn eine Art plötzlich auftauchende Landbrücke wäre eine bathymetrische Unmöglichkeit. Aber vielleicht sollen wir das Ganze auch nicht zu wörtlich nehmen. Wunderbar ist das Ereignis schließlich vor allem als Erzählung.

In Morecambe Bay dominiert die Horizontale. Flaches Wasser, flacher Sand zu allen Seiten. Feine Unterschiede geraten darüber leicht in Vergessenheit. Ich spüre, wie sich mir zu Füßen etwas verändert. Auf der anderen Seite des Kanals ist der Sand schlammiger, hier und da scheint er sich in eine Art Pudding verwandelt zu haben. Die Oberflächenspannung des Wassers, von dem der Sand schon gesättigt ist, produziert einen Hauch von Haut, der den gefährlich irreführenden Anschein von Festigkeit vermittelt. Man geht wie über eine Nachspeise, die sich eben erst setzt. Wenn ich einen Moment stehenbleibe, wird mein Fuß gewaltsam nach unten gezogen. Wenn ich mich mit dem anderen Fuß abzustoßen versuche, wird auch der nach unten gezogen. Manche arme Seele mag die Warnung vor dem Treibsand als Übertreibung abgetan und gedacht haben, so etwas gäbe es nur in Abenteuerfilmen. Aber die Sache gibt es wirklich, und Treibsand kann ganze Autos und Traktoren verschlucken. Dem Spaziergänger droht weniger, dass er völlig verschluckt wird, als dass er steckenbleibt und sich vor der nächsten Flut nicht befreien kann. Einmal half Cedric einem Fernsehteam dabei, diese Gefahr zu verdeutlichen. Aus verständlichen Gründen fanden sich keine Freiwilligen, die mitmachen wollten, und so wurde eine lebensgroße Puppe in den Sand gesetzt. Die bekam man tatsächlich nicht wieder heraus. Noch Wochen später meldeten besorgte Passanten, dass sie einen Ertrinkenden gesichtet hätten, bis Cedric sich schließlich mit einer Säge an dem »Körper« zu schaffen machte. Er trennte die obere Hälfte ab, und seitdem gibt es keine Notrufe mehr.

Auch Flora und Fauna zu meinen Füßen verändern sich. Jede Menge Muscheln liegen in ausgefransten Bändern über den Sand verteilt. Es ist aber die falsche Jahreszeit, daher bedienen sich hier gerade keine Vögel. Wenn Cedric etwas Interessantes sieht, so erzählt er mir, zum Beispiel eine große Qualle oder einen im seichten Wasser gefangenen Rochen, weist er darauf hin, wirft dann das Tier in tieferes Wasser und schaut zu, wie es wegschwimmt. Meistens sind es kleine Flundern. Aber heute sehen wir keine Fische. Alles Leben spielt sich unter der Oberfläche des Sandes ab. Das nächste Land ist jetzt einige Kilometer weit entfernt. Ein eigenartiges Gefühl. Wir gehen über festen Grund, aber die Fläche um uns herum ist glatt und hell wie ein Spiegel. Wir sehen unseren ganzen Körper reflektiert, als stünden wir wie durch ein Wunder auf dem Wasser eines Teichs. Die dünne Wasserschicht auf dem Sand verdoppelt die Farbe des Himmels. Nur hinten am Horizont sehen wir einen unheilvollen dunkleren Streifen schlechten Wetters, das langsam heraufzieht. Sieben Kilometer waren es bis zu dem Punkt, an dem wir den Kent überquerten, nun sind es noch einmal ebenso viele über die Salzwiesen auf der Grange-Seite des Mündungsgebiets.

Zurück auf festem Boden danken wir Cedric und steigen in den Bus, der uns auf dem längeren Weg zu unseren Autos zurückbringt. Es war eine einzigartige Erfahrung: ein leichter Wanderweg über flachen Grund, eigenartig ereignislos und doch wie ein Eindringen in eine fremde Gegend, wie ein Gang auf einem unbekannten Planeten. Bei meiner Abreise steht die Flut noch aus. Kaum zu glauben, dass dieser Ort – und dieses oft überflutete, zeitweilige Land ist für mich nun zweifellos ein »Ort« – noch vor sechs Stunden mehrere Meter tief unter Wasser lag und in wenigen Stunden auch wieder liegen wird. Erst wenn ich diese Gegend endlich bei Flut sehe, wird mir klar, welchen Wahnsinn wir vollbracht haben.

Später erfahre ich mehr über Cedric. Er arbeitete hier schon als Junge mit seinem Vater zusammen, fing Flundern und suchte nachts bei Ebbe im niedrigen Wasser Krabben, im Winter grub er nach Muscheln. Mit dem Pferdewagen kamen Vater und Sohn hierher, und mit dem, was sie fanden, fuhren sie wieder ab. Später sollte er ambitionierten Unternehmern dabei helfen, das Hindernis aus dem Weg zu räumen, das Morecambe Bay in Zeiten des Fortschritts darstellt. Könnte man nicht einen Staudamm bauen? Wo verlegt man am besten Stromkabel? Später übernahm er die gesellligere Rolle des Queen's Guide to the Sands. Der Titel sei ihm nicht wichtig, sagt er. »Ich bleibe bescheiden. Ich bin schon immer hier, und ich liebe das Watt, das ist alles.« Cedric hat diesem Posten zu hohem Ansehen verholfen. Dutzende Millionen Pfund wurden dank seiner Hilfe schon für gemeinnützige Organisationen gespendet. Am liebsten ist er aber allein auf dem Watt. »Das Gelände ist so groß und immer wieder anders. Besonders bei Sonnenaufgang sehe ich zu, wie die Häuser auftauchen und die Kühe zum Melken gebracht werden.«

Die Bucht sei heute gefährlicher als früher. Die Flüsse sind tiefer, der Sand beweglicher. Keine der tödlichen Gefahren ist verschwunden: Treibsand; Nebel und Starkregen, die den Blick auf Orientierungspunkte in größerer Entfernung trüben; die Streiche, die uns die Augen spielen, indem sie als fernes Glitzern erscheinen lassen, was in Wahrheit eine rasch heranrückende Riesenwelle ist. Und die Gezeiten.

TERRA INFIRMA

Galilei in der Klemme

Gerade Venedig sollte eigentlich keine Probleme mit der Wasserversorgung haben. Doch jahrhundertelang war die Stadt auf Frischwasserlieferungen von jenseits der Lagune angewiesen. Riesige Schiffe, Wasserbarken, versahen diesen Dienst, bis 1884 endlich eine Pipeline verlegt wurde.

Es ist gut möglich, dass ein junger Physiker namens Galileo Galilei im Frühjahr 1592 mit einer dieser Barken in der Republik Venedig angekommen ist. Sein Gönner Guidobaldo del Monte hatte ihm geraten, den Mathematiklehrstuhl an der Universität Pisa aufzugeben, da ihm dort die notwendige Unterstützung für seine Arbeit fehle. Galilei verließ seine Heimatstadt, den ganzen Kopf voller Beobachtungen und Ideen. Wahrscheinlich hat er zwar nie verschieden schwere Gewichte vom Schiefen Turm von Pisa fallenlassen, wie es die Legende will, doch hatte er jede Menge Zeit, um in der Kathedrale zu beobachten, wie die Leuchter unabhängig von der Geschwindigkeit des Windes draußen, der sie in Bewegung gesetzt hatte, immer gleich schnell hin- und herschwangen.

Jenen Sommer verbrachte er mit dem mechanikbegeisterten Guidobaldo in Venedig, um sich einer Reihe von Experimenten zur Flugbahn von Projektilen zu widmen. Dann wurde er an die Universität von Padua berufen, die größer und angesehener war als jene in Pisa. Unter dem Schutz der liberalen venezianischen Regierung hatte er dort weniger Schwierigkeiten zu befürchten. Das Katheder, von dem aus er las, ist dort noch immer zu sehen – eine erstaunlich grobe Holzkonstruktion mit Stufen, die auf eine schmucklose Plattform führen.

Galilei verließ Pisa nicht als Anhänger des Kopernikus. Für ihn gab es aus eigener Erfahrung noch keinen zwingenden Grund anzunehmen, dass sich die Erde um die Sonne drehte. Später bei seinem Abschied aus Venedig war er jedoch überzeugt. Was hatte er dort gesehen? Zunächst hatten seine Experimente mit Geschossen ihm vor Augen geführt, dass ein Körper von zwei Kräften zugleich beeinflusst werden kann, und zwar in diesem Fall von der durch eine Explosion ausgelösten Triebkraft und der noch unbekannten Schwerkraft, die das Geschoss von seiner Bahn ablenkt und zurück zur Erde zieht. Hinzu kam der nachhaltige Eindruck, den die Fahrten mit den Wasserbarken hinterließen. Er hatte gesehen, wie die flüssige Ladung still zu liegen schien, wenn sich das Boot mit konstanter Geschwindigkeit vorwärtsbewegte, aber in Unruhe geriet, wenn das Boot seine Geschwindigkeit oder Fahrtrichtung änderte. Wenn die Werke beispielsweise ihre Geschwindigkeit drosselten, um am Hafen anzulegen, schwappte das geladene Wasser am Bug nach oben, während der Wasserstand am Heck sank. Galilei leitete daraus ein grundlegendes physikalisches Gesetz ab, dass nämlich ein Körper in gleichbleibender Bewegung nur von einem externen Standpunkt aus von einem in Ruhe befindlichen Körper zu unterscheiden ist. Aller Wahrscheinlichkeit nach verließ er Venedig auf einer – freilich ihrer Ladung entledigten – Wasserbarke, und auf der Fahrt über den Brentakanal, an gerade fertiggestellten palladischen Villen vorbei, mag er über erste Ansätze seiner Theorie der zwei Weltsysteme nachgedacht haben. Veröffentlicht wurde das umstrittene Buch freilich erst vierzig Jahre später, nachdem viele weitere Stürme überstanden waren.

Das Wasser in der Barke mag Galilei genauere Hinweise auf ein ganz irdisches Phänomen gegeben haben, das mit seiner kosmischen Frage eng verbunden ist: Das Wasser schwappte nach vorn, wenn die Barke zum Halten kam, und befand sich dann eine Zeit lang in einer konstanten Kreisbewegung, genau wie die Leuchter in der Kathedrale von Pisa. Da stellte Galilei den Vergleich mit der Adria an, die als ein Ganzes gesehen ebenfalls von einer äußeren Kraft beeinflusst sein könnte, wodurch sich die Dynamik ihrer Gezeiten erklären ließe. Das war die entscheidende Frage: Was wäre, wenn die gesamte Erde sich bewegte?

Die Adria ist ein langgezogenes, ungefähr rechteckiges Gewässer, das im Norden vom Golf von Venedig völlig und im Süden von der Straße von Otranto beinahe abgeschlossen wird. Galilei wusste, dass die Gezeiten an beiden Enden, zum Beispiel in den Häfen von Brindisi und Triest und auch in Venedig selbst, für mediterrane Verhältnisse sehr stark waren, während Orte auf halber Höhe, zum Beispiel Pescara und Ancona, ihnen kaum ausgesetzt waren. Die Wasserbarke war das perfekte Modell dieser Situation. Wenn die Wasserhöhe im hinteren Teil des Schiffes sank, stieg sie im vorderen, und umgekehrt. Ein Punkt auf halber Strecke sah aus wie ein Ruhepol, an dem sich wenig tat.

Und genauso wie die Barke ein Modell für die Adria war, konnte die Adria als Modell für die Meere der Welt dienen, denn schließlich hatte schon der römische Geograph Strabo erkannt:»Fast nur in diesen Teilen unseres Meeres begegnet Gleiches mit dem Ozean, und nur sie haben ähnliche Ebbe und Flut wie jener, wodurch der größte Teil der Ebene mit Meersümpfen erfüllt wird.«

Galilei wusste, dass Gewässer eine von ihrer Größe abhängige Resonanzfrequenz besitzen, denn sein Vater Vincenzo war Lautenist und einst ein berühmter Musiktheoretiker. Das Wasser auf dem Boot schwappte alle paar Sekunden hin und her, dasjenige in der Adria ungefähr alle zweiundzwanzig Stunden, also ungefähr einmal am Tag.

Diese ersten Ansätze zu einer Erklärung der Gezeiten wurden auch zum Dreh- und Angelpunkt von Galileis Eintreten für das heliozentrische Weltbild. Aus astronomischer Sicht gab es keine Belege dafür, dass die Erde sich um die Sonne drehte. Der einzige Anhaltspunkt waren Sonnenflecken, die offenbar über die Sonnenoberfläche zogen, aber die Beweiskraft dieses Arguments ist bis heute umstritten. Fallende Gegenstände, Geschosse und Pendel waren schwache experimentelle Beweise, aber die Idee, dass die Gezeiten von der Bewegung der Erde ausgelöst werden sollten, versprach mehr. Kurz nachdem er sich in Padua eingerichtet hatte, prahlte Galilei vor seinem deutschen Rivalen Johannes Kepler, dass er aus der Beobachtung natürlicher Phänomene eindeutige Belege für die Theorie des Kopernikus ableiten konnte. Kepler ahnte, dass es um die Gezeiten ging. Doch Galilei stellte seine Theorie der Gezeiten erst viele Jahre später vor, im Rahmen seiner umstrittenen Abhandlung darüber, dass sich die Erde bewegt.

Der *Dialog über die beiden hauptsächlichsten Weltsysteme*, den Galilei schließlich 1632 veröffentlichen konnte, vergleicht das ptolemäische, geozentrische Weltbild mit der heliozentrischen Theorie des Kopernikus. Das Frontispiz des Buches zeigt Aristoteles, Ptolemäus und Kopernikus in jeweils zeitgenössischen Gewändern gedankenversunken am Strand von Livorno, wo der Tidenhub weniger als dreißig Zentimeter beträgt. In seinem Werk äußerte Galilei die Überzeugung, dass eine genauere Untersuchung der Ozeane die notwendigen Stützen für seine Theorie der Bewegung der Erde um die Sonne liefern würde. Er ging davon aus, dass die tägliche Rotation der Erde um ihre eigene Achse und ihre ein Jahr dauernde Reise um die Sonne zusammen ein komplexes Muster planetarischer Be- und Entschleunigung produzierten und dass jene Kräfte sich unter anderem im Hin und Her der Meere in ihren Becken ausdrückten.

Der Mond kam in Galileis Theorie nicht vor, obwohl seit der Antike immer wieder Hinweise darauf entdeckt worden waren, dass die Stärke der Gezeiten mit den Mondphasen zusammenhängt. Nicht nur antike Philosophen wie Aristoteles, auch Galileis Konkurrent Kepler glaubte, dass der Mond eine wichtige Rolle spielte, doch konnte er es nicht beweisen. Im Unterschied zu diesen großen Männern, die auf astronomische Messungen und damit auf ferne und letztlich nicht nachvollziehbare Vorgänge angewiesen waren, fühlte Galilei sich in der Lage, als Erster überhaupt eine empirische Erklärung für die Gezeiten vorlegen zu können. Daran hing ihm so viel, dass er sein bahnbrechendes Werk zunächst *Dialog über die Gezeiten* nennen wollte. Erst auf Drängen der Inquisition entschied er sich für den endgültigen, rätselhafteren Titel.

Galilei wusste natürlich, dass die meisten Orte, anders als seine Berechnungen vermuten ließen, zwei Gezeitenzyklen pro Tag erlebten und dass die Adria eine Ausnahme war. Um diese Ungereimtheit auszubügeln, arbeitete er weiter an seiner Theorie und äußerte bald die Vermutung, die zweite Flut sei eine Art Echo der ersten. Gestützt wurde seine irrige Grundannahme durch vereinzelte Berichte, nach denen es auch an anderen Orten nur eine Flut pro Tag gebe. Im Lauf der 1610er Jahre geriet er durch sein Eintreten für Kopernikus in einen immer heftigeren Konflikt mit der katholischen Kirche. Zuvor hatte er im Austausch mit Rom das Thema Gezeiten bewusst ausgespart, obwohl sich sein Hauptargument darauf stützte. Er hielt es für das Beste, sich direkt mit seinen Kritikern auseinanderzusetzen, und reiste deshalb im Dezember 1615 nach Rom. Seine Erklärung für die Gezeiten sollte jenen Beweis für die Bewegung der Erde um die Sonne liefern, den die Kirche zu sehen verlangt hatte. Doch das Treffen endete mit einer Niederlage für Galilei und die Naturwissenschaften. Papst Paul V. setzte eine Kommission ein, die das kopernikanische Weltbild als ketzerische Irrlehre verurteilte. Im Februar 1616 lud der einflussreiche Kardinal Roberto Bellarmino Galilei vor und ordnete im Beisein von Vertretern der Inquisition an, dass Galilei seine Theorie weder verbreiten noch überhaupt glauben dürfe.

Doch Galilei dachte weiter nach. Dass seine empirische Grundlage nicht solide genug war, machte ihm zu schaffen. Messungen aus verschiedenen Weltteilen bestätigten, dass es fast überall zweimal täglich Hochwasser gab. Andere Wissenschaftler begannen, sich auf diesen Fehler einzuschießen. Galilei hielt aber an der Allgemeingültigkeit seiner Wasserbarkentheorie fest. Er erklärte, dass es an den nordatlantischen Küsten, von wo er sich Daten erbeten hatte, eben rein zufällig einen zwölfstündigen Gezeitenzyklus gebe. (Es überrascht, dass ein Wissenschaftler, der so viel Zeit mit der Beobachtung von Pendeln verbracht hatte, annehmen konnte, dass ein riesiger Ozean schneller als die relativ kleine Adria hin- und herschwappen könnte.) Und natürlich hielt Galilei an seiner Annahme fest, dass die Erde sich bewegt und dass die Gezeiten den Schlüssel zum endgültigen Beweis dafür liefern würden. »Das kopernikanische Weltbild war Galilei wichtig, und zwar nicht nur aus wissenschaftlichen Gründen«, so Galilei-Biograph David Wootton. Albert Einstein schrieb später mit einem gewissen Mitleid, Galilei sei hier wohl eher seinem Herzen als seinem Verstand gefolgt.

Sowohl Papst Paul V. als auch Kardinal Bellarmino starben 1621. Galilei ging davon aus, dass die Verfügung gegen ihn damit gegenstandslos wurde, und begann unvorsichtigerweise, sein Traktat über die Gezeiten weiter auszuarbeiten und die Debatte über das kopernikanische Weltbild wieder aufzunehmen, obwohl weiterhin keine Aussicht auf eine Möglichkeit zur Veröffentlichung seiner Thesen bestand. Erst 1630 machte er sich mit dem fertigen Manuskript der »Beiden Weltsysteme« auf den Weg nach Rom, wo er die Publikation aushandelte, die nach weiteren Verzögerungen, unter anderem wegen eines Ausbruchs der Pest, schließlich 1632 zustande kam.

Das sollte endlich Galileis Triumph werden. Doch immer neue Feinde wiesen auf immer neue Aspekte der Schrift hin, die sie als Ketzerei einstuften. Im April 1633 kam es zum Prozess, die Inquisition stellte die Schuld des Astronomen fest, und der musste seine »Irrtümer« eingestehen. Das Urteil lautete auf lebenslängliche Haft, wurde aber bald in einen recht bequemen Hausarrest umgewandelt.

Wichtiger für Galilei war, dass er weiter forschen durfte. Nichtsdestotrotz schmuggelte er sein nächstes größeres Werk, *Unterredung und mathematische Demonstration über zwei neue Wissenszweige die Mechanik und die Fallgesetze betreffend*, aus Italien heraus, um es in Leiden zu veröffentlichen. Auch mit über siebzig wollte er seine Gezeitentheorie weiter verbessern und kleine Abweichungen in den täglichen, monatlichen und jährlichen Zyklen sowohl der Gezeiten als auch der Mondposition miteinander in Verbindung bringen, um schließlich doch noch zu beweisen, dass sich die Erde bewegt.

Galilei war stur, keine Frage, aber aus gutem Grund. Er hielt seine Theorie für ausgereift und die Beobachtungen zu den Gezeiten für beweiskräftig. Stärker noch war sein moderner, naturwissenschaftlicher Impuls, natürliche Gegebenheiten grundsätzlich auf mathematischem Wege erklären zu wollen. Sein Problem war, dass diese unerschütterliche Überzeugung die Glaubenslehren der Kirche infrage zu stellen schien.

Wootton zufolge war Galilei am Ende bereit, »jede Wette auf seine Gezeitentheorie einzugehen, auch wenn diese ziemlich löchrig war«. Die Frage ist müßig, ob Galilei beim Papst Gnade gefunden hätte, wenn seine Theorie richtig oder vollständig gewesen wäre. Galileis zähe Beschäftigung mit den Gezeiten führte ihn zwar in die Irre, erbrachte aber auch einige wertvolle Einsichten, denn nun wusste man, dass der Tidenhub in Venedig und am südlichen Ende der Adria zwar klein, aber immer noch größer als an irgendeiner Stelle dazwischen war und dass große Kräfte das Wasser der Meere so beeinflussen können, dass es sich wie Badewasser verhält. Darüber hinaus zeichnete sich in Galileis Bemühen um belastbare Daten die naturwissenschaftliche Revolution ab, selbst wenn er letztlich auf die schiefe Bahn geriet, indem er versuchte, seine Daten dem Problem anzupassen statt umgekehrt.

Die entscheidende Schwäche von Galileis Theorie war, dass der Mond darin keine Rolle spielte. Jahrhundertelang hatten Beobachter auf der ganzen Welt bemerkt, dass zwischen Mondphasen, Mondbahn und Gezeitenständen ein Zusammenhang bestand, den sie freilich nicht erklären konnten. Dem ersten modernen Naturwissenschaftler gelang der Quantensprung nicht, denn er schrieb die Gezeiten einzig der Rotation der Erde zu. Problematisch war außerdem, dass viele seiner Daten aus der Adria stammten, starke Winde und Schwankungen des Luftdrucks den Gezeitenstand dort manchmal aber noch stärker beeinflussen können als der Mond. Mit einem Wort, Galilei war ein Schubladendenker, und seine Schublade war die Adria.

Acqua alta

	HW	NW	HW	NW
3. November 1966	01:48	06:20	12:11	19:55
	0,7 m	0,5 m	0,8 m	0,1 m
4. November 1966	03:30	07:30	12:48	21:07
	0,6 m	0,6 m	0,7 m	0,2 m

Vor fast dreißig Jahren fuhr ich nach Venedig, um über Pläne für neue Sperrwerke zu schreiben, die in den drei kleinen Wasserstraßen zwischen der Lagune, die die Stadt umgibt, und der Adria errichtet werden sollten. Zwei Jahrzehnte waren seit der großen Flut vom 4. November 1966 bereits vergangen. Damals waren die meisten Gebäude der Stadt und viele kostbare Kunstwerke beschädigt worden. Doch noch immer konnte eine solche Katastrophe jederzeit wieder passieren.

Alles begann damit, dass es über einem Großteil von Norditalien unablässig und außerordentlich heftig regnete, und so kam es schließlich zur höchsten Sturmflut in der langen Geschichte der Stadt. Um die Mittagszeit des 3. November begann das Wasser, in der Lagune zu steigen, gegen Mitternacht erreichte es seinen Höchststand. Es stieg aber am nächsten Tag weiter an, auch aufgrund immer gewaltigerer Wellen von See her. Diese ließen mittags schließlich etwas nach, doch das Wasser in Venedig stieg noch höher. Abends wurde ein neuer Rekord erreicht, eine *acqua alta*, ein Winterhochwasser, das um mehr als einen halben Meter über dem bisherigen Höchststand lag. Bei der Punta della Salute am Canal Grande wurden 1,94 Meter gemessen – achtzig Zentimeter waren für eine Flut normal. Der Markusplatz stand einen Meter unter Wasser. Fünftausend Menschen wurden obdachlos.

Meist wird als Ursache eine unheilvolle Kombination verschiedener Faktoren genannt: ein hoher Gezeitenwasserstand, viel Wasser aus regengeschwollenen Flüssen und ein starker, nordwärts wehender Schirokko, der viel Wasser die Adria hinaufschob. Es hätte alles noch viel schlimmer kommen können, denn die Sturmflut erreichte ihren Höhepunkt, als der höchste Gezeitenstand schon mehrere Stunden zurücklag. Die Gezeiten haben die Situation zwar nicht verschlimmert, aber verlängert. Vorhergesagt waren an jenem Tag relativ niedrige Gezeiten-schwankungen mit hohen Hochwasserhöhen vom frühen Morgen bis zur Abenddämmerung. Nachts hatte es geregnet, und so stand das Wasser volle vierundzwanzig Stunden lang hoch, ohne wie sonst abzufließen. Hierauf ging der größte Teil der Zerstörung zurück. Drei Viertel der Gebäude in der Stadt wurden zerstört oder beschädigt, Wohnhäuser wie Geschäfte.

In Venedig gab es schon immer Fluten, aber seit dem 20. Jahrhundert treten sie häufiger auf. Einige Teile der Stadt werden heute mehr als vierzigmal im Jahr überflutet. Hotels weisen ihre Besucher inzwischen schon gewohnheitsmäßig auf eine Webseite hin, die neben *Acqua-alta*-Warnungen auch eine Übersicht über jene erhöhten Gehwege enthält, die im Notfall in der Stadt verlegt werden, um ein wenig Normalität zu ermöglichen.

Nicht die Kombination aus Stürmen und Gezeiten erhöht das Risiko, sondern der Mensch, der immer größer baut und noch bis in die 1970er Jahre Trinkwasser aus den Grundwasserleitern unter der Stadt abpumpte. Im Ergebnis steht eine Flut in Venedig inzwischen zweihundertfünfzig Millimeter höher als dieselbe Flut im Jahr 1900. (Heute sind Megastädte wie Bangkok, wo das Land jährlich um bis zu dreizehn Millimeter absinkt, am stärksten durch solche kurzsichtigen Eingriffe bedroht.) Schwierig herauszufinden, aber wichtig zu wissen ist, welchen Anteil das Absinken des Landes und welchen der Anstieg des Meeresspiegels am »Versinken« Venedigs hat. Wer diese beiden Faktoren auseinanderhalten will, muss sich ausgefeilter naturwissenschaftlicher Methoden bedienen.

Dario Camuffo vom italienischen Forschungsverband CNR (Consiglio Nazionale delle Ricerche) in Padua untersuchte dazu fotorealistische Gemälde, die Giovanni Antonio Canal, genannt Canaletto, und seine Schüler mithilfe einer Camera obscura schufen. Er wollte auf diesem Umweg Daten über die Wasserstände im 18. Jahrhundert sammeln, als es noch keinen Tidenmesser gab. Indem er verglich, wo sich an verschiedenen Gebäuden die Linie der Algen damals befand und wo sie heute verläuft, konnte er bestätigen, dass der Meeresspiegel in den beiden Jahrhunderten vor 1930 jährlich um ungefähr 1,9 Millimeter stieg. Inzwischen sind es 2,5 Millimeter pro Jahr, wohl vor allem, weil Wasser abgepumpt wird und sich andere moderne Eingriffe bemerkbar machen.

Camuffo hat seine Datenbasis inzwischen um noch einmal hundertfünfzig Jahre zurück erweitert, indem er auch Gemälde des venezianischen
Malers Paolo Veronese aus dem 16. Jahrhundert einbezog.

Nach der Flut von 1966 war klar, dass die Stadt ein Sperrwerk braucht
beziehungsweise eine Art Barriere vor jedem der Zugänge zur Lagune –
einer im Westen bei Chioggia, einer am Ostende des Lidos und ein dritter in der Mitte, bei Malamocco. Durch diesen Eingang fahren Öltanker
und andere Schiffe in den Hafen und zu den Raffinerien von Mestre,
Venedigs wenig einladender Schwesterstadt auf »Terra firma«, wie die
Venezianer den Festlandteil ihrer Republik schon früh nannten.

Wie die Barrieren genau aussehen sollen, wird seither heftig diskutiert. Umweltaktivisten befürchten, dass dauerhafte Sperrungen das
verletzliche Ökosystem der Lagune beschädigen könnten. Große Mengen von Erde, Abwasser und landwirtschaftlichen Chemikalien werden in die Lagune gespült, und die Gezeiten dienen als natürlicher Rei-
nigungsmechanismus. Selbst wenn die Lagune nur wenige Tage pro
Jahr verschlossen wäre, könnte die Meeresfauna dauerhaften Schaden
nehmen, so die Befürchtung. Die Betreiber von Kreuzfahrtschiffen und
jene Reedereien, deren riesige Schiffe den Hafen von Mestre anlaufen,
kämpften um den Zugang zur Lagune. Auch die traditionsreichen Fisch-
farmer fürchteten um ihre Zukunft. 1973 musste die italienische Regierung akzeptieren, dass jede Lösung den »Schutz der ökologischen und
physischen Gestalt der Lagune« zu gewährleisten habe.

Barrieren dürfen also die Gezeitenströmungen in der Regel nicht be-
hindern und nur dann als Bollwerk gegenüber dem Meer dienen, wenn
acqua alta vorausgesagt wird. Italienische Bauunternehmen legten eine
ganze Reihe mehr oder weniger geeigneter Vorschläge vor, von denen
viele die Vorgaben einfach ignorierten. Eine relativ plausible Variante
schlug der Reifenhersteller Pirelli vor. Riesige, bis zu einem Kilometer
lange, aufblasbare Würste aus gummiertem Polyester sollten flach auf
dem Meeresgrund liegen. Bei Bedarf würden sie aufgepumpt, um den
Zugang zur Lagune zu blockieren.

Ich kam im Februar in Venedig an und war erstaunt, dass der Vaporetto
selbst zu dieser nebligen Jahreszeit voller Menschen war, die offenbar
hier Urlaub machten. Ich war von meinem eigenen Projekt so sehr in
Beschlag genommen, dass mir erst einige Zeit später auffiel, dass na-

türlich der Karneval ins Haus stand. Eine meiner wichtigsten Verabredungen, die ich ungeduldig durch eine maskentragende Menge ansteuerte, war mit dem Technischen Leiter des Consorzio Venezia Nuova, jener Arbeitsgemeinschaft von Baufirmen, die die für die Gewässer zuständige Behörde, der Magistrato alle Acque, mit der Rettung der Stadt betraut hatte. Am 4. November 1986, auf den Tag genau zwanzig Jahre nach der großen Flut, hatte der damalige italienische Ministerpräsident Bettino Craxi 6000 Milliarden Lire (etwa drei Milliarden Euro, einschließlich bereits ausgegebener Gelder) bereitgestellt, damit das Projekt spätestens 1996 fertiggestellt wäre. Im Mittelpunkt stand nun MOSE, ein Sperrwerk mit zahlreichen beweglichen Elementen. MOSE ist die italienische Version von Moses, dem Retter der Israeliten, der dem Roten Meer Einhalt gebot. Die Abkürzung steht für MOdulo Sperimentale Elettromeccanico. Ich wollte sehen, wofür das viele Geld ausgegeben werden sollte.

Zum Zeitpunkt meines Besuchs 1988 hatte das Konsortium schon große Fortschritte gemacht. Verschiedene Einrichtungen in ganz Europa werteten Modelle einzelner Teile der Lagune und des Sperrwerks in Bezug auf ihre Tauglichkeit aus. Währenddessen wurden bereits Kanäle ausgebaggert und *barene*, Salzmarschen, sowie andere natürliche Schutzmaßnahmen innerhalb der Lagune als Puffer gegen künftige Fluten angelegt. Ich sprach mit Ingenieuren und Naturwissenschaftlern, die an Universitäten und in Unternehmen in den Niederlanden, in Dänemark und Großbritannien arbeiteten und an dem Großprojekt mitwirkten. Dabei erfuhr ich, wie aufmerksam sich Theoretiker mit den Auswirkungen veränderter Rahmenbedingungen auf das Wasser zwischen Lagune und Adria beschäftigten. Alle waren sich einig, dass das Bauwerk letztlich sehr viel ausgeklügelter sein müsste als das Themse- oder sogar das Oosterscheldesperrwerk, das niedrigliegende Teile der Niederlande schützt.

Schließlich nahm ich in einer Halle in einem heruntergekommenen Vorort von Rom ein Modell in Augenschein: eine Reihe von grellgelb bemalten, wie Schokoladenstücke aussehenden Metallcontainern, die in einem großen Wassertank lagen. Der Maßstab war 1:40, und ich sah lediglich einen Teil von einer der Barrieren. Wenn die Container voller Wasser waren, lagen sie flach auf dem Boden des Tanks. Sie stiegen an die Oberfläche, wenn sie mit Luft aufgepumpt wurden, und formten

dann eine Wand zwischen den beiden Seiten des Tanks, an der das Wasser anbrandete. Insgesamt achtundsiebzig solcher Container sollten an den drei Zugängen zur Lagune platziert werden und dort die meiste Zeit in Betonmulden auf dem Meeresboden bereitliegen, um bei Bedarf aufgepumpt und in Position gebracht zu werden. Als ich mir das alles ansah, musste ich daran denken, was mir Augusto Ghetti, der angesehene Hydraulikprofessor der Universität Padua, einige Tage vorher gesagt hatte. Er war, was die komplizierte Maschinerie betraf, skeptisch: »Die Techniker glauben nicht, dass es bei der Zuführung von Luft zu Schwierigkeiten kommen könnte. Ich bin mir da nicht so sicher.«

Flut über Flut

Durch die Gezeiten erhöhen sich zwar die Überschwemmungsrisiken in Venedig, sie sind aber nicht deren einziger Grund. An der Nordsee ist die Dynamik eine andere. Die Gezeiten spielten hier bei der katastrophalen Flut des Jahres 1953 eine sehr viel größere Rolle. Sie zwangen Niederländer und Briten dazu, über dauerhafte Schutzmaßnahmen für ihre Städte nachzudenken. Auf der Themse kann eine Sturmflut die

Hochwasserhöhe beispielsweise um einen ganzen Meter nach oben verschieben, und der Tidenhub beträgt ohnehin schon sechs Meter. (In New Orleans spielen die Gezeiten dagegen so gut wie gar keine Rolle, noch viel weniger als am Mittelmeer, und der Tidenhub von etwa dreißig Zentimetern fällt kaum ins Gewicht. Überschwemmungen werden hier durch Tiefdruckgebiete wie den Hurrikan Katrina hervorgerufen, der die Stadt 2005 verwüstete.)

Wie die Fluten an der englischen Ostküste 1953 aussahen, hält *The Great Tide* fest, ein vom Landkreis Essex in Auftrag gegebenes, von Hilda Grieve geschriebenes Buch, das sehr viel besser ist, als man beim Blick auf seinen Auftraggeber vermuten würde. Es enthält viele persönliche Geschichten und untersucht die Gründe für den Tod von über dreihundert Menschen mit unerschütterlicher Sorgfalt. Wie dreizehn Jahre später in Venedig brachen die Dämme auch hier auf breiter Front, weil starker Wind den Hochwasserzeitraum deutlich verlängerte, weshalb viel mehr Wasser über das Land kam als bei einer kurzen Sturmflut. Der entscheidende Faktor war ein gewaltiger Zyklon, der sich im Norden Großbritanniens gebildet hatte und der dann von Nordwesten mit Windstärke 10 über die Nordsee fegte. Er traf auf eine hohe Springtide. Diese war vorausgesagt worden, aber wie sich das Ganze entwickeln würde, konnte niemand absehen. Es war Wochenende – Regierungsbeamte und Mitarbeiter kommunaler Verwaltungen taten keinen Dienst, und so gab niemand Warnungen aus dem Norden, wo Gezeiten, Wind und Tiefdruckgebiete aufeinandertrafen, Richtung Süden weiter, wo der Sturm wenige Stunden später einen so gewaltigen Schaden anrichtete.

Zur Katastrophe kommt es nicht immer durch den ersten Einbruch großer Wassermassen, denn dieser Teil der Flut lässt sich zu einem gewissen Grad vorhersehen. Wahrhaft fürchterlich ist es, wenn sich die Wassermassen einige Stunden später nicht, wie normalerweise, wieder zurückziehen. Dann macht sich bei Küstenbewohnern Endzeitstimmung breit. Wird das Wasser je wieder verschwinden? Ist die nächste Flut schon im Anrollen? Und die übernächste? Grieve führt Belege dafür an, dass diese Angst sehr alt ist. Der Chronist Matthew Paris beschrieb, wie die große Martinsflut 1236 die Küste von East Anglia verwüstete und selbst in weit von der Küste entfernten Städten Menschenleben forderte:

... fürchterliche Fluten brachen nachts plötzlich von der See her herein, ein gewaltiger Wind heulte über große und ungewöhnliche Fluten von Meer und Flüssen hinweg, die besonders in Küstennähe Schiffe aus allen Häfen rissen, von ihren Ankern trennten, viele Männer ertränkten, Herden von Schafen und Kühen zerstörten, Bäume mitsamt ihren Wurzeln ausrissen, Hütten und Häuser aufbrachen und Strände leerten. Der Ozean stieg und stieg zwei Tage lang und in der Nacht dazwischen, was so noch nie geschehen war. Es gab auch nicht, wie sonst, Ebbe und Flut, denn die große Gewalt der Winde verhinderte das.

Auch in jener Nacht 1953, am Samstag, dem 31. Januar, und während des ganzen folgenden Tages baute sich zwei volle Gezeitenzyklen lang immer mehr Wasser auf. Als die Ebbe schließlich einsetzte, war sie schnell und reißend und noch viel zerstörerischer als die Flut – sie zerrte ganze Häuser mit ins Meer. Dass so viele starben, lag laut Grieve auch daran, dass viele Küstenbewohner nur wenig über die Gefahren von Wind und Gezeiten wussten. Das galt wohl vor allem für die Menschen auf Canvey Island, von denen viele erst kürzlich aus London zugezogen waren. Die Hauptstadt selbst kam mit dem Schrecken davon, aber selbst in Victoria und Chelsea schwappte Wasser über die Dämme.

In meiner Heimat Norfolk überwand die See zunächst die Dämme bei Hunstanton. Fünfundsechzig Menschen ertranken. Auf der anderen Seite des Landkreises barsten um acht Uhr abends die Ufer des Yare bei Great Yarmouth unter einer zwei Meter hohen Wasserwand – viel früher als vorausgesagt. Die Welle raste bis in die Stadtviertel Southtown und Cobholm. Der Damm bei Breydon brach um 23 Uhr – dreitausendfünfhundert Häuser wurden überschwemmt. Wie in Bedas alten Aufzeichnungen bewegte sich die Gezeitenwelle die Küsten hinunter. Bei Aldeburgh boten auch die erst 1949 erneuerten Dämme keinerlei Schutz. In den frühen Morgenstunden wurden Canvey Island und andere Ortschaften an der Themse getroffen. Wer nicht schon beim Sturm aufgewacht war, den weckte das Wasser, das ins Schlafzimmer drang und manchem nur die Wahl ließ, ein Loch in die Decke zu schlagen und über den Speicher aufs Dach zu klettern, um dort auf Rettung zu warten.

Am anderen Ende der Nordsee, im ohnehin stark gefährdeten Hol-

land, gab es zwar ein Frühwarnsystem, es war aber nicht weit genug ausgedehnt und wurde von vielen überhört. Mehr als tausendachthundert Menschen starben in der schlimmsten Flut seit 1421.

In den Niederlanden geht es stets darum, das Meer in die Schranken zu weisen. Wichtige Schritte in jüngerer Zeit waren die Fertigstellung des zweiunddreißig Kilometer langen Afsluitdijks, der seit 1927 die Zuiderzee einhegt, und der Deltawerke an der Mündung von Rhein, Maas und Schelde. Doch schon seit der vorletzten Jahrtausendwende schützen Deiche die Bewohner von nur knapp über – oder sogar unter – dem Meeresspiegel liegenden Landstrichen. Hin und wieder konnten die Niederländer die Flut aber auch als Waffe einsetzen. 1584 befahl Wilhelm von Oranien, die Dämme im Westen des Landes zu zerstören, damit er dann die von den Spaniern besetzten Städte Brügge, Gent und Antwerpen befreien könnte. Der Plan schlug fehl, und fünfundzwanzigtausend Hektar Land waren für die Landwirtschaft verloren. Die östlich von Amsterdam bis weit ins Landesinnere verlaufende sogenannte Oude Waterlinie, die Alte Wasserlinie, war ein ausgeklügeltes System von Einrichtungen zur Kontrolle großer Wassermassen, die angelegt wurde, nachdem mehrere niederländische Städte in den 1570er Jahren überschwemmt worden waren. 1672 wurde sie genau andersherum verwendet: Wasser wurde eingelassen, um dem drohenden Einmarsch Ludwig XIV. etwas entgegenzusetzen. Die einströmenden Fluten bildeten eine breite Front entlang einer achtzig Kilometer langen, von Norden nach Süden verlaufenden Verteidigungslinie. Sie war zwar nur vierzig Zentimeter tief, aber das genügte, um die schwerfälligen französischen Truppen aufzuhalten. Wer sich doch auf die Deiche zwischen den Feldern vorwagte, wurde von den wendigeren niederländischen Soldaten ausgeschaltet. Nur während einer kurzen Frostperiode konnten die Franzosen über das Eis vorrücken. Aber schon im Frühjahr war Holland gerettet. Jahre später sollte sich auch das Ackerland wieder erholen.

Auch im Ersten Weltkrieg hat die Möglichkeit, eigenes Land zu überfluten, die Niederlande gerettet. Kurz vor dem Krieg besuchte Königin Wilhelmina den kriegsfreudigen deutschen Kaiser Wilhelm II. Dieser versuchte, sie mit der Bemerkung zu provozieren, seine Gardisten seien viel größer als die ihren. Wilhelmina antwortete angeblich:»Jawohl, Majestät, Eure Soldaten sind zwei Meter hoch. Aber wenn wir die Deiche durchstechen, ist das Wasser drei Meter tief.« Die Niederlande blieben neutral, die Soldaten des Kaisers auf Abstand.

Strategische Überschwemmungen wurden im Zweiten Weltkrieg von beiden Seiten herbeigeführt. Wehrmachttruppen überfluteten auf ihrem Rückzug 1944 Teile des Landes, um das Vorrücken der Alliierten zu verlangsamen, während General Eisenhower befahl, die Insel Walcheren an der strategisch wichtigen Mündung der Westerschelde, von der aus der Zugang zum Hafen von Antwerpen kontrolliert wurde, unter Wasser zu setzen, um die deutsche Garnison auszuschalten. Laut Adriaan de Kraker, Historiker an der Freien Universität Amsterdam, wurde jede dritte Überschwemmung in den Niederlanden nach 1500 im Rahmen von Verteidigungsmaßnahmen absichtlich herbeigeführt.

Die Gemeinden in East Anglia, die von der Sturmflut besonders betroffen waren, wissen sehr wohl, wie gefährdet sie sind. Auf ihren prominenten Status sind sie allerdings oft auch stolz. Am Rand stehen sie nicht nur geographisch, sondern auch sozial. An diesen Küsten sinkt Großbritannien am schnellsten, während sich das Land weiter im Norden aus dem Wasser heraushebt und sich gern vom Gewicht jenes Gletschers befreit, der einst auf der Insel lag. An mancher dieser Küsten, vor allem in der Nähe der Themsemündung in Essex und Kent, scheinen wie in einem Schattenreich andere Gesetze und vor allem andere Bauvorschriften zu gelten. Alles wirkt hier improvisiert. Die Gesetze der Natur behalten die Oberhand. Eine Bretterbude im Watt wird eher von den Gezeiten als von einem Bauinspektor heimgesucht. Hier wird nicht fest gebaut, denn das Land selbst ist im Fluss. Weil die schlammige Küste so weit und sanft und das Land manchmal da und manchmal nicht da ist, wird solche Nachlässigkeit begünstigt. Gebäude an Felsküsten wirken weniger zerzaust – sie ruhen heiter auf festen Fundamenten. Aber auch hier werden die Sünden des Menschen einst getilgt werden, und so strömen gesellschaftliche Außenseiter an die Außenseite des Landes.

Der Eindruck des Unsteten kommt nicht von ungefähr. Viele Ortschaften sind den Gezeiten zum Opfer gefallen. Die berühmteste ist Dunwich in Suffolk, dessen Hafen es im Mittelalter mit London aufnehmen konnte. Die Stadt ist inzwischen fast nur noch ein Gerücht, so etwa wie das versunkene Land Lyonesse oder die bretonische Stadt Ys, deren Kirchtürme man bei ruhiger, klarer See angeblich im Wasser noch sehen kann und der Claude Debussy in seinem Klavierstück »La cathédrale engloutie« (Die versunkene Kathedrale) ein Denkmal setzte. Das mythische Ys stand erst auf festem Grund, doch weil es vom Meer bedroht wurde, errichtete man einen Damm. Eines Nachts bei Flut vergaßen die Bürger, das Tor zu schließen …

Ähnliche Geschichten erzählt man sich über Cantre'r Gwaelod und Tyno Helig in Wales. Mittelalterlichen Texten zufolge war Erstere eine Gruppe von sage und schreibe sechzehn Ortschaften, die vor langer Zeit in den Wassern der Cardigan Bay verschwanden, weil ihr Herrscher für seine Sünden büßen musste. Letztere lag angeblich zwischen Conwy und Anglesey und erlitt ein vergleichbares Schicksal. Beide Ereignisse könnten, falls sie denn wirklich stattfanden, auf dieselbe Katastrophe zurückgehen, die man vorsichtig auf das 6. Jahrhundert datiert. Bei den vermeintlichen Unterwasser-»Ruinen« in der Menaistraße handelt es sich zwar um natürliche Phänomene, doch die Geschichten halten sich trotzdem.

Nur Dunwich gab es wirklich. Seine Ruinen liegen nicht weit von der heutigen Küstenlinie entfernt in wenigen Metern Tiefe. Allerdings kann man sie in der trüben, nährstoffreichen Nordsee nie direkt sehen. 2013 waren David Sear von der Universität Southampton und Tim Le Bas, ein Sonarexperte vom National Oceanography Centre, die Ersten, die sie in siebenhundertfünfzig Jahren erspähten. Auf verschwommenen Bildern sind ein Straßennetz und die Überreste von acht Kirchen zu erkennen – und Spuren von Verteidigungslinien, die während der außergewöhnlichen Stürme jener Zeit der Klimaveränderungen ab dem 13. Jahrhundert immer wieder durchbrochen wurden. Der Übergang vom relativ warmen Mittelalter zur sogenannten Kleinen Eiszeit besiegelte das Schicksal des einst wohlhabenden Hafens.

Das Sperrwerk der Themse, die Thames Barrier, wurde als Reaktion auf die Überschwemmungen des Jahres 1953 gebaut. Im Oktober 1982 war es fertig, und schon vier Monate später, im Februar 1983, musste es sich zum ersten Mal bewähren. Eingesetzt wird es heute viel öfter als früher erwartet. Allein im stürmischen Winter 2013/14 wurde es fünfzigmal geschlossen – in den dreißig Jahren zuvor insgesamt nur hundertvierundzwanzigmal.

Im Zuge des Klimawandels wird der Wasserspiegel der Themse in Mündungsnähe bis 2100 wohl um zwanzig bis neunzig Zentimeter steigen. Trotzdem geht man davon aus, dass das Sperrwerk länger als ursprünglich geplant seinen Dienst tun wird, nämlich wohl nicht nur bis 2030, sondern eher bis 2070. Der Klimawandel wird die Höhe und Anzahl der Sturmfluten in der Nordsee vermutlich weniger stark beeinflussen, als man noch vor einiger Zeit dachte. Gleichwohl muss eine neue, höhere Barriere ab 2050 geplant werden. Schon jetzt haben Ingenieure den Standort dafür ausgemacht, nämlich in der Nähe von Longreach, nicht weit von den Brücken und Tunneln des Dartford Crossing.

Im April 2014, am Ende jenes Winters mit den vielen Sperrungen, besuche ich die Barriere mit einem Team von kommunalen Technikern. Geführt werden wir von George, einem Tiefbauingenieur im Ruhestand, der den größten Teil seines Arbeitslebens hier verbrachte. Er hat einen angenehm trockenen Humor und legt Wert auf die Feststellung, dass er kein Sprecher des Umweltamts ist, das für das Sperrwerk zuständig ist. Natürlich müssen wir zur Einführung erst eine DVD anschauen – »alles ein bisschen hochtrabend«, entschuldigt sich George.

Eine Statistik nach der anderen rauscht auf einer Welle heroischer Hintergrundmusik an uns vorbei. Das Sperrwerk besteht aus neun Pfeilern, die vier mittleren lassen jeweils einundsechzig Meter Raum für hindurchfahrende Schiffe. Jedes der schwenkbaren Tore wiegt dreitausendzweihundert Tonnen und verschließt seinen Flussabschnitt bis auf einen halben Millimeter genau. Das Sperrwerk soll London selbst vor einer Gefahr schützen, die statistisch gesehen nur einmal in tausend Jahren eintritt (zu einer Flut wie der von 1953 kommt es rechnerisch alle dreihundert Jahre).

Später führt George uns über Eisentreppen und durch blitzsaubere Betontunnel im Flussbett zu einem der Pfeiler in der Mitte der Themse. Jeder Pfeiler sieht aus wie ein in die Höhe gekipptes, mit Edelstahl verkleidetes Boot. Für mich überraschend: Im Inneren stößt man auf eine Fachwerkstruktur. Die Verwaltung der Londoner Metropolregion investierte bewusst sehr viel Geld in eine Anlage, die nicht nur reibungslos funktionieren, sondern auch eindrucksvoll aussehen sollte. Bei unserer Führung erhalten wir einen Einblick in die technischen Abläufe, und man versichert uns, dass dank zahlreicher Redundanzen der Betrieb der Anlage auch dann nicht gefährdet sei, wenn einzelne Teile ausfallen. Wir erfahren, wie die einlaufenden Datenströme – Gezeitenvorhersagen der Admiralität, das sich über die Themse nähernde Wasservolumen, welches flussaufwärts bei Kingston gemessen wird, sowie auf Basis von Wetterdienstdaten geschätzte Hochwasserhöhen bei Sturm – zusammengefasst und ausgewertet werden, bevor eine Schließung der Tore angeordnet wird. Eine solche Entscheidung muss schon fallen, bevor überhaupt sicher ist, dass eine Sturmflut heranrückt, damit genug Zeit ist, wichtige Mitarbeiter aus dem Bereitschaftsdienst zu holen und die ganze Maschinerie in Gang zu setzen. Wann genau die Tore geschlossen und wieder geöffnet werden, ist eine Entscheidung, die viel Fingerspitzengefühl verlangt. »Das lässt sich nicht rückgängig machen, denn sonst ist das Risiko viel zu groß, dass wir selbst eine Flutwelle auslösen«, erklärt George.

London ist heute besser gerüstet als 1953, aber auch viel größeren Risiken ausgesetzt: An den Ufern wurden Luxuswohnungen gebaut – wo Wasser einst in Salzmarschen versickern konnte, rast es heute bei einer Sturmflut einfach immer weiter flussaufwärts. Das Video des Umweltamts verspricht »bessere Standorte für zukünftige Generationen«. Aber George bleibt wachsam. Was passiert bei der nächsten Flut? »Die Schutzmechanismen flussabwärts halten einiges aus. London wird aber auf jeden Fall in Mitleidenschaft gezogen.«

Die venezianische Barriere

Nach fünfundzwanzig Jahren bin ich wieder in Venedig, um zu sehen, wie es um das Sperrwerk steht. Noch immer ist die Stadt dem Meer schutzlos ausgeliefert. Vom Flugzeug aus wirken die bekanntesten Sehenswürdigkeiten, die wunderbaren Kanäle, wie überschwemmte Straßen inmitten einer Flutkatastrophe. Die Menschen versammeln sich auf kleinen Plätzen, und hier und da sind Boote unterwegs, als brächten sie Hilfsgüter. Die Bordzeitschrift schreibt abgebrüht, dass die »Eingeweihten am liebsten im Winter nach Venedig kommen. Das *Acqua-alta*-Risiko, dass Winterfluten den Markusplatz heimsuchen, macht das Ganze zum Abenteuer (Gummistiefel mitbringen!).« Ist der Kampf schon verloren?

Die Überschwemmungen im November 2012 waren die sechstschlimmsten seit Beginn der Aufzeichnungen im Jahr 1872. Diesmal stand das Wasser am Gezeitenpegel der Punta della Salute bei 1,49 Meter. Sogar die üblichen Lattenroste schwammen davon. Die letzte große Flut lag erst vier Jahre zurück – diese Ereignisse treten augenscheinlich immer häufiger auf.

Ich habe die *acqua alta* noch nie gesehen (und noch nie vorsichtshalber Gummistiefel eingepackt). Diesmal könnte ich Glück haben. Meine Reise habe ich so gelegt, dass sie sich mit der höchsten Springtide des Herbstes überschneidet. Wir landen bei Gewitter, doch als wir aufsetzen, bricht der Vollmond durch die dichten Wolken. Bis zum nächsten Morgen lässt der Regen das Wasser der Lagune um knapp drei Zentimeter steigen – und damit meine Vorfreude. Mein Weg führt mich Richtung Riva degli Schiavoni, einem breiten Kai gegenüber der Inselkirche San Giorgio Maggiore und der Lagune dahinter. Das Wasser steigt und bricht sich an der Marmormauer. Kleinere, von vorbeifahrenden Vaporetti verursachte Wellen schwappen über die Kante, doch der Wasserspiegel bleibt einige Millimeter darunter. Mir fällt auf, dass der Weg diesseits der Kante etwas abfällt, sodass das Wasser sowohl den Weg als auch die dahinterliegenden Restaurants rasch überfluten würde, wenn es noch ein wenig steigt. Unaufhaltsam würde es durch die Straßen und in die Häuser dringen. Wenn ich genauer hinschaue, sehe ich, dass die Kaimauer schon mehrfach erhöht wurde.

Aus zwei Gründen sind die Anforderungen an ein Sperrwerk in Venedig höher als an der Themse oder sogar der Oosterschelde: Die Schiffe sind bis zu achtmal größer als auf der Themse. Und die große, flache Lagune verdankt ihre (bescheidene) Tiefe und ihre Fauna keinem Fluss, sondern einzig dem Salzwasser, das reinigend durch ihre drei Öffnungen fließt. Wissenschaftler und Bürger sind inzwischen noch viel umweltbewusster, und ein Sperrwerk muss die Eigenheiten des Ökosystems berücksichtigen. Kürzlich fand man heraus, dass das Sperrwerk der Oosterschelde zur Falle für Schweinswale wird, die sich hinter seine offenen Tore verirren. »Sie kommen herein, aber sie können oder wollen

nicht wieder raus«, sagt Okka Jansen von der Universität Wageningen, die die Bewegungsmuster der Säugetiere anhand ihrer Mageninhalte untersucht hat. Im Idealfall stellt das neue Sperrwerk in Venedig keinerlei Hindernis für die Gezeiten dar, solange es nicht im Einsatz ist, bietet aber größtmöglichen Schutz für die Stadt, wenn es nötig ist. Der führende Gezeitenforscher Walter Munk formulierte es im Titel eines vielbeachteten Aufsatzes so: »Let the Moon Sweep the Lagoon« – der Mond soll die Lagune auswaschen, ganz wie gewohnt.

Wie kaum anders zu erwarten, ist das Großprojekt zum Fall für die Korruptionsbekämpfung geworden. Zahlreiche führende Unternehmer und hochrangige Beamte und sogar der Bürgermeister von Venedig wurden verhaftet. Die Bauphase hat aber inzwischen begonnen. Einsatzbereit soll das Sperrwerk nun 2018 sein, zwanzig Jahre später als zunächst geplant. Eine Woche vor meiner Ankunft ist ein erster Test von vier Elementen vor Ort offenbar gut verlaufen. Es handelt sich um jene Teile, die ich vor vielen Jahren bei Rom als Modell gesehen hatte. Der Concierge im Hotel, der wie jeder Venezianer Verwandte hat, die an dem Projekt mitarbeiten, gibt sich aber betont unbeeindruckt.

Diesmal treffe ich in den Büroräumen des Consorzio Venezia Nuova, hinter den dicken Backsteinmauern des Arsenale, Giovanni Cecconi, der für den Betrieb des Sperrwerks verantwortlich sein wird. Obwohl er erst am frühen Morgen aus New York zurückgekommen ist, darf ich vorstellig werden. Er trägt ein frisches weißes Hemd und die randlose Brille eines Ingenieurs. Eigentlich wollte er mir gern seine New Yorker Präsentation zeigen, aber der Computer streikt, daher schauen wir zusammen die Bilder seiner Familie an, die er heute vielleicht noch gar nicht gesehen hat.

Einiges hat sich seit meinem letzten Besuch verändert. Die Lagune zu bewahren und die Stadt zu retten, das sind keine Gegensätze mehr. Ein neues Gesetz verlangte 1992 mehr Aufmerksamkeit für die Umwelt, der Bau kam ins Stocken. 2003 gingen die Barrieren endlich in Produktion. Giovanni sagt, Stadt und Umwelt seien auch heute aufeinander angewiesen. Die Verbindung von »Schutz und Offenheit« der Lagune würden Venedig sein besonderes Gesicht verleihen. Weil die Lagune so gefährlich seicht ist, konnten die Truppen vieler Nationen die venezianische Republik nicht erobern. Die Venezianer entfernten einfach die Markierungen der sicheren Schifffahrtsrouten. Doch empfängt die Lagune als riesiger Hafen auch Händler und Touristen, die das Bild der Stadt mitprägen. »Alles Schöne in Venedig verdankt sich der Verbindung von Schutz und Offenheit«, sagt Giovanni stolz.

Dann erzählt er mir, dass Gezeiten, Wind und Wellen natürliche Sperrinseln schaffen sollen. An verschiedenen Stellen werde dies zur »Biostabilisierung« führen. Tang werde sich ansetzen, dann werde Gras wachsen, feiner Sand werde zu festen Inseln werden, wenn auch nicht unbedingt da, wo sie sich früher befanden, denn die Lagune ist nicht mehr dieselbe wie im Mittelalter, als Venedig zur Großmacht wurde und die Zuflüsse der Lagune umgeleitet wurden. »Wir können nicht zurück, die Stadt verändert sich«, sagt Giovanni. Geschützt werden sollen die natürlichen Vorgänge der Lagune, nicht ihre einstige Form.

Und was hat er in New York gemacht? Als Teil einer venezianischen Delegation unter Führung des wenig später angeklagten Bürgermeisters ließ er sich vom New Yorker Stadtoberhaupt Michael Bloomberg erklären, wie man sich dort gegen das Meer zur Wehr setzt. Der Bundesstaat New York richtete nach dem gewaltigen Hurrikan Sandy 2012 eine Behörde zur Beseitigung von Unwetterschäden ein. Venedig solle als Vorbild für ein Bauvorhaben dienen, das nicht nur Manhattan vor dem Meer schützen, sondern die Widerstandsfähigkeit der ganzen Gegend, einschließlich der Lower und Upper New York Bay und der Rockawayküste, stärken solle. Immerhin könnte New York, wie so viele andere Küstenstädte der Welt, zu einem neuen Venedig werden.

Ich sage auf Wiedersehen, setze mich in den Vaporetto und mische mich wieder unter die Touristen. Ich will noch mehr wissen über jene Barrieren, von denen mir Giovanni jetzt kaum etwas erzählt hat. Ich will Beton und Stahl sehen, um mich selbst davon zu überzeugen, dass Venedig sicherer wird, und deshalb mache ich mich auf den Weg über die Lagune. Wir rasen an verfallenden Schutzwällen aus Ziegelsteinen vorbei, an vernachlässigten Inseln voller zerzauster Bäumchen, an Sandbänken, auf denen roter Meerfenchel wächst, und einzig unser Wellenschlag bringt Unruhe in den grauen Wasserspiegel. Ihrem Geist nach hat sich die Lagune seit Galilei wohl kaum verändert. Wie seit Jahrhunderten wird gefischt, spindeldürre Pflöcke zeigen an, wo im nur zwei oder drei Meter tiefen Wasser Netze gespannt sind, *aseriagi e con covoli* – hintereinander und mit Fallen dazwischen. Kein Wunder, dass der Kanal so viele Markierungen enthält, alle paar Hundert Meter jeweils vier Pflöcke, die einander zugeneigt sind wie Verschwörer und auf denen sich dankenswerterweise Signallichter und Radarreflektoren befinden. Inmitten dieser glatten Wasserfläche stehen hier und da notdürftig verzurrte Hütten aus Holz und Schilf, in denen Fischer mit ihren Booten vor der Sonne Zuflucht suchen können.

Endlich erreichen wir den verschlafenen Ort Chioggia in der Nähe des südlichsten der drei Eingänge zur Lagune. Ein Venedig ohne Touristen, ein Venedig wie früher. Auf der der Lagune zugewandten Halbinsel endet die Straße bei einem Strandcafé. Von hier aus gehe ich über einen neuen Wellenbrecher an der Südseite des Eingangskanals entlang. Meinen Weg flankieren Wellenbrecher aus strahlend weißen Felsblöcken, jeder so groß wie ein Fiat 500. Weit draußen sehe ich die kunstvollen Bauten, auf denen die Fischer ihre Netze trocknen. Das hat ganz den Anschein des Traditionellen. Auf der anderen Seite, an der Nordseite des Kanals, den Blicken der Touristen entzogen, werden die enorm großen Teile der Barriere für den Einsatz vorbereitet. Ich sehe zwei riesige Betonquader, jeder so groß wie ein Hotel. Der eine ist eingerüstet, der andere offenbar schon fertig. Es handelt sich um zwei der Fundamente für die Drehgelenke des Sperrwerks. Bald wird das gigantische Becken, in dem sie produziert wurden, geflutet, dann werden sie vorsichtig zu

Wasser gelassen und an ihrem neuen Einsatzort inmitten des Kanals platziert. Gelbe Bojen markieren ihn schon.

Denselben Kultstatus wie das Sperrwerk der Themse wird jenes in Venedig wohl nicht erlangen, dafür wird es aber auch nicht so aufdringlich werden. Die gewaltigen Betonfundamente werden ungesehen am Meeresboden liegen, ebenso wie die achtundsiebzig Stahlelemente, aus denen die großen Tore bestehen. Selbst die Kontrollstationen an Land werden unter dem Meeresspiegel liegen. In alledem drückt sich eine stilbewusste Kühnheit aus, ein Vertrauen in ein Projekt, das eine Naturkatastrophe verhindern soll, vor der der Mensch eigentlich instinktiv in höhere Gefilde fliehen würde.

Beim Aufbruch leuchtet mich der noch immer volle Mond an. Warum hat Galilei ihn in seiner Theorie nicht berücksichtigt? Der Zusammenklang von Mondphasen und Tidenhub, der jeder frühen küstennahen Kultur auffiel, musste doch auch ihm vor Augen gestanden haben. Offenbar hatte er seiner eigenen Denkkraft so viel zugetraut, dass er vieles ignorierte. Er hatte auch in mehr Punkten recht, als ihm zugestanden wird. Aber ohne angemessene Berücksichtigung und das Verständnis der Schwerkraft konnten seine Erklärungen einfach nicht in Gänze richtig sein.

Bei meinem letzten Spaziergang durch Venedig sehe ich, dass die Wasserbarken hier noch immer ankommen. Nur bringen sie jetzt San Pellegrino für die Restaurants an der Riva degli Schiavoni.

DER SCHLAMM DER THEMSE

Charles Dickens' Fluss

Im Jahre 1924 segelte der kontroverse anglo-französische Schriftsteller und vormalige Parlamentsabgeordnete Hilaire Belloc, der als Autor moralischer Geschichten für Kinder bekannt wurde, alleine um die Küste Großbritanniens. Seine Eindrücke hielt er in *The Cruise of the Nona (Die Kreuzfahrt der Nona)* fest. Jonathan Raban beschrieb das Buch als die »verrückteste Mischung aus *Mein Kampf* und einer Segelzeitschrift«. Lange Hasstiraden gegen Atheisten, Pazifisten, Juden und alle, denen es an »Männlichkeit« fehle, sowie meist anlasslose Lobreden auf Mussolini wechseln ab mit kurzen, aber lebendigen Beschreibungen, wie der Autor und sein Boot mit den Wellen kämpfen.

Irgendwo vor Devon lässt sich Belloc über Naturwissenschaftler aus, die den Ozean zu kennen glaubten:

Kein Mensch kann die Gezeiten begreifen. Und ihr Geheimnis ist das beste Mittel gegen unseren stupiden Stolz auf präzise Messungen und gegen die verrückte, moderne Idee, wahres Wissen nur aus Berechnungen ziehen zu wollen, eine vermeintlich universale Wissenschaft zu begründen und die Natur der Dinge zu erkennen.

Mit unverhohlenem Sarkasmus kritisiert er anschließend die »Gezeitenstümperei der Landratten« Galileo Galilei und Isaac Newton und erzählt von den »Anomalien«, die er auf seiner Reise beobachten konnte – Doppelgezeiten, lange anhaltendes Hochwasser, schnelle Fluten, plötzliche Ebbe – und die nur Gottes Willen gehorchten. »Diese ganze Forschung erinnert mich an das Buch Hiob. Aber wisset, dass ich für meinen Teil auf der Seite Hiobs stehe und gegen die Wissenschaftler bin.«

Das war er natürlich nicht wirklich. Denn aus anderen Passagen seines Berichts geht hervor, dass Belloc, wie jeder gewissenhafte Küstensegler auch, mit den verfügbaren Gezeitentafeln arbeitete. Ganz sicher wusste er, dass sein Leben von ihnen abhängen konnte.

Ich bin wieder am Ufer der Themse, bei Greenwich. Das Sperrwerk liegt etwas weiter flussabwärts, London Bridge – der Ort, auf den sich Englands älteste Gezeitentafel bezieht – ein Stück flussaufwärts. Einer nach den schweren Nordseestürmen vom Dezember 2013 veröffentlichten Landkarte der Umweltbehörde entnehme ich, dass dieser Uferweg ebenso wie große Teile des Ostens und Südens von London überschwemmt worden wären, wenn es das Sperrwerk nicht gäbe.

Während ich zusehe, wie das braune Wasser an den hier vor Anker liegenden Hausbooten vorbeifließt, kommt mir plötzlich die Frage in den Sinn, wie aus London eigentlich ein so wichtiger Hafen wurde. Denn vom offenen Meer liegt die Stadt ein gutes Stück entfernt. In der Ära der Segelschiffe konnte ein Schiff hier kaum ablegen und noch während derselben Ebbe das Meer erreichen. Dieses war mehr als »a tide's work« entfernt – weiter als eine Gezeit. Heute rät das Handbuch der *Cruising Association* dem Segler: »Auch wenn Sie von Limehouse ablegen und mit durchschnittlicher Geschwindigkeit vorankommen, wird sich die Strömung gegen Sie wenden, bevor Sie außerhalb der Themse einen sicheren Anlegeplatz finden.« Da der Wind meist von Westen her weht, dauert die Fahrt flussaufwärts noch länger, einen Tag oder zwei vielleicht, also mehr als eine Flut, selbst wenn man bei Ebbe den Anker wirft. Die Gezeiten sind gerade für einen Fluss wichtig, der lange als Abwasserleitung diente und dem besonders in trockenen Sommern kaum Süßwasser zufließt, das der Ebbe ein bisschen mehr Energie verleihen würde. Auch die Menschen profitieren von ihnen, wenn sie schnell handeln, was aber gar nicht so leicht ist. Die ersten Angelsachsen jedenfalls blieben dreißig Kilometer vor London stecken. Und die niederländische Flotte begnügte sich bei ihrem Angriff 1667 damit, fünfzehn Kriegsschiffe in der Chathamer Werft zu zerstören, und wartete erst gar nicht auf die nächste Flut, die es ihr erlaubt hätte, London ins Visier zu nehmen. Wie schon bei Fulford und Maldon profitierte Großbritannien von den Gezeiten.

Dies ist auch der Flussabschnitt des Charles Dickens. Geboren am Meer, in Portsmouth, starb er in der Nähe eines anderen Meeres, in seinem Haus in Kent, nicht weit von der Mündung der Themse entfernt.

Kaum ein Schriftsteller kannte die Gezeiten so gut wie er, und überzeugender als die Autoren mancher Seefahrergeschichten ließ er sie zu Atmosphäre und Handlung seiner Romane beitragen. Die Themse dient ihm und seinen Helden als Straße und als Uhr, und sie treibt das Geschehen voran, indem sie die eine Figur abliefert und die andere wieder abholt. Selbst das Tagwerk von Büroangestellten wird durch den Rhythmus der Themse geprägt. Ihre unablässige Bewegung symbolisiert die Betriebsamkeit des Menschen. Umgekehrt drückt sich die Trägheit vieler Leute im ewigen Hin und Her des Flusses aus. Einige von Dickens' Figuren verdienen am Fluss auf zwielichtige Art und Weise ihren Lebensunterhalt.

Unser gemeinsamer Freund beginnt auf der Themse, »zwischen der eisernen Southwark-Brücke und der von Stein erbauten London-Brücke«, wo Gaffer Hexam und seine Tochter Lizzie einen Leichnam aus dem Wasser ziehen, an dem sich vielleicht etwas Wertvolles finden lässt. Die beiden nutzen die Ebbe, um den Körper flussabwärts Richtung Surrey verschwinden zu lassen. Lizzie rudert, und Hexam sucht wie immer das rasch fließende Wasser nach anderen interessanten Funden ab:

> Bei jeder Uferkette, jedem Taue, bei jedem fest liegenden Boote, an dem sich die Strömung brach, bei den Vorsprüngen der Brückenpfeiler von Southwark Bridge, bei den Rädern der Dampfschiffe, welche das schlammige Wasser peitschten, bei den schwimmenden Balken, welche zusammengebunden vor manchen Zimmerplätzen des Ufers lagen, schossen seine funkelnden Augen hungrige Blicke hervor.

Die Themse befördert Körper – lebende und tote. Zu Beginn von *Große Erwartungen* stellt sich der Waise Pip vor, wie er von einer »großen Springtide« zu den Gefängnisschiffen gebracht würde, die in der Nähe der Schmiede seines Adoptivvaters auf den Salzwiesen liegen. In dieser Vorstellung scheint schon eine spätere Schlüsselszene auf, in der Pip, inzwischen ein junger Mann, dem Zuchthäusler Magwitch mit einem Ruderboot zur Flucht verhelfen will. Pip will bei Ebbe so schnell flussabwärts vorankommen, dass er seinen verbrecherischen Passagier auflesen und dann auf ein Dampfschiff Richtung europäisches Festland schmuggeln kann. Pip stellt sich vor, wie die Flut ihre Finger nach Magwitch ausstreckt, und er hat Angst, dass »jeder schwarze Punkt auf ihrer Oberfläche Verfolger sein könnten, welche schnell, leise und sicher dahin eilten, um ihn zu ergreifen.«

Pip muss lange rudern. Er und zwei seiner Freunde legen bei Flut von Temple Stairs im Londoner Zentrum ab und werden rasch unter der London Bridge hindurchgetragen – damals die letzte Brücke vor dem Meer. (Pip hatte früher schon gelernt, schwierige Flussabschnitte wie die Wirbel zwischen den Brückenpfeilern zu meistern.) Sechs Stunden Ebbe müssen als Hilfestellung genügen. Die drei Freunde gabeln Magwitch und einen anderen Häftling auf, rudern weiter, nunmehr gegen die Strömung, die Flut, bis sie sich zur Nacht hin in einem abgelegenen Pub niederlassen, um darauf zu warten, dass das Schiff nach Hamburg am nächsten Tag hier ablegt. Am Morgen, wiederum bei Flut, rudern sie auf das Schiff zu, doch werden sie von der Polizei zu Wasser aufgegriffen. Die beiden Boote verkeilen sich ineinander, drehen sich in die Strömung und treiben auf das sich schnell nähernde Schiff zu. Kurze Zeit herrscht Verwirrung, als Pip und seine Komplizen auf das Polizeiboot gezerrt werden. Wo ist Magwitch? Alle suchen das Wasser nach ihm ab. »Nach wenigen Sekunden wurde ein dunkler Gegenstand sichtbar, welcher mit der Flut auf uns zutrieb.« Wie Pips Albtraum ihm geweissagt hatte, ist es Magwitch, der sich bei dem Versuch, sich freizuschwimmen, an den Schaufelrädern des Dampfschiffs tödlich verletzte.

Auch in *David Copperfield* wiederholt der Yarmouther Fischer Daniel Peggotty im Angesicht seines sterbenden Schwagers, des Fuhrmanns Barkis, die vor Urzeiten von Aristoteles und Plinius festgehaltene Geschichte: »Die Leute hier an der Küste können nicht sterben, ehe die Flut nicht fast vorbei ist. Sie können nicht geboren werden, wenn sie nicht fast auf der Höhe ist. Er löscht aus mit der Flut.«

Newtons Quaestiones

Etwas oberhalb von Christopher Wrens großartig symmetrischem, strahlend weißem Royal Naval College, dem früheren Greenwich Hospital, liegt das Royal Greenwich Observatory, das Wren, mit Unterstützung von Robert Hooke, in einem ganz anderen Stil gut zwei Jahrzehnte früher fertigstellte. Es ist ein ansprechendes, zusammengepfriemelt wirkendes Ensemble roter Backsteinbauten.

Schon bevor Greenwich offiziell etwas mit der Zeit zu tun hatte (der auch heute noch für die Zeitzonen maßgebliche Nullmeridian wurde 1884 festgelegt und wird durch einen Messingstreifen angezeigt), ging es hier um die Gezeiten. Das Haus auf dem Hügel wurde für John Flamsteed errichtet, den von König Charles II. 1675 ernannten ersten königlichen Astronomen. Flamsteed redete beim Bau ein Wörtchen mit, denn die Anlage sollte seinen naturwissenschaftlichen Ambitionen entsprechen. Sein Lebenswerk war ein trotz chronischer Kopfschmerzen und finanzieller Schwierigkeiten schließlich vollendeter, postum unter dem Titel *Historia Coelestis* veröffentlichter Katalog von dreitausend Sternen. Deren Position hatte er in drei Jahrzehnten Arbeit mithilfe von Teleskopen bestimmt, die er, obwohl er so einen wohlklingenden Titel trug, selbst käuflich erwerben musste. Die Positionsbestimmungen waren ein wichtiger Schritt auf dem Weg zur Lösung des sogenannten Längengradproblems. Nun erst wussten die Schiffe Seiner Majestät, wo genau sie auf dem Meer eigentlich waren.

All dies war Nachtarbeit. Flamsteed musste sein Observatorium auf dem Hügel aber sicher oft verlassen, um Termine in London wahrzunehmen, und die Flussschifffahrt war der natürliche Weg dorthin. Deshalb überrascht es nicht, dass er und einige »einfallsreiche Freunde« gleich nach seiner Amtsübernahme die Gezeiten der Themse zu studieren begannen. Die kruden Angaben der Gezeitentafel aus der Abtei von St Albans, die auch im 17. Jahrhundert noch in Almanachen zu finden waren und einfach nur sagten, dass die Hochwasserhöhe drei Stunden, nachdem der Mond im Norden stand, erreicht wird, gehörten auf den Prüfstand. Bei Springtiden (bei Voll- oder Neumond) und Nipptiden (bei Halbmond) mochte das so sein, aber in Zeiten des zu- oder abnehmenden Mondes verhielt es sich teils deutlich anders. Ab 1683 veröffentlichte Flamsteed daher jedes Jahr seine eigenen, besseren Gezeitentafeln. Um empirische Forschung und astronomische Theorie miteinander in Einklang zu bringen, stellte er genauere Messungen zur Umlaufbahn des Mondes an, die schon bald die Aufmerksamkeit eines gewissen Isaac Newton erregten.

Newton war eine Landratte. Er hat England wohl in seinem ganzen langen Leben nicht verlassen (Flamsteed war als junger Mann wenigstens einmal in Irland). Aller Wahrscheinlichkeit nach hat er die Gezeiten nur auf den gelegentlichen Fahrten auf der Themse erlebt. In der Theorie interessierten die Gezeiten Newton aber brennend. Während seines Studiums in Cambridge begann er 1664, die *Quaestiones* zu formulieren – jene Fragen, die sein außerordentliches Forscherleben von da an prägen sollten. Ein Vorhaben war, die Gezeiten zu erklären. Abgesehen von Galileis eigenartig mondloser Theorie hatte vor allem René Descartes mit seiner Wirbeltheorie einen neuen Beitrag geleistet. Er sprach davon, dass der Mond auf die dünne Schicht der irdischen Ozeane Druck ausübt. Newton wollte diesen Erklärungsansatz testen, indem er die Gezeiten mit dem von Barometern angezeigten Luftdruck abglich. Ein sichtbarer Zusammenhang würde die Theorie des Franzosen untermauern; wenn es keinen gab, war sie haltlos. Newton wollte also vor allem»untersuchen, ob nicht das Wasser des Meeres tagsüber steigt und nachts fällt, weil der Mond auf das irdische Wasser der Nacht Druck ausübt usw«. Newton wollte auch herausfinden, ob das Wasser morgens oder abends oder zu bestimmten Jahreszeiten höher steht und wie sich all dies zur Orbitalgeschwindigkeit der Erde und zu ihrer Entfernung von der Sonne verhält.

Natürlich hat Newton diese Experimente nie praktisch durchgeführt. Als Gedankenexperimente dienten sie ihm aber dazu, seine Gravitationstheorie mathematisch und theoretisch weiter auszudifferenzieren. Die Antworten auf viele seiner *Quaestiones* stehen in den ab 1687 in drei Bänden veröffentlichten *Principia*, in denen Newton die Grundgesetze der Bewegung und eine umfassende Theorie der Schwerkraft formulierte und so die Bewegungen von Himmelskörpern sehr viel besser erklärte als irgendjemand zuvor. Band I der *Principia, De motu corporum* (Über die Bewegung der Körper), ist vor allem Mathematik; Buch II enthält mehr Text und erörtert, was die zuvor dargelegten allgemeinen Gesetze im Hinblick auf die Sonne, die Erde und den Mond sowie den Rest des Sonnensystems bedeuten. Das dritte Buch ist ein systematisches Nachwort zu dem relativ leicht zugänglichen zweiten Buch. Newton wollte damit seine Kritiker zum Schweigen bringen, nicht zuletzt seinen Erzfeind Robert Hooke, der Newtons Hypothesen über das Wesen des Lichts Jahre zuvor nachdrücklich bestritten hatte, was zu einer verbitterten Fehde zwischen den beiden Männern führte. Newtons Gravitationstheorie rief seine Kritiker auch tatsächlich schnell auf den Plan: Sie fragten, wie eine Kraft denn zwischen zwei Körpern wirken sollte, wenn sich nicht beide in einem Medium befänden, durch das die Kraft geleitet werden könne (in Descartes' Theorie verbreiteten sich große und kleine Wirbel durch den »Äther« hindurch). Die Theorie war aber so präzise und ausführlich, dass sie sich schließlich durchsetzen konnte.

Ein Großteil der Analysen in den *Principia* betrifft Körper, auch flüssige, die im Raum auf Widerstände stoßen. Newton beschäftigte sich mit der Geschwindigkeit von Wellen und den Eigenschaften von Wasser, das durch ein Loch im Boden aus einem zylindrischen Gefäß fließt. Diese eher abstrakten Überlegungen übertrug er dann auf die Gezeiten, deren Erklärung sich nicht auf kleinräumige Gegebenheiten beschränken konnte. Nötig war unter anderem auch eine Lösung des Drei-Körper-Problems, das Erde, Mond und Sonne als gegenseitig aufeinander einwirkende Teile eines Gesamtsystems auffasste. Die Massen und Entfernungen der drei Körper waren bereits berechnet worden. Mithilfe von Newtons Gleichungen konnten diese Daten nun zum ersten Mal mit Annahmen über Bewegung und Schwerkraft in Verbindung gebracht werden. Nun erst wurde klar, was die irdischen Gezeiten mit dem Stand von Sonne und Mond zu tun haben. Newton konnte genaue Angaben darüber machen, wie die beiden Himmelskörper auf die Gezeiten einwirken. Er kam zu dem Schluss, dass die gigantisch große Sonne knapp halb so viel dazu beiträgt wie der sehr viel nähere Mond.

In diesem Fall entwickelte Newton seine Theorie im Kopf fast schneller, als er sie zu Papier bringen konnte. Newtons Schreiber Humphrey Newton, ein entfernter Verwandter, hatte den einen Absatz gerade erst notiert, da musste er ihn schon wieder durch eine genauere, zehnmal so lange mathematische Darlegung ersetzen.

Newton brauchte aber auch Daten. Beispielsweise untersuchte er die anteilige Mitwirkung von Sonne und Mond an den Gezeiten auf der Basis von Messungen der Spring- und Nipptiden in Bristol und Plymouth. Dies war eines der ersten Messungsprojekte der gerade gegründeten Royal Society, deren Ergebnisse 1667 in einem der frühen Hefte der Zeitschrift *Philosophical Transactions* veröffentlicht wurden. Während der Arbeit an den *Principia* bat Newton Flamsteed Mitte der 1680er Jahre wiederholt um die jeweils neuesten Beobachtungen zu Kometen und Planeten, um herauszufinden, ob die Daten des Astronomen mit seinen eigenen theoretischen Überlegungen übereinstimmten. Als Flamsteed in den *Philosophical Transactions* eine Gezeitentafel publizierte, schrieb Newton ihm wieder. Flamsteed antwortete freundlich, konnte aber nicht recht glauben, dass seine Daten nützlich sein sollten. Newton baute mithilfe von Flamsteeds Messungen seine Erklärung der Gezeiten in den *Principia* aus und widmete sich vor allem der Frage, wie sich Unregelmäßigkeiten in der Bewegung des Mondes auswirkten. Allerdings hob er Flamsteeds Beitrag nicht eigens hervor, sodass der königliche Astronom seine Freigebigkeit später bereute.

Die *Principia* waren Newtons Durchbruch. Auch die vielen Leser, die sie nicht verstanden, bewunderten sie als Meisterwerk. Die Welt der Physik hat sich durch sie grundlegend verändert. Die ganze Welt erschien in neuem Licht. Viele lasen das Buch, weil sie endlich eine zufriedenstellende Erklärung der Gezeiten hören wollten, darunter der bekannte Mathematiker und Philosoph Gilbert Clerke, der seine wissenschaftliche Tätigkeit in Cambridge längst aufgegeben hatte und das Buch ziemlich schwierig fand. Auch der Astronom und ehemalige Seefahrer Edmond Halley, unter dessen Ägide die Publikation zustande kam, interessierte sich brennend für die Ausführungen über die Gezeiten. Eines der ersten Exemplare des Buches schickte Halley dem neuen König James II., der sich ebenfalls für die Seefahrt begeisterte – immerhin war er Lord High Admiral der königlichen Marine gewesen. In seinem Begleitschreiben wies Halley den Monarchen explizit auf die Gezeitenanalyse hin.

Die Himmelsleine

Newtons Bedeutung kann man kaum überschätzen. Der Ökonom John Maynard Keynes schrieb aus Anlass seines 300. Geburtstags:»Isaac Newton, ein postumer Knabe, geboren am Weihnachtstag des Jahres 1642, als sein Vater schon gestorben war, war das letzte Wunderkind, das die Heiligen Drei Könige hätten anbeten können.«Auch viele andere Bewunderer haben Newton zu so etwas wie einem Halbgott der Naturwissenschaften erklärt. Er verdiente dieses Lob, denn er entdeckte viele Eigenschaften des Lichts, erklärte die Bewegungsgesetze und entwickelte im Bereich der Mathematik die Differenzial- und Integralrechnung.

Die Gravitation ist so bemerkenswert, weil sie zugleich sichtbar und verborgen ist. Wir alle sind von ihr betroffen, doch ist sie eine Kraft, an der laut Newtons Bewunderer Voltaire »der Pöbel nicht einmal etwas *Geheimnisvolles* vermutete«.

Lord Byron schreibt in seinem *Don Juan:*

> *Als Newton einen Apfel fallen sah,*
> *Fand er in diesem Apfel (wie es heißt),*
> *[…]*
> *Daß diese Welt (man nennt es »Schwerkraft« ja)*
> *In einem Wirbel ganz natürlich kreist;*
> *Der erste Mensch seit Adam, dem's auf Erden*
> *Gelang durch Fall und Apfel groß zu werden.*

Schon während seines Studiums in Cambridge hatte sich Newton über die Schwerkraft Gedanken gemacht. 1665 musste er ins Haus seiner Familie nach Lincolnshire zurückkehren, weil in Cambridge die Pest ausgebrochen war, und im Garten steht der berühmte Apfelbaum angeblich noch immer. Bevor die Theorie mathematisch in voller Blüte stand, vergingen allerdings noch zwanzig Jahre harter Arbeit, in denen Newton auf der Basis von Experimenten, Beobachtungen von Kometen und Planeten und von vielem anderen, das seine Kollegen zusammengetragen hatten, seine Vorstellungen weiterentwickelte. Erst auf dieser breiten Grundlage konnte er zeigen, dass die Gesetze der Schwerkraft nicht nur für fallende Gegenstände und die Gezeiten, sondern für das ganze Sonnensystem gelten.

Und wie eigenartig ist diese so hiesige und doch so kosmische Kraft! Man kann schon verstehen, dass die ersten Leser ihre Zweifel hatten: Immerhin behauptete Newton, dass Gegenstände hier einen Einfluss auf Gegenstände dort ausübten, egal, ob sie nur ein paar Meter oder viele Millionen Kilometer weit entfernt sind, und zwar ohne dass dieser Einfluss durch ein Medium übertragen würde. Wie sollte eine Kraft durch *nichts* hindurch wirken?

Die Schwerkraft ist erst dann erstaunlich, wenn man, wie Newton, über sie nachdenkt. Normalerweise ist sie ziemlich unauffällig. Vielleicht liegt das daran, dass wir früher einmal sehr viel über sie nachgedacht haben. Wenn Sie sich anschauen, wie Babys krabbeln und

Kleinkinder gehen lernen, könnten Sie doch, so wie ich, auf die Idee kommen, dass wir uns in den ersten Monaten und Jahren unseres Lebens auf der Erde vor allem mit jener Kraft beschäftigen, die uns auf deren Oberfläche festhält. Wir lassen etwas fallen oder werfen etwas hin, manchmal lachen wir dabei, manchmal ärgern wir uns, manchmal weinen wir. Wir lassen etwas fallen und dann gleich noch einmal und noch einmal, reagieren darauf mit Gelächter, Tränen und Verblüffung. Warum fällt eigentlich alles herunter? Warum nicht auch einmal hoch oder zur Seite, warum bleibt nichts in der Luft hängen? Es ist doch zutiefst eigenartig, dass alles irgendwie herunterfällt.

Newton hat die Gravitationstheorie über einen langen Zeitraum ausgearbeitet und nicht durch eine einzelne Eingebung plötzlich vorgefunden, doch er hat das Eigenartige an der Schwerkraft sicher mit kindlichen Augen wahrgenommen, ob ihm nun einmal ein Apfel auf den Kopf gefallen ist oder nicht. (Die Anekdote hat er vielleicht selbst in Umlauf gebracht, allerdings ist sie erst ab 1726 nachweisbar, dem Jahr vor seinem Tod, und Voltaire trug entscheidend zu ihrer Verbreitung bei.)

So mancher Schriftsteller hat sich dem Geheimnis der Schwerkraft gewidmet. Der amerikanische Autor Don DeLillo nennt sie in *Ratner's Star* die »schiere Sehnsucht«: »Im Herzen der Erde herrscht die Sehnsucht.« Unser Leben ist so sehr von ihr durchdrungen, dass wir sie kaum je wahrnehmen. Wenn etwas herunterfällt, sei es ein Apfel oder einer der von Galilei angeblich vom Schiefen Turm von Pisa heruntergeworfenen Bälle oder ein Meteorit oder ein Marmeladenbrot, geschieht das dem Anschein nach meist einfach so. Wie groß und schön die Schwerkraft ist, würden wir besser verstehen, wenn wir etwas hinauffallen sähen, aber das tut mit bestechender Regelmäßigkeit nur ein einziger Körper, nämlich die vom Mond angezogenen Wassermassen der Ozeane. Der Suffolker Schriftsteller Ronald Blythe schreibt in *The Time by the Sea*, dass wir an den Gezeiten sehen, wie »das Meer von einer Himmelsleine« gezogen wird.

Newtons mathematische Erklärung der Gezeiten schreckt uns vielleicht ab, aber die Grundlagen sind relativ einfach, wenn auch überraschend: »In mancher Hinsicht sind die Gezeiten die leichteste Aufgabe der Geophysik«, sagte mir der am Massachusetts Institute of Technology lehrende Physiker Richard Lindzen. »Hier kennt man die entscheidenden Faktoren besser als bei vielen anderen Phänomenen.«

Keine Sorge: Mit der Mathematik der Gezeiten will ich mich nicht weiter beschäftigen. Nur so viel: Allein dass eine so wichtige Naturkraft mathematisch beschrieben werden kann, ist für viele Forscher der Grund, sich überhaupt den Gezeiten zu widmen. Zum Beispiel Kevin Horsburgh, Leiter der Abteilung Meeresphysik am britischen National Oceanography Centre in Liverpool. Er war schon immer ein Freund des Meeres. Er taucht und segelt und achtet darauf, dass er nie zu weit vom Meer entfernt ist. Am meisten fasziniert ihn das Meer als lösbares Problem: »Ich finde es wunderbar, dass ein gesellschaftlich so wichtiges Phänomen mathematisch so leicht zu handhaben ist.« Immer wieder höre ich, dass junge Leute sich nach ihrem Abschluss in Ozeanographie aus irgendwelchen Gründen nicht mehr mit der natürlichen Welt beschäftigen wollen, die sie einst so fasziniert hat, und dann einen Job bei einer Investmentbank finden, bei dem ihre Fähigkeit, Dutzende von Variablen im Blick zu behalten, eine neue Relevanz bekommt und freilich besser bezahlt wird.

Um die Mathematik kommen wir herum, aber unsere bildliche Vorstellungskraft müssen wir einsetzen. Newtons Aussagen über die Schwerkraft und die Bewegungen der Planeten können erklären, was Galilei nicht in den Griff bekam, nämlich warum es in der Regel zwei Gezeitenzyklen pro Tag gibt. Wenn wir unseren Planeten aus einiger Entfernung ansehen würden, könnten wir feststellen, dass die Ozeane nicht nur auf der dem Mond zugewandten Seite anschwellen, weil der Mond eine Anziehungskraft auf sie ausübt, sondern auch auf der genau gegenüberliegenden Seite. (Natürlich könnten wir das mit bloßem Auge nicht erkennen, denn die wenigen Meter Tidenhub sind im Vergleich zu den zwölftausend Kilometer Durchmesser unserer Erde verschwindend klein; außerdem haben wir in unser schön einfaches theoretisches Bild die Kontinente noch nicht einbezogen, die auf breiter Front aus dem Meer herausragen.) Weil sich die Erde alle vierundzwanzig Stunden um ihre eigene Achse dreht, erleben wir dieses Anschwellen ungefähr alle zwölf Stunden als Flut.

»Die beiden einander gegenüberliegenden Schwellungen sind der schwierigste Teil von Newtons vereinfachtem Modell«, warnte mich Kevin in unserem Gespräch. Hilaire Belloc wirft Newton sogar vor, die entsprechende Formel einfach erfunden zu haben. Er hält ihn für einen Dogmatiker, der seine Messungen »mit der gleichen Geschmeidigkeit hätte umdeuten können«, wenn ein Gezeitenzyklus vierundzwanzig Stunden dauern würde. Und tatsächlich ist es eigenartig, dass wir nicht einen eierförmigen Planeten mit einer, sondern einen rugbyballförmigen mit zwei Schwellungen vor uns haben, wenn wir das ideale Modell eines kugelförmigen, rundum mit gleich tiefem Wasser bedeckten Planeten von einem Mond umkreisen lassen. (Dieses Modell ist in vielerlei Hinsicht ungenau, aber es ist eine jener nützlichen Vereinfachungen, mit der Physiker gern beginnen, wenn sie sich einem viel komplexeren Phänomen annähern wollen.)

Gehen wir noch einmal einen Schritt zurück. Stellen Sie sich jene ideale Erde vor und dann den Mond in entsprechender Entfernung. Beide Körper sind in Ruhe – sie drehen sich weder um ihre eigenen Achsen noch umeinander. Der Mond übt eine Anziehungskraft auf die Erde aus, die Erde eine auf ihn. Der Mond zieht auch das Wasser an, das sich auf der Erde befindet und das auf jene Seite zufließt, die dem Mond zugewandt ist. Dort herrscht nun also dauerhaft Flut. Diese Kraft ruft nur *eine* Schwellung hervor. Es ist wie beim Ei: Die Erde ist das Eigelb, die Ozeane das ausgebeulte Eiweiß. Allerdings ist dieses Modell weniger ideal als unmöglich. Denn in unserem Ruhemodell würde nichts die Erde und den Mond davon abhalten, aufeinander zuzurasen und zu kollidieren.

Lassen Sie uns also nach und nach das Modell um einige weitere wichtige Bestandteile der komplizierteren Realität ergänzen. Es gibt daneben noch sehr viele kleine Faktoren, die in einer umfassenden Theorie der Gezeiten berücksichtigt werden müssen, aber die lassen wir außen vor. »KEINE Bewegung dieser Körper vollzieht sich auf einer perfekten Kreisbahn, bei keiner bleibt die Geschwindigkeit völlig gleich, und keine Achse steht gänzlich fest. Die moderne Uhr tickt viel gleichmäßiger, als jede Erde, jeder Mond und jede Sonne sich bewegt. Mond und Erde stehen einander nie so gegenüber, wie man es auf der Basis einfacher Berechnungen erwarten würde. Alle einzelnen Bewegungen lassen sich vorhersagen, aber einfache Rhythmen gibt es nicht«, warnt uns der Autor meines Reiseführers zu den Marschen Neuenglands, Mervin Roberts.

Vor allem müssen wir in unserem Modell nun den Mond auf eine Umlaufbahn schicken. Dank dieser Umlaufbahn bleiben Erde und

Mond auf Abstand zueinander. Da die Schwerkraft nach beiden Seiten wirkt, umkreist die Erde auch den Mond – genauer gesagt umkreisen beide Körper ihren gemeinsamen Gleichgewichtspunkt, der aufgrund der jeweiligen Masse von Erde und Mond innerhalb des Erdvolumens liegt. Er teilt eine gedachte Linie vom Erdmittelpunkt zur Erdoberfläche etwa im Verhältnis zwei zu eins. Wie schon zuvor kommt es auf der dem Mond zugewandten Seite der Erde zu einer Flut, doch tritt nun eine neue Beschleunigungskraft hinzu, die auf der Erde in die entgegengesetzte Richtung wirkt, vom Mond weg, ausgelöst von dessen Beschleunigung. Aufgrund seiner eigenen Trägheit wird das Wasser auf der Erde von dieser ständigen Beschleunigung zurückgelassen. In Newtons einfachem Modell führt die entsprechende Verzögerung dazu, dass es auf der mondabgewandten Seite der Erde zu einer zweiten Schwellung kommt. Newtons Analyse sagt nicht nur, warum das so ist, sondern zeigt auch mathematisch, dass die beiden Gezeitenschwellungen gleich groß sind.

Nun sind wir bei einer Erde angekommen, die zwei Regionen aufweist, in denen ständig Flut ist, und einen Streifen dazwischen, auf dem ständig Ebbe herrscht. Diese Erde soll sich nun um ihre eigene Achse drehen. Der Einfachheit halber wollen wir sagen, dass diese Achse rechtwinklig zur Linie zwischen Erde und Mond steht (in Wirklichkeit steht sie natürlich etwas schief). Die Erde dreht sich nun selbst unter ihrer Wasseroberfläche, die davon unbewegt bleibt (wir gehen davon aus, dass es zwischen Wasser und Erde keine Reibung gibt). Wir sehen, dass es an jedem Punkt auf der Erde zweimal täglich Flut geben muss. Am Äquator ist diese Flut am ausgeprägtesten, und je weiter wir uns den Polen nähern, umso flacher wird sie.

Damals beim Blick auf die Gezeiten an der Küste von Norfolk fragte ich mich, was mit einem bestimmten Kubikzentimeter Wasser passiert. Wohin bewegt er sich? Newton macht aus dieser einfachen Überlegung ein spannendes Gedankenexperiment. In den *Principia* stellt er sich, wie wir gesehen haben, zuerst einmal vor, welche Kraft ein Körper, der um einen anderen rotiert, auf diesen ausübt. Im Kontext der Gezeiten ersetzt Newton den einen Körper durch einen Tropfen Flüssigkeit. Dann stellt er sich vor, dass viele dieser Tropfen einen Ring aus Wasser bilden, und zwar um einen Körper herum, der so stark aufgebläht ist, dass er den Ring berührt. Newton entdeckt, dass der Ring beschleunigt wird.

(Newtons Diagramme sind zweidimensional, aber eine von Wasser bedeckte Kugel ist einfach eine dreidimensionale Version derselben Sache.)

Newton ging aber noch weiter. Zu unserem Verständnis der Gezeiten, wie wir sie tatsächlich erleben, trug er wohl dadurch am meisten bei, dass er als Erster den Einfluss der Sonne nachvollzog. Er konnte erklären, warum sich die hohen Springtiden bei Voll- und bei Neumond von den flacheren Nipptiden um den Halbmond herum voneinander unterscheiden. Wiederum ist die Angelegenheit im Prinzip einfach. Wenn Sonne und Mond beinahe in einer Linie stehen, entweder – bei Neumond – auf derselben Seite der Erde oder – bei Vollmond – auf entgegengesetzten Seiten, verstärkt die Anziehungskraft der Sonne diejenige des Mondes, wodurch sich die Hochwasserhöhen nach oben verschieben. Wenn die Sonne in einem stumpfen Winkel zum Mond steht, ziehen beide in unterschiedliche Richtungen, wodurch die Fluthöhen niedriger ausfallen.

Seine Berechnungen ermöglichten es Newton sogar, den anteiligen Einfluss von Sonne und Mond auf die Gezeiten als Zahl auszudrücken. Zwar wirkt die Schwerkraft natürlich gemäß dem Entfernungsgesetz, ist also viermal so stark, wenn die beiden beteiligten Körper halb so weit voneinander entfernt sind, doch ist die für das Anschwellen der Gezeiten verantwortliche Kraft umgekehrt proportional zur dritten Potenz – also der Kubikzahl –, der Entfernung. Wenn das Entfernungsgesetz gültig wäre, würde die Sonne einen viel größeren Beitrag zu den irdischen Gezeiten leisten als der Mond, und diese Gezeiten wären noch sehr viel ausgeprägter. Tatsächlich ist die Mitwirkung der Sonne an den Gezeiten knapp halb so groß wie die des Mondes.

Durch den Hinweis darauf, dass sowohl die Umlaufbahn der Erde um die Sonne als auch die des Mondes um die Erde nicht kreisförmig, sondern elliptisch sind, konnte Newton auch erklären, warum im Winter auf der Nordhalbkugel die Springtiden etwas höher und die Nipptiden etwas flacher ausfallen: Die Erde ist der Sonne dann eben etwas näher. Er zeigte auch, warum im Sommer die Flut am Tag normalerweise höher steigt als die Flut in der Nacht: weil Sonne und Mond dann höher am Himmel stehen. Im Winter ist es umgekehrt. Als ich in Norfolk einen Tag lang die Gezeiten beobachtete, stieg die Flut abends wieder auf ziemlich genau dieselbe Höhe wie morgens. (Das war im September.) Bei keinem meiner vielen sommerlichen oder winterlichen Aufenthalte an der Küste war mir das je aufgefallen. Beim Blick auf meine Gezeitentafeln für Norfolk entdecke ich, dass die Vorhersagen Newtons Berechnungen widerspiegeln.

Newton berücksichtigte noch andere Aspekte, die in der Realität gegeben sind und die die ganze Sache komplizierter machen. Trotzdem lag er manchmal daneben, und einiges musste er bei den Berechnungen auch außen vor lassen. Schlimmer allerdings war, dass seine Theorie zwar einen großen wissenschaftlichen Fortschritt darstellte, die Vorhersage der Gezeitenstände in einem bestimmten Hafen wie zum Beispiel Greenwich aber praktisch nicht erleichterte.

Auf der Jagd nach Monddaten

London Bridge

	NW	HW	NW	HW
1. September 1694	00:09	06:30	12:42	19:06
	1,4 m	5,7 m	1,6 m	5,7 m

Die gelehrten Herren von der Royal Society sahen es als ihre Pflicht, das Problem weiter zu untersuchen. In vorgerücktem Alter stach Edmond Halley, der als junger Mann die weite Reise nach Sankt Helena auf sich genommen hatte, um die Sternbilder der Südhalbkugel zu untersuchen, noch einmal in See. Er maß Wasserstände und Strömungen im Ärmelkanal, und zwar sowohl auf offenem Meer als auch in Küstennähe. (Auf dieser Basis stellte er auch seine Vermutungen über die Wasserverhältnisse zum Zeitpunkt von Julius Cäsars versuchtem Landgang an.)

Newton arbeitete noch lange nach der Veröffentlichung der *Principia* an den Einzelheiten seiner Theorie des Mondes. Während der 1690er Jahre und auch später noch wandte er sich immer wieder anderen Aspekten zu, um das ohnehin schon komplexe Drei-Körper-Problem noch genauer zu beschreiben. Wie wenig seine mathematischen Berechnungen den tatsächlichen Gezeiten gewachsen waren, muss ihm oder jedenfalls der Marine und anderen Seeleuten in einigen starken Stürmen geschwant haben. Im Oktober 1697 kam es zur höchsten Nordseesturmflut des Jahrhunderts, und in der Nacht vom 7. auf den 8. Dezember 1703 verwüstete der wohl »schwerste Sturm, von dem wir Genaueres wissen«, den Süden Englands. Zwei Tage später drehte der Wind nach Nordwesten, und eine außergewöhnlich hohe Flutwelle schwappte die Themse hinauf. Auch der beste Naturwissenschaftler konnte solche Ereignisse nicht vorhersagen.

Als Antwort auf bohrende Fragen seiner Konkurrenten ergänzte Newton seine Theorie um mathematische Hilfssätze, die den Umgang mit schwierigen Einzeltatsachen erleichtern sollten, zum Beispiel dass die Erde nicht überall gleich dicht ist oder dass sie keine Kugel ist. Diese beiden Faktoren beeinflussen die Wirkung der Schwerkraft. Newton war stets auf empirische Messungen von Gezeiten und Mondständen angewiesen, um seine Theorie der Bewegung von Himmelskörpern weiter ausarbeiten zu können. Besonders augenfällig war die Küstenbewohnern seit Langem bekannte Tatsache, dass die höchsten Hochwasserhöhen, anders als in der Theorie, nicht genau dann erreicht werden, wenn Sonne und Mond auf einer geraden Linie mit der Erde liegen, sondern erst ein oder zwei Tage später.

Die genauesten Daten über den Mond lieferte John Flamsteed vom Greenwich-Observatory. Newton hatte ihn um unveröffentlichte Messergebnisse angebettelt, die er in der Erstausgabe der *Principia* berücksichtigen wollte. Er musste nun den Gesprächsfaden wieder aufnehmen. Es entspann sich eine der bittersten und hasserfülltesten Streitigkeiten in der Geschichte der Naturwissenschaften. Newton war inzwischen über siebzig, und seine ohnehin unleidliche Art hatte sich mit seinem Aufstieg ins wissenschaftliche Establishment des Landes zu einer geradezu despotischen Bösartigkeit ausgewachsen. Flamsteed arbeitete noch an seinem Sternenverzeichnis und wusste, dass er trotz vieler Jahre als königlicher Astronom bisher wenig veröffentlicht hatte. Er glaubte aber an sich und seine Arbeit und sehnte sich nach gerechtem Lohn.

Am 1. September 1694 besuchte Newton ihn im Greenwich-Observatory, um ihm Messdaten zum Mond abzuluchsen. Flamsteed zeigte ihm einiges und versprach mehr. Irgendwie konnte Newton Flamsteed dazu bewegen, sich in noch größerem Maße dem Mond zu widmen, obwohl ihm das noch weniger Zeit für das Sternenverzeichnis ließ. Im Dezember 1698 fragte Newton, ob die gewünschten Daten inzwischen vorliegen. Das Verhältnis der beiden Männer hatte sich in der Zwischenzeit nicht verbessert. Newton hatte sich über unabsichtliche Fehler in Flamsteeds Daten sehr geärgert, und mit diesem Treffen steigerte sich die gegenseitige Abneigung. Newton klagte gegenüber Kollegen, er könne wegen Flamsteed seine Theorie nicht fertigstellen.

Am 12. April 1704 kam Newton, inzwischen Präsident der Royal Society, wieder nach Greenwich und machte Flamsteed und seine Daten dafür verantwortlich, dass die Theorie des Mondes weiterhin lückenhaft war. Flamsteed bemühte sich zu diesem Zeitpunkt in Zusammenarbeit mit der Royal Society um die Unterstützung des Hofes bei der Veröffentlichung seines Sternenverzeichnisses. Newton schöpfte für ihn relevante Daten ab und veranlasste, weil er sich persönlich dafür interessierte, die Veröffentlichung des noch unfertigen Katalogs in einer Form, die Flamsteed nicht billigte. Newton ernannte sich selbst zum Korrekturleser und »berichtigte« einige Messergebnisse. Auch Flamsteeds anderer Gegner Halley nahm Änderungen vor.

Der königliche Astronom war wütend. Er spürte, dass er nicht mehr sehr lange zu leben hatte, und so ergriff er schließlich Maßnahmen, die zur Veröffentlichung der *Historia Coelestis* in einer Form führen sollten, wie er sie sich immer gewünscht hatte. Es gelang ihm, eines Teils der unautorisierten Auflage habhaft zu werden, die er als »Opfergabe an die göttliche Wahrheit« verbrannte. Doch Newton lachte in dieser bitterbösen Fehde zuletzt. 1713 veröffentlichte er die zweite Auflage der *Principia*, und wo immer möglich, tilgte er den Hinweis auf Flamsteed.

Dreckspatzen

Am Tidensaum vor den Marinegebäuden in Greenwich lässt sich die Vergangenheit ablesen. Die Zeichen längst vergangener Zeiten sind kein geschütztes »Erbe«, sondern einfach alte Sachen, die jemand weggeworfen hat und die nun wieder auftauchen. Dieses vorübergehende Land lässt sich leicht untersuchen – man muss nur über ein Geländer klettern und einige von Tang überwucherte Stufen hinuntersteigen. Ich will es aber genauer wissen und habe mich deshalb mit Vertretern der Foreshore Recording and Observation Group (FROG) verabredet, die unter der Ägide des Londoner Stadtmuseums den Tidensaum erkundet.

Erst wollte ich mich in das Leben der sogenannten »Dreckspatzen« einfühlen. Diese beinahe völlig mittellosen Leute sammelten im 18. und 19. Jahrhundert auf, was andere von den hier vor Anker liegenden Schiffen geworfen hatten. So verdienten sie sich einen Lebensunterhalt, als London einer der weltweit wichtigsten Häfen war. Passenderweise führt mich der Fußweg zu unserem Treffpunkt durch viktorianische Straßen. Einmal muss ich sogar einem Filmteam ausweichen, das eine neue Fassung der Krimireihe *The Suspicions of Mr Whicher* dreht. Ein Mitarbeiter wedelt mit einem Paddel künstlichen Nebel über das Kopfsteinpflaster. Ich fühle mich schon in die richtige Zeit versetzt.

Aber ich habe das Gefühl, dass mir heute eine exquisitere Erfahrung zuteilwerden soll.

Vor Wrens Marineschule stand hier ein Palast von Heinrich VIII. Irgendwo auf dem Tidensaum gibt es noch Reste eines Anlegestegs aus jener Zeit. Sie stehen unter Denkmalschutz, also müssen wir uns fernhalten. Überall sonst dürfen wir aufheben, was uns gefällt. »Der Tidensaum verändert sich ständig, da müssen wir gar nicht graben«, sagt Helen, die Koordinatorin von FROG. »So was kennen Archäologen sonst gar nicht!«

Vieles deutet auf Ereignisse hin, die sich einmal hier abspielten. Breite Fliesen zeigen, wo einmal eine Dammstraße war. Sie tauchten wieder auf, als Winterstürme, aber wohl auch besonders schnelle Kreuzfahrtschiffe, den darüberliegenden Schlamm wegfegten. Dann sind da die Überbleibsel großer, bleicher Kreideblöcke, an denen einst Schiffe festmachten, die vor der nächsten Flut ihre Ladung löschen wollten. Noch mehr überrascht mich, wie viel über die Jahrhunderte angesammelter Müll weder weggespült noch dauerhaft begraben wurde: Schalen von Austern, Überreste von Tonpfeifen – und bergeweise Rinderknochen. Helen weist mich auf weniger Auffälliges hin, zum Beispiel Wurzeln, die von einem prähistorischen Wald übriggeblieben sind, der hier stand, bevor menschliche Siedlungen errichtet wurden.

Ich suche Schlick und Kiesel ab und entdecke nach einer Weile eine Klammer aus der Tudor-Zeit. Offenbar gibt es davon sehr viele. Diese hier ist schmucklos und diente wohl dazu, unvernähte Tücher zusammenzuhalten, damit man sie als Kleidungsstücke tragen konnte. Ich sehe genauer hin. Die Klammer stammt ganz offensichtlich aus vorindustrieller Zeit. Der Kopf ist ein gedrehtes, gelbes Metallstück, ge-

rändelt mit einem Einschnitt, der dem Ganzen den Anschein eines winzigen Hamburgers verleiht. Die Klammer selbst sieht eigentlich ganz gewöhnlich aus, aber wenn ich sie mit den Fingernägeln nachzeichne, bemerke ich, dass sie unheimlich fein gezahnt ist, um den Stoff besser halten zu können. Dieses kleine Detail fehlt bei heutigen maschinell hergestellten Klammern. Ich freue mich über meinen Fund und stecke das kleine Ding durch eine Seite meines Notizbuchs, damit es nicht verlorengeht.

*

In *London Labour and the London Poor* (*Arbeit und Armut in London*), seinem berühmten Text über Armut in den Städten, beschrieb der viktorianische Journalist Henry Mayhew die »Dreckspatzen« oder »Flusssucher« als »die wohl mitleiderregendsten Gestalten, die ich im Laufe meiner Untersuchungen überhaupt gesehen habe«. Einige von ihnen waren sehr jung, viele waren Waisen, andere ältere Arbeitslose. Sie zwängten sich zwischen den vor Anker liegenden Booten hindurch und suchten nach Kohle und Holz, die sie verfeuern konnten, und nach Abfall, den sie zu verkaufen suchten. Was sie fanden, sammelten sie meist in einem alten Korb oder einer Dose.

Die Dreckspatzen leben normalerweise in einem Innenhof oder einer Gasse in der Nähe des Flusses, und bei Ebbe sieht man jede Menge Jungen und kleine Mädchen, auch einige ältere Männer und viele alte Frauen in der Nähe der Aufgänge herumlungern und gespannt auf die Gelegenheit warten, mit der Arbeit zu beginnen. Sobald das Wasser niedrig genug steht, schwärmen sie aus und verschwinden in alle Richtungen zwischen den Booten am Ufer.

Am wertvollsten waren die für die Reparatur von Schiffen benötigten Kupfernägel, aber die waren selten, weil die Dreckspatzen in der Regel von den Schiffen verjagt wurden, deren Rümpfe gerade neu ummantelt wurden. Am häufigsten stießen sie auf Knochen, Eisenstücke und Stricke, die sie an Trödelläden weiterverkaufen konnten. Für einen Eimer Kohlen gab es einen Penny. Manchmal fand jemand ein fallen gelassenes Werkzeug, das er im Austausch für etwas zu essen zurückgab. So brachte es ein Dreckspatz im Laufe eines Arbeitstages auf drei Pennys. Das Leben war hart. Ein Junge, der ins Gefängnis musste, weil er etwas aus einem leeren Kohlenboot gestohlen hatte, erzählte Mayhew, dass er sich in der einen Woche hinter Gittern wohler gefühlt habe als draußen. 1848, als Mayhew seine Forschungen anstellte, waren allein am beliebtesten Standort in der Nähe der King-James-Stairs im Stadtteil Wapping ungefähr zweihundertachtzig Dreckspatzen zugange. In Greenwich und anderen Orten flussabwärts seien es in der Nähe größerer Docks fünfhundertfünfzig gewesen.

Am gefährlichsten für die barfuß gehenden Kinder waren Scherben. Mayhew erzählt von einem Vierzehnjährigen, der sich geschnitten hatte, nach Hause lief, sich die Wunde verband und sofort wieder an die Arbeit ging,»»denn wenn die Flut kommt‹, so sagte er noch, ›und ich nichts gefunden habe, leide ich bei Ebbe Hunger.‹« Ein anderer Junge rief Mayhew zu sich, damit er ihm seine Geschichte erzählen konnte. Sein Vater war tot, und er ging zwar zur Schule, war aber von seiner Mutter getrennt worden, weil diese während der Großen Hungersnot krank geworden war. Mayhew griff ein und organisierte dem Jungen eine erfolgversprechende Stelle, sodass er in der Lage war, seine Familie aus der Armut zu retten. Mayhew stellte zusammenfassend fest:»Man muss gar nichts weiter dazu sagen. Ich schreibe diese Geschichte in der Hoffnung auf, dass viele Leser daraus ersehen, dass die in der Gosse lebenden Kinder oft nur deshalb Diebe sind, weil die Gesellschaft sie nicht ehrlich sein lässt.«

Wieder einmal gehe ich über Land, das nicht immer da ist. Der Tidenhub der Themse ist mit bis zu sechs Metern größer als irgendwo sonst an der britischen Ostküste. Die schöne Mauer der Marineschule macht den festen, oberen Teil aus, aber weiter unten versteckt und enthüllt das Wasser zweimal am Tag einen breiten Streifen gleichmäßig abfallenden Ufers. Dieser Tidensaum ist weder Privatgelände, weshalb man ihn betreten darf, noch im eigentlichen Sinne öffentlicher Raum, daher fehlen auch die inzwischen so weitverbreiteten Hinweis- und Warnschilder. Der Ort ist unrein, sowohl im wörtlichen als auch im übertragenen Sinne, und ich komme mir wie ein Grenzgänger vor, auch wenn ich nicht weiß, was denn hinter dieser Grenze liegt. Früher hätte ich vielleicht erst die Flussgötter milde stimmen müssen, heute sind es eher die Beamten der Krongüterverwaltung.

Denn dieser eigenartigen staatlichen Einrichtung gehören dank eines Prärogativs die Abschnitte zwischen den Hoch- und Niedrigwasserhöhen an etwa der Hälfte der britischen Küsten. Dieses »Recht« ist gar nicht so alt, wie man vielleicht denkt. Gewiefte Anwälte im Dienste von Elisabeth I. haben sich den Trick im 16. Jahrhundert ausgedacht und die beiden Grenzlinien des Tidensaums definiert. (In Schottland reklamiert die Krongüterverwaltung einen etwas breiteren Streifen für sich: zwischen den mittleren Hoch- und Niedrigwasserhöhen *bei Springtiden.*) Der größte Teil des restlichen Tidensaums gehört der Krone und anderen staatlichen Einrichtungen, zum Beispiel dem Herzogtum Cornwall und dem Verteidigungsministerium. Aber auch wohltätige Organisationen wie die Königliche Gesellschaft für den Vogelschutz und der Denkmalschutzverein National Trust haben ihre Anteile.

Der Grundbesitzanspruch führt immer wieder zu Streitigkeiten darüber, was man mitnehmen darf und was nicht. Auf meinem Küstenabschnitt in Norfolk wurde kürzlich ein Teil des Tidensaums selbst gestohlen. Einige Strandabschnitte bestehen aus Kieseln, die für manchen Gartenbesitzer offenbar ein unwiderstehliches Mitbringsel darstellen. Früher ging es eher um augenscheinlich wertvolle Gegenstände. Wie der Tidensaum selbst fielen sie rechtlich gesehen in verschiedene, altertümliche Kategorien. Heute kennen wir im Englischen den Begriff »flotsam and jetsam«, und beides heißt auf Deutsch Treibgut. Man meint damit im übertragenen Sinn auch vieles, was irgendwie übrig ist, manchmal auch einen Bevölkerungsüberschuss. Viele Engländer wissen nicht, dass es zwischen den beiden Begriffen einen deutlichen Unterschied gibt und dass es außerdem weitere, ebenso klar definierte Kategorien für Gegenstände gibt, die auf dem Tidensaum auftauchen.

Im Austausch dafür, dass die Häfen von Hastings, New Romney, Hythe, Dover und Sandwich an den strategisch wichtigen, weil in größter Nähe zu Frankreich liegenden Küsten von Sussex und Kent ständig Schlachtschiffe einsatzbereit hielten, gewährte ihnen König Heinrich II. 1155 eine Reihe von Sonderrechten. Dazu gehörte, wie ich einem Schild am Kai in Sandwich entnehme, dass diese später als Cinque Ports bekannten fünf Orte von zahlreichen Steuern und Abgaben befreit wurden und andere erheben durften, dass sie ihre eigene Gerichtsbarkeit erhielten, insbesondere über Diebe und diejenigen, die sich dem Zugriff des Rechts entziehen wollten, dass sie einen Pranger aufstellen und auch unter Verletzung von Besitzrechten Deiche bauen durften und dass sie von Dieben zurückgelassene Güter und entlaufene Tiere sowie »flotsam and jetsam and lagan« behalten durften.

Schauen wir uns diese Liste genauer an. Die drei Begriffe beziehen sich auf etwas, was es nur an Gezeitenstränden gibt: »Flotsam« sind schwimmende Wrackteile (genauer gesagt Überreste eines Schiffes oder seiner Ladung); »jetsam« sind Gegenstände, die eine Besatzung bewusst von Bord geworfen hat, beispielsweise in dem Versuch, das eigene Leben zu retten. Und dann gibt es noch »ligan« oder auch »lagan«. Das sind Güter, die auf den Meeresgrund gesunken sind und von dort wieder hervorgeholt werden können. Damit unterscheiden sie sich von »derelict«, also Gütern, die dem Zugriff des Menschen entzogen sind und daher in der Charta der Fünf Häfen nicht erwähnt werden. In diesem Dokument ist außerdem von »mundbryce« die Rede, dem Recht, das Land oder den Besitz eines Anderen zu betreten, um Schutzmaßnahmen gegen das Vorrücken des Meeres zu ergreifen.

Im modernen Seerecht haben sich diese Ausdrücke eigenartiger- und wunderbarerweise gehalten. Der für Wracks zuständige britische Spitzenbeamte (der »Receiver of Wreck«) pflegt eine Liste mit denkmalgeschützten Wracks in Küstengewässern des Vereinigten Königreichs und lässt regelmäßig Bergungen durchführen. Die offizielle Definition eines »Wracks« enthält auch heute noch die Begriffe »flotsam«, »jetsam«, »lagan« und »derelict«.

Schwer vorstellbar, dass heute jemand vom Müll am Ufer der Themse leben könnte. So viel davon ist Plastik. Man riecht den Müll kaum noch, denn die Gezeiten nehmen ihn mit und spülen ihn flussaufwärts ans Ufer oder nehmen ihn mit auf die hohe See, wo ihn Strömungen, Winde und Gezeiten in riesigen, ozeanischen Müllstrudeln sammeln. Neben einigen möglicherweise für Archäologen interessanten Objekten wie Knochen ungewissen Alters und zweifelhafter Herkunft, Pfeifenholmen und faulendem Holz habe ich bei meinem kurzen Ausflug auf den Greenwicher Tidensaum bunte, synthetische Garnsträhnen, Überreste von Fischernetzen, jede Menge trüber, verbeulter Limonadenflaschen, Plastiktüten und Joghurtbecher gefunden.

Einige entdecken in diesem neuen Treibgut für sich etwas Wertvolles. 1999 durchkämmten der amerikanische Künstler Mark Dion und eine Gruppe von freiwilligen Helfern den Tidensaum der Themse ein Stück flussaufwärts im Londoner Zentrum, vor den großen Museen Tate Britain und Tate Modern. Während ihrer zweiwöchigen Suchaktion fanden sie Kreditkarten, Handys, Knöpfe und Rührstäbchen sowie viele von den Dingen, die ich auch entdeckte. Ihre Ernte säuberten sie und stellten sie dann als eine Art altmodisches Kuriositätenkabinett aus, ohne zwischen Alt und Neu oder natürlich und künstlich zu unterscheiden. Das Werk heißt *Tate Thames Dig* (Tate-Themse-Ausgrabung) und zeigte den Zuschauern, dass die ständige Bewegung der Gezeiten jene klar getrennten Schichten, von denen Archäologen so gern sprechen, durch-

einanderbringt. Eine vertikale Ordnung gibt es hier nicht, und tiefere Schichten müssen keineswegs ältere Gegenstände enthalten. Die Ewigkeit der Gezeiten stellt alles auf dieselbe Stufe.

Die halb schottische, halb mauritische, mit dem Leben an Küsten wohlvertraute Künstlerin Gayle Chong Kwan verfolgt eine andere Strategie. Im Rahmen eines Projekts wanderte sie kürzlich von London Bridge die Themse entlang nach Margate. Das ist der Flussabschnitt von *Unser gemeinsamer Freund*. Sie untersuchte die dort angespülten Objekte und erklärt: »Die Leute werfen Sachen in den Fluss und denken, die Gezeiten nehmen sie schon mit. Das tun sie aber nicht. Nur weil man das Zeug bei Flut nicht sieht, heißt das nicht, dass es weg ist. Bei Ebbe ist es immer noch da.«

Gayle nimmt nichts mit, sie inszeniert ihre Funde mithilfe einer Kombination aus großformatiger Fotografie und digitaler Bearbeitungstechnik so, dass wir die Gegenstände nicht mehr für klein halten und als Müll abtun, sondern sie uns als Teil neuer Welten vorstellen können. Die Serie heißt *The Golden Tide* (Die goldenen Gezeiten), eine Anspielung auf Noddy Boffin, den »goldenen Staubmann« aus Dickens' Roman *Unser gemeinsamer Freund*, der durch das reich geworden ist, was andere weggeworfen haben. Gayle erzeugt durch zusätzliche Instagram-Filter einen Eindruck der Hyperrealität. Das vor ihr Liegende wird in ein Landschaftspanorama eingefügt, das es mit Dickens' stimmungsvollen literarischen Beschreibungen aufnehmen kann. Gut erkennbare Objekte wie ein Staubsauger oder ein Dreirad werden zu eindrucksvollen Wracks. Vieldeutige abstrakte Formen erwachen zu neuem Leben: Zwei am Strand zusammengekommene knallblaue Plastikteile könnten ein exotischer Pfeilschwanzkrebs sein. Die vier Beine eines im schleimigen Schlick umgekippt liegenden Stuhls werden zur postapokalyptischen Vision von London selbst und könnten auch die Schornsteine der Battersea Power Station sein, die aus dem bedrohlich angestiegenen Meer ragen.

DAS AUF UND AB DES HANDELS

Billighäfen

Am 6. April 1723 hörte der deutsche Komponist Georg Philipp Telemann seine *Wassermusik* zum ersten Mal im Konzert. Diese Uraufführung war nicht so aufsehenerregend wie die der *Wassermusik* seines großen Konkurrenten Händel sechs Jahre zuvor. Der aus dem Haus Hannover stammende englische König Georg I. und Mitglieder seines Hofes sowie die Musiker fuhren auf Barken die Themse zwischen Whitehall und Chelsea auf und ab, wobei Händels Musikstücke »Seiner Majestät derart gefielen, dass sie auf dem Hin- und Rückweg dreimal wiederholt werden mussten«. Händels Musik sollte einem König schmeicheln. Telemanns hatte dagegen ihre Wurzeln in der Welt des Handels: In Auftrag gegeben wurde sie, zusammen mit einem weltlichen Oratorium für Chor und Solisten, anlässlich des einhundertjährigen Bestehens der Hamburgischen Admiralität, jener Einrichtung, die für die Instandhaltung des Flusslaufs der Elbe verantwortlich war, auf deren Gezeiten die Stadt im Hinblick auf Handel und Abwässer angewiesen war. Während Händels Stück eine Gelegenheitskomposition war, die nur zufällig zum ersten Mal auf dem Wasser aufgeführt wurde, setzte sich Telemanns Komposition direkt mit dem feuchten Element auseinander.

Einige der zehn Sätze der Suite porträtieren antike Meeresgötter. Aber vor allem der vorletzte Satz, die Gigue, stellt die Realitäten des Meeres und der Elbe außerordentlich greifbar dar. Diesem Satz verdankt das ganze Stück seinen Beinamen *Hamburger Ebb' und Fluth*. Er dauert gerade einmal eine Minute, doch in dieser kurzen Zeit hören wir, wie ein freudiges, rasch bewegtes Motiv über zwei Oktaven durch Streicher und Oboen steigt wie die Flut und dann wieder hinabsinkt wie die Ebbe. (Aufgrund barockmusikalischer Konventionen ist das Stück nicht völlig naturgetreu, denn wir hören erst die steigende Tonfolge zweimal und dann die fallende zweimal, weil die Musik jener Zeit die Wiederholung liebte.)

Hamburg liegt etwa einhundert Kilometer von der Mündung der Elbe ins »Deutsche Meer« entfernt, wie sowohl viele deutsche als auch viele britische Seeleute die Nordsee damals nannten. Der Fluss ist breit und relativ gerade, und das Land ist flach, sodass der Wind ungehindert darüber hinwegfegen kann. Deshalb war es nicht unpraktisch, die lange Strecke ins Landesinnere zu segeln und die Ladung in der Nähe größerer Städte zu löschen, wo höhere Gewinne zu erwarten waren. Noch heute ist Hamburg Deutschlands größter Hafen.

Wie in vielen trichterförmigen Mündungsgebieten ist der Tidenhub umso größer und die Gezeitenenergie umso konzentrierter, je weiter man flussaufwärts fährt. In Cuxhaven, wo die Elbe in die Nordsee mündet, beträgt der Unterschied zwischen Hoch- und Niedrigwasser drei Meter, in Hamburg sind es vier. Der Unterschied ist auch deshalb so groß, weil es auf dieser Strecke fast keine Nebenflüsse gibt, die Wasser aufnehmen und verteilen könnten. Und schließlich hat die Elbbegradigung, die größeren Schiffen die Fahrt erleichtern soll, dazu geführt, dass die Gezeiten noch weiter flussaufwärts spürbar sind. Dadurch wird auch das tiefliegende Land noch leichter überschwemmt. In der Nacht vom 16. auf den 17. Februar 1962 stieg der Wasserspiegel beispielsweise bei Cuxhaven fast vier Meter über den erwarteten Höchststand, weil eine Sturmflut mit der regulären Flut zusammentraf. Dreihundertvierzig Menschen ertranken, einige von ihnen weit im Landesinneren, in Hamburg und Oldenburg.

Zu Telemanns Zeiten segelten die Schiffe langsam, und für jeden Kapitän waren die Gezeiten ein entscheidender Faktor auf den Reisen von einem Hafen zum anderen. Sie sorgten auch dafür, dass Häfen unter den von Flüssen herangespülten Ablagerungen und den von den Bürgern ins Wasser geworfenen Abfällen nicht versandeten. Jede Ebbe nahm einiges davon mit, bevor es sich festsetzen konnte.

Bei Telemanns Hymne auf Hamburgs maritime und merkantile Macht frage ich mich, ob die Gezeiten für das Wachstum des Seehandels entscheidend waren. Oder waren sie ein Hindernis, mit dem die Seeleute umzugehen lernten? Seehandel fand zuerst auf dem Mittelmeer, dann auf dem Atlantik statt. Die beiden Meere könnten kaum unterschiedlicher sein: Ersteres ist meist warm und friedlich, voller kleiner Häfen an seinen Küsten, Letzteres stürmisch und gewaltig, mit weit voneinander entfernt liegenden Häfen, zwischen denen die Küsten kaum Schutz boten. Es scheint, als könnten weder starke Gezeiten noch das Fehlen von Gezeiten den Drang des Menschen bändigen, auf Entdeckungsfahrt zu gehen, Güter auszutauschen und sich durch den Handel zu bereichern. Hamburg wurde wohlhabend, als es sich 1241 im Rahmen der Hanse mit Lübeck zusammentat. Lübeck liegt siebzig Kilometer nordöstlich von Hamburg an der Ostsee, wo es fast keine Gezeiten gibt. Hamburg dagegen ist zwar teils furchteinflößenden Gezeiten ausgesetzt, hat aber leichteren Zugang zu den vielen Häfen an allen Nordseeküsten.

Im Allgemeinen entstehen Häfen dort, wo man die Gezeiten für günstig hält – egal, was das jeweils heißt. Es kommt nicht nur auf Schutz vor dem Wind und einen ruhigen Ankerplatz oder die Möglichkeit, einen Kai zu bauen, an. Der Tidenhub bei Khambhat, im Nordwesten Indiens, wo sich vor viertausend Jahren das große Dock der Harappa-Kultur befand, beträgt zehn Meter; zahlreiche Arbeiten werden dadurch erschwert – doch lässt sich ein großes Schiff leichter aus dem Wasser heben und reparieren. Vor zweitausend Jahren beschrieb Strabo die »außergewöhnlichen Fluten« an der spanischen Atlantikküste außerhalb der Säulen des Herakles, die den Seeleuten nützten, weil sie die Mündungsgebiete vergrößerten und dadurch den Handel mit weiter landeinwärts gelegenen Orten erleichterten. Orte wie Southampton und Poole an der englischen Südküste wurden im Mittelalter aufgrund ihrer besonderen geographischen Situation zu wichtigen Häfen, weil die Flut hier sehr lange dauerte, große Schiffe dadurch leichter in den Hafen segeln konnten und mehr Zeit hatten, ihre Ladung zu löschen. Der erste wichtige Hafen auf der französischen Seite des Ärmelkanals, wo der Tidenhub im Allgemeinen größer ist, war Rouen, das wie Hamburg viele Kilometer flussaufwärts vom Meer entfernt liegt.

Was einen Hafen in der einen Epoche attraktiv macht und für einen bestimmten Schiffstypus geeignet erscheinen lässt, kann in einem späteren Zeitalter verschwunden sein. Allgemein verändern sich die Gezeiten weltweit nur in langen, geologischen Zeiträumen. An bestimmten Orten kann es aber rascher zu großen Wandlungen kommen. Weil die Flut an Themse und Elbe in den letzten Jahrhunderten immer höher stieg, konnten die Häfen dort weiterhin florieren. Andernorts sind die Häfen völlig versandet, zum Beispiel in Dunwich in Suffolk, wie wir schon gesehen haben – allerdings erst, nachdem Flusslauf und Hafen dort von Stürmen beschädigt worden waren. In meiner Norfolker Heimat sieht man an der Kirche von Wiveton Furchen, die die Rümpfe hier vor Anker liegender Schiffe in die Mauern geschlagen haben. Heute ist das Meer fast drei Kilometer entfernt.

London hat seinen Spitzenplatz an Häfen abgegeben, die näher an jenen tiefen Fahrrinnen liegen, die die modernen Schiffe brauchen. Auch Hamburg droht Ungemach. Bereits heute muss die Elbe immer wieder ausgebaggert werden. Damit ändert sich auch der Einfluss der Gezeiten. Flüsse mit weichen Ufern verändern sich stets. Die Mündung der Elbe ist durch die Erosion des Landes schon breiter geworden, und dank vieler Bauvorhaben am Ufer gibt es zwar zahlreiche Wohnungen mit schöner Aussicht, aber auch viel mehr versiegelte Flächen. Vom Meer mitgeführte Sedimente lagern sich nicht mehr in den Marschen ab, die Flut trägt sie nun bis nach Hamburg. Die Ebbe fließt weiter ab und ist langsamer als die hereinkommende Flut. Vielleicht ist unter anderem der seit Telemanns Tagen angestiegene Meeresspiegel, der für gesteigerte Hochwasserhöhen sorgt, für dieses Ungleichgewicht verantwortlich. (Der Komponist hat Ebbe und Flut noch die gleiche Anzahl Takte zugeordnet.) Hydrographen sprechen von einer Asymmetrie der Tidekurve, die dazu führt, dass stets mehr Sedimente hereingebracht als hinausgespült werden. Im Lauf der Zeit kann das dazu führen, dass ein Fluss nicht mehr als Verkehrsader taugt.

Große Häfen können auch zum Opfer ihres eigenen Erfolgs werden. Jahrhundertelang verteilten die Gezeiten auf der Themse die Londoner Abwässer so effizient, dass diese nicht zum Gesundheitsrisiko werden konnten, auch wenn sie nicht vollkommen verschwanden. Sobald sich die Bevölkerungszahl der Stadt in der ersten Hälfte des 19. Jahrhunderts aber verdoppelte, wurde das Problem sichtbar. Am 7. Juli 1855 schrieb der Wissenschaftler Michael Faraday in einem Leserbrief an die *Times:*

Heute bin ich auf einem Dampfschiff von der London Bridge bis zur Hungerford Bridge gefahren, zwischen halb zwei und zwei Uhr. Es war Ebbe, offenbar kurz vor dem Kentern. Aussehen und Geruch des Wassers machten plötzlich einen starken Eindruck auf mich. Der ganze Fluss war undurchsichtig und blassbraun und bestand nur aus Abwässern.

Drei Jahre später, im außergewöhnlich warmen und trockenen Juni 1858, waren die Parlamentsabgeordneten vom »Großen Gestank« des Flusses direkt vor dem Unterhaus so angewidert, dass sie der Stadt per Gesetz eine Kanalisation verordneten. Der von dem Ingenieur Joseph Bazalgette entwickelte Plan sah unterirdisch verlaufende Rohre auf beiden Seiten des Flusses vor, die flussabwärts bei Barking und Crossness in die Themse münden sollten. Die Exkremente der Londoner sollten also nicht mehr zwischen dem Machtzentrum in Westminster und dem wohlhabenden Vorort Chelsea dümpeln, sondern zwischen dem armen Osten der Stadt und Tilbury. 1866 führten ungeklärte Abwässer zu einem Choleraausbruch in den Stadtteilen, für deren Wasserversorgung die East London Water Company verantwortlich war, die ihre Reservoire nicht gegen den Rückfluss der Gezeiten isoliert hatte. Am 27. Juni starben ein Tagelöhner namens Hedges und seine Frau bei Bromley-by-Bow. Bis zum 1. August war die Zahl der Toten auf 924 gestiegen. Erst in den 1880ern erklärten die Stadtwerke, dass ungeklärte Abwässer nicht mehr einfach in den Fluss geleitet werden dürften. Sie wurden nun komprimiert, per Schiff ans Meer gebracht und dort abgelassen. Das Bazalgette-Denkmal am Victoriakai trägt die diskrete Aufschrift »Flumini Vincula Posuit« (Er legte den Fluss in Ketten), wobei so etwas wie »Flumine eduxit merda« angemessener wäre.

Spät erst reisen die Pilger

Natürlich beginnen oder enden nicht alle berühmten Seefahrten an einem wichtigen Hafen. Jene Gruppe unzufriedener Gläubiger, die später als die englischen Pilgerväter bekannt wurden, landeten 1620 an einem Ort in Massachusetts, den sie Plymouth nannten. Zum ersten Mal hatten sie amerikanischen Boden aber wohl in der Nähe des heutigen Ortes Provincetown auf Cape Cod betreten, und dort spazierten sie sicher nicht so elegant von der *Mayflower* hinunter auf den »Plymouth Rock«, wie man es sich ein Jahrhundert später ausmalte.

Zwar mussten sie sich viel weiter nördlich von ihrem eigentlichen Zielort in Virginia niederlassen, doch verlief ihre Ankunft in Amerika reibungsloser als ihr Aufbruch aus Europa. Den ersten von mehreren Versuchen hatten sie bereits dreizehn Jahre zuvor unternommen. Im

Sommer 1607 wanderten William Brewster, ein Postbeamter aus Nottinghamshire, der junge, radikalreligiöse William Bradford und einige weitere Nonkonformisten, die zusammen als »Scrooby-Gruppe« bekannt wurden, die hundert Kilometer nach Boston in Lincolnshire, von wo aus sie nach Holland übersetzen wollten. Unauffällig versammelten sie sich einige Kilometer flussabwärts der Stadt am Ufer des Haven, eines breiten Gezeitenkanals, dem Boston seine Stellung als wichtiger Nordseehafen verdankte.

Das Land hier ist auch heute noch bleich und flach, aber ansonsten hat sich viel verändert. Im Laufe der Jahrhunderte ist aus gefährlichen Marschen dank immer weiter fortschreitender Verschlickung fruchtbarer Boden geworden. Die Namen von heute weit im Landesinneren liegenden Orten weisen darauf hin, dass es sich einst um küstennahe Siedlungen handelte: Fishtoft, Holbeach, Tydd Gote. Schon die Römer und dann die mittelalterlichen Landesherren versuchten, die Moorlandschaft der Fens trockenzulegen. Doch erst die im 17. Jahrhundert eintreffenden niederländischen Wasserbauingenieure legten funktionstüchtige Entwässerungskanäle an, die das Land vor Überflutungen schützten. Welche Deichlänge ein Bauer instand halten musste, hing von der Größe des von ihm bewirtschafteten Landes ab und war damals streng geregelt. Die heutigen Straßen ergeben ein verwirrendes Muster, hinter dem sich immer noch der Verlauf der damaligen Deiche verbirgt. Auf einem der nicht ungefährlichen Wege fahre ich Richtung Wasser und stelle mein Auto schließlich auf einem Grasparkplatz ab. Außer schimmerndem Schlick, piepsenden Schnepfenvögeln, dem Wind und einem stechenden Kohlgeruch gibt es hier wenig. An der Kaimauer steht ein kleines Denkmal. Eine amerikanische Kirchengemeinde hat kürzlich eine neue Plakette anbringen lassen. Bei einem früheren Besuch hatte ich mir folgende Inschrift notiert:

In der Nähe dieser Stelle
versuchten die späteren Pilgerväter
im September 1607 zum ersten Mal,
Religionsfreiheit
jenseits der Meere zu erlangen.
Errichtet 1957

Die neue Version spricht nun davon, dass jener erste Versuch »vereitelt«
wurde.

Das niederländische Schiff näherte sich wie geplant über einen kleinen Seitenarm, doch der Kapitän hatte seine Passagiere verraten, und
sobald sie an Bord waren, tauchten Boote mit Bütteln aus Boston auf,
die die Männer, Frauen und Kinder festnahmen und über The Haven in
die Stadt brachten, um sie im dortigen Rathaus einzusperren. Schilder
auf Polnisch, Portugiesisch und Russisch begrüßen heute die Besucher,
und eine Ausstellung informiert sie darüber, dass die Gefangenen gut
behandelt wurden, weil viele Bürger mit ihren separatistischen Tenden-
zen sympathisierten.

Die Gefangenen kamen bald frei, und im Jahr darauf versuchten sie
wieder, das Land zu verlassen, diesmal bei Immingham auf dem Fluss
Humber. Die Auswanderer hatten sich auf ein niederländisches Schiff
begeben, doch ein Sturm verzögerte die Abreise, und Frauen und Kinder
mussten von Bord gehen, um die Nacht in einer nahegelegenen Kirche
zu verbringen. Dann verbreitete sich das Gerücht, dass die Behörden
von der Flucht Wind bekommen hatten. Der niederländische Kapitän
gab den Befehl zum sofortigen Aufbruch. Es herrschte Ebbe, und Frauen
und Kinder konnten nicht rechtzeitig an Bord gehen. Sie wurden wieder festgenommen, durften den Männern nach einem öffentlichen Auf-
schrei ob der gemeinen Ungerechtigkeit aber schließlich in die niederländische Republik nachreisen.

Die Gruppe traf sich in Amsterdam wieder und ließ sich bald im nahen Leiden nieder. Sie genoss die neue Religionsfreiheit, fand den hektischen Betrieb der Handelsstadt aber unangenehm. William Bradford waren zudem die englischen Behörden auf den Fersen. Schon nach kurzer Zeit fassten die Pilger den Plan, in Amerika eine eigene Kolonie zu gründen. Sie brachten das nötige Geld zusammen und schifften sich in Delfshaven auf der *Speedwell* ein. In Southampton Water stieß die *Mayflower* hinzu, welche vor allem Handwerker aus London mitbrachte, die bei der Gründung einer neuen Siedlung gute Dienste leisten sollten. Die beiden Schiffe segelten den Ärmelkanal hinunter, doch die *Speedwell* stellte sich als nicht seetauglich heraus, und so mussten beide Schiffe nach Plymouth zurückkehren. Plymouth wurde also schließlich zum letzten der vier Abfahrtshäfen der Scrooby-Gruppe, denn von hier aus brach die überfüllte *Mayflower* mit ihren hundertundzwei Passagieren (darunter übrigens auch meine Vorfahren John Alden und Priscilla Mullins) auf, um den herbstlichen Atlantik zu überqueren. Alles in allem folgten ihnen im Laufe der 1620er und 1630er Jahre über zweihundertfünfzig »alte Bostoner«. Vier davon brachten es bis zum Gouverneur von Massachusetts, andere gründeten die Universität Harvard.

Teepreise, Teil I

Boston, Massachusetts

	HW	NW	HW	NW
16. Dezember 1773	00:27	06:28	12:41	19:05
	3,3 m	-0,3 m	3,6 m	-0,6 m
17. Dezember 1773	01:21	07:21	13:35	19:57
	3,2 m	-0,2 m	3,5 m	-0,5 m

Hundertfünfzig Jahre später waren die Gezeiten den Nachfahren der Pilgerväter gewogen, die die britische Herrschaft in Amerika abzuschütteln versuchten. 1767 führte die britische Regierung eine Steuer auf Tee und andere in die amerikanischen Kolonien importierte Güter ein. Tee war schon in Mode, und die Steuer sollte als Mittel gegen den Schmuggel dienen, obwohl dieser in Britannien selbst ein viel größeres Problem darstellte als in Amerika, da Tee dort leicht vom europäischen Festland aus illegal eingeführt werden konnte. Tee sorgte für fast die Hälfte des Umsatzes der Britischen Ostindien-Kompanie, und die Zölle darauf machten sechs Prozent der staatlichen Einnahmen aus. (Zölle auf Zigaretten und Alkohol machen heute jeweils etwa zwei Prozent des britischen Haushalts aus.) Die meisten Zölle wurden einige Jahre später wieder aufgehoben, nicht aber die Teesteuer. Diese Ungerechtigkeit sorgte für Unbehagen und führte schließlich zum Ausbruch der berühmtesten antikolonialistischen Protestaktion, der sogenannten Boston Tea Party.

Die »Kolonisierten« hatten sich die Gezeiten in den schwierigen Gewässern vor der Küste Neuenglands in den Jahren vor dem Unabhängigkeitskrieg immer wieder zunutze gemacht. Beispielsweise lockte im Juni 1772 ein amerikanisches Paketschiff, die *Hannah*, das britische Kriegsschiff *Gaspee* in einen flachen Teil der Narragansett Bay. Das größere Schiff konnte schon bald nicht mehr umkehren und lief auf Grund, als das Wasser eben abzulaufen begann. An der Küste rottete sich ein Mob zusammen, der genug Zeit hatte, zum Schiff hinauszuwaten, die Mannschaft gefangen zu nehmen und die *Gaspee* in Brand zu stecken. Boston selbst ist seit dem 18. Jahrhundert seewärts gewachsen, und heute sind nur noch zwei der Anlegeplätze aus der Kolonialzeit erhalten. Griffin's Wharf, wo die *Dartmouth* lag, an der sich während der Tea Party der größte Ärger entlud, gibt es schon lange nicht mehr, und anhand zeitgenössischer Karten lässt sich nicht einmal mehr genau feststellen, wo sich der Kai eigentlich befand. Ich gebe die Suche bald auf und gehe in Richtung Boston Tea Party Ships and Museum. Die Angestellten dort nehmen es mit Fragen der Authentizität nicht so genau: Die Schiffe sind Nachbildungen – aber immerhin liegen sie im Hafen.

Die historisch kostümierte Mannschaft bekommt auch die Sprache des 18. Jahrhunderts nicht wirklich hin.

»Der Bostoner Hafen kocht heute Abend über!«, ruft einer.

»Ich spüre, wie wütend ihr seid, Joseph«, höre ich die Antwort.

Fotografieren darf man hier nicht: »Wir wollen nicht, dass man im Buch der Gesichter schon Wind davon bekommt«, heißt es. König Georg lasse dieses Face-Book nicht aus den Augen. Eine der lediglich zwei noch erhaltenen Teekisten steht wie eine Reliquie unter Glas auf einer rotierenden Säule.

Aber was war eigentlich die Tea Party, und welche Rolle spielten die Gezeiten? In der Nacht des 16. Dezember 1773 drang eine Gruppe von etwa fünfzig »Söhnen der Freiheit«, von denen einige als Mohawks verkleidet waren, in die hier vor Anker liegenden Schiffe der Ostindien-Kompanie ein und warf etwa dreihundert Teekisten über Bord. Ein Teilnehmer unserer Führung, ein etwa achtjähriger hispanischer Junge, spielt diesen Teil der historischen Ereignisfolge mit besonderer Begeisterung immer wieder nach, während seine Eltern den Erläuterungen konzentriert zuhören. Die Briten reagierten mit gewaltsamer Unterdrückung auf solchen Ungehorsam, und zwei Jahre später brach der Unabhängigkeitskrieg aus.

Die Aufständischen mussten die Gunst der Stunde nutzen, denn die

Dartmouth durfte nur noch einen Tag im Hafen bleiben, ohne die fälligen Zölle bezahlt zu haben, danach musste sie mitsamt ihrer Ladung wieder abfahren. Doch sie ließen sich das Heft des Handelns beinahe aus den Händen nehmen. Bruce Parker, der frühere wissenschaftliche Leiter des US National Ocean Service, erklärt, dass »eine Sache anders lief, als sich die Tea-Party-Leute das vorgestellt hatten«. Während der Aktion herrschte nämlich nicht nur Ebbe, das Wasser stand auch besonders tief, denn es war eine Springtide, und zu allem Übel stand der Mond auch noch im Perigäum, also in größter Erdnähe. Die *Dartmouth* lag im Schlick auf Grund, und um sie herum war das Wasser kaum einen halben Meter tief. Die herausgeworfenen Teekisten blieben somit, wo sie waren. Sie stapelten sich neben dem Schiff. Die Anführer der Rebellion stachelten in ihrer Verzweiflung einige Aufständische an, ein bisschen nachzuhelfen, die Kisten aufzubrechen und die losen Teeblätter mit Rudern im Wasser zu verteilen. Unbeschädigte Kisten hätte man retten können – nur wenn Salzwasser in die Kiste eindrang, war der Tee wirklich wertlos.

Auch als später am Abend die Flut kam, war der Tee noch da, und erst die nächste Ebbe am frühen Morgen spülte ihn hinaus aufs Meer. Den größten Effekt hätte es gehabt, wenn der Tee am nächsten Morgen einfach wie vom Erdboden verschluckt gewesen wäre. Hätte die Aktion bei Springhochwasser stattgefunden, wäre der Tee innerhalb weniger Stunden im ganzen Hafenbecken verteilt gewesen, das meiste davon wäre nie wieder aufgetaucht. So aber ging es zu langsam, und große Mengen wurden an den etwas südlich gelegenen Stränden des Boston Neck und auf der anderen Seite des Hafens auf den Dorchester Flats angespült. Viele Bostoner machten sich morgens auf und freuten sich, dass der Strand voller Tee war, den die Gezeiten dort über Nacht angespült hatten. Einige wenige versuchten heimlich, daraus einen Profit zu schlagen. Ebenezer Withington fand eine halbe Kiste in den Marschen, nahm sie mit nach Hause und verhökerte den Inhalt, bis einige »Söhne der Freiheit« einschritten, den Rest konfiszierten und auf dem Marktplatz verbrannten. Andere ruderten auf Kanus ins kalte Wasser hinaus, um für sich ein wenig von dem wertvollen Gut zurückzuholen.

Später frage ich Benjamin Carp, einen an der nahen Tufts University lehrenden, auf diese Epoche spezialisierten Historiker, der auch bei Boston Tea Party Ships and Museum mitarbeitet, wie er das Ereignis einordnet. »Viele der Teezerstörer arbeiteten am Hafen oder auf See«, sagt er. »Die wussten sicher, wie es sich mit den Gezeiten verhielt. Aber sie mussten in der kurzen Zeit das meiste herausholen, bevor ihnen die Kolonialverwaltung oder irgendjemand sonst in die Quere kam. Ich würde also nicht sagen, dass die Gezeiten ihnen einen Strich durch die Rechnung machten. Die Ebbe hat eben manchmal einfach einen trockenen Humor.«

Sur le flux et reflux de la mer

Die amerikanischen Revolutionäre wussten vielleicht nicht, dass man die Gezeiten inzwischen mathematisch genauer beschreiben konnte. Da die englische Wissenschaft zu Beginn des 18. Jahrhunderts eine solche Schlangengrube war und die Feindschaft zwischen ihren führenden Vertretern Newton, Hooke, Halley und Flamsteed ihren Fortschritt lähmte, fanden wichtige Entwicklungen woanders statt. Die Navy beschäftigte sich ohnehin mit einem möglicherweise leichter in den Griff zu bekommenden Navigationsproblem.

Im Oktober 1707 liefen vier Schiffe aus der Flotte von Admiral Sir Cloudesley Shovell, der im Spanischen Erbfolgekrieg gerade die Belagerung von Toulon hinter sich gebracht hatte, auf den Scilly-Inseln auf Grund, und tausendvierhundert Männer starben. Die Navigatoren hatten versucht, den Einfluss des herrschenden stürmischen Wetters zu berechnen, und glaubten sich in tiefen Wassern westlich des Landes. Hätten sie ihren Längengrad berechnen können, wäre ihnen klargeworden, dass sie sich viel weiter östlich befanden, und sie hätten ihren Kurs anpassen und die Felsen umschiffen können. Nach dieser Katastrophe richtete die britische Regierung die Längengradkommission ein und beauftragte sie mit der Entwicklung eines Zeitmessers, mithilfe dessen die Seeleute ihre Position genauer ermitteln könnten. Wären Sir Cloudesleys Schiffe gestrandet, weil sie die Gezeiten falsch berechnet hatten, wäre vielleicht mehr Energie in die Lösung *dieses* Problems gesteckt worden.

Zur selben Zeit hatten die Franzosen damit begonnen, in ihren wichtigsten Häfen systematisch die Gezeitenstände zu erfassen. Die entscheidenden physikalischen Prinzipien durchschaute man aber weiterhin nicht, denn noch immer blieb man Descartes' überkommenen Theorien treu. 1720 hatte die französische Königliche Akademie der Wissenschaften erstmals einen jährlichen Essaywettbewerb ausgelobt, um das Niveau der französischen Naturwissenschaften anzuheben und ihren Horizont zu erweitern, weshalb er international ausgeschrieben wurde und weshalb die Teilnahme Nichtmitgliedern der Akademie vorbehalten war. Das schon 1738 angekündigte Jahresthema für 1740 lautete: »Sur le flux et reflux de la mer« – Über das Hin- und Herfließen des Meeres.

Die vier Gewinner stehen für eine kurze Blüte der wissenschaftlichen Globalisierung am Vorabend von Revolution und Nationalismus: Colin Maclaurin, Professor für Geometrie an der Universität Edinburgh, war ein Schützling Newtons und Spezialist für sich drehende Flüssigkeitskörper und für die Einwirkung der Schwerkraft auf Ellipsoide, also jene geometrischen Körper, die der Form der Himmelskörper im Sonnensystem am stärksten ähneln; der niederländischstämmige Universalgelehrte Daniel Bernoulli, der in Basel Lehrstühle für Mathematik, Physik,

Anatomie und Botanik innehatte; der gebürtige Schweizer Leonhard Euler, dank Bernoullis Empfehlung Professor für Mathematik in Sankt Petersburg (Bernoulli hatte selbst einige Jahre in der russischen Hauptstadt verbracht; sowohl Bernoulli als auch Euler beschäftigten sich intensiv mit den Eigenschaften von Flüssigkeiten und wurden von der französischen Akademie nicht zum ersten Mal ausgezeichnet); der vierte Gewinner ist heute sehr viel weniger bekannt. Es handelt sich um Antoine Cavalleri, einen an der Universität Cahors lehrenden französischen Jesuiten, der sich als guter Patriot redlich darum bemühte, Descartes' altes Konzept der Wirbel im Äther zu retten, und der die neue englische Theorie der Schwerkraft entschieden zurückwies.

Die drei anderen lagen eher auf Newtons Linie und leisteten kleine, aber wichtige Beiträge zum Verständnis der Gezeiten. Euler belegte, dass nur die horizontale, auf jede kleine Wassermasse wirkende Kraft und nicht die vertikal wirkende Schwerkraft für das Ansteigen des Wassers verantwortlich ist. Gegen Ende des Jahrhunderts würde der bedeutende französische Mathematiker Pierre-Simon Laplace diese Einsicht weiterentwickeln. Maclaurin bewies, was Newton lediglich vermutete: dass die flutförmigen Ausbuchtungen, die direkt gegenüber der Quelle der Gravitationsanziehung sowie auf der entgegengesetzten Seite der Erde entstehen, dem vereinfachten Modell einer von Ozeanen bedeckten Erde die Form eines gestreckten Sphäroids verleihen.

Bernoulli knüpfte an diese geometrische Analyse an und berechnete, wie sich die von Ozeanen bedeckte Erde von einer idealen Kugel unterschied, wobei er jede mögliche Position von Sonne und Mond sowie die Verzerrungen, die durch die Umlaufbahn der Erde um die Sonne und die Drehung der Erde um ihre eigene Achse verursacht werden, berücksichtigte – und sogar die gegenseitigen Anziehungskräfte zwischen fester Erde und Ozeanen. Er zeigte schließlich auch, dass sich Newtons ideale Theorie mit den tatsächlichen Gezeiten an realen Orten übereinbringen ließ, wenn die Serie von Messwerten nur lang genug war. Hierbei handelte es sich um »den ersten zuverlässigen, praktischen Fortschritt im Bereich der Gezeitenvorhersage seit den kruden Faustregeln des 13. Jahrhunderts«, so der führende Gezeitenforscher David Cartwright.

Das konnte aber für einen ernsthaften Theoretiker noch nicht das Ende der Fahnenstange sein. Berechnen will man schließlich den Stand der Gezeiten zu jedem beliebigen Zeitpunkt von Anbeginn der Welt an und für jeden Ort der Erde, und zwar nicht auf der Basis empirischer Daten, sondern nur mithilfe von Newtons Gesetzen und unter Berücksichtigung aller Körper, die durch ihre Schwerkraft auf die Erde und deren Ozeane einwirken. Das von den Mathematikern entwickelte Modell einer gleichmäßig von Ozeanen bedeckten Erde war ganz offenkundig nicht gut genug. Das sah jeder, der an einem Strand stand.

Der Dichter Alexander Pope muss gespürt haben, dass sich die Forschung in eine Sackgasse manövriert hatte. Sein Essay *Vom Menschen*, erstmals gedruckt im Jahre 1734, enthält die berühmten Zeilen: »Erkenn dich selbst, verlang nicht Gott zu messen / Der Menschheit eignes Studium ist der *Mensch*!« Und weiter heißt es mit leicht bösartigem Humor:

Geh, Wunderbarer, laß die Wissenschaft
Zur stolzen Höh empor dich leiten,
Geh, miß die Erde, wäg die Luft, bestimm
die Zeit der Ebb und Fluth, und zeichne vor
Planeten ihre Bahn, berichtige
Den Gang der alten Zeit, und stell die Sonne.

Belehre Gottes ewige Weisheit, wie
Sie soll regieren. Geh dann in dich selbst,
Erkenn, daß du ein Dummkopf bist.

Frankreichs Newton

Der Mathematiker, Astronom und Physiker Pierre-Simon Laplace, der sich selbst »Frankreichs Newton« nannte, wurde 1749 ein paar Kilometer von der Küste der Normandie entfernt geboren. Während und nach der Französischen Revolution vermied er es tunlichst, Partei zu ergreifen, weshalb ihn Napoleon in den Adelsstand erhob und ihn schließlich zum Innenminister machte, auch weil er seine Leidenschaft für die Mathematik teilte. Nach der Restauration der Monarchie brachte es Laplace unter Ludwig XVIII. sogar zum Markgrafen. Seine größte Leistung ist die Entwicklung der Wahrscheinlichkeitstheorie, die ihn zu der Überlegung verleitete, ob das Sonnensystem zufällig entstanden sein könnte. Mit der Astronomie beschäftigte er sich bald intensiver. Sein mehrbändiges Hauptwerk ist der *Traité de mécanique céleste* (*Himmelsmechanik*). Am Anfang seiner Laufbahn widmete er sich freilich den Gezeiten.

Laplace entwickelte anspruchsvolle mathematische Methoden, mit deren Hilfe er Newtons Lehren durch eine neue,»dynamische« Theorie ersetzte und zum ersten Mal die von tatsächlichen Gegebenheiten bestimmten Rahmenbedingungen der Gezeiten zumindest teilweise berücksichtigen konnte. Newton hatte die Ozeane als ein Gleichgewichtssystem gesehen, das durch die Gravitationsanziehung von Sonne und Mond gestört wird. Mit anderen Worten: Newtons Meere ruhten mond- und sonnenlos und ewig still. Laplaces dynamische Theorie ging nicht von derartig problematischen Annahmen aus. Seiner Meinung nach waren die Ozeane immer schon in Bewegung. Er betrachtete sie als oszillierende Becken, deren Inhalt aufgrund der Bewegungen des Planeten Erde herumgewirbelt und durch die Reibung zwischen Wasser und Erde verlangsamt wird. Diese Theorie baute eine tragfähige Brücke zwischen Newtons Aussagen zur Schwerkraft und Galileis früheren, in der venezianischen Barke gewonnenen Einsichten über die Bewegung des Wassers.

Laplaces Gleichungen erfüllen das Gesetz von der Erhaltung der Masse (Wasser wird weder geschaffen noch zerstört) und das Gesetz von der Impulserhaltung (bewegtes Wasser bewegt sich so lange in dieselbe Richtung, bis eine Kraft darauf einwirkt) in Bezug auf eine Bewegung in zwei Richtungen (beispielsweise entlang der Längen- und Breitengrade). Sie machten sichtbar, wie Schwerkraft, Reibung und eine auf der Trägheit des Wassers beruhende Hemmung auf jedes Päckchen Wasser einwirken, zum Beispiel auf meinen berühmten Kubikzentimeter – Laplace konnte berechnen, wie Wasser sowohl vertikal als auch horizontal verdrängt wird. Mein Wasserpäckchen beispielsweise würde in der Nordsee eine»Gezeitenreise« von fünf Kilometer Länge machen, dabei aber nur einen oder zwei Meter steigen oder sinken.

Der Franzose stellte seine neuen Ideen in zwei Aufsätzen vor, die 1775 und 1776 von der französischen Königlichen Akademie der Wissenschaften veröffentlicht wurden. Er erklärte, warum die beiden Gezeiten eines jeden Tages ungefähr gleich aussehen, wo sie laut Newtons Berechnungen einander doch eher unähnlich sein sollten. Laplaces Analyse bestätigte auch, dass auf jede Wassermasse nur eine kleine vertikale Kraft einwirkt und dass eine viel größere horizontale Kraft für die Bewegung und das Steigen und Sinken des Wassers verantwortlich ist. In Äquatornähe ist die Horizontalkraft beinahe gleich null, dort steht der Mond fast senkrecht, und das Wasser ist ihm so nahe, wie es überhaupt nur möglich ist. Die Kraft wirkt am stärksten in einem Winkel von 45 Grad zur Linie der Gravitationsanziehung zwischen Erde und Mond, was wir daran sehen, dass die Gezeiten in gemäßigten Breiten am stärksten sind, also nördlich des Wendekreises des Krebses und südlich des Wendekreises des Steinbocks.

Laplaces Gleichungen sorgten noch für weitere Überraschungen. Beispielsweise ist die Flut in tiefen Gewässern phasengleich mit der sie verursachenden Gravitationsanziehung, in flacheren Wassern dagegen gilt das Gegenteil: Die Gezeiten verlaufen gegenphasig zum Erscheinen des Mondes, der sie hervorruft. Mit anderen Worten, die vom Mond verursachte Ausbuchtung der Gezeiten »folgt« dem Mond, während die Erde unter ihm rotiert – jedenfalls bis die Ausbuchtung auf eine Küste trifft. Dann wird es kompliziert. Laplace zeigte, dass die Reise dieser Ausbuchtung oder erdumspannenden »Gezeitenwelle« (die natürlich nichts mit Tsunamis zu tun hat, auch wenn diese manchmal so genannt werden) etwas mit der Meerestiefe zu tun hat. Zu einer Zeit, da die meisten Menschen noch annahmen, dass die Ozeane unendlich tief seien oder einfach so tief, wie die Berge hoch sind, hatte Laplace den Mut, ihre durchschnittliche Tiefe mit etwa zwanzig Kilometern anzugeben. Das klingt viel und ist, wie wir heute wissen, tatsächlich übertrieben, aber im Verhältnis zum Durchmesser der Erde ist es immer noch sehr wenig. Der Ozean hat die Dicke einer mit dem Zirkel gezogenen Linie oder, noch poetischer ausgedrückt, er ist wie der Tau, der an einem kalten Morgen auf Ihrem Auto liegt. Wenn man es so betrachtet, kann man sich leicht vorstellen, dass das Wasser der Meere sich vor allem hin und her und kaum auf und ab bewegt.

Zwar war er ein mathematischer Virtuose, doch musste auch Laplace manches vereinfachen. Er nahm nicht nur an, dass die Ozeane gleichmäßig flach waren (zwanzig Kilometer tief!) und umschiffte so einige Komplikationen, die sich bei besonders großen Tiefen ergeben würden. Er glaubte auch, dass der Meeresgrund starr sei, was er nicht ist, denn auch er wird durch die Schwerkraft verformt. Wie schon Newton wandte sich Laplace im Laufe seines langen Arbeitslebens immer wieder den Gezeiten zu, die er als das »kniffligste Problem der physikalischen Astronomie« bezeichnete. Mit diesem Stoßseufzer gab er zu, dass die Gezeiten viel komplizierter waren, als die Naturwissenschaft es befürchtet hatte.

Die Gleichungen des Pierre-Simon Laplace werden erst seit dem späten 19. Jahrhundert zur Vorausberechnung tatsächlicher Gezeiten eingesetzt, seit nämlich neue, leistungsfähige Rechenmaschinen die anfallenden großen Datenmengen bewältigen können. Noch heute bilden sie die theoretische Grundlage aller Gezeitenvoraussagen. Übrigens brauchten die Briten ebenso lang, um die Überlegenheit von Laplaces Methode zu erkennen, wie die Franzosen einst Newton gegenüber Vorbehalte hatten.

Entdeckungsreisen

Mit Laplaces Gezeitengleichungen ließ es sich arbeiten – jedenfalls auf einem gleichmäßig von Wasser bedeckten Planeten. Aber auf einem solchen Planeten leben wir nicht, und die elegante Mathematik des Franzosen wurde den komplizierten Ozeanen und Küsten der wirklichen Welt nicht gerecht. Weitere Daten waren also bitter nötig. Die großen wissenschaftlichen Entdeckungsreisen des 18. und 19. Jahrhunderts hatten daher auch das Ziel, die Gezeiten zu vermessen. An einigen Orten schienen die Beobachtungen Newtons Erwartungen zu widersprechen. Die Entdecker stießen auf Orte, an denen es nur eine Flut pro Tag gab oder überhaupt keine beobachtbaren Gezeiten. James Cook führte im Auftrag des königlichen Astronomen im Südpazifik Messungen durch, deren Ergebnisse er mit den etablierten Theorien der Gelehrten nicht in Einklang bringen konnte. Oft schien sogar das Seemannsgarn zutreffender zu sein. Eines Abends im Juni 1770 lief Cooks Schiff, die *Endeavour*, auf einem Korallenriff an der neuholländischen Küste in der Nähe der heutigen Stadt Cooktown in der australischen Provinz Queensland auf Grund.

Meiner Einschätzung nach war der Höchststand des Wassers erreicht, der Wasserspiegel sank, und seit drei Tagen nahm auch der Mond ab. Dies beides war für uns keineswegs vorteilhaft. (Das

Schiff könnte gut zwei Wochen, bis zur nächsten Springtide, feststecken.) Unsere Versuche, es vor dem Eintreten der Ebbe freizubekommen, hatten keinen Erfolg, und so versuchten wir, es leichter zu machen, indem wir Gewehre, Ballast et cetera. über Bord warfen, in der Hoffnung, dass das Schiff bei der nächsten Flut wieder schwimmen würde; zu unserer großen Überraschung stieg die nächste Flut aber einen halben Meter weniger hoch als die letzte. Unsere letzte Hoffnung war nun die Mitternachtsflut, und sie beruhte nur auf der Vorstellung, wie sie unter Seeleuten weit verbreitet, bisher aber durch keine Beobachtung belegt ist, dass die Flut nachts höher ist als tagsüber.

Der französische Entdeckungsreisende Louis Antoine de Bougainville berichtete Ähnliches in seiner 1771 erschienen *Voyage autour du monde* (*Reise um die Welt, welche mit der Fregatte La Boudeuse und dem Fleutschiff L'Etoile in den Jahren 1766, 1767, 1768 und 1769 gemacht worden*). Das Buch ist durch seine farbenfrohe Schilderung der polynesischen Insel Tahiti bekannt geworden, die er Neu-Kythira nannte. Auf Tahiti stellte sich heraus, dass der Bordbotaniker Philibert Commerson, der die wunderschöne Drillingsblume zu Ehren seines Kapitäns »Bougainvillea« taufte, seine Mätresse als männlicher Mitarbeiter verkleidet mit an Bord geschmuggelt hatte. Jeanne Baret war damit die erste Frau, die die Welt umsegelte.

Die Insel ist tatsächlich ein Paradies der Sinne, aber die Gezeiten machten sie zur gefährlichen Falle. Bougainvilles Schiff, die *Boudeuse*, hatte gerade den Anker gelichtet und sich von einem Riff entfernt, als der Wind abflaute und »die Flut und von Osten kommende Wellen uns dem Riff wieder entgegendrängten«. Bougainville denkt später mit gespieltem Schrecken daran, was passiert wäre, wenn dieses Unglück sie auf der Landseite des Riffs ereilt hätte: »Das Schlimmste wäre gewesen, dass wir den Rest unseres Lebens auf einer von der Natur mit allen Wohltaten ausgestatteten Insel verbracht und die Güter unseres Mutterlandes gegen ein sorgloses und friedliches Leben eingetauscht hätten.« Aber im Ozean zwischen Wellen treibend, die sich an scharfen Korallen brachen, hätten die Männer ertrinken oder zerschmettert werden können. Zum Glück brachten die Beiboote das Schiff in Sicherheit.

Bougainville ging auch an mehreren Stellen der Falklandinseln an Land, den Îles Malouines, die er für Frankreich beanspruchen und mit einigen jener Franzosen besiedeln wollte, die von den Briten aus Kanada vertrieben worden waren. Einmal beobachtete er, dass das Wasser innerhalb einer Viertelstunde dreimal stieg und wieder sank,»als würde es geschüttelt«. Dieses kurzzeitige Phänomen ging wohl auf ein Unterwasserbeben zurück und erinnert an Berichte aus dem Dezember 2004, als die Menschen hier Zeugen eines schnellen Anstiegs des Meeres wurden und sahen, wie Enten»aus dem Wasser geschossen wurden«. Die Ursache war wohl der katastrophale Tsunami vor der Küste Sumatras, in vierzehntausend Kilometer Entfernung.

Vor dem Hintergrund der großen Anzahl an Messwerten, die Entdecker und Häfen weltweit zur Verfügung stellten, waren solche Ereignisse immer leichter als Ausnahmen zu erkennen. Viel bedeutender war die große Menge von Daten zum Normalverhalten des Meeres, die den Seehandel sicherer und profitabler machten.

Teepreise, Teil II

Beim jährlichen Wettlauf, wer zuerst den frischen Tee aus China nach London brachte, wurde im 19. Jahrhundert der Zusammenhang zwischen Gezeiten und Handel zum Spektakel. Seit dem 18. Jahrhundert war Tee in Mode. Nachdem Fuzhou – das näher als Guangzhou an den Teeanbaugebieten gelegen war – seit 1853 ein für den Welthandel offener chinesischer Vertragshafen war, wetteiferten schnelle Segelschiffe darum, als Erste mit der wertvollen Fracht wieder zu Hause zu sein. Dem Besitzer des besten Schiffes winkten beträchtliche Gewinne, denn seinen Tee konnte er am teuersten verkaufen. Die Londoner und oft auch die Mannschaften der Schiffe selbst wetteten große Summen auf den Ausgang des Rennens.»Das war für die Leute so aufregend wie das örtliche Pferderennen«, sagt Jane Pettigrew, Autorin einer Sozialgeschichte des Tees.

Die inoffizielle Rennstrecke verlief durch das Südchinesische Meer, über den Indischen Ozean, um das Kap der Guten Hoffnung herum und dann nordwärts, mit den Passatwinden im Rücken, den Atlantik hinauf, in den Ärmelkanal und durch die Straße von Dover schließlich zur

Themsemündung. Wer gewann und wer verlor, entschied sich oft erst auf dieser letzten Etappe, denn ein mit sechsstündigem Vorsprung ankommendes Schiff wurde leicht von seinen Verfolgern eingeholt, wenn es wegen Ebbe nicht in den Hafen einlaufen konnte.

Am spannendsten war das Rennen im Jahr 1866. Die *Taeping*, die *Ariel* und zwei weitere Schiffe lagen drei Monate nach ihrer Abreise aus Fuzhou in der Nähe der Azoren Kopf an Kopf. Auf der Fahrt durch den Ärmelkanal erkämpften sich die *Taeping* und die *Ariel* einen Vorsprung gegenüber den anderen. Am Morgen des 6. September näherten sie sich der Themsemündung, und nach einer neunundneunzig Tage und weit über zwanzigtausend Kilometer langen Reise lag die *Ariel* um gerade einmal ein paar Minuten in Führung. Beide Schiffe waren auf Schlepper angewiesen, die sie in den Hafen bringen sollten. Die *Taeping* hatte das Glück, den schnelleren abzubekommen, und erreichte Gravesend, wo beide Schiffe sich nun mit den Gezeiten befassen mussten, fünfundfünfzig Minuten vor der *Ariel*. Diese war gezwungen, bis zum Abend auf die Flut zu warten, die sie zum Ostindien-Dock trug, während die *Taeping*, die weniger Tiefgang hatte, flussaufwärts voraussegelte. An sie ging dann auch die Belohnung von zehn Schilling pro Tonne Fracht, doch teilte sie es ehrenwerterweise mit der *Ariel*. Auch die beiden Kapitäne verfuhren so hinsichtlich des persönlichen Preisgeldes von einhundert Pfund. Dass zwei Schiffe beinahe zeitgleich ankamen und kurze Zeit später noch ein drittes, hatte eine unerwünschte Nebenwirkung: ein Überangebot an Tee! Und nicht zuletzt deshalb wurde das Prämiensystem aufgegeben. Mindestens einmal war der Markt stärker als die Gezeiten.

Ein Bild der Gezeiten

Naturwissenschaftler beschäftigten sich mit dem möglichen praktischen Nutzen ihrer neuen Erkenntnisse, während die Maler sich fragten, ob sie die Gezeiten eigentlich darstellen konnten. Denn auf einem einzelnen Bild lässt sich schwer zeigen, dass die Meere ständig steigen und fallen. Wie soll ein Künstler auf einer einzigen Leinwand die bestrickende Bewegung des Wassers zeigen? Zuhauf sieht man auf den sogenannten Seestücken aufgewühlte Meere und Schiffe aller Art, die auf hoher See Kämpfe mit den Wellen oder untereinander ausfechten. Schiffe mit gehissten Segeln sind ein schöner Anblick, und der heroische Wettstreit des Menschen mit der Natur erscheint am dramatischsten, wenn ein solches Gefährt inmitten hoher Wellen auftaucht. Aber an keinem dieser Bilder ist ablesbar, ob gerade Ebbe oder Flut herrscht. Möglich ist das dagegen bei Gemälden von Schiffen im Hafen, denn hier erscheinen Wasser und Land in Beziehung zueinander. Viele Künstler bevorzugten solche Motive auch, weil sie ihnen die unbequeme Seereise ersparten, und man sieht dann entweder Ebbe oder Flut, allerdings meiner Wahrnehmung nach meistens Ebbe – offenbar ist ein trocken liegender Gezeitenstrand künstlerisch spannender, selbst wenn die meisten von uns die Flut schöner finden. Zumal sie nicht so stinkt. Aber auch hier gibt es keine Anzeichen dafür, dass das Wasser steigt oder fällt.

Mein Lieblingsbild unter den wohl nur sehr wenigen, die das doch andeuten, ist George Vincents großformatiges Gemälde *Dutch Fair on Yarmouth Beach* (Holländischer Markt auf dem Strand bei Yarmouth) von 1821. Man sieht mehrere schöne holländische Segelschiffe, die relativ weit oben auf einem trockenen Sandstrand liegen, und um sie herum einige Buden sowie städtische Bürger im Sonntagsstaat. Alles spielt sich auf dem Sand ab, der wenige Stunden später wieder zum Meeresboden wird. Das ist der Kniff des Gemäldes: Die Schiffe sind so groß, dass man sie nicht so weit auf den Sand hätte ziehen können. Ganz offensichtlich haben also die Gezeiten sie dort abgesetzt, und dank der Gezeiten gibt es diesen Markt – erst kamen mit der Flut die Handelsgüter, und dann konnten sich die Menschen bei Ebbe hier versammeln. Auch jetzt sind die Segel des Schiffes gehisst, denn der Markt wird bald vorbei sein, und die nächste Flut wird die Schiffe wieder mit sich nehmen.

Vincent zeigt eine tatsächliche Begebenheit an einem Ort, den es wirklich gibt, und auch seine Kollegen aus der Norwicher Malerschule, John Sell Cotman und John Crome, haben sich ihrer angenommen. Der holländische Markt fand am Sonntag vor der Herbst-Tagundnachtgleiche statt, zu Beginn der kurzen Heringssaison. Dass es sich um Yarmouth handelt, erkennen wir am Denkmal für Lord Nelson, einer älteren und schöneren Säule als derjenigen auf dem Londoner Trafalgar Square. Yarmouth wurde auch deshalb zum wohlhabenden Fischereihafen, weil Boote bei gutem Wetter auf seinem beinahe völlig flachen Sandstrand liegen konnten. Doch die Stelle war nicht immer ungefährlich. Andere Gemälde dieser Künstler sind entsprechend melodra-

matisch. Sie zeigen Rettungsaktionen von Schiffen, die auf den parallel zum Strand verlaufenden Sandbänken gestrandet sind. In Auftrag
gegeben wurde eine ganze Reihe dieser Darstellungen von George
Manby, dem die örtliche Artilleriekaserne unterstand und der sich Illus-
trationen des sogenannten Manby Mortars wünschte. Dieses von ihm
erfundene Geschütz schoss eine Rettungsleine auf ein in Seenot gera-
tenes Schiff und erleichterte oder ermöglichte dadurch die Rettung der
Besatzung.

Auch die Schriftsteller waren irritiert. Dass die Gezeiten überall auf
der Welt berechenbarer und gemäß der Naturgesetze verständlicher
wurden, war für sie kaum von Interesse. Wann genau die Flut kommen
wird und wie hoch sie steigt, ist für den Geschichtenerzähler weniger
entscheidend als ihre lebensbedrohliche Macht und ihre unentrinnbare
Wiederkehr. Wie wir gleich sehen werden, stellen zahlreiche Autoren
sie mit großem literarischem Geschick dar. Um diese Textstellen würdigen zu können, ist keine direkte Erfahrung im Umgang mit den Gezeiten nötig. Und auch die naturwissenschaftliche Forschung kommt nur
selten wirklich ins Spiel.

William Goldings grauenerregender Roman *Pincher Martin* (*Der Felsen des zweiten Todes*) schildert die letzten Tage oder vielleicht auch nur Sekunden eines Ertrinkenden auf einem winzigen Felsen mitten im Meer. Die Hauptfigur, der schiffbrüchige Marineoffizier Pincher Martin, sieht rasch ein, dass sein Inselgefängnis »nur zweimal täglich Land ist, dem Mond sei Dank. Was ihm fest vorkam, war eine vom Meer aufgestellte Falle.« Kurz vor dem Verhungern ist er im Delirium den Launen der Gezeiten ausgesetzt. Er redet sich ein, dass der Fels sich absichtlich aus dem Wasser herausstreckt, wo doch das Meer ihn einfach umfließt. Unsicher erinnert er sich:

»Die Flut ist eine große Welle um die ganze Welt, oder besser, die Welt dreht sich unter der Flut, und ich und der Fels, wir sind ...«
Schnell schaut er auf den Felsen zu seinen Füßen.
»Der Fels bewegt sich nicht.«

Bewegt oder unbewegt, der Fels oder das, was Martin für einen Felsen hielt, wird zu seinem Grab.

Weniger außergewöhnlich ist die Art und Weise, wie Gilliatt, ein Fischer auf der Kanalinsel Guernsey, in Victor Hugos Roman *Les Travailleurs de la mer* (*Die Meer-Arbeiter*) in der Flut zu Tode kommt. Das erste Dampfschiff der Insel läuft auf einem Felsen auf, sein Besitzer will die Maschine unbedingt bergen und verspricht demjenigen die Hand seiner Nichte, der das bewerkstelligt. Gilliatt nimmt die Herausforderung an und schuftet auf dem Felsen wochenlang im Kampf gegen Stürme, Einsamkeit und sogar einen Kraken, und schließlich hat er Erfolg, doch bei der Rückkehr stellt er fest, dass die junge Frau nun schon mit einem anderen verlobt ist. Er besteht nicht auf seine Belohnung, denn er liebt sie nicht, kehrt zu dem Felsen zurück, von wo aus er das Hochzeitspaar fortsegeln sieht, und sitzt dort auf einem Felsenthron, bis die Flut ihn ertränkt.

Die hochemotionale Handlung steht in scharfem Gegensatz zu Hugos beinahe klinisch präzisen Schilderungen der Topographie jenes unwirtlichen Ortes, an dem die Flut langsam steigt, »nicht in Wellen, sondern in einer kaum wahrnehmbaren Aufwallung«. Mit fast verstörender Nüchternheit bemisst Hugo den Anstieg des Wassers daran, welchen von Gilliatts Körperteilen es schon erreicht hat. Am Ende heißt es: »In dem Augenblicke, wo das Schiff hinter dem Gesichtskreise versank, verschwand der Kopf Gilliatts unter dem Wasser. Nichts war mehr, als das Meer.«

Einige Autoren wollen beweisen, dass sie mehr über die Gezeiten wissen als ihre Figuren. Daniel Defoe macht den zivilisierten *Robinson Crusoe* mit einem Handstreich zum Wilden: »Inzwischen begann die Flut sehr allmählich zu steigen. Mit Betrübnis sah ich sie meinen Rock, mein Hemd und die Weste wegschwemmen, die ich am Ufer auf dem Sand zurückgelassen hatte«, erzählt Crusoe. Der erfahrene Seemann hatte einen Anfängerfehler begangen. Ganz offensichtlich macht sich Defoe über seine Hauptfigur lustig und hilft uns dadurch, uns mit dem Schiffbrüchigen zu identifizieren, denn genau so einen Fehler hätten wir Landratten sicher auch gemacht. Je mehr er sich an das Leben auf der Insel gewöhnt, umso mehr lebt Crusoe im Einklang mit den Gezeiten, und er macht sie sich bei der Umrundung seines neuen Reiches im Kanu zunutze.

In *Kidnapped (Entführt)* amüsiert sich auch Robert Louis Stevenson im Zusammenhang mit den Gezeiten auf Kosten seiner Hauptfigur. David Balfour ist ebenfalls ein Schiffbrüchiger, auf der winzigen schottischen Insel Earraid. Nachdem sein Schiff auf Grund lief, umrundet er mehrfach verzweifelt die Insel, doch er sieht keinen Ausweg. Einmal segelt ein Fischerboot an ihm vorbei, und er wird ausgelacht. Denn tatsächlich hatte er einfach das Pech, unabsichtlich immer dann loszugehen, wenn Flut herrschte. Schließlich macht ihn am vierten Tag seines »schrecklichen Lebens« die Besatzung eines weiteren Bootes auf sein Missgeschick aufmerksam, und er erfährt, dass die Insel über eine nur bei Ebbe sichtbare Dammstraße mit der größeren Insel Mull verbunden ist.»Ein Kind des Meeres wäre keinen Tag auf Earraid geblieben«, muss er sich eingestehen, während er mit hängendem Kopf von dannen zieht.

In manchen großen Seefahrergeschichten finden die Gezeiten kaum Erwähnung, was vielleicht überraschend ist. Doch da sie auf offenem Meer wenig folgenreich sind, kommen sie bei Frederick Marryat oder Jack London, bei Melville oder Joseph Conrad kaum vor. Wenn die Handlung in Küstengewässern spielt, verhält es sich teils anders, und eine besonders fesselnde und ausführliche Darstellung der Gezeiten finden wir in einem Roman, der an der norddeutschen Küste und im weiteren Umfeld der Elbmündung spielt.

Erskine Childers' Spionageroman *Das Rätsel der Sandbank* ist heute kein Bestseller mehr, und er ist voller britischer Vorurteile über das europäische Festland. Er liest sich im wahrsten Sinne des Wortes so flüssig wie kaum ein anderer Roman. Zur Handlung: Da Carruthers sich an seinem Schreibtisch im Außenministerium langweilt, nimmt er die mysteriöse Einladung seines Bekannten Davies zu einem Segeltörn auf die friesischen Inseln an. Dort stoßen die beiden auf eine geheime deutsche Einrichtung, von der aus ein Überfall auf Großbritannien geplant wird.

Die weiteren Einzelheiten sind belanglos. Wirklich wunderbar ist aber, dass Childers seinen Leser so nahe ans Wasser versetzt, dass er spürt, wie er über den Rumpf des Bootes streicht und wie ihm das Wasser dabei durch die Finger rinnt. Irgendwann fühlt sich Childers zu einer Fußnote genötigt:»Ich erspare mir alle Fachinformationen, doch sollte der Leser sich bewusst sein, dass die Gezeitentafel nun von entscheidender Bedeutung ist.« Als hätte man die immer bei sich! Der Leser erkennt, dass in diesen seichten Gewässern mit ihren ständig sich wandelnden Gegebenheiten und ihren in jedem Gezeitenzyklus nur wenige Stunden lang nutzbaren Häfen und Anlegestellen ganz andere Fähigkeiten gefragt sind als bei der Überquerung des Ozeans. In so unbeständiger Umgebung sind Seekarten nutzlos, und selbst Bojen können den Unvorsichtigen in die Irre führen. Ohne sichtbare Anhaltspunkte am in alle Richtungen flachen Horizont verliert man leicht vollkommen die Orientierung. Um sich voranzutasten, nutzt man am besten die Gezeiten, denn das Wasser fließt in tieferen Kanälen schneller, an flachen Stellen bewegt es sich kaum. Und manchmal wird die Fortbewegung wortwörtlich zum Vorantasten, denn ein Boot mit wenig Tiefgang kann eine Sandbank überwinden, indem es sich langsam vom Wasser durch die obersten Zentimeter Sand schieben lässt. Möglicherweise geht der englische Ausdruck»touch and go« hierauf zurück. Heute meint er einfach»riskant, knapp«, aber vielleicht schimmert seine ältere Bedeutung aus der Seefahrt noch ein bisschen durch.

Höhepunkt der eigenartigen Reise der beiden Engländer ist ein langer Ruderausflug im Schutze der Dunkelheit, der ausgerechnet als nächtliche Entenjagd getarnt wird. Er führt von Norderney westwärts an Juist vorbei nach Memmert. Davies und Carruthers gelingt die Überfahrt nur, weil sie die Flut ausnutzen und die seichteste Stelle, die Wasserscheide, während des Höchststandes überqueren und sich zu beiden Seiten dieser Stelle von Flut beziehungsweise Ebbe vorantreiben lassen.

»Was für ein Kampf! Homer hätte seine Freude – ein Kampf von Menschen gegen Götter, denn Götter sind doch nichts anderes als personifizierte Natur.«

EIN ORT DER RESONANZ

Bore oder Börchen?

Wir wollen die Bore sehen, eine extreme Form der Gezeitenwelle. Wir sind zu vierzigst – Kanadier aus allen Landesteilen, Amerikaner, ein paar Deutsche und Briten, vielleicht noch andere – und stehen auf einer hohen Landungsbrücke, die auf einigen Pfeilern einer alten Brücke über den Shubenacadie River ragt. Auch die restlichen Pfeiler stehen noch, und an ihnen lässt sich ablesen, dass schnelle, sandige Wasser sich schon ein Jahrhundert lang an ihnen gerieben haben. Die neue Brücke etwas weiter stromaufwärts ist in der Mitte tief eingesunken, weil sich der Unterbau im ständig bewegten Sand nicht richtig gesetzt hat. Angeblich haben die Ingenieure vor vier Jahrzehnten die Warnungen der einheimischen Bevölkerung einfach ignoriert.

Der Shubenacadie River fließt ins Minasbecken, den südlichen Teil der Bay of Fundy in der kanadischen Provinz Nova Scotia – den Schauplatz des gewaltigsten Tidenhubes der Welt. Wenn die Flut kommt, rast die Gezeitenwelle flussaufwärts. Einige sind wohl eher zufällig gerade jetzt hier, aber die meisten werden sich, wie ich, bewusst den Tag mit den höchsten Wasserständen des Jahres ausgesucht haben.

Der Vollmond der vergangenen Nacht hat meine Vorfreude noch gesteigert. Bei der Anfahrt bin ich an kleinen Buchten vorbeigekommen, die ganz anders sind als die mit dem glatten Schlick bei mir zu Hause. Die Kanäle wurden mit großer Gewalt in den Sand und Sandstein gegraben, sie sind steil und zerfurcht wie kleine Schluchten und weisen deutliche Spuren regelmäßiger Auseinandersetzungen mit großen Wassermassen auf. Fast verzweifelt klammert sich das Gras der Sandbänke an den Boden. An der Außenseite einiger Kurven in diesen Buchten liegen die nassen Halme noch niedergedrückt im Schlick, den die letzte Flut schon vor Stunden über sie hinweggetrieben hat.

Wir sind absichtlich früh dran, denn wir wissen, dass die Gezeiten auf keinen warten, und so geht erst einmal das Geschwätz los. Einige machen sich Gedanken über die Unveränderlichkeit allen Geschehens

und fragen sich, wie lange die Sache wohl dauern wird. Leute aus der Gegend tauschen sich über die verschiedenen Aussichtspunkte aus. Eine Frau bespricht mit ihrer Tochter die Strategie – wer macht Fotos, und wer filmt? Zum Anschwellen der Gezeiten gehört offenbar der Schwall der Schwätzer. »Das ist doch gar nichts«, sagt einer. »Truro ist viel besser. Das hier ist ziemlich langweilig.« Doch an den Brückenpfeilern verwirbelt sich schokoladenfarbenes Wasser schon zu vasengroßen Strudeln. »Das wird die Höchste seit Langem«, antwortet einer. »Das Perigäum! Die Neigung der Erde«, fügt er hinzu. Quatsch.

Weiter unten wird der Fluss zu einem breiten, flachen Band, und Sandbänke erstrecken sich fast von Ufer zu Ufer. Ein Weißkopfseeadler landet auf einer Waldkiefer. Die Bore habe zehn Minuten »Verspätung«, höre ich. (Die Zeiten von Hoch- und Niedrigwasser lassen sich grundsätzlich sehr genau voraussagen, aber lokale Wetterphänomene können die Ankunft beschleunigen oder verzögern.) Der Adler flattert gelassen ans andere Ufer. Der sanfte, taleinwärts wehende Wind wird anscheinend etwas stärker. Doch der Fluss leert sich auch jetzt noch. Immer neue kleine Sandbänke tauchen auf, ein letztes Schäumen des Wassers begrüßt ihr Erscheinen. An der Innenseite der Biegung haben sich inzwischen drei Adler positioniert. Sie hoffen auf Felsenbarsche, die die Bore mit sich führt. Wer sagt ihnen, dass die Welle kommt?

Das ist nicht meine erste Bore. Die bekannteste britische ist die auf dem Severn. Der Bristolkanal läuft so spitz zu, dass er die Energie der Gezeitenwelle auf kleinem Raum konzentriert und in den Fluss treibt. Ich fuhr an einem Sonntagmorgen im Februar hin, weil das Umweltamt für das ganze Flusstal südlich von Gloucester eine Sturmwarnung ausgegeben hatte.

Als ich ankomme, geht gerade die Sonne auf, und ich bin bei Weitem nicht der einzige. Kreuz und quer stehen Autos auf dem Gras, Schaulustige haben sich auf den Flussbrücken versammelt. An der Dorfkirche von Minsterworth, einem der beliebtesten Aussichtspunkte, stehe ich nun mit fünfhundert anderen. Insgesamt sind sicher Tausende gekommen. Fotografen hantieren mit ihren Stativen. Über uns kreist ein Hubschrauber. Viele stehen direkt am Wasser. Ein Mann mit starkem Dialekt schimpft:»Ich sag euch was. Das da oben ist die Wasserlinie.« Er zeigt der Gruppe eine Linie aus abgebrochenen Schilfrohren und anderen Pflanzen, die die letzte Bore weit über ihren Köpfen hinterlassen hat. Dann stapft er kopfschüttelnd davon.

Schließlich sehe ich nicht die schäumende Welle, die ich erwartet hatte, sondern etwas viel Eigenartigeres. Der Fluss scheint sich nach und nach auszubeulen, und das Licht der niedrigen Sonne spiegelt sich in einzelnen Abschnitten, die wie metallene Falten eines Akkordeons aussehen. Hinter diesem Wandel vermutet man eine große Gewalt. Das Wasser wirkt wie ein Gletscher, der plötzlich unter Spannung steht. Zunächst gibt es mehrere dieser riesigen Aufwürfe, und dabei bleibt die Wasseroberfläche so sanft wie eine flüssige Hügelkette. Doch erfassen ganz offensichtlich ozeanische Strömungen das kleine, von Weiden gesäumte Rinnsal.

Das Wasser hat eine unheimliche Aura, es ist noch unter Kontrolle, wirkt aber irritiert, als hätte es das Gleichgewicht verloren. Patricia Highsmith spricht in ihrer Kurzgeschichte»One for the Islands« davon, wie grotesk es wirkt, wenn sich auf dem Wasser Hänge bilden. In der Erzählung gerät ein Ozeandampfer in einen Zwanzig-Grad-Winkel zum Horizont,»und von so etwas weiß nicht einmal die Bibel«. Den Passagieren geht auf, dass dies ihre letzte Reise sein wird. Auf offenem Meer sind solche Höhenunterschiede erst erkennbar, wenn das Schiff in eine wirklich dramatische Steillage gerät. Auf dem Festland gibt es einen Anhaltspunkt, den Horizont. Unter dem Einfluss der Schwerkraft bildet das

Wasser seinen eigenen Horizont aus. Ist nun also das gesamte Land in Schieflage? Die Welle zieht an uns vorbei, und wir wissen es nicht genau. Auf ihrem Weg flussaufwärts scheinen die Wellen eins zu werden und an Höhe zu gewinnen. Dann plötzlich wirft sich eine direkt vor uns auf und bricht durchs Schilf, und einige schlaue Schaulustige hechten höher. Noch etwas ist eigenartig: Die Welle zieht an uns vorbei, aber der Wasserstand sinkt nicht wieder. Er verbleibt so, das Wasser steht fast einen Meter höher als noch vor wenigen Augenblicken und steigt schnell noch weiter durch Gras und Schlamm. Hinter der Welle, die sich nun Richtung Gloucester bewegt, ist der Fluss zu einer einzigen Menge wirbelnden Wassers geworden, das wie Suppe in einem Teller zwischen hohen Ufern hin und her wogt. Wieder wird mir schwindlig.

Die Bore auf dem Shubenacadie River wird anders aussehen. Die ganze Landschaft ist von einer völlig unenglischen Mächtigkeit. Abgesehen von den Brücken ist alles ziemlich urwüchsig. Der Fluss ist breit und flach, eine unbändige Kraft, doch wir schweben hoch über ihm, außerhalb der Gefahrenzone, und werden sicher trockenen Fußes davonkommen.

Endlich erspäht jemand, wie sich das Wasser bei den Sandbänken flussabwärts kräuselt, nur ganz leicht, aber hektisch über jenes Wasser hinweg, das noch immer seinen Weg aus dem Fluss heraus sucht. Da kommt etwas. Die Welle schwillt an und klatscht dem alten Wasser entgegen. An den Sandbänken bilden sich Stromschnellen. Vor dem anderen Ufer entsteht ein kräftiger Strudel, wo sich die Flut über die letzten Zuckungen der Ebbe hinwegsetzen will. Unsere Naturführerin warnt vor zu hohen Erwartungen. Je nachdem, wie sich der Sand wieder verschoben hat, fällt die Bore unterschiedlich aus. »Letztes Jahr war die höchste *so* hoch«, sagt sie und hält Daumen und Zeigefinger nur ein paar Zentimeter auseinander. Wir lachen.

Heute wird die Bore größer, aber dennoch nicht rekordverdächtig. Sie schiebt sich über die Sandbänke, und auf dem Wasser ist nun deutlich ein Gefälle sichtbar. Allein zwischen der einen und der anderen Seite der Brückenpfeiler liegt der Wasserstand gut dreißig Zentimeter auseinander. Unter uns fließt schnelles Wasser durch die Mitte des Kanals. Auch der Wind weht heftiger. Unsere Aussichtsplattform ist regelrecht zum Windkanal geworden.

Dann kommen die Rafter, wasserfeste Abenteurer in ihren aufgeblasenen Fahrzeugen. Unter schichtenweise Synthetik sehen sie aber gar nicht so abenteuerlustig aus. Die Boote maulen auf der Suche nach dem Scheitel der Welle hin und her. Ihr Antrieb kreischt durch die Luft, und ernüchtert machen wir uns schließlich wieder auf den Weg. Ja, die Natur, aber wirklich aufregend war das nicht. Eine typisch kanadische Angelegenheit, denke ich missmutig. Die Adler haben sich das alles angeschaut, ohne sich zu rühren.

Nachher wird mir bewusst, dass ich nicht einfach eine Welle gesehen habe, sondern eine Kraftanstrengung der gesamten Natur. Temperatur, Wind und Fluss, die Adler und die Gezeiten haben alle an diesem Ereignis mitgewirkt, das wie ein Ritual an einem bestimmten Ort zu einer bestimmten Zeit stattfinden musste. Plötzlich verstehe ich die nordischen Mythen besser, mit ihren Meeres- und Flussgöttern und -göttinnen und ihren bedeutungsschweren Vögeln und Seeungeheuern, die sich in Geschichten von Streit und Sieg, Ausgleich und Einigkeit zusammenfinden. Diese Götter haben vor meinen Augen ihr uraltes Schauspiel aufs Neue aufgeführt. Sie sind auch heute noch anwesend.

Das Meer ist für nur einen Gott zu groß. Neptun war der Gott des Mittelmeers. In den Tiefen des Atlantiks, jenseits der Säulen des Herakles, würde auch er im Trüben fischen. In der nordischen Götterwelt ist das Meer in verschiedene Zuständigkeitsbereiche aufgeteilt. Jörmungandr, die Midgardschlange, umspannt die ganze Welt und erzeugt die Meeresströmungen. Rán, die Meeresgöttin der Zerstörung, fängt in ihren Netzen die Opfergaben der Seeleute – bewusst dargebrachte Versöhnungsgaben ebenso wie Treibgut aus gescheiterten Schiffen. Ihr Mann, der Riese Ägir, steht als großer Gastwirt für die Fülle der Meere. Die beiden haben neun Töchter, die neun verschiedene Wellenarten verkörpern – wogende und kühlende, klare und schäumende und jene, die Boote kentern lässt. Jede einzelne kann von der vielgestaltigen Loki in helle Wut versetzt werden. Loki erscheint zuweilen als Lachs, und ein namenloser Adler thront hin und wieder auf der Weltesche Yggdrasil.

Im Shintoismus unterliegen die Gezeiten der Gewalt zweier funkelnder Juwelen, die Ryūjin, der Drachenkönig der Meere, aufbewahrt. Manju beherrscht die Flut, Kanju die Ebbe. Es heißt, die beiden seien apfelgroß und blitzten wie Drachenaugen, aber ich stelle mir trotzdem moderne Verkehrsampeln vor.

Angeblich setzte Jingū, die Witwe Chūais, des vierzehnten japanischen Kaisers, die Juwelen um das Jahr 200 im Zuge der Eroberung Koreas ein. Da ihr Mann nicht glauben wollte, dass es das Land jenseits der Meere, das die Götter ihr im Traum versprochen hatten, wirklich gibt, wurde er von den Göttern vernichtet, worauf Jingū eine Flotte bauen ließ und ohne ihren Mann in See stach. Als sich koreanische Kriegsschiffe näherten, holte Jingū das Ebbe-Juwel hervor und warf es ins Meer. Sofort zog sich das Wasser zurück, und die koreanischen Schiffe strandeten. Weil sie annahmen, dass ihre Feinde das gleiche Schicksal erlitten hatten, gingen die Koreaner von Bord und rannten kampfeslustig über den Sand. Da warf Jingū auch das Flut-Juwel über Bord, das Wasser kehrte wieder, und die schwerbewaffneten koreanischen Krieger ertranken. Die anlandenden Japaner beanspruchten Korea für sich.

Die Mi'kmaq, die Ureinwohner der kanadischen Atlantikküstenprovinzen, haben ihre eigene mythische Erklärung für die gigantischen Gezeiten ihrer Heimat: Eines Tages befahl der sorgende Gott Gluskap dem Biber, ihm ein Bad zu bauen. Der Biber baute einen Damm im Minasbecken und hielt die Flut auf. Der Wal wollte wissen, wo sein Wasser war, und weil er den Wal nicht ärgern wollte, beendete Gluskap sein Bad. Da riss der Wal den Damm des Bibers ein, und all das aufgestaute Wasser floss wieder ins Meer.

Aktuelle Untersuchungen der Bay of Fundy ergaben übrigens, dass die Geschichte zwar nicht jede Flut, aber eine bestimmte Katastrophe erklären könnte. Das Minasbecken sieht aus wie eine Pfeilspitze mit Widerhaken am Kopfende der Bucht. An der schmalsten Stelle, zwischen Cape Split und Parrsboro, ist die in das Becken führende Wasserstraße nur etwa fünf Kilometer breit. Einige Forscher glauben, hier auf Überreste einer Art steinernen Dammstraße gestoßen zu sein, die von den ersten menschlichen Bewohnern der Gegend zu einer Zeit errichtet worden sein könnte, da der Meeresspiegel noch deutlich niedriger war. Klimaveränderungen könnten inzwischen zu einem Anstieg geführt haben, sodass das Wasser den Damm dauerhaft überwand und ins Minasbecken vordrang. Überreste von Bäumen und Austernschalen deuten darauf hin, dass der Tidenhub hier vor zehntausend Jahren nur zwei Meter betrug und damit viel zu gering war für eine Bore auf dem Shubenacadie River. Ein Anstieg des Meeresspiegels und damit auch eine größere Wassermenge in der ganzen Bucht könnte das Ausmaß der Gezeiten stark beeinflusst haben. Die Erzähler der Mythen haben das aufgegriffen, denn auch die Bore hat ihre Geschichte: Der Hummer des Meeres kämpft gegen den Aal des Flusses, der sich wehrt, indem er Schlick in die klare Bucht schickt. Der Kampf ist so brutal, dass sich Wellen noch heute flussaufwärts schieben und das Meerwasser verfärbt ist.

Die Boren auf den einst von den Wikingern eroberten Flüssen an der englischen Ostküste nennt man wegen des Riesen der nordischen Mythologie auch heute noch Ägir. Das Wort »Bore« kommt vom altnordischen Wort für Welle, *bára*. Die auffälligsten Boren gibt es auf dem Fluss Trent in der Grafschaft Lincolnshire. George Eliot zeichnet in ihrem Roman *The Mill on the Floss* (*Die Mühle am Floss*) ein Bild der tiefen Verbindung von Land und Mythos. Zwei junge Leute, Tom und Maggie Tulliver, leben am Floss und wandern an seinen Ufern entlang, »als wäre es eine große Reise«, denn sie wollen »die rasche Springtide sehen, den grausigen Ägir, der wie ein ausgehungertes Ungeheuer auftaucht, und die große Esche, die einst wie ein Mann geheult und geklagt hat«.

Eliots Zeitgenossin, die in Boston geborene Jean Ingelow, hält die Verwüstung, die die Bore in ihrer Heimatstadt anrichtete, im Gedicht »The High Tide on the Coast of Lincolnshire (1571)« fest. Alarmglocken läuten, Dämme brechen, Felder werden überflutet. Und weiter:

> *Der große Ägir hob sein Haupt*
> *Und raste auf dem Lindis her.*
> *[…]*
> *So weit und schnell stürmt er voran,*
> *Dass unser Herz kaum schlagen kann,*
> *Bis eine Welle voller Hast*
> *Das Gras um unsre Füße fasst.*
> *Die Füße kommen kaum davon,*
> *Die Welle fasst die Knie schon;*
> *Und alle Welt versinkt im Meer.*

Ingelows Ballade ist ganz großes Kino, voller auf dem Marktplatz angespülter Boote und auf die Dächer eilender Menschen, aber sie beruht auf Tatsachen. Die Autorin vermischt in ihrer Schilderung die große

Flut von 1571 (1570 hatte es ebenfalls schon eine verheerende Brandungswelle gegeben) und die weniger weit zurückliegende Katastrophe von 1810, bei der ein Milchmädchen ums Leben kam. Im Vorwort steht die Zeile:»Man sagt, die Flut stahl sich herein.« Mit anderen Worten, die Flut legte sich direkt über die vorangegangene, da die Ebbe durch Sturmwinde zunichtegemacht wurde, was, wie wir schon gesehen haben, des Öfteren zu derartigem Unheil führt.

Die höchste Flut der Welt

Burntcoat Head, Nova Scotia

	HW	NW	HW	NW
20. September 2013	00:47	07:08	13:10	19:31
	14,9 m	0,1 m	14,9 m	0,1 m

Ich bin hier an der Bay of Fundy, um die Bore zu sehen, aber auch weil es der Ort mit dem größten Tidenhub der Welt ist und so den endgültigen Beweis dafür liefert, dass Geographie nicht nur mit dem Festland zu tun hat. Schon viel zu lange hält sich die Vorstellung, dass man Land auf Karten darstellen, das Meer aber überhaupt nicht wirklich verstehen kann, weil es nicht stillhält. Jede kleine Straße und jeder winzige Bach ist auf so mancher Landkarte verzeichnet, aber das Meer bleibt eine so eintönige, blaue Fläche, dass man es für langweilig und eigenschaftslos halten könnte.

Doch auch auf dem Meer gibt es Orte. Karten zeigen sie nicht, denn sie sind unbeständiger, als Druckwerke es zulassen. Sie bilden sich von Zeit zu Zeit, teils in erwartbaren Abständen, wenn Mond und Sonne und Wind und Wetter es erlauben. Die bekanntesten Orte des Meeres sind die leicht von der Küste aus sichtbaren, zum Beispiel das Schlickwatt von Morecambe Bay. Andere liegen in Küstennähe, etwa die Gezeitenströmungen bei Portland Bill oder an jenen Felsvorsprüngen, wo Hilaire Belloc und seine *Nona* ins Schlingern gerieten. Manche finden sich aber auch auf offenem Meer.

Unter diesen vergänglichen Orten gehören Boren zu den dramatischsten. Früher gab es sie an vielen Flüssen, aber an der Seine oder am Colorado haben Bauprojekte sie der kommerziellen Schifffahrt, der Landgewinnung oder der Entwässerung zuliebe fast zunichtegemacht. Einige haben ihre alte Gewalt aber noch nicht verloren. Der Qiantang ist ein wirtschaftlich wichtiger Fluss in Ostchina, der durch die Metropole Hangzhou fließt. Auch hier gibt es seit tausend Jahren große Bauprojekte, zunächst zur Bewässerung von Land und später zur Energiegewinnung, aber die Bore, die immerhin die weltgrößte ist, gibt es auch heute noch. Seit Jahrhunderten ist sie ein Publikumsmagnet. Vor Ort erzählt man, dass es sich bei der Welle um einen ermordeten General aus dem 5. Jahrhundert v. Chr. handelt, dessen Leiche in den Fluss geworfen wurde. Warum er im Einklang mit den Mondphasen zurückkehrt, ist unklar, aber dank der Regelmäßigkeit der Welle konnte schon im Jahr 1056 eine tabellarische Übersicht der Wasserstände veröffentlicht werden, mithin die erste Gezeitentafel, ganze zwei Jahrhunderte vor derjenigen der Londoner Mönche. Als die britische Navy 1888 die *HMS Rambler* unter Kapitän W. U. Moore auf Erkundungsfahrt ins Mündungsgebiet des Flusses schickte, war man sich ziemlich sicher, dass es sich um ein ruhiges Gewässer handelte, einfach weil es so breit ist. Doch die Kutter, die im Auftrag des großen Schiffes Peilungen vornahmen, gerieten schon bald in Schwierigkeiten. Wie die Flotte Alexanders des Großen viele Jahrhunderte zuvor, liefen sie auf Grund oder kollidierten, weil das Wasser mit acht Knoten flussaufwärts schoss. Statt sich auf die vielleicht gar nicht so gut gemeinten Ratschläge der einheimischen Fischer zu verlassen, hätten sich die Briten daran orientieren sollen, wo diese ihre Boote vertäuten, nämlich an weit über dem normalen Wasserstand des Flusses liegenden Plattformen.

Hinter allen Boren steht ein offenes Gewässer mit großem Tidenhub. Das riesige Mündungsgebiet des Qiantang-Flusses mit einer Differenz von zehn Meter Höhe zwischen Hoch- und Niedrigwasser funktioniert genauso wie der Bristolkanal und die Bay of Fundy. Aber warum ereignen sich in solchen Buchten größere Flutwellen als auf den Meeren um sie herum, wenn Sonne und Mond doch überall die gleiche Schwerkraftwirkung ausüben?

Hier hilft uns ein neues Bild der Gezeiten. Wir müssen uns vom theoretischen Idealbild der Astronomen, jener gleichmäßig unter Wasser stehenden Erde mit einer Beule am Äquator, verabschieden und uns nun wirklich einmal mit den tatsächlichen Gegebenheiten beschäftigen. Wie Pincher Martin aus Goldings Roman können wir uns die Flut als riesige Welle vorstellen. Wenn der Wasserstand an einem Ort sinkt, muss er anderswo steigen, und daher können wir uns die Entfernung zwischen diesen beiden Orten tatsächlich als Kamm und Tal einer Welle denken. Diese Welle prallt zumindest teilweise von einer Küste oder einem Festlandsockel ab. Wenn das abgeprallte Wasser nun gerade gleichzeitig mit der nächsten Flut aufs Neue zurückkehrt, überlagern sich die beiden Wellen. Dies geschieht in der Bay of Fundy, dem östlichen Ausläufer des Golfs von Maine. Bei Provincetown, Plymouth oder Boston auf der Westseite, die zum Meer hin offener ist, beträgt der Tidenhub ungefähr vier Meter. Doch sobald die Flut in die Bay of Fundy gepresst wird, erhöht sich dieser Wert bereits am Eingang der Bucht auf sechs Meter und dann auf zehn, wo sie sich zweiteilt. Im südlichen der beiden spitz zulaufenden Teile, dem Minaskanal, der sich an Cape Split vorbeizwängt und ins Minasbecken mündet, beträgt der Tidenhub unfassbare fünfzehn Meter.

»Diese Orte ähneln Orgelpfeifen«, sagt Kevin Horsburgh vom National Oceanography Centre in Liverpool, dem ich von meinen Reiseplänen erzähle. »Sie haben ein Viertel der Wellenlänge einer Gezeitenwelle.« Kevin redet schnell und skizziert dabei eine Pfeife mit einer Viertelwelle. »Sie geben eine wunderschöne Antwort auf die Gezeitenkräfte.« Jeder Gegenstand besitzt eine Frequenz, mit der er vibriert, wenn er von außen dazu angeregt wird. Unabhängig von der Windstärke vibriert beispielsweise auch ein Baum mit einer eigenen, natürlichen Frequenz. Denken Sie auch an das oft bemühte Beispiel einer Opernsängerin, die mit ihrer Stimme ein Glas zum Zerbrechen bringt. Auch das Glas hat die Form einer Viertelwelle. Wenn das Glas zehn Zentimeter hoch ist, wird es ein Ton mit einer Wellenlänge von vierzig Zentimetern, also einer Frequenz von achthundertfünfundfünfzig Schwingungen pro Sekunde, zum Mitschwingen bringen. Dieser Ton entspricht in etwa dem a über jenem a, auf das Orchesterinstrumente gestimmt werden. Die natürliche Schwingungsperiode des Golfs von Maine beträgt 13,3 Stunden, also kaum mehr als die 12,4 Stunden einer halben Mondperiode. Das Wasser steckt in einem System, auf das der Mond ständig Druck ausübt, sodass es zu außergewöhnlichen Höhen und Tiefen kommt. Letztlich ist das dasselbe wie bei dem Weinglas, das so stark vibriert, dass es zerbricht.

Die Nummernschilder der Autos suggerieren mir, dass Nova Scotia »Canada's ocean playground«, »Kanadas Spielplatz am Meer« ist, aber bei meiner Ankunft an der Bay of Fundy fällt mir zuerst auf, dass ich hier keine Boote sehe. Schönes Wetter, klares Wasser, sanfter Wind, aber kein einziges Segel, nicht einmal ein Frachtschiff am Horizont.

Mein Weg führt mich nach Burntcoat Head, etwa in der Mitte der Südküste des Minasbeckens. Dass man sich hier den größten Tidenhub der Welt auf die Fahnen schreibt, stößt andernorts auf Widerstand. In der Stadt Truro, etwas weiter östlich, wurden noch höhere Flutstände gemessen, aber die Unterschiede zwischen Höchst- und Tiefstständen fallen insgesamt geringer aus, weil der Kanal hier schon trocken liegt, bevor die Ebbe ihren Tiefststand erreicht hat. Ungava Bay im Norden der Provinz Québec übertrifft beide Orte manchmal noch, aber Burntcoat Head liegt im Durchschnitt weit vorn. Um im freundschaftlichen Wettbewerb zwischen den verschiedenen Orten eine Entscheidung herbeizuführen, haben Forscher vom kanadischen Hydrographischen Dienst ihre neuesten Geräte zum Einsatz gebracht. 2005 fällten sie das salomonische Urteil, dass man von einem Unentschieden sprechen müsse, aber mit unverblümter Vaterlandsliebe erklärten sie: »Gleich zwei Orte weisen einen Tidenhub auf, an den weltweit keiner auch nur annähernd herankommt.«

Meeresforscher haben eine eigene Maßeinheit entwickelt, um Volumenströme auch großen Umfangs elegant beschreiben zu können. Sie heißt Sverdrup. Wie das Newton für die Kraft und das Ampere für die Stromstärke ist sie nach einem Naturwissenschaftler benannt, dem Norweger Harald Sverdrup. Er war wissenschaftlicher Leiter von Roald Amundsens Nordpolexpedition und dann Direktor des Scripps im kalifornischen La Jolla, eines der wichtigsten Meeresforschungsinstitute der Welt.

Ein Sverdrup entspricht einer Million Kubikmeter pro Sekunde. Ein Kubikmeter Wasser wiegt ungefähr eine Tonne – ziemlich genau eine Tonne, wenn es Süßwasser ist, wegen des gelösten Salzes etwas mehr im Falle von Salzwasser. Eine Million Kubikmeter füllen ein Volumen mit Kantenlängen von einhundert Metern, also von der Größe von vierhundert olympischen Schwimmbecken. Der Golfstrom transportiert, wo er am stärksten ist, nämlich ungefähr einhundertfünfzig Kilometer vor Neufundland, das Wasser des Atlantiks mit hundertfünfzig Sverdrup. Andere Meeresströmungen sind ähnlich stark.

In der Bay of Fundy werden im Laufe eines einzigen Gezeitenzyklus hundertsechzig Milliarden Kubikmeter Wasser bewegt. Das bedeutet, dass innerhalb der sechs Stunden, in denen das Wasser steigt oder fällt, achtzig Milliarden Kubikmeter Wasser zu- oder abfließen, also etwa vier Millionen Kubikmeter pro Sekunde – vier Sverdrup. Zum Vergleich: Wenn man den Ausfluss aller Flüsse der Welt zusammennimmt, kommt man gerade mal auf ein Sverdrup. Das Wasser ist so schwer, dass die Landmasse der Provinzen Nova Scotia und New Brunswick mit jedem Gezeitenzyklus leicht hin und her bewegt wird.

Auf der Fahrt um die Bucht herum fällt mir auf, dass sich die Farbe des Wassers von Stunde zu Stunde verändert. Das liegt nicht nur an den Lichtverhältnissen. Mit der Flut füllt sich die Bucht, und Schwemmstoffe und Sand steigen auf. Geologisch gesprochen haben wir es mit einer Mischung aus vulkanischem Basalt und weichem, rotem Sandstein zu tun. Den Basalt sieht man hier und da in steilen Felsen, der Sandstein gibt Feldern, Stränden und dem Meer die Farbe. Auch die Fließgeschwindigkeit des Wassers trägt ihren Teil zu den Veränderungen bei. Mit dem Quadrat seiner Geschwindigkeit erhöht sich die Fähigkeit des Wassers, etwas vom Meeresboden abzuschaben. Doppelt so schnell fließendes Wasser schürft viermal so viel ab. Noch wichtiger: Mit steigender Fließgeschwindigkeit des Wassers steigt die Wahrscheinlichkeit, dass einmal aufgewirbelte Schwemmstoffe mitgeführt werden und nicht wieder absinken, mit der sechsten Potenz. Wenn das Wasser doppelt so schnell fließt, werden vierundsechzigmal so viele Ablagerungen mitgeführt. Das ist überdeutlich sichtbar – auch bei blauem Himmel wirkt das Wasser braun, rot und lila. Vielleicht ist Homers berühmtes »weindunkles Meer« keine Metapher und kein Übersetzungsfehler, wie man gern unterstellt, sondern die genaue Beschreibung eines ähnlich trüben Teils des Mittelmeers.

Dank der mächtigen Gezeiten steigen auch Nährstoffe im Wasser auf, und daher ist diese Gegend für viele Meerestiere interessant. Zooplankton treibt in die Bucht und gerät in einen Gezeitenwirbel, der für viele Tierarten eine attraktive Nahrungsquelle darstellt. Glattwale nutzen die Bucht als Kinderzimmer. Kleine Wirbellose hängen dauerhaft im ständig fließenden Wasser, während Wirbeltiere sich über eine Mitfahrgelegenheit freuen. Flundern zum Beispiel heben einfach vom Meeresboden ab, wenn das Wasser in die richtige Richtung fließt. Bei Ebbe

werden große Teile des Meeresbodens freigelegt, und man sieht zahllose Schlickkrebse, über die sich hungrige Watvögel hermachen. Die Krebse leben dichtgedrängt, oft zu Tausenden auf einem Quadratmeter Schlick. Ein Sandstrandläufer frisst auch Tausende davon. Wenn das Wasser abläuft, schreitet er voran, immer nickend, und nach der Ebbe ist er fast doppelt so schwer wie zuvor. So stärkt er sich für die Weiterreise nach Südamerika.

Bei Burntcoat Head zwänge ich mich zwischen Bäumen hindurch, um über hölzerne Stufen auf die flachen Felsen am Wasser zu gelangen. Zu dieser Stunde erreicht die Flut ihren Jahreshöchststand. Nicht weit von der Küste entfernt liegt eine kleine Insel, ein niedriger, auskragender, mit Kiefern und Birken bewachsener Fels aus rotem Sandstein. Eine kleine Gruppe von Menschen schaut sich die Flut mit mir an, aber da ich nicht von hier bin, kann ich nicht genau sagen, ob ich etwas Besonderes vor mir habe. An der Flutgrenze liegt kein Abfall, es gibt keine Anzeichen dafür, dass überhaupt einmal Land unter Wasser steht oder dass sich etwas Außergewöhnliches zugetragen hat. Ich muss mir noch einmal bewusst machen, dass ich es hier nicht mit einem verrückten Einzelereignis zu tun habe, sondern mit etwas ganz Normalem in einer verrückten Gegend. Dies ist zwar die höchste Flut des Jahres, aber eine sehr hohe Flut gibt es hier zweimal am Tag. Ich sehe nichts von dem

Treibgut, das ich von hohen Springtiden in Norfolk gewohnt bin, kein Schilf, keine Federn oder Krebse aus dem Marschland. Allen Schlick hat die gnadenlose Flut längst weggespült. Hier gibt es nur noch nackten Fels, und selbst der wird zerfressen.

Spätnachmittags, bei Ebbe, kehre ich zurück. Niemand beobachtet das, was eigentlich noch viel interessanter ist. Die Insel ist keine Insel mehr, sie ähnelt einem auf hohen Felsen aufgelaufenen Kriegsschiff. Ich gehe auf dem Meeresgrund spazieren. Größtenteils handelt es sich um roten Sandstein, aber einige Felsbrocken oder Kiesel bestehen aus härterem, grünlichem Gestein, das sich eindrucksvoll von dem Rot abhebt. Ich komme mir vor wie auf einem anderen Planeten. Ein paar Meter weiter draußen stoße ich auf ein Angelgewicht, das ich als »lagan« klassifiziere und das zu meiner Erleichterung ganz offenbar der einzige menschliche Abfall hier ist. Allerdings schwimmt unser Müll meist obenauf und wurde so wohl mit der Ebbe weggespült.

Ich sehe drei Arten von Tang, einen zarteren, einen dunkleren, wedelartigen und einen mit gekräuselten Blättern, der wie Lollo rosso aussieht. Noch weiter unten weht Seegras in der leichten Brise so sanft hin und her wie in einigen Stunden auch unter Wasser. Alles sieht wie ein ganz normaler Strand bei Ebbe aus, bis ich mich umdrehe und sehe, wie weit hinaus und wie tief hinunter ich vorgedrungen bin. Aus dem gemächlichen Gang ist eine Übertretung geworden. Ich befinde mich in einer Traumwelt, einer vergänglichen Landschaft, die niemand je bewohnt, benannt oder gemalt hat. Ich bin allein, doch war bei Ebbe schon einmal jemand hier: Hier und da sehe ich in Gezeitenfelsen geritzte Namen von Liebespaaren. Wie viel Zeit bleibt ihnen wohl?

Kunst und Kraft

Zuerst habe er sich im Winter 1999 aufgrund der ungewohnten Kälte und der gigantischen Gezeiten in Nova Scotia unwohl gefühlt, sagt der Naturkünstler Andy Goldsworthy. Um sich mit dem Land und dem Wasser eines Ortes anzufreunden, habe er bei der Arbeit an neuen Skulpturen auf Stein, Eis, Treibholz und andere vor Ort verfügbare Materialien zurückgegriffen. Viele Skulpturen lagen in der Gezeitenzone und sollten bald verändert oder vernichtet werden, da die Natur das Ihre sofort oder irgendwann einmal wiederhaben möchte. Der ultimative Bestandteil eines jeden neuen Werkes war das Gespür für die drohende nächste Flut.

Mit der Landschaft arbeitet Goldsworthy schon seit seinem Kunststudium an der Fachhochschule von Preston in Lancashire, wo er sich von der akademischen Nabelschau eines stark selbstbezüglichen Kunstbetriebs ablenken wollte. »Meine allerersten Naturwerke habe ich in der Gezeitenzone gemacht«, erzählt er mir. »Das war am Strand bei Morecambe. An der Hochschule stand ich im Atelier, aber abends sah ich immer den riesigen Strand vor mir, und da wollte ich arbeiten. Ich grub Löcher, zog Striche und schaute dann zu, wie die Flut sie zum Verschwinden brachte. Die Gezeiten waren für mich der Arbeitsplatz, dem keiner etwas diktieren konnte, wo man eine so große Widerstandsfähigkeit spürt. Von der Flut habe ich viel gelernt.«

Andy hält die Flut für eine Künstlerin, eine Schöpferin von Orten. »Und sie lässt einen Ort jeden Tag ganz anders aussehen, das ist die große Herausforderung. Auch wenn man auf demselben Strand arbeitet, hat man immer wieder etwas Neues vor sich, weil Dinge auftauchen und verschwinden. Und dann der Rhythmus – an manchen wunderbar ruhigen Tagen gleitet das Wasser einfach heran, und dann stürmt und tobt es wieder.«

Am Ufer der Bay of Fundy schuf Goldsworthy unter anderem eine große, nestartige, ein bisschen wie ein Iglu aussehende Struktur aus Treibholz. Als die Flut kam, schob sie das Werk den Strand hinauf, und nach und nach lösten sich Zweige und Äste ab. Wirbel im schnell fließenden Wasser erspürten offenbar die kreisförmige Anlage und brachten sie regelrecht zum Tanzen. Die Kraft, die das Werk zum Leben erweckt, wird es auch zerstören, sagte der Künstler in einem Film über sein Arbeiten mit dem Wasser. Goldsworthy schuf auch große, eiförmige Steinhaufen, sogenannte Cairns, und stellte einen davon so auf, dass er bei Flut völlig unterging. Die Tatsache, dass der Cairn kurz nach seiner Entstehung schon wieder verschwand, gehörte zur Idee des Werkes. Vielleicht würde er einer Flut standhalten, vielleicht mehreren. Für die Ewigkeit war er nicht geschaffen. Die Natur behält die Oberhand. Im Zeitraffer zeigt der Film das steigende Wasser, zwischendurch sieht man Aufnahmen eines ähnlichen Cairns auf einem Feld. Um diesen herum wachsen Farne, und einmal wetzt ein Hochlandrind, eine besonders machtvolle Verkörperung der Natur, genüsslich sein Hinterteil daran.»Ich will nicht einfach, dass das Meer meine Arbeit zerstört«, sagt Goldsworthy.»Mein Werk ist ein Geschenk für das Meer, und das Meer hat es angenommen, und es hat mehr daraus gemacht, als ich mir je erträumt habe.« Das Meer hielt das Geschenk behutsam in Händen.

Der Film ist spannend, aber vielleicht erhält man doch auch einen falschen Eindruck von Goldsworthys Tun. Man sieht, wie die Wellen ein Werk nach und nach überschwemmen oder zerlegen, und das Kunstwerk scheint sich gelassen seinem Schicksal zu fügen. Ich bin von einem Ort zum anderen gehetzt, um mir die Gezeiten zum jeweils richtigen Zeitpunkt anzuschauen. Was mich an Goldsworthys Werk auf dem Gezeitenstrand fasziniert, ist nicht nur die Vergänglichkeit (immerhin protestieren viele Künstler in ihren Arbeiten gegen den Materialismus des Kunstbetriebs), sondern auch seine eindringliche Augenblicklichkeit, die unsichtbare oder unausgesprochene Eile, mit der es geschaffen wurde, nicht nur die Art seiner Zerstörung. Vielleicht liegt das an den Vorlieben des Regisseurs, aber mir fehlt auf jeden Fall der Blick auf jene Dringlichkeit, die den Schaffensprozess zwischen zwei Fluten sicher geprägt hat. Die Skulpturen könnten tage- oder jahrhundertelang dastehen, aber der Künstler muss sie innerhalb weniger Stunden errichten.»Der Druck ist riesig«, nickt Andy.»Die Arbeit ist hektisch. Am besten

geht man konstruktiv mit dem Druck um, indem man rasch, ruhig und zielstrebig die Zeit nutzt, die man hat.« Offenbar sieht das nicht jeder ein. Einmal war Andy auf Guernsey tätig, wo er den flachen Strand mit studentischen Aushilfskräften zusammen in eine surreale Landschaft aus abgerundeten Findlingen verwandelte. Irgendwann schaute er sich um und sah, dass die Studenten Volleyball spielten. »Ich bin total ausgerastet«, sagt er. »Mir sind Sachen über die Lippen gekommen, die ich nachher bereut habe.«

Nicht nur Künstler und Wale zieht es wegen der Gewalt der Gezeiten in die Bay of Fundy. Sie dient auch als wichtiges Testgelände für neue Methoden der Energiegewinnung. Schätzungsweise sechstausend Megawatt kann die gesamte Bucht an Energie produzieren, das entspricht mehreren großen Kernkraftwerken. Weltweit geht man von einer Gezeitenenergie von über drei Terawatt, also drei Millionen Megawatt aus, dem Dreifachen des menschlichen Bedarfs. Aber nur ein Bruchteil davon lässt sich tatsächlich aus dem Wasser herausholen.

Vor meiner Abreise besuche ich zwei Gezeitenkraftprojekte. Das erste war die Antwort der 1970er Jahre auf die Ölkrise und gehört nun zur
Vor- und Frühgeschichte dieser jungen Industrie. Sein Sitz ist ein glän-
zender Aluminiumkontrollturm an der Südseite des Minasbeckens in
Annapolis Royal. Bis zu zwanzig Megawatt sollen hier bei Ebbe durch
das kontrollierte Ablassen von Wasser aus dem aufgestauten Annapolis River gewonnen werden. In der Nähe von Parrsboro, am Ende einer
langen Schotterstraße auf der anderen Seite des Beckens, liegt das viel
neuere Besucherzentrum des Forschungszentrums für Meeresenergie
der Bay of Fundy (Fundy Ocean Research Center for Energy, FORCE).
Dieses Konsortium soll Entwicklern aus der ganzen Welt Anlagen für
den Testbetrieb sogenannter Instream-Technologien zur Verfügung
stellen. Diese gewinnen auf dem Meeresboden in den schwierigsten,
aber auch vielversprechendsten Gebieten Energie aus der Kraft der Gezeiten und benötigen keine klobigen Dammbauten an der Küste. Bunte Schnittzeichnungen zeigen eine erstaunliche Bandbreite möglicher
Technologien, die wie große Schiffsschrauben, wie der Düsenantrieb

von Flugzeugen oder wie Paddel aussehen. Die Industrie hat sich noch nicht einmal ansatzweise geeinigt, welche Bauweise die beste ist. Das galt natürlich auch einmal für Windkraftwerke, doch verspricht man sich von Turbinen auf dem Meeresboden die Gewinnung sehr viel konzentrierterer Energie als bei der Windkraft, weil Wasser achthundertmal so dicht wie Luft ist.

Worum es geht, ist unverkennbar. Bei jedem Blick aufs Meer sehe ich klares, blaues Wasser weiß aufschäumen, das an Felsvorsprüngen vorbeibraust. Wo es nicht auf steinerne Widerstände trifft und über trägeres Wasser fließt, gleitet es in breiten, glänzenden Strömen schnell voran und löst reihenweise kleine Sturzwellen aus. Die hohe Geschwindigkeit dieser Strömungen ist der Grund dafür, dass ich auf dem »Spielplatz am Meer« keine Schiffe gesehen habe.

Mary McPhee, die Geschäftsführerin des Besucherzentrums, begrüßt mich, als ich mir gerade einen schwarzen Felsen anschaue, der etwa dort in der Bucht liegt, wo unter Wasser die Testanlagen installiert werden sollen. Das Wasser steigt schnell, und sein Gefälle zwischen beiden Seiten des Felsens ist überdeutlich. »Manchmal passt fast ein Stockwerk dazwischen«, erklärt Mary mir. Große Wellen gibt es nicht, aber viel Unruhe auf der Wasseroberfläche, Strudel um Strudel und stark gekräuselte Bereiche. »Das hört sich eher an wie ein Fluss«, sagt sie.

Die beiden schönen Besucherzentren lassen vermuten, dass die Öf-

fentlichkeitsarbeit der Technologie- und Energiekonzerne genauso schwierig und wichtig ist wie die Überwindung technologischer Hürden. Die Unterschiede zwischen beiden Einrichtungen deuten an, dass sich die Rahmenbedingungen stark verändert haben und wohl auch weiterhin verändern werden. In Annapolis erkennt man noch den Technikglauben einer längst vergangenen Zeit. Die kleine Anlage sollte nur der Vorläufer eines quer zum gesamten Eingang des Beckens verlaufenden Absperrdamms von viel größerer Leistungsfähigkeit sein. (Ein ähnlicher Damm war für die Severnmündung geplant.) Doch mit den Bedingungen vor Ort kam keine Turbine zurecht. Die Technik hat Fortschritte gemacht, aber es gibt auch neue Bedenken. Gezeitenenergie ist insofern grün, als sie im laufenden Betrieb kein Kohlenstoffdioxid freisetzt, und da man die für den Meeresboden gedachten Anlagen auch nicht sehen wird, lassen sich Einwände in Bezug auf das Landschaftsbild, wie wir sie von Windkraftgegnern kennen, vermeiden. Die Bedenken haben vielmehr mit Umweltfaktoren zu tun, die vor wenigen Jahrzehnten noch keine Rolle spielten. Mary betont, dass im Rahmen der Turbinentestläufe auch mögliche Auswirkungen auf Störe und die sechzig weiteren Fischarten der Bucht untersucht werden.

Vielleicht spielt auch der Generationswechsel eine Rolle. Auf meine Frage nach den Aussichten für die Energiegewinnung in der Bay of Fundy ist Les Smith, der mich in Annapolis betreut hat, spürbar zurückhaltender. »Da wird nichts draus. Da gibt es viel zu viele Ablagerungen.« Doch Mary bleibt optimistisch. Ich frage sie, welche der vielen vorgeschlagenen Technologien am ehesten implementierbar ist, und sie antwortet, ohne zu zögern: »Die werden alle funktionieren.« Vielleicht – aber womöglich an Orten mit saubererem Wasser, zum Beispiel in der Nähe der Orkneyinseln, wo ebenfalls Testläufe stattfinden. Die Flut der Bay of Fundy zertrümmerte die ersten Turbinen in nur sechsunddreißig Stunden. Warum, ist weiterhin unklar. Womöglich lag es an besonders starken Fluktuationen innerhalb der Strömung, oder die Turbinen kamen mit der Menge aufgewirbelter Ablagerungen einfach nicht zurecht. In den Gezeiten mag viel Energie stecken, doch sie ist winzig im Vergleich mit der zumindest theoretisch verfügbaren geothermischen oder der Sonnenenergie, deren Gewinnung technisch weniger aufwendig ist. Nur ein kleiner Teil unseres Energiebedarfs wird je durch die Gezeiten gedeckt werden.

Der viktorianische Alleswissenschaftler

Die Hochwasserhöhen der Bay of Fundy sind auch aufgrund der spezifischen Form der Küste so extrem. Der kurvenförmige Golf von Maine, zu dem die Bucht gehört, stellt letztlich ein geschlossenes Becken dar, das von den Gezeitenströmen des Atlantiks weitgehend unabhängig ist. Im Golf kommt es sehr leicht zu Resonanzen mit erstaunlichen Auswirkungen. Phillip MacAulay, Leiter der Abteilung Gezeiten am für die Seeprovinzen zuständigen Standort des kanadischen Hydrographischen Dienstes in Halifax, erzählt mir, dass selbst der kleine Damm in Annapolis die Gezeiten in der Bay of Fundy beeinflusst und sogar die am anderen Ende der Bucht bei Boston, und zwar um ungefähr drei Zentimeter. Wäre das größere Sperrwerk gebaut worden, wären die Veränderungen wohl noch stärker ausgefallen und hätten unter Umständen auch am niedriggelegenen Bostoner Flughafen Logan zu einem Überschwemmungsrisiko geführt. Fast sprachlos macht, dass ein solches Sperrwerk selbst die Gezeiten an der über viertausend Kilometer entfernten Severnmündung auf der anderen Seite des Atlantiks beträchtlich verändern und dort zu einer Katastrophe führen könnte, wie sie sich wiederum durch die Opernsängerin und das Weinglas verbildlichen ließe. Umgekehrt könnte ein Severnsperrwerk auch die Gezeiten der Bay of Fundy beeinflussen, denn die beiden Gewässer haben eine ähnliche Resonanzfrequenz.

Wenn man sich die Gezeiten als einzelne, lange Welle vorstellt, werden solche ungewöhnlichen Vorgänge, aber auch weniger auffällige Gezeitenphänomene leichter verständlich. Die Bucht hält die Welle gefangen. Physiker sprechen von einer stehenden Welle. Flutwellen auf den Weltmeeren sind letztlich ebenfalls stehende Wellen, aber aufgrund der Drehung der Erde scheinen sie sich zu bewegen. Beda hatte vor langer Zeit schon den Eindruck, dass die Flut sich die englische Küste entlang ausbreitete, indem sie sich als Welle von seinem Kloster am Tyne in Richtung East Anglia bis zur Themsemündung vorschob.

Um zu begreifen, wie es zu einer solchen Welle kommt, stellen wir uns die Erde noch einmal als gleichmäßig mit Wasser bedeckt vor. Gäbe es die Kontinente nicht und auch keine Reibung zwischen Meer und Meeresgrund, würden die durch Mond und Sonne hervorgerufenen Ausbuchtungen des Wassers mit einer am Äquator gemessenen Geschwindigkeit von tausendsiebenhundert Stundenkilometern westwärts um den Planeten kreisen. In Wirklichkeit stehen ihnen die in Nord-Süd-Richtung verlaufenden Kontinente im Weg. Die Geschwindigkeit von Wellen wird außerdem durch die Gewässertiefe mit beeinflusst, und die Weltmeere sind zu flach, als dass die Flutbeulen mit dem Mond Schritt halten könnten. Und selbst das offene Meer ist einigermaßen klar in einzelne Becken gegliedert, die ihre jeweils eigenen Schwingungsfrequenzen besitzen, von denen die Ausprägung der Gezeiten vor Ort abhängt.

Wie weit Hoch- und Niedrigwasser zeitlich auseinanderliegen, hängt von der Umlaufbahn des Mondes ab; trotzdem herrscht nicht immer dann Flut, wenn der Mond am höchsten steht. Dieser Zeitunterschied veranlasste Galilei zu der Annahme, dass die Gezeiten gar nichts mit dem Mond zu tun hätten. Erst Laplace trat den Gegenbeweis an. Aber auch mit der Höhe ist es nicht so einfach. Wir wissen, dass der Tidenhub vielerorts sehr viel mehr als einen halben Meter beträgt, auch wenn er nicht überall so groß ist wie in der Bay of Fundy oder in der Severnmündung. Und an ein oder zwei Stellen führt die Schwingungsfrequenz des Beckens sogar dazu, dass die weltweite Flutwelle so stark gedämpft wird, dass es keine messbaren Gezeiten gibt.

Nicht Astronomen oder Mathematiker wie Newton oder Laplace haben die Anzeichen dafür gefunden, dass sich die Flut wie eine Welle verschiebt. Die Vermutung beruht vielmehr auf der wachsenden Menge empirischer Daten, die auf Seereisen im Dienste von Krone, Handel oder wissenschaftlichem Fortschritt auch in entlegenen Teilen der Welt gesammelt wurden. Häfen an vielen Küsten stellten Messwerte bereit. Auch ferne Südseeinseln beteiligten sich. Die britische Navy erkundete alle Meere, und sogar Charles Darwins Schiff, die *HMS Beagle*, steuerte Messwerte bei. Die Franzosen beteiligten sich ebenfalls an dem Projekt. Thomas Jefferson, der wohl naturwissenschaftlich interessierteste Präsident der Vereinigten Staaten, gab kurz nach der Unabhängigkeit seines Landes eine Untersuchung der langen Küste in Auftrag. Zuerst sollten brauchbare Seekarten der amerikanischen Häfen erstellt werden, doch bald wurden auch die Gezeiten miteinbezogen. Ein bemerkenswertes naturwissenschaftliches Kooperationsprojekt, an dem Großbritannien, die Vereinigten Staaten und neben Norwegen und Portugal noch fünf weitere europäische Atlantik-Anrainer beteiligt waren, trug im Juni 1835 Werte zusammen, die im Laufe von zwanzig Tagen in Abständen von jeweils fünfzehn Minuten an sechshundertfünfzig Messstationen weltweit gemessen wurden.

Heutige Big-Data-Projekte, wie sie in Zeiten der Supercomputer in Mode sind, haben hiermit einen Vorläufer. Die Auswertung der Daten im Hinblick auf grundlegende Informationen zu den Gezeiten war die Herzensangelegenheit von Professor William Whewell. Der anglikanische Priester war ein Universalgelehrter, der nicht den Tischlerberuf seines Vaters übernehmen musste, weil seine mathematische Begabung früh erkannt wurde. Dank ihrer brachte er es bis in die Master's Lodge des ehrenwerten Trinity College in Cambridge. Der scharfzüngige Autor Syndey Smith scherzte: »Die Naturwissenschaften sind seine Stärke, die Alleswissenschaften seine Schwäche.« Auf Whewell geht die weite Verbreitung der englischen Berufsbezeichnung *scientist* zurück, und er war es auch, der die Naturwissenschaften in Cambridge zum vollwertigen Studienfach erhob. 1866 starb er im Alter von 72 Jahren an den Folgen eines Reitunfalls.

Whewell erfand das schreckliche Wort »Tidologie« für seine zwanzigjährige Beschäftigung mit den Gezeitenmesswerten. Unterstützt wurde er von dem altgedienten Marinehydrographen Francis Beaufort, nach dem die Beaufortskala der Windstärke benannt ist und unter dessen Aufsicht über eintausend Seekarten erstellt und veröffentlicht wurden. Auf Basis dieser Daten, die aus so vielen verschiedenen Quellen stammten, zeichnete Whewell Karten der Weltmeere mit den von ihm sogenannten »Kotidallinien« oder Isorrhachien, die jene Orte verbanden, an denen zur gleichen Zeit Flut herrschte. Das Gesamtbild ähnelt den Isobaren der Wetterkarten. Die Flutlinienkarten vermittelten graphisch den Eindruck, dass die Flut eine einzige, großartige Welle sei, die sich von Neuseeland durch den Antarktischen Ozean in den Südatlantik und dann den Nordatlantik hinauf bis in die Arktis schiebt. Messwerte von der amerikanischen Pazifikküste ließen ihn dort ein ähnliches, südwärts verlaufendes Phänomen vermuten, doch reichte die Datenmenge für ein vollständiges Bild nicht aus. Whewells Visualisierungen galten als schlagender Beweis dafür, dass sich die Flut als Welle um die Erde herum bewegt, und die Karten waren für die Empire-Elite auch sehr viel leichter verdaulich als mathematische Gleichungen.

Natürlich war klar, dass die Flut mehr als nur eine einzige Welle ist. Dass die Bay of Fundy und die Severnmündung Ausnahmeerscheinungen sind, wusste man auch schon. Auf ähnliche Anomalien stieß man am argentinischen Kontinentalschelf, wo die atlantische Flut durch Pazifikwasser aus der Drakestraße so sehr verstärkt wird, dass sie fast die von der Bay of Fundy bekannten Ausmaße erreicht. Etwas weiter die Küste entlang fand Robert FitzRoy, der Kapitän der *Beagle*, eine offenbar gezeitenlose Stelle in der La-Plata-Mündung. Im Rahmen der Bakerian Lecture, einer mit einem Preis verbundenen Vorlesung der Royal Society, gab Whewell 1847 bekannt, dass »die Gezeiten mancherorts mindestens so sehr von der Sonne bestimmt werden wie vom Mond, wenn nicht sogar noch stärker als von diesem«. Auf Tahiti herrscht beispielsweise immer um die Mittagszeit Flut, und die Auslenkungen sind gering, meist betragen sie nur etwa einen halben Meter. Wohl auch deshalb konnten die Bewohner enge Handelsbeziehungen zwischen verschiedenen Inseln mit dem Kanu pflegen. »In weiten Teilen des Zentralpazifik sind die Gezeiten so wenig ausgeprägt, dass der Einfluss des Mondes als verschwindend gering zu bezeichnen ist«, schloss Whewell. Später nannte man solche Stellen Amphidromien. Das Wort stammt vom antiken griechischen Brauch, ein Kind erst um den Herd herum zu tragen, bevor man ihm einen Namen gibt. Ähnlich würden auch die Gezeiten solche ruhigen Orte umkreisen.

Man musste nicht in die Ferne schweifen, um auf eigenartige Gezeitenphänomene zu stoßen. Auch die heimischen Gewässer hielten

Überraschungen bereit. Whewells Flutlinien klettern, wie Beda vermutet hatte, die englische Küste hinab, nur setzen die Messwerte vom europäischen Festland die Serie nicht nahtlos fort. Irgendwo in der Mitte musste Schluss mit den Linien sein. 1837 machte sich Kapitän William Hewett mit dem Erkundungsschiff *HMS Fairy* auf die Suche nach der Amphidromie, die irgendwo im südlichen Teil der Nordsee vermutet wurde. Hewett kannte die Küstengewässer East Anglias gut und hatte schon verschiedene Untersuchungen dort geleitet, vor allem in der Nähe der Häfen von Great Yarmouth und Lowestoft. Kurz bevor es losging warnte er die Seeleute in einem Beitrag für das *Nautical Magazine* vor den wandernden Sandbänken vor Yarmouth. Dieser Küstenabschnitt war bekannt für seine geschützten Ankerplätze, wo oft Hunderte von Schiffen lagen. Zu Kriegszeiten sammelte sich hier die Nordseeflotte. Doch Hewett besaß Hinweise darauf, dass sich die Sandbänke und damit auch die Zugänge zu dem geschützten Küstenbereich verschoben, und er hielt es für möglich, dass die schützenden Bänke eines Tages ganz verschwinden könnten, wie auch die Scroby-Sandbänke einst weggespült worden waren, die eine so schöne »grüne Insel« dargestellt hatten. (Eine feste Insel tauchte 1578 aus der Nordsee auf, und die Bewohner von Yarmouth nutzten sie bei Ebbe für Feste und als Ausflugsziel. 1582 beanspruchte ein wohlhabender Bürger sie für sich, und schon wuschen die Wellen mit ihrem unfehlbaren Sinn für Gerechtigkeit sie wieder weg.)

Im Sommer 1837 und dann wieder 1840 wollte Hewett auf Whewells Wunsch und auf Befehl des Hydrographen Beaufort sein Schiff wiederholt an bestimmten Stellen des trüben Gewässers positionieren und dort während des gesamten Gezeitenzyklus mehrmals Tiefenmessungen vornehmen, um die Wassertiefe zu bestimmen. Schließlich gelang es Hewett, nicht nur eine, sondern sogar zwei Amphidromien zu orten, eine zwischen East Anglia und den Niederlanden, die andere westlich von Jütland.

Kurz nach Beendigung dieser Arbeit im November 1840 geriet Hewetts Schiff in einen schweren Sturm. Es lief an jener Küste auf Grund, die Hewett so gut kannte, und dreiundsechzig Männer starben. Kein Teil des Wracks wurde je gefunden. Wo es liegt, weiß niemand. Als keine Hoffnung mehr bestand, erschienen im *Nautical Magazine* die folgenden Zeilen:

Zwar ist der Verlust eines so verdienstvollen Offiziers, wie Kapitän Hewett einer war, nicht wiedergutzumachen, doch können wir voller Stolz verkünden, dass der Großteil seiner würdigen Darstellung der Nordsee in aller Kürze in dieser Zeitschrift veröffentlicht wird.

IN GROSSEN WASSERN

Gerechtigkeit des Meeres

Der Schlussszene von Benjamin Brittens großartiger Erstlingsoper *Peter Grimes* beginnt sanft: Hohe Streicher rufen Erinnerungen an glitzernde Sonnenaufgänge an der englischen Ostküste wach. Holzbläser versetzen das Wasser in eine leichte Unruhe, die Blechbläser machen die Sache drängender, bis das Becken die ersten Wellen im immer noch schrägen Sonnenlicht hochspritzen lässt. Der Orchesterklang schwillt an, dann setzt der Chor ein:

> *Die stets bewegte Flut ergießt*
> *Sich in den breiten Sund und fließt*
> *Dann schon zurück, rollt mächtig fort,*
> *Auch dann ein schrecklich tiefer Ort.*

Das sind eigentlich keine Schlusszeilen. Die Verse gehören zum Anfang von George Crabbes Langgedicht »The Borough« (Die Gemeinde), das aus vierundzwanzig »Briefen« besteht, die Aspekte oder Persönlichkeiten eines Küstenortes vorstellen, unter anderem eben Peter Grimes. Der Ort ist Crabbes Suffolker Heimatstadt Aldeburgh nachempfunden, in der er eine Zeit lang als Aushilfspfarrer wirkte.

In Aldeburgh hat das Meer schon immer gewütet. Das aus dem 16. Jahrhundert stammende Rathaus stand einst an einem Marktplatz zwei Straßen vom Ufer entfernt. Heute befindet es sich direkt am Wasser. Crabbes Geburtshaus, das zwischen Nordsee und dem kurvenreichen Fluss Alde auf einer südwärts aus der Stadt herausragenden Geröllzunge, dem Slaughden, lag, wurde im großen Sturm von 1953 fortgespült.

In den 1760er Jahren begleitete Crabbe seinen Vater oft auf einem Fischerboot, an dem dieser Anteile besaß. Die direkte Erfahrung des Meeres spürt man in seinen Gedichten. Viele Dichter verklären die See, Crabbe ist einer der wenigen, der ihr Aussehen und ihr Tun begreift, und

»The Borough« nimmt jede Facette der Gezeiten und ihrer Wirkung auf die Stadt auf. Die folgenden Verse beschreiben die übereinandergelagerten Vegetationsstreifen an der Flutlinie sehr genau:

Salz- und Bazillenkraut, wo Wasser stand,
Und Tang und Holz verfault am nassen Strand.
Noch weiter oben liegt das niedere Gut,
Hierhergebracht von einer starken Flut.

Crabbe lädt Bilder von Ebbe und Flut moralisch auf. Die Versuche der örtlichen Kirchenmänner, die Städter vom Sündigen abzuhalten, seien so aussichtslos wie der Wunsch, die Gezeiten in Bann zu schlagen.

Dank Brittens Oper ist Grimes' Geschichte von allen Porträts aus »The Borough« am bekanntesten. Am grausigsten aber ist eine Szene in Brief IX, »Vergnüglichkeiten«. Eine Gruppe von Menschen wird auf eine bei Ebbe freiliegende Schotterbank hinausgerudert, auf der sie einen kleinen Eindruck vom Leben auf offenem Meer bekommen: »Die Wasserwüste – wilder, neuer Anblick.« Bänke wie diese gibt es viele in den flachen Wassern East Anglias, wo sich große Mengen an Sand und Geröll, abgerieben von den nahen Küsten und Klippen, linienweise parallel zur Küste ablagern. Eine halbe Million Kubikmeter davon werden jährlich verschoben, und aus ihnen entstehen Bänke wie die vor Great Yarmouth. Sie sind nicht statisch, sondern krabbeln den Meeresgrund entlang, wie Kapitän William Hewett wohl ahnte. Wie das allerdings genau vonstattengeht, ist weiterhin unklar.

Auf der Schotterbank lacht und tanzt und stärkt man sich. Einige Ausflügler durchkämmen das Ufer: »Da war kein Grab, kein menschliches Gesicht.« Unterdessen wenden sich der Ruderer und sein Gehilfe hochprozentigen Getränken zu, und unbemerkt nimmt die Flut ihr Boot mit sich fort. Einer »weisen Frau« fällt das auf, und sie schlägt Alarm. Plötzlich ist jedem klar, wie wichtig die eben noch vernachlässigten Gezeiten sind. Man ruft um Hilfe, doch die Schreie erreichen das Land nicht.

Noch einmal schreien sie, dann wird geschaut,
Wie schnell das Wasser sich hier aufgebaut.
Sie schreien und die grause Flut stiehlt doch
Noch mehr von ihrem kahlen Kerkerloch.

Der Raum wird eng, weil Wellen immer mehr
Bespülen, und ein Grauen rauscht mit her.
Das kleine Land verschwindet in die Flut,
Es bleiben Schreie, Tränen, Schuld und Wut.

Wie durch ein Wunder erspäht die talentiertere Mannschaft eines anderen Schiffes das leere Boot und rettet die Ausflügler, denen der Sinn so gar nicht mehr nach Spiel und Spaß steht.

Auch in der Geschichte von Peter Grimes, die von einem der armen Bürger mehr angedeutet als erzählt wird, ist von den Gezeiten die Rede. Der von seinem eigenen Sohn im Stich gelassene Grimes stellt einen Gesellen ein, der bald tot aufgefunden wird. Zwei weitere Jungen, ebenfalls seine Gesellen, sterben unter ungeklärten Umständen auf See, und einen weiteren gestehen ihm die Bürger nicht zu. Er muss allein zum Fischen gehen, und nur der Rhythmus der Gezeiten verleiht seinem Leben etwas Abwechslung:

Er lebt allein, weil man ihn dazu zwang,
Und wartet auf das Wasser stundenlang.
Er sieht zur selben Zeit dasselbe Grau,
Die hohe Sandbank, den entstellten Baum,
Bei hoher Flut nur Wasser, sonst auch Watt,
Das sich dem Meer nie ganz entwunden hat.

Am Ende wird Grimes aus der Stadt verbannt und verfällt dem Wahnsinn. Ausführlich erzählt er den wenigen, die es hören wollen, was wirklich mit den Jungen passiert ist. Seinen wirren Bericht unterbrechen mehrere entrückte Erinnerungen an seinen Vater, der als wütender Geist auf den Fluten erscheint und auf jeder Hand den Geist eines Jungen trägt.

Crabbes Gedicht lässt keinen Zweifel daran, dass Grimes den Jungen sexuelle Gewalt angetan hat. Bei Britten ist die Sache nicht so klar – er rückt die rachsüchtigen Stadtbürger in ein schlechteres Licht. Bei ihm befehlen sie Grimes fortzusegeln und sich außer Sichtweite zu ertränken. Der Schlusschor singt am nächsten Morgen, der Bericht von einem untergehenden Boot interessiert niemanden. Das Leben geht weiter, die Gezeiten nehmen ihren Lauf.

Liebe und Verlust

Seit wann haben die Gezeiten eigentlich etwas mit der Moral zu tun? Sonne und Mond verurteilen uns nicht. Ist die Flut gut und die Ebbe schlecht, oder ist es umgekehrt? Ist die Ebbe besser als die Flut? Worauf kommt es hier überhaupt an? Wichtig ist wohl zunächst, dass die Gezeiten, anders als die Himmelskörper, einen Menschen töten können. Sie fordern das Leben der Unwissenden, der Tollkühnen und auch der einfach Glücklosen. Allerdings fordert das Wasser auch Leben, wenn es nicht steigt oder fällt, und so müssen wir weiter nach Ursachen für die symbolische Aufladung der Gezeiten suchen.

Die Gezeiten sind das Auf und Ab des Meeres. Relevant ist also sicherlich, dass wir die unserem moralischen Verhalten zugrunde liegenden Stimmungen und Gefühle gern als hoch oder tief bezeichnen. Die Gezeiten sind eine Möglichkeit, diese Höhen oder Tiefen zu illustrieren. Die Flut steht dann für Hoffnung und günstige Gelegenheit:»Gezeiten, jedenfalls die Flut / führen uns zum großen Glück«. Die Ebbe steht für den Verlust dieser Dinge, wie John Betjemans Gedicht»Youth and Age on Beaulieu River« aufruft. Des Dichters erotisches Sehnsuchtsziel ist nicht die Tennis spielende Miss Joan Hunter Dunn, sondern »Clemency, das Töchterchen des Generals«, die mit dem ablaufenden Wasser lossegelt und»bestimmt zurückkehrt auf der Flut«, während die alte Miss Fairclough ihr neidisch nachschaut:»Denn dies ist *ihr* Geschick: / Bei Ebbe hat sie nur / Den Glanz von Schlamm und Schlick.«

Anders als das freie Auf und Ab der von Dichtern so geschätzten Lerche oder des Maulwurfs vollzieht sich die Bewegung der Gezeiten innerhalb fester Grenzen, und man könnte versucht sein zu sagen, dass eine göttliche Macht diese Grenzen abgesteckt habe. Das englische Adjektiv *tidy* (sauber) drückt diese Vorstellung aus. Es geht auf das mittelenglische Wort *tide* zurück, das so etwas wie »zeitig« bedeutet. Davon spricht die sogenannte Navy-Hymn:

> *Allmächt'ger Vater, hilf uns aus,*
> *Dein Wirken hemmt der Wellen Braus,*
> *Du zeigst dem tiefen Ozean,*
> *Dass er nicht weiter steigen kann.*

Der Textdichter des Kirchenliedes, William Whiting, greift auf einen Vers aus Psalm 107 zurück. Dort ängstigt der Sturm diejenigen,»die mit Schiffen das Meer befuhren und Handel trieben auf den großen Wassern«. Hier ist vom Mittelmeer die Rede, die Gezeiten finden keine Erwähnung – der britische Autor hat sie hinzugefügt. Sein Kirchenlied ist in *Noye's Fluded,* einer anderen Britten-Oper, vom Publikum mit anzustimmen, wenn in einer besonders bewegenden Szene das Wasser steigt und die Arche über die Bühne zu gleiten beginnt.

Die Metaphorik der Gezeiten stellt für unsere Gefühle ein nützliches Sicherheitsventil dar, denn wir können uns darauf verlassen, dass sie regelmäßig und zyklisch auftreten. Wenn wir niedergeschlagen sind, spendet uns das Trost, denn bald werden wir uns besser fühlen. Im Überschwang sollten wir uns umgekehrt daran erinnern, dass das Hochgefühl vorbeigehen wird.

Aber die Gezeiten sind letztlich auch eine große Übergangsphase. Unser Leben besteht nicht nur aus Extremen, sondern wie die Gezeiten aus einem ständigen Auf und Ab. In manchen Situationen bedroht uns die Flut, wie Crabbe das eindrücklich dargestellt hat. Jeder seiner Leser im 19. Jahrhundert dachte sofort an die Sintflut, Gottes Strafe für die Sünde des Menschen. Alle zwölf Stunden erinnert uns die Flut also an unsere Sünden. Doch sie spendet auch Leben. Mit dem Wasser beginnt eine ganze Bandbreite von Leben, es ist geradezu das Symbol des Lebens. Sowohl die biblische Schöpfungsgeschichte als auch der Koran und die Evolutionstheorie gehen davon aus, dass das Leben der Tiere im Wasser beginnt. Und natürlich wird die Geburt eines Säugetiers von einer Fruchtwasserflut begleitet.

Psychologisch gesehen ist die Ebbe in vielerlei Hinsicht interessanter. Wahrscheinlich war es Aristoteles, der als Erster davon ausging, dass Menschen nur bei Ebbe sterben, und viele Autoren haben diese Meinung zumindest wiederholt, darunter Plinius der Ältere, Sir Thomas Browne, Charles Dickens und Sir James George Frazer in seinem Werk *The Golden Bough* (*Der goldene Zweig*). Sie ist das unvermeidliche Gegenstück zu der plausibleren Annahme, dass Geburt und Flut etwas miteinander zu tun haben.

Und diese These veranlasste küstennahe Gemeinden, neben dem Todeszeitpunkt eines Menschen auch den aktuellen Gezeitenstand festzuhalten. Die Wirtin Hurtig in Shakespeares Drama *Heinrich V.* berichtet über Falstaffs Tod: »Zwischen zwölf und eins fuhr er ab, grade wie es zwischen Flut und Ebbe stand«. Im Schlusskapitel von *Moby-Dick* begibt sich Kapitän Ahab in ein Boot, um den Endkampf mit dem weißen Wal aufzunehmen, und erzählt Starbuck in aller Ruhe: »Einige sterben zur Ebbezeit, einige im niedrigen Wasser und einige mitten in der Flut.«

Aus den Kirchenbüchern geht natürlich hervor, dass Menschen zu allen Zeiten sterben, und die erwähnte Tradition beruht wohl vor allem auf der Tatsache, dass die Gezeiten für den Lebensrhythmus von Küstenorten früher außerordentlich bedeutsam waren. Hier und da hielt sich die Vorstellung bis ins 20. Jahrhundert. David Thomson zeichnet in *The people of the Sea* (*Seehundgesang*) die Gedanken eines Mayo-Fischers auf, dessen Frau bei Ebbe starb: »Ich hab noch gebetet und gedacht, wenn Gott sie jetzt die paar Minuten noch verschont und die Tide sich dreht, dann kommt sie durch.« Gott hält die große Veränderung natürlich nicht auf. Und wer den Tod und die unentrinnbaren Gezeiten zusammen betrachtet, stirbt vielleicht gelassener.

Alfred Tennyson stand sein langes Leben lang unter dem Eindruck der See. In seiner Jugend in Lincolnshire fuhr er in den Ferien mit nach Mablethorpe und Skegness, wo er seine Gedichte bei Ebbe auf dem Watt deklamierte. Besonders genoss er stürmische Tage, an denen er auf den langen Ufern die Brandung betrachtete. Später ließ er sich in Farringford in der Nähe der Freshwater Bay auf der Isle of Wight nieder. Dort wird die Insel von starken Flutwellen nachgerade zerteilt. In »Maud« spricht Tennyson vom Geräusch der Gezeiten als »weit ausholendem, Schiffe scheitern lassendem Geschrei«. Das ist keine romantische Übersteigerung: An der offenen Südküste der Insel tummelten sich tatsächlich Wracks und Schmuggler.

In »Crossing the Bar« denkt Tennyson über seinen Tod nach – »bar« steht doppeldeutig für eine Sandbank und die viel größere Schranke zwischen Leben und Tod. Tennyson schrieb den Text 1889, im Alter von achtzig Jahren, während einer kurzen Fahrt über den Solent. Den mächtigen Arm der Flut schildert er sorgfältig: »Doch auch bewegte Flut sieht schlafend aus, / Zu stark für Sund und Schaum.« Das Wasser hat ihn lange getragen, er hat es dank seiner Hilfe weit gebracht, doch nun »kehrt das Wasser heim«, und die rasche, ruhige und stille, aber mächtige und unentrinnbare Ebbe wird ihn mitnehmen, »damit ich meinem Steuermann / von Angesicht zu Angesicht / im Offenen begegnen kann«.

Robert Louis Stevenson schrieb 1894 zusammen mit seinem Stiefsohn Lloyd Osbourne den Abenteuerroman *The Ebb-Tide (Die Ebbe)*, in dem drei britische Seemänner sich von der Flut forttragen lassen. Auf der *Farallone*, einem gestohlenen Schiff, erreichen sie eine idyllische Pazifikinsel. Sie hören die Brandung über einem Korallenriff, über das die Flut sie gütig in die geschützte Lagune trägt.

Zweimal täglich überwand das Meer diese hohe Schwelle und fand sich zwischen engen Mauern; zweimal täglich, mit Beginn der Ebbe, versuchte das Übermaß an Wasser, ihnen wieder zu entkommen. Die Farallone kam zur Zeit der Flut dort an. Mit der Sicherheit einer Brieftaube wandte sich der Ozean dem großen Auffangbehältnis zu, rauschte wirbelnd durch die Tore und verwandelte sich dabei in ein Wunderwerk wässriger, seidiger Nuancen, das sich mit den Wassern des Landesinneren verband.

Die drei sind ein verkommener, zerstrittener und versoffener Haufen. Alle wurden sie von ihren früheren Schiffen heruntergeworfen. Auf der Insel stoßen sie auf einen Landsmann, der kaum besser ist als sie und der Perlen hortet, deren Verkauf ihn zu Hause zum reichen Mann machen soll. Warum aber »Ebbe«? Die Männer sind Herumtreiber und Herumgetriebene, die von den Gezeiten hier und da an Land gespült werden. Die Ebbe ist das Symbol moralischer Verkommenheit und zeigt an, wie tief die vier Briten gesunken sind.

Die moralische Bedeutung der Gezeiten stellt sich im bekanntesten Werk eines anderen britischen Dichters des 19. Jahrhunderts noch einmal anders dar. Matthew Arnolds »Dover Beach« wird seit seiner Erstveröffentlichung 1867 bewundert und bestaunt und in Literaturkursen gern analysiert. Das kurze Gedicht beginnt mit einem einfachen nächtlichen Bild: »Die See ist ruhig heut Nacht, / Die Flut steht hoch.« Doch sofort verdüstert sich die Stimmung. An der fernen Küste verlöscht ein Licht, die Kiesel des Strandes bringen ein anhaltendes, aufreibendes Stöhnen hervor, der Sprecher hängt schlimmen Gedanken nach und bringt sie schließlich fast entsetzt auf den Punkt:

Das Meer des Glaubens
Stand einst auch hoch, die Küsten dieser Welt
Umgab es wie ein heller Gurt, gewellt,
Doch heute hör ich nur,
Wie stumpf und lang und geisterhaft es tost
Und sich im Hauch entzieht
Des Nachtwinds, wie es wüsten Klippen, trost-
los nackten Kieseln schlaff entflieht.

Arnold urteilt, dass diese Welt nicht »Freude und nicht Liebe und kein Licht, / Nicht Frieden, Sicherheit, nicht Linderung« besitzt.

Auf den ersten Blick beklagt das Gedicht die Krise, in die der christliche Glaube durch die Veröffentlichung von Charles Darwins *Über die Entstehung der Arten* geraten war. Doch angeblich hat Arnold die Zeilen im Juni 1851 während seiner Flitterwochen in Dover geschrieben. (Ob Frau Arnold den Urlaub ebenso sehr genossen hat, ist nicht bekannt.)

Die Vorstellung, der Glaube sei ein Meer mitsamt Gezeiten, wirft zahlreiche Fragen auf. Arnolds Pessimismus unterstellt scheinbar, dass der Glaube endgültig auf dem Rückzug sei, doch deutet die Metapher die Möglichkeit einer Rückkehr an und bezeugt so vielleicht Arnolds Glauben an den Glauben. Nur ist die Annahme, dass der Glaube gewinnt und verliert, je nachdem wie Astronomie und Physik es wollen, auch ziemlich profan. Der Dichter ist dem Stoizismus der Antike näher als der naiven Frömmigkeit seiner Zeitgenossen.

Gezeitenmetaphern waren in der zweiten Hälfte des 19. Jahrhunderts wohl auch deshalb so beliebt, weil sich immer mehr Menschen – um es mit Shakespeares *König Johann* zu sagen – der »von der See umzäunten« Lage Englands bewusst wurden. Dank der vielen Schiffe des Britischen Empires war die See nicht mehr die große Unbekannte. Schiffe der Admiralität vermaßen sie, exotische Güter schipperten hin und her, und immer mehr Menschen machten Urlaub an der Küste. Wo man der See einst furchtsam den Rücken zukehrte, sprossen Badeorte aus dem sandigen Boden. Die Wellen wurden zur Sehenswürdigkeit, das Rudern und Schwimmen zur Freizeitbeschäftigung. Wie so viele Küstenorte bezeugt auch Aldeburgh diesen Mentalitätswandel.

Heute sind wir weniger sorgfältig als frühere Dichter, wenn wir Ebbe und Flut als Metaphern verwenden. Wir vergessen gern, dass es sich um

eine zyklische Gegebenheit handelt, die von der Wiederkehr des Gleichen spricht. Die Flut ist für uns eher eine einmalige Katastrophe: Die
Nachrichten warnen vor einer Flut von Einwanderern, von Daten, von
Billigprodukten – vielleicht weil das deutsche Wort »Flut« nicht nur die
wiederkehrende Gezeit meint, sondern auch die einmalige Katastrophe.
Allerdings sprechen wir auch von der Ebbe als einem *endgültigen* Ver-
lust von Möglichkeiten. Wir sagen, dass Applaus oder Kritik oder die
Hoffnung, nach einem Erdbeben Überlebende zu finden, langsam »ver-
ebbt«, und das klingt stets so, als träte mit der Ebbe ein endgültiger
Bruch ein. Eigentlich ist in dem Wort aber angelegt, dass Kritik oder
Hoffnung wieder aufflackern kann (hier greifen wir sprachlich offenbar
lieber auf ein anderes Element zurück).

Die große Welle

Der viktorianische Autor, der die Gezeiten in besonders vielen Einzelheiten dargestellt hat, ist Thomas Hardy, der eigentlich nicht als Mee-
resschriftsteller gilt. Doch zeichnet er in *Auf verschlungenen Pfaden* ein
eindringliches Bild von den Unterschieden zwischen der »uralten Be-
ständigkeit« der Egdon-Heide und der ruhelosen See, die diese wilde Landschaft auf der Dorseter Halbinsel Purbeck umgibt: »Wer kann
schon sagen, dass ein Meer alt ist? Von der Sonne gereinigt, vom Mond
geknetet, wird es jedes Jahr, jeden Tag, jede Stunde erneuert.«
    Das Meer wird, wie die Naturwissenschaften seinerzeit zu verste-
hen begannen, über lange, mittelfristige und kurze Zeiträume hinweg
geformt. Wer sich das vor Augen führen will, sollte wieder auf William
Whewells Modell der Gezeiten als einzelner Welle zurückgreifen. Die
Vorstellung von der riesigen Welle, die sich über die Weltmeere aus-
breitet, wirkt wie ein Überbleibsel aus der nordischen Mythologie, doch
sie verdeutlicht uns, wie viele verschiedene, mit der Schwerkraft ver-
bundene Kräfte an den Gezeiten beteiligt sind.
    Um welche Art von Welle handelt es sich? Die Mathematik weiß seit
Langem, dass jede noch so komplizierte oder ungewöhnlich geformte
Welle in einzelne, »reine« Wellen zerlegt werden kann, die sich jeweils
als einfache Gleichung darstellen lassen. Die Bestandteile unterscheiden sich im Hinblick auf ihre Länge (Periode), Auslenkung (Amplitude)

und Position (Phase). Sie können im Rahmen eines »harmonische Analyse« genannten Prozesses auseinanderdividiert und dann auch wieder übereinandergelegt werden, sodass sich wieder die ursprüngliche Welle ergibt. Dass sich die Energie einer Welle in die verschiedenen harmonischen Bestandteile zerlegen lässt, ist praktisch für die Physik, da diese mathematisch leichter handhabbar sind als die komplexe Gesamtwelle. Wie im Wort »harmonisch« schon anklingt, ist diese Betrachtungsweise von der Musik geprägt. Spielt ein Musiker auf seinem Instrument scheinbar nur einen Ton, hören wir doch mehr. Wir hören eine Kombination aus dem beabsichtigten Ton, den der Musiker Grundton nennt, und einer Reihe weiterer, gleichzeitig hörbar werdender Frequenzen, die sogenannten Obertöne. Den Grundton nennt man auch die erste Harmonische, die Obertöne dann zweite, dritte, vierte Harmonische und so weiter. Wir hören sie nicht getrennt voneinander, sondern erleben sie als die charakteristische Klangqualität eines Instruments. Der glänzende Ton eines Horns entsteht durch die Mischung des Grundtons mit den ersten der Obertöne. Die Oboe dagegen klingt ganz anders, spitzer, weil einige höhere Obertöne deutlicher im Spiel sind.

Die sich ausbreitende Gezeitenwelle ist komplizierter, denn sie besteht aus vielen Grundtönen und den Obertönen all dieser Grundtöne. Jeder Grundton, also jeder harmonische Wellenbestandteil, hat eine eigene Schwerkraftursache. Das können Sie sich so vorstellen, als ob jede harmonische Gezeit von einem eigenen Erdtrabanten ausgelöst würde, der unseren Planeten mit einer bestimmten Geschwindigkeit umkreist und genau die Kraft ausübt, die für die spezifische Amplitude und Periode eines Wellenbestandteils sorgt. So hat sich das wohl auch Laplace gedacht, der solche Himmelskörper *astres fictifs* nannte – fiktive Sterne. Ganz offensichtlich stimmt das zumindest im Hinblick auf die Hauptbestandteile der Gezeiten, denn die kreisförmigen Umlaufbahnen des Mondes um die Erde und der Erde um die Sonne sorgen für die größte Bewegung. Doch dank Laplaces Kniff können wir uns jede Abweichung so vor Augen führen. Wir sind beispielsweise in der Lage, die eigentlich elliptische Form dieser Umlaufbahnen getrennt von anderen Unregelmäßigkeiten zu betrachten. Die Abweichungen der Umlaufbahnen von Mond und Erde könnten also als Auswirkung zweier fiktiver Sterne konzipiert werden. Das Gleiche gilt für Veränderungen in der Mondposition gegenüber dem Äquator der Erde, für die vom Planeten

Erde selbst auf das Wasser an seiner Oberfläche ausgeübte Anziehungskraft und sogar für die Auswirkungen der Tatsache, dass die Erde keine ideale Kugel ist und nicht überall dieselbe Dichte besitzt. Ja selbst die winzige Anziehungskraft, die das von den Gezeiten bewegte Wasser auf den Rest des Meeres ausübt, konnte durch ein solches Modell einzeln berechnet werden.

In der Bay of Fundy sorgt der Mond nur für etwa zwölf Meter Tidenhub. Die restlichen vier Meter haben andere harmonische Ursachen. Auf Tahiti dagegen liegt der Mondanteil an den Gezeiten fast bei null, und was an Gezeiten sichtbar ist, beruht auf der Anziehungskraft der Sonne. Überall auf der Welt lassen sich die Gezeiten so in harmonische Bestandteile zerlegen. Tatsächliche Messwerte können in der harmonischen Analyse nicht nur auf die halb- beziehungsweise ganztägigen Mond- und Sonnengezeiten hin untersucht werden, sondern auch auf monatliche und jährliche Einflüsse von Sonne und Mond sowie auf andere Faktoren (und deren Obertöne). Der Bestandteil mit der längsten Periode (18,6 Jahre!) resultiert aus der Bewegung der Bahnebene des Mondes im Verhältnis zur Ekliptik der Erde. Eine vollständige, genaue Vorhersage der Gezeiten für einen bestimmten Ort ist also auf der Basis von Messungen aus neunzehn Jahren möglich.

Mitte des 19. Jahrhunderts lagen diese Daten für viele Orte auf der ganzen Welt vor. Sie mussten nur noch analysiert werden. Mit den heutigen Computern wäre das eine leichte Aufgabe, doch 1867 richtete die Britische Gesellschaft zur Förderung der Wissenschaften einen eigenen Ausschuss ein, um die Rechenarbeit zu bewältigen. An der Spitze stand William Thomson, der spätere Lord Kelvin, einer der begabtesten Forscher seiner Zeit. Schon mit zehn Jahren studierte er an der Universität Glasgow, wo er später auf den Lehrstuhl für Naturphilosophie berufen wurde, den er über ein halbes Jahrhundert lang innehatte. Nach seinem Tod 1907 wurde er neben Isaac Newton in der Abtei von Westminster begraben.

Thomson ist in vielerlei Hinsicht das Urbild des Wissenschaftlers im 19. Jahrhundert: getrieben von der Neugier, aber immer bemüht, seine Arbeit in den Dienst praktischer Fortschritte zu stellen. Er formulierte sowohl den ersten Hauptsatz der Thermodynamik als auch den Energieerhaltungssatz und entwickelte das Konzept der absoluten Temperatur, die auch heute noch in Kelvin gemessen wird. Für die Erfindung von Maschinen und Kühlgeräten waren seine Ideen wichtig, und Thomsons Wissen auf dem Gebiet des Elektromagnetismus ermöglichte die Verlegung von Telegrafenkabeln auf dem Meeresboden des Atlantiks. Auf ihn berufen konnten sich auch jene, die in den Naturwissenschaften nach moralischer Orientierung suchten und sich von dem Satz anspornen ließen, dass keine Energie verlorengeht. Deprimiert haben mag sie allerdings das kurze Zeit später entwickelte Konzept der Entropie, das im zweiten und dritten Hauptsatz der Thermodynamik formuliert ist, denen zufolge jede Art von Arbeit letztlich umsonst ist.

Auch nach Jahren mühevoller Rechentätigkeit war kaum etwas geschafft, und so erfand Thomson die »Tide-predicting machine«, eine frühe, analoge Gezeitenrechenmaschine. Auf der Basis von Telegrafentechnologien konstruierte er aus miteinander verbundenen Scheiben, Zylindern und Messingkugeln einen Apparat, der eher einem abstrakten Kunstwerk als einem Computer glich. Die mechanische Rotation der Messingteile ermöglichte die Analyse der ersten beiden harmonischen Gezeiten durch mathematische Integration. »Ziel der Maschine ist es«, so Thomson, »das Gehirn durch Messing zu ersetzen und dadurch die große mechanische Arbeit an der Berechnung der Elementarbestandteile aller Gezeitenbewegungen voranzubringen.« Indem er einige dieser Gerätschaften miteinander verband, schuf Thomson eine sechs Meter lange Maschine, die fünf wichtige Bestandteile der Gezeiten gleichzeitig berechnen konnte.

Später übernahm Charles Darwins zweiter Sohn George das Projekt. Dieser interessierte sich vor allem für die Erdgeschichte. Ein wissenschaftlich genaues Bild der frühen Erde mit ihren kürzeren Sonnentagen und Monaten und ihren stärker ausgeprägten Gezeiten war seiner Ansicht nach auf ein Grundverständnis dieser angewiesen. 1883 gelang es ihm, alle harmonischen Bestandteile so zu analysieren, dass eine praxistaugliche Gezeitentafel möglich wurde. (Eine stark vereinfachte Übersicht finden Sie in der folgenden Tabelle.) Die Gesamtzahl der Bestandteile ist sehr groß – um sie kennzeichnen zu können, sind die meisten lateinischen und darüber hinaus viele griechische Buchstaben nötig. Die Landung der Alliierten in der Normandie 1944 wurde auf der Basis von Gezeitenberechnungen geplant, die elf harmonische Bestandteile enthielten. Moderne Gezeitentafeln enthalten zwischen sechzig und einhundert davon.

Bestandteil	Symbol	Periode	Ausprägung
Lunar halbtägig	M_2	12,4 h	Hieran denken wir, wenn wir uns die Gezeiten vorstellen: die zweimal täglichen Höchst- oder Tiefststände. M_2 ist normalerweise für die Hälfte des sichtbaren Tidenhubs verantwortlich, die andere Hälfte ergibt sich aus den untengenannten Bestandteilen in jeweils unterschiedlicher Zusammensetzung. Warum heißt dieser Bestandteil also nicht eigentlich M_1? Weil die Ziffer stets die ungefähre Zahl der täglichen Gezeitenzyklen angibt.
Lunare Harmonische	M_4, M_6 usw.	6,2 h, 4,1 h usw.	Diese harmonischen »Obertiden« der lunaren Hauptgezeit entsprechen den musikalischen Obertönen. Sie tragen zu der oft beobachteten Asymmetrie der Gezeiten in flacheren Gewässern bei, wenn, wie im Extremfall bei den Boren, das Wasser sehr schnell steigt, aber nur langsam wieder sinkt. Stauwasser, also verlängerte Fluthöchststände, wie man sie im Solent oder bei Southampton kennt, sind nicht, wie man früher dachte, das Ergebnis zweier kurz nacheinander auftretender Zuflüsse aus verschiedenen Richtungen, sondern beruhen auf dem (Beinahe-)Zusammenfall von Hauptgezeit und diesen Obertiden.
Lunar elliptisch halbtägig	N_2	12,7 h	Hier drückt sich die Ellipse der Mondumlaufbahn aus. Dieser Bestandteil erklärt, warum einige Springtiden höher sind als andere: Wenn Sonne und Mond sich auf einer Linie befinden und der Mond relativ weit entfernt ist (im Apogäum steht), steigt die Flut weniger hoch, als wenn er erdnäher ist (im Perigäum steht).

Bestandteil	Symbol	Periode	Ausprägung
Lunar täglich	K_1, O_1	23,9 h, 25,8 h	Hier zeigt sich, dass die Bahnebene des Mondes schräg zur Bahnebene der Erde steht und dass die Ebene, auf der sich die Erde um sich selbst dreht, schräg zu jener Ebene steht, auf der sie sich um die Sonne dreht. Sichtbar wird das an der veränderlichen Höhe (Deklination), bis zu der Mond und Sonne am Himmel aufgehen. Dank dieser Bestandteile sind die zwei täglichen Hoch- und Niedrigwasserhöhen besonders in gemäßigten Klimazonen jeweils unterschiedlich.
Solar halbtägig	S_2	12,0 h	Weil die Sonne nur knapp halb so viel (46%) wie der Mond zu den Gezeiten beiträgt, ist der Einfluss dieses Bestandteils normalerweise relativ klein. Alle vierzehn Tage befindet sich dieser Zyklus im Einklang mit der Phase der lunaren halbtägigen Hauptgezeit M_2. Die Verschiebung der beiden Phasen erleben wir als den Wechsel zwischen Spring- und Nipptiden. Die höchsten Springtiden treten oft um die Tagundnachtgleichen (21. März und 23. September) auf, wenn S_2 am größten ist. In den Teilen der Meere, wo die Mondzeit klein ist, trägt dieser Bestandteil am meisten zu den Gezeiten bei. Sie erreichen ihre Höchststände hier jeden Tag etwa um dieselbe Zeit.

Sobald die Gezeitenberechnung einmal automatisiert war, begann man natürlich, auch über eine automatisierte Gezeitenvorhersage nachzudenken. William Thomson baute 1872 die erste Maschine zu diesem Zweck, die bereits zehn wichtige harmonische Bestandteile berücksichtigte. Später gründete er eine Firma, die diese Geräte produzierte und an viele Regierungen weltweit verkaufte.

Die analogen Maschinen des späteren 19. Jahrhunderts sind oft deshalb so attraktiv, weil sie die physikalischen Kräfte, mit denen sie umgehen, veranschaulichen. Anders als die undurchsichtigen digitalen, elektronischen Geräte von heute machen sie nicht nur Angaben, sie stellen auch etwas dar. Gewichte stellen gemessenes Gewicht als tatsächliche Körper dar. Ein Uhrwerk macht die Regelmäßigkeit vergehender Zeit sichtbar. Auch die Geräte zur Vorhersage von Gezeiten können uns etwas vor Augen führen, was sonst in der trockenen Mathematik harmonischer Bestandteile unterginge.

Ich hatte gehofft, mir einige dieser frühen Geräte in den Laboratorien des National Oceanography Centre in Liverpool anschauen zu können, wo viele von ihnen gebaut wurden. Doch erfuhr ich dort, dass das Prachtstück gerade in einem Hinterzimmer des städtischen Museums in tausend Stücke zerlegt wurde und restauriert wird. Dafür sah ich schließlich ein Schwestermodell in der Eingangshalle des Hydrographischen Dienstes des norwegischen Amtes für Kartographie in Stavanger. Die Maschine ist Baujahr 1939, wurde noch vor Ausbruch des Zweiten Weltkriegs bestellt, aber erst nach dessen Ende geliefert. Sie unterscheidet sich kaum von Thomsons ersten Geräten.

Das schöne Ding steht in einer langen Mahagonivitrine, die eine ganze Wand einnimmt. Glänzende Zahnräder sind reihenweise auf zwei Kurbelwellen angebracht – ich sehe sie von der Seite. Eine darüberliegende Reihe von Rillenscheiben ist über feine Metallstangen mit ihnen verbunden. Diese Scheiben drehen mir ihr Gesicht zu. Sie wirken wie die Scheiben in einer Armbanduhr, nur viel größer. Um jede ist ein Metalldraht gespannt. An einem Ende ist er fest, während das andere, lose Ende mit einem beschwerten Stift verbunden ist, der auf einer Papierrolle aufliegt, die auf einer Schreibtrommel steckt. Der ganze Mechanismus wirkt wie das Symbol der Sorgfalt. Endlich kann ich mir vor Augen führen, wie das Steigen und Fallen von Wasser sich tatsächlich aus einer Anzahl exakt zyklischer Oszillationsbewegungen zusammensetzt, wie mir Experten schon so lange versicherten. Die Zahnräder berechnen, welchen Anteil die verschiedenen – wirklichen und *fiktiven* – Himmelskörper aufgrund ihrer jeweiligen Gravitationskräfte an den Gezeiten haben, doch in ihrer glänzenden Kreisförmigkeit scheinen sie

mir auch die schwebende Gegenwart jener Körper am Himmel selbst zu symbolisieren. Die Metallstäbe, die Zahnräder und Rillenscheiben miteinander verbinden, übersetzen Kreisbewegungen in ein Drücken und Ziehen, aus dem sich eine Art Schaubild der verschiedenen Kräfte ergibt.

Die einzelnen Zahnräder auf der Welle sind unterschiedlich groß, und sie sind, wie mir gleich auffällt, mit den Symbolen der verschiedenen harmonischen Bestandteile versehen: M_2, S_2, N_2, K_2, V_2, μ_2 und so weiter. Ihre Rotation steht in einem festen Verhältnis zur Periode eines harmonischen Bestandteils. (Das ausgefeilteste je gebaute analoge Gerät zur Vorhersage der Gezeiten, das sich im Bundesamt für Seeschifffahrt und Hydrographie in Hamburg befindet, berücksichtigte sage und schreibe zweiundsechzig Bestandteile.) Ich drehe am Griff, und die Zahnräder setzen sich in Bewegung, um die Rillenscheiben in reiner, harmonischer Bewegung nach oben und wieder nach unten zu verschieben. Mit jeder Bewegung einer Rillenscheibe verändert sich die Auslenkung des Drahtes, an dem der Stift befestigt ist. So hält der Stift ohne jede explizite Berechnung Sekunde für Sekunde automatisch das Gesamtergebnis aller Einflüsse auf der Papierrolle fest.

Dank solcher Maschinen ließen sich zukünftige Gezeiten an einem Hafen einfach dadurch vorhersagen, dass die Zahnräder so angeordnet wurden, wie es dem örtlichen Anteil der verschiedenen harmonischen Bestandteile entsprach. Die Anteile waren durch jahrelange Messungen der Gezeiten längst bekannt. Der Stift zeichnete zukünftige Hochwasserhöhen so weit auf, wie der Bediener der Maschine den Griff drehte. Nur mussten die Werte noch per Hand in die gebräuchlicheren Gezeitentafeln übertragen werden. Wer Werte für einen anderen Hafen ermitteln wollte, musste einfach die Zahnräder entsprechend anders anordnen. »Das war sterbenslangweilig«, sagt Tor Tørresen, der als Ingenieur in Stavanger arbeitet, und seine Stimme drückt Mitleid aus. Wenn ich mir seinen weißen Bart ansehe, kann ich mir denken, dass er sich an diese noch gar nicht so lange zurückliegende Zeit vor den modernen Computern genau erinnert.

Geheime Landung

Port-en-Bessin-Huppain, Normandie

	NW	HW	NW	HW
5. Juni 1944	03:45	09:00	16:06	21:19
	1,8 m	6,5 m	1,7 m	6,8 m
6. Juni 1944	04:32	09:35	16:52	21:52
	1,6 m	6,7 m	1,6 m	7,0 m

Die großartigen, alten Maschinen erwiesen sich bei der Landung der Alliierten in der Normandie im Juni 1944 als sehr nützlich. Die Strände waren durch Panzersperren und andere Verteidigungsanlagen gut gesichert. Die deutsche Wehrmacht ging davon aus, dass Angreifer, die über das Meer kamen, zur Landung bei Ebbe gezwungen wären und sich den langen Weg über den sanft ansteigenden Strand bahnen müssten, wo Scharfschützen leichtes Spiel mit ihnen hätten. Aufgrund des beträchtlichen Tidenhubs an der französischen Nordküste vermuteten die Alliierten aber, dass eine außergewöhnlich hohe und weiter steigende Flut Tausende Landungsboote über die Hindernisse hinwegheben und die Truppen weit den Strand hinauftragen könnte. Die Landungsboote selbst würden sich dann noch während der Flut wieder in Sicherheit bringen. Ein solcher Plan konnte nur Erfolg haben, wenn man wusste, wann genau an jedem der einzelnen Strände Flut herrschte, denn wer zu früh eintraf, musste vor der Küste warten und verspielte seine Chance auf einen Überraschungsangriff, und wer zu spät kam, hatte gegen ablaufendes Wasser zu kämpfen und riskierte, sich in den deutschen Verteidigungsanlagen zu verhaken. Wenn die Landung aus irgendeinem Grund verschoben werden musste, böte sich die nächste Gelegenheit erst zwei Wochen später, bei der nächsten hohen Springtide, wenn die Deutschen vielleicht schon Wind von der Sache bekommen hätten.

Erstaunlicherweise griff man bei der für den weiteren Kriegsverlauf so wichtigen Planungsaufgabe auf ein 1872 noch nach Thomsons eigenen Entwürfen gebautes Vorhersagegerät zurück. Während des Krieges durften in Großbritannien keine Gezeitentafeln veröffentlicht werden, denn man wollte etwaigen deutschen Angreifern nichts Nützliches an die Hand geben. Messwerte aus den üblichen Häfen wurden aber weiterhin gesammelt und Vorhersagen für künftige Jahre weiterhin erstellt. Arthur Doodson vom Liverpooler Gezeiteninstitut, einem Vorläufer des National Oceanography Centre, war die Koryphäe auf diesem Gebiet und Thomsons und Darwins würdiger Nachfolger. Er erhielt Anfang 1944, als ein alliierter Angriff auf Frankreich denkbar wurde, harmonische Daten für verschiedene, nur durch Codenamen identifizierte Orte, mit der Bitte, die für einen Einmarsch benötigten Vorhersagen zu erstellen.

Allgemein bekannt ist, dass US-General Dwight D. Eisenhower eine

Verschiebung des Angriffs um einen Tag anordnete, damit die durch einen Sturm aufgepeitschte See sich beruhigen konnte. Weniger stark im allgemeinen Bewusstsein verankert ist, dass die Gezeitenanalyse ein nur dreitägiges Zeitfenster aufgezeigt hatte. Nur am 5., 6. und 7. Juni würden morgens die nötigen Hochwasserhöhen erreicht werden, die es den Landungsbooten erlaubten, im Schutze der Dunkelheit weit vorzudringen. Der für den deutschen »Atlantikwall« verantwortliche Feldmarschall Erwin Rommel ging ausweislich seines Tagebuchs davon aus, dass die Flut schon am 6. Juni für eine morgendliche Invasion nicht mehr hoch genug steigen würde. Er war sich dieser Sache offenbar so sicher, dass er die Gegend an jenem Morgen verließ, um den Geburtstag seiner Frau zu feiern. Die eintägige Verschiebung hat also wohl zum Erfolg des Angriffs beigetragen.

Auf alliierter Seite war die Bedeutung der Gezeiten für den Plan offenbar nicht jedem klar, genauso wenig wie die nach den vorhergesagten Wasserhöhen gestaffelten Landungszeiten für die verschiedenen Strände. Laut Antony Beevors maßgeblichem Werk über den »D-Day« wollte General Leonard Gerow – Kommandeur des V. US-Corps, das zwischen Isigny-sur-Mer und Bayeux am sogenannten Omaha Beach landen sollte – mit der Invasion bei Ebbe beginnen, damit seine Männer im Schutze der Dunkelheit mehr Zeit hätten, den Strand hinauf Wege freizuräumen. Gerow erhielt durch seine Männer Zuspruch, doch Eisenhower und andere alliierte Kommandeure bestanden auf einer Landung um 6:30 Uhr, deutlich nach Sonnenaufgang, bei kräftig steigendem Wasser.

Das erste Omaha-Landungsboot machte sich um 5:20 Uhr bei sturmbedingt hohem Wellengang auf die gut einstündige Reise. Viele Soldaten waren seekrank, ihre Boote stanken schnell nach Erbrochenem. Etwa ein Dutzend Boote wurde überspült oder kenterte, doch die anderen entluden Männer und Material knapp fünf Kilometer vor der Küste – weit genug weg vom Festland, um nicht zu stranden. Siebenundzwanzig von zweiunddreißig zu Schwimmpanzern umgerüstete Sherman-Panzer waren allerdings sofort unbrauchbar. Viele Panzer- und Infanteriesoldaten konnten nicht schwimmen und ertranken. »Da trieben Tote auf dem Wasser, und manche, die noch lebten, stellten sich tot und ließen sich vom Wasser an Land spülen«, erinnert sich ein Beteiligter. Der Kommandant eines Landungsbootes, Sub-Lieutenant Hilaire Benbow, hatte das Signal von 6:30 Uhr nicht erhalten und erreichte die

Verteidigungsanlagen verspätet, als das Wasser schon sehr hoch stand. »Wir hätten landen sollen, als das Wasser noch vor den Hindernissen stand, vor den ganzen Stäben und Kreuzen und so, aber wegen der Verzögerung hatte das Wasser sie schon überspült, und wir standen mittendrin und mussten die Truppen durchbringen.« Benbows Boot lief auf eine Sandbank auf, und seine Männer suchten Zuflucht im Wasser, das ihnen bis zum Hals stand, aber für kurze Zeit Schutz verhieß. Währenddessen begann die Beseitigung von Hindernissen – ein Kampf gegen die Zeit und unter deutschem Beschuss. »Das Wasser stieg, und wir rannten hin und her«, berichtete ein Soldat. »Eben stand uns das Wasser noch an den Knöcheln, dann schon an den Achseln«, erzählte ein anderer. Ein etwa dreißig Meter breiter Streifen konnte für spätere Landungsboote freigeräumt werden, dann zwang das Wasser die Soldaten zum Aufhören. Viele weitere Lücken waren eingeplant gewesen, doch das Wasser hatte die Hindernisse nun völlig überspült. Die Deutschen verteidigten ihre Stellungen verbissen, und mehr als zweitausend Amerikaner fielen beim Vormarsch auf dem Strand.

Omaha war der zweite von fünf Stränden, den die Alliierten sich für die Invasion ausgesucht hatten. Weiter westlich lag Utah, wo ebenfalls Amerikaner landen sollten. Östlich von Port-en-Bessin-Huppain und Arromanches-les-Bains lagen die britischen und kanadischen Strände Gold, Juno und Sword, wo die Flut ihren Höchststand über eine Stunde später als bei Utah erreichte. Hier lief es für die Alliierten besser. Am Utah Beach spielte ihnen das auflaufende Wasser in die Hände, das die Landungsboote gut anderthalb Kilometer südlich der geplanten Position auf einen sehr viel weniger stark befestigten Strandabschnitt brachte. Unter ruhigeren Bedingungen ging kein Boot verloren. An den südlicheren Stränden ähnelten die Wasserbedingungen denjenigen am Omaha Beach, aber der Befehl, Panzer Tausende von Metern vor der Küste zu Wasser zu lassen, wurde hier ignoriert. Die Landungsbootkommandanten drangen weiter Richtung Strand vor und verloren sehr viel weniger Material.

»Die Invasion in der Normandie kann als größter Erfolg der großen, schönen Messingmaschinen gelten«, sagt der amerikanische Gezeitenforscher Bruce Parker. Die Vorhersagen bedeuteten auch einen Sieg der Erfahrung und des Gespürs von Experten. Die Alliierten wussten nicht genug über die harmonischen Bestandteile, um sich von der Liverpooler Maschine genaue Daten für die Gezeiten an den Invasionsstränden liefern zu lassen. Sie besaßen nur Messwerte für die großen Häfen von Cherbourg und Le Havre, die jeweils fünfzig Kilometer in die eine oder andere Richtung entfernt lagen. (Port-en-Bessin-Huppain, von wo die am Beginn dieses Abschnitts angegebenen Zeitpunkte stammen, war damals eine wenig bedeutsame Station, die ihre Gezeitendaten einfach über den Daumen peilte, indem sie von den Werten für das weiter östlich gelegene Le Havre ein paar Minuten abzog und den örtlichen Gegebenheiten keine Beachtung schenkte.) Auch die mit kleinen Booten und U-Booten zuvor durchgeführten Erkundungsmissionen, die bei vielen Beteiligten sicher aufregende Erinnerungen an Childers' Spionageroman *Das Rätsel der Sandbank* hervorgerufen hatte, lieferten nicht die umfassenden Daten, die für eine zuverlässige Voraussage nötig waren. In den Monaten vor dem D-Day schickte die Admiralität Arthur Doodson trotzdem regelmäßig Angaben zu harmonischen Konstanten und bat ihn, sie in seine Maschine einzugeben, ohne dass er je die Namen der für die Landung vorgesehenen Orte erfuhr. Erst nach dem Krieg gestand er, dass er sich trotz der Geheimhaltung allein aufgrund der ihm zur Verfügung gestellten Informationen zusammenreimen konnte, um welche Strände es sich handelte.

Nicht nur an Orten mit großem Tidenhub wie der Küste der Normandie müssen solche Daten bei der Planung von Militäraktionen berücksichtigt werden. Der amerikanische Angriff auf das japanisch besetzte Atoll Tarawa (eine der nahe am Äquator im Pazifik gelegenen Gilbertinseln, die heute zum Inselstaat Kiribati gehören) ging beinahe schief. Für die Kriegsschauplätze mitten im Pazifik sollte die amerikanische Behörde für Küsten und Geodäsie die Gezeitenvorhersagen erstellen, aber die einzelnen Orte, für die es zuverlässige Daten gab, lagen viel weiter auseinander als am Atlantik. Auf Tarawa beträgt der Tidenhub wie auf vielen pazifischen Inseln weniger als zwei Meter, und man könnte eigentlich guten Gewissens davon ausgehen, dass die Gezeiten bei der Planung keinen wichtigen Faktor darstellten. Trotzdem bemühten sich die Amerikaner vor dem Angriff im November 1943 um relevante Informationen. Leider war der nächstgelegene Hafen, für den brauchbare Messwerte verfügbar waren, das zweitausend Kilometer und damit viel zu weit entfernte Samoa. Andere Messstationen waren noch weiter weg und lagen oft auch in Regionen mit anomalen Gezeiten.

Der mehrmals verschobene Angriff wurde schließlich für den 20. angesetzt, zufälligerweise ein Tag nach einer Nipptide während eines Mond-Apogäums. Die Flut würde also besonders klein ausfallen, da der Mond sehr weit von der Erde entfernt war und die Schwerkräfte von Mond und Sonne gegeneinander wirkten. Die Amerikaner hatten vor, die Insel auf der weniger stark befestigten Seite anzugreifen, wo sich eine Lagune mit Korallenriff befand. Die Boote sollten über das Riff in die Lagune vordringen. Wie schon in der Normandie hielt man eine Landung am frühen Morgen für empfehlenswert. Man ging davon aus, dass das steigende Wasser die Truppen über das Riff heben und eine zweite Angriffswelle bei der folgenden Flut ebenfalls noch in den Genuss von Tageslicht kommen würde. Aus zuverlässigen Quellen waren die Amerikaner gewarnt worden, dass die Flut an jenem Tag eine Auslenkung von kaum mehr als einem Meter besitzen würde und die Landungsboote also auf dem Riff auflaufen könnten. Einige Tage später bestünde die Chance, dass höhere Wasserstände dem Unternehmen größeren Erfolg einbrächten. Doch die Militärführung entschied, die Meinung der Männer vor Ort zu ignorieren. So verkleideten die Marineinfanteristen die Unterseite der Boote mit Metallplatten und warteten auf den Befehl zum Angriff. Der erging schließlich, und am Morgen des Vorstoßes trugen zunächst einige Boote mit wenig Tiefgang einen kleinen Voraustrupp über das Riff. Die folgenden Transportschiffe, die mehr Tiefgang hatten, blieben stecken, sodass die Marinesoldaten von Bord gehen und die Lagune unter japanischem Feuer durchschwimmen oder -waten mussten. Erst drei Tage später kamen die Schiffe wieder frei, die inzwischen völlig zerschossen waren. Die Eroberung der Insel kostete auf amerikanischer Seite über eintausend Menschenleben.

Weil sie kaum glauben konnte, dass das Wasser sie im Stich gelassen hatte, verbrachte die amerikanische Navy die nächsten Monate auf Tarawa mit neuen Gezeitenmessungen. Im Großen und Ganzen bestätigten sie die ursprünglichen Voraussagen. Nur konnte es bei einer so niedrigen Flut sein, dass der genaue Zeitpunkt des Höchststandes ebenso wie die Wege, auf denen Wasser auf- und ablief, von externen Faktoren wie lokalen und vorübergehenden Wetterbedingungen entscheidend beeinflusst wurden. Die Einheimischen nannten das eine »schwänzende Flut«. Einige rückblickende Darstellungen des Kampfes um die Gilbertinseln geben Hinweise darauf, dass das »Scheitern« der Flut zum Gegenstand einer Untersuchung wurde. Andere Quellen bestreiten das. Eine Biographie von Konteradmiral Richard Turner, dem Befehlshaber jenes Angriffs, versucht geradezu verzweifelt, ihn von jeder Schuld freizusprechen: »Wie bei so vielen plötzlichen Veränderungen in der natürlichen Welt gilt auch hier: Der Mensch denkt, Gott lenkt. Die Flut ist plötzlich und dramatisch gescheitert.«

MITFAHRGELEGENHEITEN

Die Knutts kommen

Im Winter kommen Tausende Knutts zum Mündungsgebiet Wash, um sich an der Üppigkeit im Watt zu laben. Die mittelgroßen Stelzvögel sind ziemlich unauffällig, untenherum weiß, mit sandfarbenem Rücken. Während der Brutzeit färbt sich ihr Federkleid kräftig rostrot, aber das passiert in der kanadischen Arktis oder in anderen kälteren Klimazonen, wo die Vögel den Sommer verbringen, wir sehen es recht selten. In Großbritannien fällt der Knutt eher deshalb auf, weil er in so großer Anzahl vorkommt. Riesige Schwärme zeigen über ihren Futterplätzen eine faszinierende Luftschau, hier in meiner Norfolker Heimat ebenso wie in den Mündungsgebieten von Severn und Themse, in Morecambe Bay und in anderen Gegenden, wo die Ebbe ausreichend breite Flächen Schlick freilegt. Wer dieses Verhalten beobachten will, braucht eine Gezeitentafel, weil es sich nur gegen Ende der Flut abspielt, wenn das Wasser aufläuft und auch den letzten Rest Schlick überspült. In dieser ein- bis zweistündigen Flutzeit verstecken sich die Vögel in höhergelegener Vegetation, bevor sie noch einmal zum Fressen zurückkehren. Einmal wurden während der Flut auf der westlichen Uferseite des Wash, bei Snettisham in Norfolk, fünfundvierzigtausend fliegende Vögel gesichtet.

Das Verhalten der Knutts ist eigenartig. Manche Stelzvögel fliegen einzeln, in zeitlichen Abständen voneinander ab, wenn das Wasser kommt oder geht. Andere, zum Beispiel die Austernfischer, kehren der kommenden Flut den Rücken und gehen wie niedergeschlagen – so scheint es – im selben Tempo wie das steigende Wasser den schlammigen Hang hinauf. Das geht bei den Knutts vielleicht deshalb nicht, weil sie sich zu dicht aneinanderdrängen. Sie wenden sich also dem auflaufenden Wasser zu und fliegen erst im letzten Moment davon, wenn die Flut bereits ihre Beine umspült und fast schon ihr unteres Federkleid nassmacht.

Ich beobachte, wie sie mit einer einzigen schwungvollen Bewegung wegfliegen, so wie sich der Vorhang bei einer Zaubershow öffnet. Der dichte Schwarm schwillt an und ab wie ein einziger, luftiger Organismus. Beim Fliegen verschmelzen die Vögel zuerst zu einer eiförmigen Wolke direkt über dem Wasser, bevor sie an Höhe gewinnen und immer ausschweifendere Formen annehmen – sie wirken wie eine gepixelte Flamencotänzerin. Es ist ein Spektakel, allerdings nicht einfach eine Zurschaustellung im biologischen Sinn, sondern ein Verteidigungsmanöver, das durch den Instinkt jedes einzelnen Vogels zustande kommt. Denn jeder will eine sichere Position im Innern des Schwarms erreichen, möglichst weit weg von der Außenseite, wo ein Wanderfalke ihn herauspicken könnte. Vielleicht erscheint diese einheitliche, bewegliche Masse, die uns als Zuschauer so fasziniert, den Raubvögeln wie eine furchterregende Kreatur. Während die sich ständig wandelnde Form wankt und taucht, changiert jeder Punkt zwischen hell und dunkel, wenn der einzelne Vogelkörper sich dreht. Dadurch funkelt die ganze, rauchähnliche Erscheinung. Die ganze Zeit über schreien die Vögel quiek-iek, und ihre Schreie steigern sich zu einem ohrenbetäubenden, schrillen weißen Rauschen.

Der Knutt wird seinem Artennamen *canutus*, den ihm 1758 der schwedische Naturforscher Carl von Linné verlieh, vollauf gerecht (vermutlich verdankt er diesen Namen nämlich dem dänischen König Knut dem Großen). Er hat keine Chance, die Flut aufzuhalten. Sobald er sich während des höchsten Flutstands ungefähr eine Stunde lang am Ufer ausgeruht hat, kehrt er zu seiner Aufgabe zurück, läuft unentwegt an der Flutlinie entlang, während das Wasser abläuft, und sucht nach Futter. Der wiederkehrende Schwarm benimmt sich nun weniger theatralisch als noch vor kurzer Zeit, als er sich erhoben hatte, und er hat es auch eiliger. Jetzt herrscht ein ständiger Andrang von Vögeln, die sich wie beschleunigte Teilchen im Tiefflug über das Sumpfgebiet bewegen, um sich, sobald er freiliegt, auf dem frischsten Schlick niederzulassen. Die Knutts verteilen sich an der Wasserlinie, die ständig in Bewegung ist. Diese Vögel sind tastempfindliche Fresser, die mit ihrem Schnabel Vibrationen im Schlickwatt aufnehmen und so verborgene Weichtiere aufspüren. Sie fressen kleine Miesmuscheln und Herzmuscheln, mögen aber ganz besonders gern die Baltische Plattmuschel, *Macoma balthica*, und die kleine Gemeine Wattschnecke, *Hydrobia ulvae*. Die Plattmuschel lebt im Schlick im unteren Teil des Watts und unterhalb der mittleren Niedrigwasserlinie, wo sie mit einem Einströmsipho Nährstoffe von der nassen Oberfläche holt. Die Gemeine Wattschnecke hingegen hält sich im oberen Teil des Watts auf und ernährt sich von Seegräsern und organischem Abfall wie den vermodernden Überresten von Meerestieren und Fäkalien, aus denen sie ihr Protein gewinnt. Diese örtliche Trennung der Hauptnahrungsquellen spiegelt sich im Fressverhalten der Knutts wider: Wenn die Flut steigt oder abflaut, picken sie in den höhergelegenen Teilen des Watts Schnecken von der Oberfläche, während sie bei Ebbe im Schlick der unteren Wattregion nach Plattmuscheln stochern.

Verschiedene Watvögel haben unterschiedliche Geschmäcker. Sie verhalten sich daher anders zum Wasser. Während sich der Knutt genauso wie Knut der Große am Rand aufhält, watet der Alpenstrandläufer gerne seiner Beute ins Wasser hinterher. Säbelschnäbler benutzen ihren nach oben gebogenen Schnabel, um in sehr seichtem Wasser nach Seeringelwürmern und Garnelen zu suchen. Austernfischer können mit ihrem Schnabel wie mit einem Presslufthammer die härteren Schalen von Napfschnecken durchbrechen. Ich habe sogar gehört, dass unvorsichtige Vögel gelegentlich von den Schalen ihrer erhofften Beutetiere wie in einem Schraubstock eingeklemmt und gnadenlos festgehalten werden und ertrinken, wenn die Flut zurückkommt. In der Bay of Fundy machen bis zu zwei Millionen Sandstrandläufer auf ihrem Zugweg Pause, um sich an Schlickkrebsen gütlich zu tun, die sich hier wegen des außergewöhnlichen Tidenhubs schneller entwickeln, was wiederum für die Vögel eine zuverlässigere Futterquelle darstellt.

In allen Fällen richtet sich das Verhalten der Vögel hauptsächlich nach Ebbe und Flut. Vögel und ihre verschiedenen Beutetiere sind von diesen Lebensräumen oft stark abhängig, deshalb sollten wir uns große Sorgen machen, wenn Staudämme oder andere Eingriffe vorgeschlagen werden, die Ebbe und Flut beeinflussen können. Das Ritual der Knutts – Fressen, Schwärmen, Schlafen, die Rückkehr zum Futterplatz – wiederholt sich, und zwar nicht zur gleichen Zeit, sondern jeden Tag eine knappe Stunde später, weil es vom Zyklus der Gezeiten beeinflusst wird. Vielleicht kommt die Flut nach einigen Tagen erst bei Einbruch der Dunkelheit, dann können die Knutts etwas länger schlafen und auf ihre Flugakrobatik verzichten, da ihre Feinde nur tagsüber jagen, aber in jedem Fall suchen sie nach Nahrung, ob bei Tag oder bei Nacht. Tierarten mit längeren Beinen und längeren Schnäbeln sind in der Lage, in etwas tieferem Wasser zu fressen. Sie sind also nicht so sehr auf den Gezeitenkreislauf angewiesen und fressen eher bei Tageslicht. Vögel, die nur tagsüber Nahrung aufnehmen, kommen ans Ufer, wenn ihnen der Wasserstand behagt, ansonsten suchen sie ihre vielfältige Nahrung auf den Feldern landeinwärts.

Das Watt ist ein einzigartiger Lebensraum, eine verdichtete Übergangszone zwischen den Lebensgemeinschaften des Meeres und des Festlands. In diesem Biotop gibt es reichlich Nahrung (Strabo beobachtete schon vor langer Zeit, dass die Muscheln an der spanischen Atlantikküste größer werden als ihre Vettern am Mittelmeer), sie sind aber durch Hitze, Kälte, Sonne und Wellen auch starken Belastungen ausgesetzt. Andere Lebensräume gibt es meist nur in einer einzigen Klimazone. Watt aber gibt es an jeder Küste, seine Grenzen ziehen die Gezeiten. Die von ihm ermöglichte Lebensweise findet sich überall auf der Welt, unabhängig von Klimaunterschieden.

Als ich die Küste auf und ab lief, fand ich in den schlammigen Meeresarmen in Norfolk feine Unterschiede in Vegetation und Mineralien vor. Diese Streifen sind an felsigen Ufern noch ausgeprägter. Hier zeichnet sich die Unterteilung in verschiedene Zonen auf jeder Oberfläche genau ab. Damit ist bildhaft bewiesen, dass Tier- und Pflanzenarten streng in Schichten eingeteilt sind, und zwar je nachdem, wie gut sie Meerwasser oder Luft vertragen. An einer solchen Küste beobachte ich, dass es sich beim obersten Streifen im Wesentlichen um Festlandgestein handelt. Seine Farbe ist ein klares Mittelgrau, auf ihm wächst grünes Moos, und die Guanokleckse zeigen, dass die Felsen den Seevögeln regelmäßig als Sitzgelegenheit dienen. Unterhalb dieses Abschnitts gibt es eine dunklere graue Schicht, die oben genauer umrissen ist als unten. Das ist die Spritzzone, die häufig von Salzwasser überlaufen wird, aber nicht regelmäßig unter Wasser steht. Kleine Algen geben ihr ihre eigene Farbe. An niedrigeren, weniger steilen Hängen hält sich an dieser Schicht angeschwemmter Seetang. Darunter befindet sich eine braune Ebene mit mehr Algen und Seetang, die jedes Mal überflutet wird. Der letzte Streifen, den ich erkennen kann, geht zur Niedrigwasserhöhe hin. Es handelt sich wieder um grauen Fels, der diesmal mit größeren Meeresorganismen wie Rankenfußkrebsen, Napfschnecken und größeren Seetangen besetzt ist. Nicht nur diese festsitzenden oder sessilen Gattungen, auch unzählige Insekten, Krabben, Küstenvögel und andere Geschöpfe, die innerhalb ihrer bevorzugten Bereiche auf Nahrungssuche herumhuschen, fügen sich in die Gliederung ein.

Diese vertikalen Zonen sind überall auf der Welt gleich, nur teils unterschiedlich breit, und manchmal wird eine Schicht gleichsam ausgelassen, weil die äußeren Bedingungen sie nicht entstehen lassen oder weil es einen Konkurrenzkampf zwischen Arten gibt. Aber eigentlich werden solche Konkurrenzkämpfe durch die hierarchische Lebensstruktur unterbunden. Die Größe einer Zone wird durch den Tidenhub bestimmt, wobei die obere Grenze einer Besiedlung dadurch festgelegt ist, wie gut die jeweilige Art die Trockenheit verträgt, während die Position der unteren Linie davon abhängt, ob Raubtiere wie der Seestern – der sich von Weichtieren ernährt, aber nur bis zur Niedrigwassergrenze vordringt, weil er außerhalb des Wassers nicht überleben kann – eindringen können. Diese Schichten sind genauso unbeweglich wie Ländergrenzen und können nur durch unglückliche Fügungen verschoben werden, dann aber auch nur ein wenig und für kurze Zeit. Bei Flut verbreitern beispielsweise schmetternde Sturmwellen die Spritzzone, während eine Trockenperiode bei Nipptide die Gattungen, die normalerweise an der mittleren Hochwasserlinie leben, vertrocknen lassen kann.

Es gibt zwangsläufig noch eine andere große Bedrohung für das Watt, nämlich den Menschen, der den reichhaltigen Lebensraum in vielen Teilen der Welt massiv bedrängt. Steigende Meeresspiegel greifen vom Meer her ein, was eine größere Rolle spielt, als man annimmt: Ein nur um einen einzigen Millimeter höherer Meeresspiegel kann landeinwärts bis zu einen Meter Erosion verursachen. Gleichzeitig tragen küstennahe Grundstückserschließungen vom Land her zur Erosion bei. Wenn beide Faktoren zusammentreffen, wird oft noch die Küste befestigt. Ein Betonwall tritt an die Stelle von breiten Wattenmeeren, Strand, Dünen und Sumpfland. Wo einst ein Lebensraum von einem oder zwei Kilometern Breite war, steht eine mehr oder weniger vertikale Mauer, die die Gezeitenzone auf ein paar wenige Meter zusammenstaucht.

Wettlauf der Grunions

La Jolla, Kalifornien

	NW	HW	NW	HW
22. April 1947	03:45	09:58	15:12	21:31
	-0,3 m	1,2 m	0,3 m	1,8 m

Andere Lebewesen haben in ihrer Entwicklung die Gezeiten noch viel raffinierter genutzt. Zum Beispiel läuft der Brutzyklus des kalifornischen Grunion genau zeitgleich zur Springtide ab, jener höchsten Flut, die sich im Zweiwochentakt bei Voll- und Neumond ereignet. Der Grunion ist ein kleiner, silbriger Fisch mit rochenartigen Flossen, der ungefähr so groß ist wie eine Sardine. In Frühlings- und Sommernächten beobachtet man an den feinsandigen Stränden von Kalifornien, wo sie sich zur Eiablage versammeln, bei Flut plötzlich Tausende dieser sich schlängelnden Lebewesen. Zuerst kommen die Männchen, die in der Brandung auf eine Welle warten, die sie hoch hinaus auf den Strand befördert. Von da treiben sie sich mit Flossen und Schwanz in heftigen Bewegungen im nassen Sand noch weiter den Strand hoch. Die Weibchen kommen bald nach und graben flache Nester, und zwar irgendwo auf den obersten Metern des Streifens, den die Flut erreicht. Die Eier eines Weibchens können von der Fischmilch mehrerer Männchen befruchtet werden, die danach sofort wieder ins Meer zurückkehren. Daraufhin steckt das Weibchen seinen Schwanz in den weichen Sand, laicht ab und macht sich ebenfalls auf den Weg zurück ins Meer. Ausgewachsene Weibchen können so mehrmals in jeweils zweiwöchentlichen Abständen, also im Einklang mit der Springtide Eier ablegen, wobei die Laichsaison in der Regel von März bis August dauert.

Oft kommen so viele Fische zusammen, dass sie übereinander hinwegkriechen müssen, um oben an den Strand zu gelangen und dann wohlbehalten wieder wegzukommen, bevor die Flut zurückgeht. Das »Grunionrennen« ist zur Attraktion geworden, und manchmal drängeln sich nachts auf dem Strand neben den Grunions auch die Naturfreunde.

Das Phänomen ist auch deshalb so gut erforscht, weil es unter anderem genau an dem Strand auftritt, der direkt vor der Scripps Institution of Oceanography im kalifornischen La Jolla liegt. »Es ist wirklich beein-

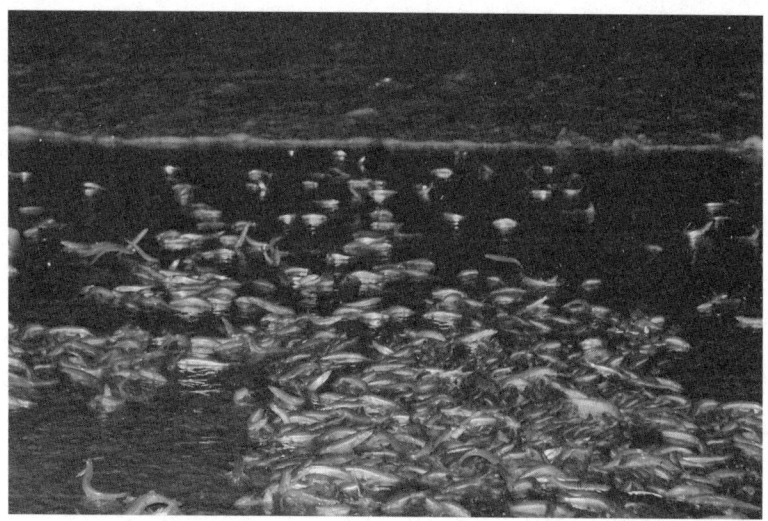

druckend, Hunderte Fische am Strand zu sehen und fünf Minuten später keinen einzigen mehr«, schrieb Boyd Walker, ein Meeresbiologe an der Scripps, der in den späten 1940er Jahren eine wegweisende Studie über das Grunionrennen durchführte.

Wissenschaftliche Beobachtungen haben ergeben, dass das Ereignis jeweils genau so angelegt ist, dass aus den Gezeiten der größtmögliche Vorteil gezogen werden kann. Das Rennen findet hauptsächlich an den Tagen direkt nach einem Voll- oder Neumond statt, wenn hohe Flutstände zu erwarten sind, aber eben nicht ganz so hohe wie bei der höchsten Springtide. In diesem kurzen Zeitraum nimmt die Flut jeden Tag ein bisschen ab, was die neugelegten Grunioneier davor bewahren kann, weggeschwemmt zu werden. Vielmehr werfen die anrollenden Wellen der folgenden Fluten Sand auf, der die Eier beschützt, indem er sie tiefer eingräbt. In den folgenden etwa elf Tagen werden die Eier im flachen, feuchten Sand bebrütet. Dabei spielen Sonnenwärme und Feuchtigkeit eine wichtige Rolle. (Eine Gattung Grunions aus dem Golf von Mexiko hat es sich angewöhnt, im mittleren Wattbereich zu laichen, weil die höhergelegenen Sandstreifen dort leicht austrocknen.) Nach elf Tagen kommen die ersten großen Wellen der nächsten Springtide. Diese Wellen schwemmen den Strand mit den Eiern langsam ab. Schon bald sind die Eier nicht mehr von behaglichem Sand umhüllt, sondern sie werden von den Wellen geschüttelt. Das ist für sie das Zeichen, als Larven zu schlüpfen und geschieht normalerweise unmittelbar vor dem nächsten Voll- oder Neumond, damit die Larven die besten Chancen haben, es während der nächsten, immer höheren Springtiden den Strand hinunter und ins Meer zu schaffen.

Und das ist noch nicht alles. Falls die nächsten Springtiden die bebrüteten Eier nicht erreichen sollten – zum Beispiel weil küstennahe Winde die Flut einschränken –, sind die befruchteten Eier imstande, das Schlüpfen um zwei oder sogar vier Wochen zu verzögern, bis eine bessere Flut kommt. Die Brutzeit anpassen zu können, ist eine nützliche Überlebensstrategie in einer Umwelt mit unvorhersehbaren Unregelmäßigkeiten. Der Grunion hat sich auch so angepasst, dass er den größtmöglichen Nutzen aus dem besonderen Gezeitenrhythmus seines kalifornischen Lebensraums ziehen kann. Die Gezeiten entlang der Küste besitzen eine starke halbtägige Ungleichmäßigkeit, Ebbe und Flut erreichen also an einem Tag meist zwei sehr verschiedene Höhen. Im Winter gibt es die höchste Flut am Tag, im Sommer dagegen in der Nacht. Deshalb finden das Laichen und das Schlüpfen im Schutz der Dunkelheit statt, was den Fischen und den Larven einen gewissen Schutz vor Raubtieren bietet, die den Strand unsicher machen.

Einige Meerestierarten wie Whitebait, Killifisch und Europäische Auster sind hinsichtlich ihres Brutzyklus ähnlich, allerdings weniger auffällig synchron mit den Springtiden. Winkerkrabben arbeiten sich uferabwärts vor, um bei ablaufendem Wasser im Gischt nach Futter zu suchen, bevor sie sich bei Flut in ihre Wohnhöhlen zurückziehen. Ihre Fortpflanzung richtet sich nach den Mondphasen. Paarung und Laichen finden während aufeinanderfolgender Springtiden statt, damit die frisch gelegten Eier vom Meer verteilt werden. Beim Grunion ist die Anpassung an die Gezeiten dermaßen ausgeprägt, dass man von einem evolutionären Wunder spricht. »Der Grunion ist in so vielerlei Hinsicht extrem genau auf die jeweils ortsspezifischen Gezeiten und Bedingungen am Strand eingestellt!«, staunte Boyd Walker. Daraus lässt sich nicht nur schließen, dass sich der Grunion hier entwickelt hat, sondern auch, dass die Gezeiten seither in seinem Lebensraum im Wesentlichen konstant geblieben sind.

Angesichts der Komplexität seines Paarungszyklus kann man sagen, dass der Grunion geschickt mit den Gezeiten tanzt. Einige andere Geschöpfe, bei denen man zuerst annimmt, dass sich ihr Verhalten nach den Gezeiten richtet, reagieren eher auf das wechselnde Mondlicht. Beispielsweise wachsen neue Skelettschichten bei den Hirnkorallen schneller bei Vollmond. Die Dicke dieser von den Mondphasen abhängigen Schichten erlaubt Rückschlüsse auf ihr Alter, fast wie bei den Jahresringen von Bäumen. Manche alten Korallen weisen Tages- oder Jahresschichten auf, auch solche, die mit dem Mondmonat zusammenhängen; daraus konnten Paläontologen ersehen, dass in der Devonperiode vor vierhundert Millionen Jahren ein Jahr vierhundert Tage lang war und dass jeder Tag nur ungefähr einundzwanzig Stunden hatte, da sich die Erde schneller drehte.

Vielleicht reagiert die Natur sogar auf noch längere Zyklen, zum Beispiel den sogenannten Mondstillstand, der regelmäßig alle 18,6 Jahre stattfindet, wenn der Winkel der Erdachse und der Winkel der Ebene der Mondbahn so zueinander stehen, dass der Mond in maximaler Höhe am Himmel leuchtet. Beispielsweise finden sich Muscheln im Watt zusammen und formen Betten, die die Lebenszeit der einzelnen Organismen, die mit zwanzig Jahren oder mehr schon erstaunlich lang ist, weit überdauern. Das obere Ende dieser Betten bewegt sich, wie man beobachtet hat, in so langen Zyklen auf und ab, wie die Weichtiere ohne Wasser überleben können.

In der Arktis versteht man schnell, dass das eigene Überleben damit zu tun hat, wie sensibel man auf Schwankungen reagiert, die andernorts unbedeutend sind, und deshalb sollte man diese subtilen, langfristigen gegenseitigen Abhängigkeiten in einem so stark verlangsamten Lebensraum beobachten können. In den 1930er Jahren reiste ein dänischer Zoologe namens Christian Vibe nach Grönland, um mehr über die rätselhaft langen Zyklen herauszufinden, die dort anscheinend das Leben von Rentieren und Kabeljau, Hasen und Heringen bestimmen, und um besser zu verstehen, was das für das Klima der Erde insgesamt bedeuten könnte. Er untersuchte die Populationszyklen verschiedener arktischer Tiere zusammen mit Aufzeichnungen von Pelzhändlern und anderen Unterlagen und glaubte, eine Verbindung zwischen ihrer Wanderung entlang des Breitengrads und dem 18,6-Jahreszyklus gefunden zu haben, wobei die von ihm behauptete Korrelation nach wie vor umstritten ist. Aufgrund des steigenden Interesses am Klimawandel gibt es heute eingehendere Studien zu Variationen in Tierpopulationen, allerdings muss man letztendlich so viele sich überlagernde Zyklen berücksichtigen (übrigens auch den elfjährlichen Sonnenfleckenzyklus), dass es schwer ist zu sagen, ob ein einzelnen Faktor entscheidend wichtig ist.

Die Kalendermethode

Eine Vielzahl von Tieren richtet sich nach dem Gezeitenzyklus. Lange bevor sie (*Silent Spring*) *Der stumme Frühling* berühmt machte, weil es eine frühe Warnung vor dem schädlichen Einfluss des Menschen auf die Umwelt war, arbeitete Rachel Carson als Meeresbiologin. In ihren ersten Büchern ging es um die Umwelt, in *Food from the Sea* zum Beispiel ausschließlich um die Delikatessen des Meeres, was heute ein Kopfschütteln auslösen könnte, da der Bestand so vieler Fischarten gefährdet ist. Ihr erstes Buch schrieb sie, als ihr klarwurde, wie ungeeignet ihr poetischer Stil für die eintönigen Fischereibroschüren war, für die sie bezahlt wurde. *Unter dem Meerwind* (*Under the Sea-Wind*) erschien 1941. Die Personifikationen sind mittlerweile in wissenschaftlichen Arbeiten unzumutbar, doch sie ermöglichen es Carson, die Entwicklung einzelner Vertreter verschiedener Gattungen von Meerestieren zu verfolgen. Sie gibt ihnen sogar Namen, als wären sie mythische Figuren.

Carson machte viele ihrer Beobachtungen auf den Barriereinseln der Outer Banks in North Carolina, wo inzwischen das Rachel-Carson-Schutzgebiet ausgewiesen ist, und sie beschreibt die schwarzen Scherenschnäbel, die man dort »Flutenmöwen« nennt, weil sie kleine Fische, die die Flut ins Flachwasser befördert, mit ihren kräftigen, roten, beim Fliegen offenen Schnäbeln aus dem Wasser holen. Wie die Knutts fressen diese Vögel bei jeder Flut, auch wenn das bedeutet, dass sie nachts jagen müssen. Die Killifische wiederum, Hauptbeute der Scherenschnäbel, nutzen die Flut als Mitfahrgelegenheit, um in die Wurzeln der Marschgräser vorzudringen, wo sie vor den Vögeln sicher sind, die nicht tief genug über das Gras fliegen können. Sie ernähren sich von Insektenlarven, die bei steigender Flut praktischerweise mit ihnen zusammen ins Trübwasser geschwemmt werden. Von Sumpfschildkröten bis zu Wasserflöhen zeichnet Carson das intime Gruppenporträt eines raffiniert austarierten Habitats, in dem alles vom Rhythmus der Gezeiten gesteuert wird.

Auch der Mensch spielt seit Langem eine Rolle in diesem Schauspiel, denn Wege, den natürlichen Kreislauf zu respektieren, werden immer öfter von den schonungslosen Methoden der industriellen Aquakultur abgelöst. Wie so viele Geschöpfe erfreuen auch wir uns an der leichten Ernte, die uns die Flut ermöglicht. Cedric Robinson, der königliche Wattführer, verbrachte seine Kindheit mit Krabben- und Muschelsammeln in Morecambe Bay. Im weicheren Schlamm von Bridgwater Bay in Somerset soll Adrian Sellick der letzte Fischer sein, der ein »Mud Horse« zum Fischen benutzt, eine Art Schlickschlitten, mit dem er ins Flachwasser hinausgleiten kann, um Krabben zu fischen. Die Technik ist jahrhundertealt, aber jetzt hat er das riesige Atomkraftwerk Hinkley Point im Verdacht, die Wasserströmung so grundlegend zu verändern, dass er wohl wirklich der Letzte seines Metiers sein wird. Auch die Überreste von Vorrichtungen, die unter Wasser gefunden wurden, zeigen die historische Bedeutung des Watts für den Fischfang. Fallen aus Holz oder Steinen hat man an vielen Küsten entdeckt. Eine große Fundgrube ist die Nordwestküste Amerikas. Die älteste dieser Fallen, gefunden in der

Ostsee, soll neuntausend Jahre alt sein und damit aus den frühsten Tagen der Landwirtschaft stammen.

Seetang wird oft aus dem Watt geholt. So pflanzen Bauern in Tansania nun an der Küste roten Eucheuma-Seetang zur Carrageengewinnung an; Carrageen wird weltweit als Geliermittel in der Lebensmittelindustrie benutzt. Selbst bei mir in East Anglia spricht man ernsthaft davon, Seetang als Biokraftstoff, als wertvolles Lebensmittel und als mögliche Quelle für Chemikalien der Pharmaindustrie anzubauen.

Dass sich nicht nur die Arbeitszeiten von Fischern und Bauern nach den Gezeiten richten, wurde mir klar, als ich die Gezeitenmühle in Woodbridge in Suffolk besuchte. Die ältesten schriftlichen Zeugnisse dieses Gebäudes stammen wohl schon aus dem Jahr 1170, doch die Version, die ich sah, war ein Nachbau von 1793, der erst 1957 stillgelegt wurde. Ein Arbeitsmodell verdeutlicht, dass die Mühle mit der Wassersäule betrieben wird; die Wassersäule entsteht, wenn man die Flut in dem nahen Mühlenteich aufstaut. Durch das gesteuerte Zuströmen von Wasser aus dem Teich hat der Müller vier oder fünf Stunden Zeit, sein Mehl zu mahlen, und zwar natürlich zweimal pro Tag, weshalb er seine täglichen Schichten genauso anpassen muss wie der Knutt oder der Scherenschnabel.

In der Mühle sehe ich die Reproduktion einer mittelalterlichen Zeichnung, die mir die Altertümlichkeit dieser Methode vor Augen führt. Das Bild stammt aus dem *Luttrell-Psalter*, einem um 1330 in Lincolnshire geschaffenen Manuskript. Mit der Genauigkeit eines wissenschaftlichen Diagramms zeigt es sowohl die Wassersäule, die im Teich entsteht, als auch den Kanal, durch den sie gelangen muss, um das Wasserrad an der Seite der Mühle anzutreiben. Unter dem Salzwasser in

248

einer Teichecke zeichnete der Künstler einige Weidenkörbe, die normalerweise zum Aalfang dienen. Im Laufe ihres Lebens wandern die Aale vom fernen Ozean, wo sie geboren werden, in die Flüsse und schließlich zum Fortpflanzen wieder zurück ins Meer. Dabei nutzen sie laut Carson »den großen und eigentümlichen Rhythmus eines gewaltigen Gewässers, den jeder von ihnen zu Beginn seines Lebens bereits kennengelernt hatte.«

Gezeitensinn

Woher wissen Tiere, was die Gezeiten machen werden? Anfangs hielten Wissenschaftler es für unwahrscheinlich, dass etwa der Grunion einen inneren Mechanismus besitzt, mithilfe dessen er sein Brutrennen zeitlich koordiniert. Spürt er die Gezeiten also direkt, oder reagiert er auf andere Impulse? Einiges lässt sich erschließen. Es kann nicht sein, dass das Mondlicht den Fisch ans Ufer leitet, da er während der Springtiden sowohl bei hellem Vollmond als auch bei dunklem Neumond ankommt. Die Tatsache, dass das Laichen nicht beim höchsten Wasserstand, sondern kurz danach geschieht, zeigt, dass das Verhalten auch nicht von der Fluthöhe abhängt (die der Grunion als erhöhten Wasserdruck um seinen Körper herum spüren könnte). Kürzlich fand man heraus, dass die Unruhe im Wasser vor einer Springtide die Grunioneier dazu veranlasst, Enzyme zu produzieren, die die Eierhaut auflösen, und so werden die Larven freigesetzt. Aber die Wellenbewegung kann nicht der Auslöser für das ursprüngliche Anlanden sein – sonst würden auch Stürme den Rhythmus der Brutrennen beeinflussen.

Was bleibt also übrig? Könnte die reine Anziehungskraft der Auslöser sein? Jede Kraft, die der Fisch spürt, wäre winzig im Vergleich zu den Druckveränderungen, die er wahrnimmt, wenn er in unterschiedlichen Tiefen schwimmt, aber man kann es nicht ganz ausschließen. Was auch immer das Verhalten auslöst, so scheint es sich nicht auf die eine Flut zu beschränken, während der der Grunion zum Eierlegen ans Ufer kommt, denn die Eier fangen lange vor dem Laichen an zu reifen. Auch das alles geschieht im Einklang mit den Mondphasen, wie man inzwischen weiß.

Der amerikanische Schriftsteller John Steinbeck schreibt über dieses

Rätsel in *Logbuch des Lebens*, dem Reisetagebuch einer Expedition, die er 1940 mit seinem Freund Ed Ricketts unternahm, um im Golf von Kalifornien Exemplare verschiedener Tierarten zu sammeln. »Sea of Cortez« hießen damals sowohl sein Schiff als auch seine Jagdgründe. Ricketts, der Steinbeck als Vorbild für die Figur des Doc in *Die Straße der Ölsardinen* diente, schrieb später eine wissenschaftliche Einführung in das Leben der Gezeitenzone, die teilweise auf dem beruhte, was sie während der gemeinsamen Expedition gesammelt hatten. Bei Flut verfingen sich Mangrovenwurzeln im Motorboot, bei Ebbe kam es zu einem Wettlauf gegen die Zeit, während sie wie die Knutts in den freigelegten Betten nach interessanten Tieren und Pflanzen suchten. Sie stießen auf eine erstaunliche Vielfalt schillernder Lebensformen in dem warmen Wasser – Krabben und Schnecken, Lebewesen wie die Gorgonien mit Namen aus schrecklichen Mythen und Kreaturen wie die Serpulidae, die Kalkröhrenwürmer, die auch Serpeln genannt werden. Die Reisenden sehen Fische, die eine Zeit lang außerhalb des Wassers überleben können, und untersuchen die Lebensräume auf dem Tidensaum, an denen man genau ablesen kann, wie lang eine bestimmte Stelle jeden Tag unter Wasser steht.

Selbstverständlich stellten sie bald Vermutungen über die Bedeutung der Gezeiten für dieses üppige Leben an – zumal die Gezeiten in präkambrischen Zeiten, als Meereseinzeller sich zu komplexeren Organismen zu entwickeln begannen, wegen der engeren Umlaufbahn des Mondes viel ausgeprägter waren. Steinbeck schreibt: »Der Mond muss der allerwichtigste Umweltfaktor für Küstentiere gewesen sein.« Ihr Körpergewicht und ihre Wasserverdrängung hätten sich der Erdumdrehung angepasst. »Man stelle sich dann vor, welche Auswirkung ein Druckabfall auf Geschlechtsdrüsen voller Eier oder Sperma hatte, die nur auf den kleinsten Anstoß warteten, um sich zu entladen.« Steinbeck fand es umso bemerkenswerter, dass so viele Lebewesen eine Art geerbtes Gespür für dieses Verhalten beibehalten und es auf das heutige, weit schwächere Gezeitensignal eingestellt hätten – für das auch wir, so glaubte er, empfänglich sind. »Die Wirkung der Gezeiten ist rätselhaft und dunkel in der Seele, und man sollte festhalten, dass sie auch heute stärker und verbreiteter ist, als viele denken.«

Aber wir wissen immer noch nicht, wie es möglich ist, dass diese Geschöpfe auf die Gezeiten reagieren. Sie besitzen keine Gezeitentafeln, und sie verbinden Zeit und Gezeiten nicht so unbekümmert miteinander wie wir. Sie müssen eine Art innere Gezeitenuhr oder einen Sinn für primäre oder sekundäre Eigenschaften der Gezeiten besitzen, vielleicht für den Druck oder die Strömung oder Schwankungen von Temperatur oder Salzgehalt.

Vielleicht lässt die Tatsache, dass wir selbst nicht mehr gemäß den Gezeiten leben, das Problem größer erscheinen, als es eigentlich ist. Immerhin ist es nicht verwunderlich, dass Tiere ein Zeitgefühl haben. Wir sind dem 24-Stunden-Rhythmus verfallen, den wir an Weckern und Nachrichtensendungen ablesen. Warum sollte ein Gezeitenrhythmus also merkwürdig sein? Natürlich gehören zum 24-Stunden-Rhythmus Auslösereize wie helles Sonnenlicht und dunkle Nacht. Welche Auslösereize sind in der ganz anderen Welt der Meerestiere genauso natürlich? Für uns ist der 24-Stunden-Rhythmus völlig normal – könnten also die Tiere nicht einen Rhythmus von gut zwölf Stunden als ebenso natürlich empfinden, zumal ihr Überleben davon abhängt?

Wissenschaftler sind inzwischen auf noch verwunderlichere Methoden gestoßen, wie sich Meerestiere die Gezeiten zunutze machen. Beispielsweise hat eine pazifische Seesterngattung, der *Pisaster ochraceus*, ein Wasserkühlsystem entwickelt, das ihm hilft zu überleben, wenn er bei Ebbe unabsichtlich strandet. Eine merkwürdige Reaktion wird in dem Moment ausgelöst, wenn dem Tier bei Ebbe am Strand warm wird. Ihm gelingt es, bei der nächsten Flut Meerwasser aufzunehmen und seinem Kreislauf zuzuführen, sodass ihm nicht wieder genauso unwohl wird, wenn sich das Meer erneut zurückzieht.

Geht es nicht ums Überleben, sparen Tiere gern Energie ein. Diese Erkenntnis erklärt viele natürliche Anpassungen. Nahrung und Energie stehen in einem engen Wechselverhältnis: Nahrung liefert Energie, aber es kostet auch Energie, Nahrung zu finden. Wenn die Flut Nahrung bringt, spart man Energie – ähnlich, wie wenn man sich seine Lebensmittel nach Hause liefern lässt. Für alle Meerestiere sind die Gezeiten eine riesige, kostenlose Energiequelle.

Deshalb besitzen Orte mit ausgeprägten oder schnellen Gezeiten oft eine große Artenvielfalt. Einige Lebewesen ziehen aus der Bewegung solcher Wassermassen einen Energiegewinn, während andere aufgrund der reichhaltigen Nahrungsquellen angezogen werden. Diese Üppigkeit trägt wiederum viel dazu bei, dass Gezeitenorte einen so eigenständigen Charakter haben. Wir finden sie am Strand oder in Strandnähe, aber auch unter Wasser auf Felsenkämmen oder Riffen, wo die Flut Wasser aus verschiedenen Lagen vermischt und dabei Nährstoffe aufwirbelt und Sauerstoff aus der Luft auflöst. Es ist bemerkenswert, dass die Larven des Aals – dessen Lebenslauf Naturforscher seit Aristoteles erstaunt hat, weil sie das Geschlecht der Lebewesen nicht bestimmen konnten und nie junge Aale zu Gesicht bekamen – erstmals 1856 in der Straße von Messina entdeckt wurden (und zuerst fälschlicherweise als neue Fischart galten). Die Larven wirkten wie von den Strudeln der Charybdis aus der Tiefe geholt, und man dachte, dass die Aale in der Nähe in unbekannten Tiefen laichten. Erst fünfzig Jahre später erkannte der dänische Biologe Johannes Schmidt die entscheidende Bedeutung der Sargassosee für den Zyklus der Aale. Er zeigte, dass das Mittelmeer keine Brutstätte war. Vielleicht waren die Jungfische wegen der reichhaltigen Nahrungsquellen zur Straße von Messina gekommen.

Sanddollars, eine abgeflachte Seeigelgattung, haben sich anscheinend noch auf eine andere Art auf die Gezeiten eingestellt. Ihre Schalen besitzen die bei Stachelhäutern übliche radiale Fünfteilung und oft auch regelmäßig angeordnete, längliche Löcher. Eine Art, die sich des Namens *Mellita quinquiesperforata* erfreut, besitzt fünf solcher Einschnitte; bei anderen Arten finden sich mehr oder weniger davon, an unterschiedlichen Orten auf der Schale, unabhängig von der fünffachen Symmetrie. Diese Variationen geben Zoologen ein Rätsel auf. Die Einschnitte bieten weder für die Nahrungsaufnahme noch für die Widerstandsfähigkeit der Tiere irgendwelche Vorteile. 1981 verglich der Meeresbiologe Malcolm Telford von der University of Miami in einem Becken, wie das Wasser Schalentiere mit und ohne Einschnitte umspülte. Wenn das Wasser schnell genug floss, so fand er heraus, konnte der Sanddollar es durch seine Schale lenken und durch den so erzeugten Auftrieb seine vertikale Wasserverdrängung gleichmäßig halten. Dies gelang, wenn die Wassergeschwindigkeit derjenigen einer Flut im Flachwasser entsprach. Die Einschnitte schienen sich also als Energiesparstrategie entwickelt zu haben, die es den Tieren erlaubte, nur durch ein leichtes Kippen des Körpers in der Flut aufzusteigen oder abzusinken.

Andere Meerestiere benutzen die Flut noch unverfrorener als Mitfahrgelegenheit. Julian Metcalfe gehört zu einer Gruppe von Wissenschaftlern am britischen Centre for Environment, Fisheries and Aquaculture Science (Cefas), die sich für Fischmigration und ihre Folgen für eine nachhaltige Bewirtschaftung der Fischereiressourcen interessiert. Die staatliche Cefas hat ihren Sitz in Lowestoft, einem der einst größten Fischereihäfen an Englands Nordseeküste. Sie sind in einem irgendwie erwartbar gleichmütigen Gebäudekomplex mit Backsteinoptik untergebracht, der ein Hotel war, als Feriengäste noch mit einem Grau-in-grau-Meerblick zufrieden waren. Wenn man ein satirisches Gegenstück zur sonnendurchfluteten Moderne der Scripps Institution am Pazifik suchte, könnte man kaum ein besseres finden.

Metcalfe erforscht unter anderem die Scholle, einen der großen essbaren Plattfische, die man hier seit Langem fischt. Wie auch bei vielen anderen Plattfischen weiß man, dass sich Schollen in die Flutströmung begeben, wenn sie in die gewünschte Richtung fließt, und sich sinken lassen und auf den Meeresboden legen, wenn ihnen die Richtung nicht passt. Dagegen können sich größere, runde Fische wie Kabeljau oder Thunfisch nicht in den Meeresboden eingraben, um dem Gezeitenstrom zu entkommen, weshalb sie lieber einfach weiterschwimmen. Die Scholle kann natürlich auch schwimmen – und sie schwimmt, wenn das Wasser keine starke Gezeitenströmung hat –, aber wenn es geht, spart sie lieber Energie.

Metcalfe und seine Mitarbeiter können Veränderungen in der Population im Jahresverlauf aufzeichnen, indem sie die Fische mit Visualisierungssonaren vom Cefas-Forschungsschiff aus verfolgen, und seit Kurzem auch, indem sie einzelne Fische mit elektronischen Chips versehen, die ihnen Daten liefern. Das Ergebnis: Schollen sind versierte Gezeitennutzer. Wenn sie laichen, werden die Eier und die winzigen Larven zuerst von der Gezeitenströmung erfasst und widerstandslos in »Kinderstuben« ins seichte Küstenwasser getrieben, wo sie besser vor Raubtieren geschützt heranwachsen können. Die frisch gelegten Eier können etwa aus einem Fischlaich in der Themsemündung zu den Friesischen Inseln an der niederländischen Küste geschwemmt werden. Dort spült die Flut sie durch das Seegatt bei Texel ins seichte und geschützte Wattenmeer, wo sie auf bis zu zwanzig Zentimeter heranwachsen. Die Jungfische wachsen geschützt in den Kinderstuben auf. Bei Ebbe liegen sie auf dem Boden, bei Flut steigen sie ins Wasser auf. Eine Art innere Gezeitenuhr versetzt sie in die Lage, bei wechselnder Fluthöhe Veränderungen im Wasserdruck wahrzunehmen.

Wenn die Scholle ausgewachsen ist, kann sie sich zwischen der Nordsee, den Laichgründen im Winter, und den ozeanischen Nahrungsquellen hin und her bewegen, sich in die Gezeitenströmung begeben, wenn sie in die gewünschte Richtung fließt, oder absinken, wenn ihr die Richtung nicht passt. Man nimmt an, dass sie eine Kombination von 24-Stunden-Rhythmus und Gezeitenrhythmus als biologische Uhr benutzt. Die Scholle weiß sehr genau, ob eine Flutströmung vorhanden ist; wenn nicht, bleibt sie auf dem Meeresboden, kann aber binnen Minuten abheben, wenn doch eine günstige Strömung aufkommt. Einige Fragen sind aber weiterhin offen: Woher weiß der Fisch, wohin er schwimmen muss? Wie kann der Fisch die *Richtung* der Flut erahnen? Und woher weiß er auch ohne veränderte Tast- oder Trägheitseindrücke, wann die Mitfahrt zu Ende ist und wann die Flut, die ihn getragen hat, abflaut – und das alles im Dunkeln und ohne sichtbare Anhaltspunkte?

Für Julian ist die Scholle ein sehr angenehmes Forschungsobjekt. Die Technologie und die Ressourcen zur Forschung konnte er leicht mobilisieren, weil es sich um eine wirtschaftlich wichtige Gattung handelt: Scholle steht im Vereinigten Königreich hinter Kabeljau und Schellfisch auf Platz drei der beliebtesten Fish-and-Chips-Varianten am Meeresboden lebender Fische. Allerdings hat sich inzwischen herausgestellt, dass die Tiere auch ein faszinierendes Wanderverhalten an den Tag legen. Julian ist überzeugt, dass ähnliche Mechanismen bei vielen Arten existieren. »Es würde mich schon sehr wundern, wenn nicht die meisten Tiere irgendwie auf die Strömung achten«, so sagt er. »Wir greifen mittlerweile so viel in die Umwelt ein, dass wir die alten Instinkte fast vergessen haben, die die Tiere aber noch besitzen.«

Der Einfluss des Sonnenlichts im Tages- und Jahresverlauf ist, was das Festland angeht, relativ gut erforscht (und natürlich eine allgemein menschliche Erfahrung). Aber die Erklärung der rhythmischen Mechanismen im Meeresleben steckt noch in den Anfängen. Der 24-Stunden-Rhythmus wird von chemisch rückkoppelnden Genen gesteuert, wird also unabhängig von externen Faktoren wie wechselnden Lichtverhältnissen oder Temperaturen aufrechterhalten. Ähnlich unabhängige Rhythmen beobachtet man bei Meeresbewohnern, allerdings ist unklar, ob diese biologischen Uhren tatsächlich mit den Gezeiten zusammenhängen oder Abwandlungen des 24-Stunden-Rhythmus sind, der auf einen anderen Zyklus umgestellt wurde.

2013 gelang es Genetikern an der Universität Leicester, tatsächlich Anhaltspunkte für eine biologische Uhr im Gezeitenrhythmus zu identifizieren. Unter Leitung von Charalambos Kyriacou untersuchten Forscher eine kleine Assel, eine bekannte Bewohnerin sandiger Wattstrände, der Linné den täuschend schönen Namen *Eurydice pulchra* gab. Sie zeigten, dass die Gezeitenuhr bei den Tieren selbst dann weiterläuft, wenn die zuständigen Gene gestört werden, und bewiesen damit, dass der Gezeitenrhythmus tatsächlich von den Gezeiten gesteuert wird. Die Asseln besitzen zwei innere Zeitgeber: eine tagesgesteuerte Uhr, die etwa die Pigmentproduktion im Körper steuert, und eine gezeitengesteuerte Uhr, die das Schwimmverhalten reguliert, indem sie auf den 12-Stunden-Abstand zwischen zwei Fluthöchstständen reagiert.

Vielleicht können viele Lebewesen sich auf den Gezeitenrhythmus einstellen. Auf der von Schafsdeichen eingefassten Insel North Ronaldsay, der nordöstlichsten Insel der Orkneys, wurden die Schafe 1830 vom Weideland verbannt, weil der Gutsherr das üppige Gras für die Rinderzucht nutzen wollte. Wenn sie nicht gerade lammen, leben die Schafe also im Küstenbereich außerhalb der Deiche. Über die Jahre haben sie sich an Meeresalgen als Ernährungsgrundlage und an ein von den Gezeiten abhängiges Grasen gewöhnt, schließlich wird die Nahrung durch die Ebbe erst freigelegt. Auch hinsichtlich tierischer Reaktionen auf den längeren Rhythmus von Spring- und Nipptide (hier benutzt man das Wort »circalunar«, um es vom »circatidalen« Gezeitenrhythmus von Ebbe und Flut abzugrenzen) tut sich in der Forschung etwas. Forscher an den Max F. Perutz Laboratories der Universität Wien benutzten Seeringelwürmer für ihre Versuche. Bei dieser Gattung beobachtete man zuerst, dass sie sich beim Laichen an der Springtide orientiert; sie gilt wegen ihres Körperbaus, ihres Verhaltens und ihres Lebensraums als lebendiges Fossil, das über Millionen von Jahren unverändert geblieben ist. Im Gegensatz zum Grunion legen Seeringelwürmer ihre Eier nicht bei jeder Springtide in der richtigen Jahreszeit, sondern einmal im Monat bei der Neumond-Springtide. Daraus kann man schließen, dass die circalunare Rhythmik auf (schwaches) Mondlicht abgestimmt ist und nicht auf wasserdynamische Faktoren, die dem Grunion wichtig sind. Biochemische Reaktionen, die bei Mondlicht auftreten, können hier eine Rolle spielen.

Alle biologischen Uhren sind letztlich an Sonne oder Mond orientiert. Die Entdeckung circalunarer Rhythmen bei Tieren mag vielen Gärtnern und Landwirten Auftrieb geben, die aus mehr oder weniger stark wissenschaftlich abgesicherten Gründen glauben, dass bei bestimmten Mondphasen ihre Samen besser wachsen und ihre Felder sich leichter abernten lassen. Und wir? Das für die Wiener Forschung verantwortliche Ehepaar Kristin Tessmar-Raible und Florian Raible stellte die kühne Frage:»Kann es denn Zufall sein, dass der weibliche Reproduktionszyklus im Menschen ungefähr einen Monat dauert, oder steckt darin der Rest einer Regelung aus unserer evolutionären Vergangenheit?«

Ich hatte natürlich keine Ahnung davon, was der Seeringelwurm mit den Mondphasen zu tun hat, als ich an meinem Norfolker Gezeitentag einen solchen Wurm aus dem Schlamm zog. Ich beobachtete an jenem Tag auch das Kommen und Gehen der Möwen und Brachvögel, aber ich müsste viele Tage bleiben, um wirklich zu verstehen, wie unterwürfig sich all diese Tiere gegenüber den Gezeiten verhalten. Dass wir für diese Rhythmen kein Gespür haben und dass sich auch die Wissenschaft erst jetzt ihrer annimmt, ist sicher ein Anzeichen dafür, dass unser eigenes Leben vor allem vom Hell und Dunkel von Tag und Nacht bestimmt wird.

Ein Meer des Wissens

Nach all diesen Hinweisen darauf, dass das Leben in vielerlei Hinsicht von den Gezeiten abhängt, steht uns die Frage zu, ob das Leben ohne sie *überhaupt* möglich wäre.

Charles Darwin hat in seinem Buch *Über die Entstehung der Arten* die Gezeiten kaum beachtet. Überhaupt erwähnt er das Wort nur dreimal: zweimal in einer Metapher und einmal in einer geologischen Erörterung der Erosion am Fuß von Felswänden. Und doch glaubte er zur Zeit der Veröffentlichung des Buches 1859, und wahrscheinlich schon eine Weile davor, dass das Leben seinen Ursprung im Wasser hatte. Trotzdem wagte er es nicht, darüber in seinem Werk zu spekulieren. Er sagte öffentlich, er halte diese Erwägung für »Unsinn«. Erst viel später, in einem kurzen Brief an den Botaniker Joseph Hooker von 1871, machte er jene Bemerkung, die bald allseits bekannt werden sollte, dass er nämlich an einen »kleinen warmen Tümpel« denke, in dem die richtigen, einfachen Chemikalien zuerst zusammengekommen sein könnten:

Man hat oft gesagt, dass alle Bedingungen für die erste Entstehung eines lebenden Organismus jetzt vorhanden sind, welche jemals haben vorhanden sein können. Aber wenn (und oh! was für ein großes »Wenn«!) wir in irgendeinem kleinen warmen Tümpel, bei Gegenwart aller Arten von Ammoniak, phosphorsauren Salzen, Licht, Wärme, Elektrizität usw., wahrnehmen könnten, dass sich eine Proteinverbindung chemisch bildete, bereit, noch kompliziertere Verwandlungen einzugehen, so würde heutigen Tages eine solche Substanz augenblicklich verschlungen oder absorbiert werden, was vor der Bildung lebender Geschöpfe nicht der Fall gewesen sein würde.

Dieses Gedankenspiel zog die Öffentlichkeit in seinen Bann. In Gilbert und Sullivans komischer Oper *Der Mikado* behauptet Pooh-Bah, er stamme von einer »protoplasmischen Ur-Atomkugel« ab.

Darwin bringt auf den Punkt, was Wissenschaftler heute immer noch verblüfft. Paradoxerweise hindert uns gerade das Fortbestehen von Leben daran herauszufinden, wie jenes Leben zuallererst entstanden ist. Da man die spontane Entstehung von Leben auf unserem Planeten noch nicht beobachten konnte, ist die Frage nach seiner Herkunft völlig offen.

Darwins Brief stand in unmittelbarem Zusammenhang mit einem Experiment von Louis Pasteur, der zeigte, dass sich kein Keim entwickeln kann, ohne dass vorher eine andere organische Substanz vorhanden ist. Darwin sagte nie, wie seiner Meinung nach der erste Keim entstanden war. Andere glaubten oder glauben, dass die dazu notwendigen chemischen Stoffe durch Kometeneinschläge auf die Erde gebracht wurden oder aus dem tiefsten Erdinneren an die Oberfläche geschleudert wurden. Mehrere angesehene Wissenschaftler, darunter Darwins Vorbild Thomas Huxley, behaupteten sogar zuweilen ganz aufgeregt, sie hätten Protoplasma im Schlamm auf dem Meeresgrund gefunden.

Wie sehr wir Darwin auch respektieren, wir betrachten heute »einen kleinen warmen Tümpel« nicht mehr als den wahrscheinlichen Ursprungsort des Lebens. Die Forschung vermutet ihn – jedenfalls aktuell – in hydrothermalen Quellen am Meeresboden. Derartige Quellenöffnungen pumpen heißes, mineralreiches Wasser in die Tiefsee, etwa so wie Thermalquellen an Land. Hier könnten sich erhitzte Gase und einfache organische Moleküle vermischt haben, um in der Dunkelheit die ersten Aminosäuren und andere Grundstoffverbindungen des Lebens zu produzieren. Dunkelheit wird dabei wichtig sein, weil das starke UV-Licht der Sonne empfindliche Moleküle aufspaltet. Das Urmeer, das vor vier Milliarden Jahren den größten Teil der Erdoberfläche bedeckte, war reich an Eisen und anderen Metallen, die jene Reaktionen beschleunigt haben könnten, die heutzutage von biologischen Molekülen, nämlich Enzymen, durchgeführt werden.

Trotzdem übt der Mond eine starke Anziehungskraft aus, und man findet immer wieder Wissenschaftler, die noch an einen Ursprung des Lebens irgendwo an den Gezeitenküsten des großen Ozeans glauben. Sogar trockene Lehrbücher geben diesem Drang gelegentlich nach. Ein Beispiel ist *Sea-Level Science* von David Pugh und Philip Woodworth aus dem Jahr 2014: »Es ist sehr wahrscheinlich, dass wir ohne den Mond und die Gezeiten heute nicht hier wären«, schreiben sie.

Die Vorliebe für diese Theorie mag auch tiefenpsychologische Gründe haben und an der Tatsache liegen, dass Wasser eine zentrale Rolle in vielen Schöpfungsmythen spielt. Doch auch wenn man sagt, das Leben sei an den Ufern des Meeres entstanden, heißt das noch nicht, dass dieses Meer Gezeiten haben oder dass es einen Mond am Himmel geben muss.

1952 führten der Diplomchemiker Stanley Miller und sein betreuender Professor Harold Urey an der University of Chicago ein Experiment durch, das Darwins Teich simulierte. Sie vermischten Ammoniak, Methan, Wasserstoff und Wasserdampf, also die gasförmigen Bestandteile von Aminosäure, und setzten sie Wärme als energetischem Impuls sowie elektrischen Entladungen aus, die als Ersatz für die Blitze dienten, die angeblich zum stürmischen Wetter auf der jungen Erde dazugehörten. Nach einem derartig bewegten Tag färbte sich das Wasser in der Apparatur rosa. Nach einer Woche war es rot und dickflüssig vor lauter organischer Verbindungen, darunter drei der einfachsten Aminosäuren.

Miller und Urey kochten also 1952 eine Ursuppe, dachten aber nicht an den Suppenteller. War der Schmelztiegel für die Reaktion die Atmosphäre (sie verdampften das Wasser und vermischten es mit den anderen Gasen) oder der aufgewühlte Ozean (man fand die Aminosäuren später in einem flüssigen Kondensat)? Hätte die Suppe im letzteren Fall nicht salzig sein sollen? Zahlreiche nehmen an, dass unsere früheste Umwelt viele Salze enthielt, weil die Organismen, die sich daraus entwickelt haben, einen hohen Salzgehalt nicht nur vertragen können, sondern ihn auch oft brauchen. Doch Millers und Ureys Experiment kam ohne Salze und Mineralien aus, wie man sie im Meer findet. Wäre es dann möglich, dass sich diese äußerst wichtigen chemischen Stoffe zuerst in einem stillen Gezeitentümpel unter warmem Sonnenlicht bildeten, bevor sie in regelmäßigen Abständen in die bergende Weite des Ozeans geschwemmt wurden?

Statt uns allzu lange mit diesem hübschen Bild aufzuhalten, wollen wir uns daran erinnern, dass die Gezeiten damals, als sich die Grundstoffe des Lebens herausbildeten, völlig anders waren als heute. Als sich vor 4,5 Milliarden Jahren das Erde-Mond-System bildete, befand sich der Mond auf einer so engen Umlaufbahn, dass er fast – aber eben nur fast – auf die Erde stürzte. Er war nur ein paar Tausend Kilometer entfernt. Ein wenig später, also ein paar Hundert Millionen Jahre später, als sich das Wasser der Erde zum ersten Mal zu Regenfällen kondensierte, die Millionen von Jahren angedauert haben mussten, war die Umlaufbahn des Mondes immer noch sehr eng. Die ersten Gezeiten können nur gewaltig gewesen sein. In einer derartig turbulenten Umwelt, die auch von Vulkanausbrüchen und wilden Stürmen geprägt wurde, müssen sich die ersten Aminosäuren und dann die komplexen Proteine gebildet haben.

Das starke Schwerkraftfeld des Mondes löste nicht nur riesige Fluten aus, es stabilisierte auch die Erdachse. Das war wichtig, um Klimaextreme einzudämmen und Leben zu ermöglichen. Selbst vor vier oder fünf Millionen Jahren und lange nach der kambrischen Explosion des Lebens war der Mond der Erde noch bedeutend näher als heute, und die Gezeiten waren viel ausgeprägter. Das Jahr hatte mehr als vierhundert Tage, wobei jeder Tag ein bisschen kürzer als heute war und somit den Gezeiten weniger Zeit ließ, sich auf und ab zu bewegen. Dadurch wiederum entstanden mächtige Strömungen.

Das Ausmaß der frühen Fluten kann man mithilfe von uralten Felsen abschätzen, den sogenannten Gezeitenfazies, in denen sich Sedimente ablagerten, die vom Auf und Ab des Wassers geformt, durch spätere geologische Ereignisse über den Meeresspiegel gehoben und so nicht von späteren Flutbewegungen erodiert wurden. Das älteste bekannte Sediment entstand vor etwa siebenhundertundfünfzig Millionen Jahren durch die Gezeiten und liegt im Big Cottonwood Canyon in Utah. Dort kann man die unterschiedlichen Wuchten der Gezeiten erkennen, und zwar an dem Wechsel von hellen, sandigen Schichten, die von starken, sandtragenden Fluten gebildet wurden, und dunkleren Schichten aus Schlamm, den die schwächeren Fluten ansetzten. Die Fluten des Präkambriums mögen fünfzig Meter oder noch höher gewesen und sehr schnell ein- und ausgelaufen sein. Ein Strandurlaub wäre anstrengend gewesen, aber die zahlreichen Gezeitentümpel bestimmt recht munter.

Nachdem er mit der Synthese von Aminosäuren Aufsehen erregt hatte, widmete sich Stanley Miller natürlich den ganzen Rest seines Lebens den Urmolekülen. Die Wissenschaft hat viele Theorien dazu entwickelt, welche Gase und Mineralien für die Synthese zur Verfügung standen, doch Miller konnte mit jeder vorgeschlagenen Mischung Aminosäuren und andere einfache organische Verbindungen herstellen. Das war der einfache Teil. Selbst wenn Millers Experimente originalgetreue Simulationen der Ereignisse wären, die vor Milliarden von Jahren stattfanden, konnte bis heute niemand die ebenso wichtigen späteren Prozesse nachvollziehen und aus Aminosäuren und anderen Verbindungen Proteine, RNA und DNA erschaffen. Wahrscheinlich waren aber vor allem diese späteren, komplexeren Synthesen auf die Gezeitentümpel angewiesen. In einer Arbeit aus dem Jahr 1990 spekulierten Miller und seine Kollegen, dass die DNA zuerst in fetthaltigen Schutzschichten aus Liposomen in der Gezeitenzone enthalten war, wo wir sie auch heute noch finden. Auch wenn das stimmen sollte, wissen wir noch nicht, wie die DNA eigentlich entstand. Bildete sie sich – und bildeten sich auch schon die Proteine – in Gezeitentümpeln?

Die Antworten auf diese Fragen werden nicht nur unser Bild davon prägen, wie das Leben auf der Erde entstand. Sie werden auch die Suche nach Leben auf anderen Planeten beeinflussen. Wenn man für die Evolution einen Mond braucht, der groß genug ist, um gewaltige Fluten zu erzeugen – und natürlich Ozeane und die richtige Mischung von Chemikalien –, dann fällt die Zahl der infrage kommenden Planeten gleich viel kleiner aus.

ÜBER DEN MAHLSTROM

Ein Platz in der Literatur

In Jules Vernes Abenteuerklassiker *20.000 Meilen unter dem Meer* zieht das Unterseeboot *Nautilus* unter dem Kommando des mysteriösen Kapitäns Nemo gegen Ende seiner langen Unterwasserreise ziellos durch den trostlosen Nordatlantik. Nemos ihm völlig ausgelieferte Mannschaft bereitet sich darauf vor, endlich an Land zu gehen und ein ruhigeres Leben zu führen. Da passiert die Katastrophe.

> Der Maëlstrom! Ein schrecklicheres Wort in einer schrecklicheren Lage hatten wir nicht hören können. Wir befanden uns also an dieser gefährlichen Stelle der norwegischen Küste? Ward der *Nautilus* in diesen Abgrund gerissen im Moment, wo unser Boot sich von ihm loszumachen im Begriff war? Bekanntlich bilden die zwischen den Farör- und Loffoden-Inseln eingeengten Gewässer zur Zeit der Flut einen Strudel mit unwiderstehlicher Gewalt, dem noch niemals irgend ein Schiff entronnen ist.

Verne beschreibt einen enormen Wirbel:

> Von allen Seiten des Horizonts her strömen ungeheuerliche Wogen hier zusammen, und die Anziehungskraft dieses Strudels erstreckt sich auf eine Entfernung von fünfzehn Kilometern, sodass nicht allein Schiffe, sondern auch die Wallfische und Eisbären fortgerissen werden. Hierhin war der *Nautilus*, ob mit oder ohne Absicht, von seinem Kapitän geführt worden.

Jules Verne war durch die Kurzgeschichte *Hinab in den Maelström* von Edgar Allan Poe dazu angeregt worden, den Mahlstrom in seinen Abenteuerroman einzubauen. (Beide sind sich offensichtlich einig, dass so etwas wie ein Umlaut nötig ist, damit das Wort eine Portion Exotik bekommt, obwohl mir seine Positionierung in beiden Fällen etwas eigenwillig erscheint.) In Poes Geschichte wird ein Mann von einem anderen auf hohe Klippen geführt, von denen man auf den Strudel hinuntersieht, der sich »an der norwegischen Küste – auf dem achtundsechzigsten Breitengrad, in der großen Provinz Nordland und im trübseligen Distrikt Lofoten« befindet. Er verschnauft kurz und betrachtet dann das Meer:

> [Hier] toste der Aufruhr am tollsten. Hier stürmte die ungeheure Wasserflut in tausend einander entgegengesetzten Kanälen, brach sich plötzlich in wahnsinnigen Zuckungen, keuchte, kochte und zischte – kreiste in zahllosen riesenhaften Wirbeln, und alles stürmte heulend und sich überstürzend nach Osten, mit einer Geschwindigkeit, wie sie sich nur bei den rasendsten Wasserstürzen findet.

Furchterregenderweise wird der Tumult dann von einer noch größeren Kraft abgelöst, und die Wasser formieren sich in einer einzigen kreisenden Strömung von »mehr als einer Meile Durchmesser« mit einem äußeren Rand aus »schimmerndem Schaum«, und darin liegt der ...

> ... Schlund des schrecklichen Trichters, dessen Innenwand, soweit das Auge es ergründen konnte, von einer glatten, leuchtenden und kohlschwarzen Wassermauer gebildet wurde, die sich in einem Winkel von etwa fünfundvierzig Grad zum Horizont hinneigte und sich in schwingender, schwindelnder Rastlosigkeit im Kreise drehte und dabei so eine fürchterliche, kreischende und heulende Stimme gen Himmel sandte, wie sie selbst der mächtige Niagarafall in seiner Todesangst nicht hervorbringt.

Nachdem die beiden Männer einige Zeit verweilt haben, um das Phänomen von ihrem sicheren Hochsitz aus zu bewundern, setzt der Führer zu einer Seemannsgeschichte aus der Zeit an, da ein Sturm sein kleines Schiff in den Wirbel sog, wo es gnadenlos mit den Trümmern anderer unglücklicher Schiffe verwirbelt und mit jeder Runde tiefer hineingezogen wurde. Er konnte sich retten, indem er sich an einem schwimmenden Fass festhielt, während sein Schiff bis auf den Meeresgrund hinuntergezerrt wurde und an Felsen zerschellte. Die Lage sei hoffnungslos gewesen, doch im ersten Moment wollte er den Tod in einer Art Ekstase umarmen und den entsetzlichen Mahlstrom als eine großartige Offenbarung von Schönheit verstehen. Der luftige Aussichtspunkt des Erzählers erlaubt es Poe, die Wahrnehmung des Lesers herauszufordern, indem er der geläufigen Höhenangst, die eigentlich schon furchterregend genug ist, das unsichtbare und ungewisse Grauen der Tiefe gegenüberstellt; hier folgt er den Spuren Edmund Burkes, der in seinem Essay über das Erhabene in der Natur 1757 erklärte, »dass Höhe weniger großartig ist als Tiefe«.

Obwohl es in Poes Geschichte vor konkreten geographischen Einzelheiten nur so wimmelt, wird sie meist als ein früher Science-Fiction-Text abgestempelt, und man könnte sie leicht für ganz und gar erfunden halten. Der »norwegische Mahlstrom« wird kurz in *Moby-Dick* erwähnt, aber auch das ist kein Beweis für seine Existenz. Dass es bis vor Kurzem eine Mahlstromattraktion namens »Norwegisches Hochseeabenteuer« im Walt Disney Vergnügungspark »Epcot« in Florida gab, verbannt das Phänomen wohl für immer ins Reich der Fantasie. Für mich gab es jedenfalls keinen Anlass, etwas anderes anzunehmen. Wie so viele stellte ich mir diesen Mahlstrom nur ganz vage als eine Art schrecklichen Sturm vor, und ich benutze das Wort nur als blasse, konventionelle Metapher, die eine Unruhe beschreibt, ohne sich auf konkrete geographische Gegebenheiten zu beziehen.

Zu meiner Schande muss ich sagen, dass ich mich um keine dieser berühmten Geschichten kümmern wollte, bis eine andere Erzählung meine Neugier auf dieses sagenumwobene Naturschauspiel weckte. Ich las A. S. Byatts schwierigen, kurzen Roman *Das Geheimnis des Biographen*, der von der Torheit handelt, eine Biographie zu schreiben. Die Hauptfigur in dieser feinen Geschichte ist ehrgeizig, will in der akademischen Welt Karriere machen und denkt, dass man das am besten mit einer Biographie erreicht – und um es sich noch ein bisschen schwerer zu machen, soll es die Biographie eines Biographen werden, eines Biographen, der sich mit der Lebensgeschichte von gleich drei Personen beschäftigt habe: mit dem norwegischen Dramatiker Henrik Ibsen, dem viktorianischen Universalgelehrten Francis Galton und dem schwedischen Naturforscher Carl von Linné. Der Leser erfährt über zweifelhafte Umwege, nämlich aus den von Biograph eins entdeckten lückenhaften Notizen von Biograph zwei, dass Linné den »Maelstrøm« gesehen habe. (Jawohl, auch Byatt ist sorgfältig und benutzt ein diakritisches Zeichen, aber ein anderes als Verne und Poe.)

Aber auch das war doch ein Roman, sagte ich mir. Gibt es den Mahlstrom nun, oder gibt es ihn nicht? Hat Linné ihn gesehen? Existiert er noch? Es ist unmöglich, Fakten und Fiktion voneinander zu trennen, geschweige denn die eine von der anderen Fiktion. Wenn ich Byatts Buch jetzt noch einmal durchblättere, merke ich, wie sehr sich die »Notizen« von Biograph zwei an Poes Beschreibung des Mahlstroms orientieren. Sie enthalten wörtlich den oben zitierten Abschnitt. Byatt legt in einer geistreichen Schlusswendung schließlich offen, dass die Hauptfigur (Biograph eins) erkennt, wie sein mögliches Studienobjekt (Biograph zwei) sich des Poe-Plagiats schuldig gemacht hat, also ein Betrüger ist. Biograph eins erfährt am eigenen Leib, dass die überlieferten »Fakten« eines gelebten Lebens nie vollständig oder unveränderlich sind. Und sein Arbeitsthema? Eins findet heraus, dass Biograph zwei offenbar während seiner übereifrigen Nachforschungen im Mahlstrom ums Leben gekommen ist. Er entnimmt diese Information einem Zeitungsausschnitt über den Tod des Mannes, der auch die folgende Randbemerkung enthält: »Die Suche nach Wahrhaftigkeit in der Forschung kann eben gefährlich sein.«

Der Mahlstrom klingt nach Fantasie – eine übernatürliche Kraft von einer Stärke, die Männer in den Tod reißt, aber praktischerweise weit außerhalb des direkten Erfahrungsbereichs eines jeden Lesers liegt. Aber Linné hat ihn wirklich gesucht, und zwar im Sommer 1732 auf einer Reise nach Lappland, die scheiterte, weil kein Boot ihn auf die allerletzte Wegstrecke mitnehmen wollte.

Obwohl die erwähnten Schriftsteller sich sowohl von zeitgenössischen Zeitungsartikeln wie auch von den Schriften der jeweils anderen anregen ließen, ist die wachsende Bekanntheit des Mahlstroms wohl letzten Endes dem Tatsachenbericht von Erik Pontoppidan, dem aus Dänemark stammenden Bischof von Bergen, zu verdanken. Er hatte neben seinen bischöflichen Aufgaben Zeit, um 1752 den seinen eigenen Worten nach ersten *Versuch einer natürlichen Historie von Norwegen* zu veröffentlichen. Beim Verfassen seines Werkes nahm er sich ein Beispiel an Linné und versuchte sich an einem genauen, wissenschaftlichen Überblick über Menschen, Tiere und Pflanzen des Landes, wobei sich der Bischof auf klassische Autoren und die neueren Vorstellungen von Descartes stützte.

Mit der Ebbe und Flut stimmt eine andere Art des Stroms oder der Bewegung des Wassers genau überein, die die Nordsee besonders merkwürdig macht, nämlich der wohl bekannte Malestrom oder Moskestrom auf dem 68sten Grad im Amte Nordland und in der Vogtei Lofoden gelegen, dicht an der Insel Mosköe, die dem Strome den Namen giebt. Dieser sauset und brauset stärker als ein Wasserfall, so daß man sein Geräusche zur Warnung sehr weit in der Ferne hören kann. Er ist niemals länger stille als in jeder sechsten Stunde eine Viertelstunde, nämlich bey der allerhöchsten Fluth und bey der allerniedrigsten Ebbe, da denn alle seine Gewalt einen kurzen Stillstand zu machen scheinet, in welcher kurzen Frist die daran wohnenden Fischer sich hinschleichen und den Grund messen können. Kurz darauf aber beginnt er wieder nach und nach sich zu bewegen oder zu wirbeln und sich rundherum zu drehen, obschon die See am allerstillsten ist, und zwar mit einem so kräftigen Zuge, daß alles, was in den Strom kommt, folgen muß und etliche Stunden verborgen bleibet, worauf denn die durch die Klippen zerrissenen Stücke wieder hervorkommen.

Wie so viele Autoren der frühen Naturkunde war Pontoppidan auffallend wissenschaftlich in seinem Vorhaben und seinen Methoden. Doch liegt Bergen sehr weit südlich von Nordland, und es ist recht wahrscheinlich, dass er viele der von ihm beschriebenen Dinge nicht persönlich gesehen hat. Er versteht es, den Unterschied zwischen der wirklichen Tierwelt und Fabelwesen wie Seeschlangen und Meerjungfrauen zu verwischen, indem er Berichten von unzuverlässigen Beobachtern Glauben schenkt. Der Krake erhielt auch erst durch die Übersetzung von Pontoppidans Werk Einzug in die englische Folklore, obwohl er schon in älteren Naturkundebüchern wie der *Beschreibung der Völker des Nordens* von Olaus Magnus aus dem Jahr 1555 und auch in der nordischen Sagenwelt vorkommt. Gibt es den Kraken, wie ihn die Sage beschreibt, wirklich? Irgendwie bestimmt. Beschreibungen dieses Wesens kommen dem Riesenkalmar sehr nahe, und durch Narben von Saug-

näpfen an Walen weiß man, dass es viel größere Exemplare des Riesen-
kalmars gibt, als man sie bisher beobachtet hat.

Und können wir dann der Mahlstrombeschreibung des Bischofs
glauben? Vielleicht, denn dieses Mal hat er sich wahrscheinlich auf eine
verlässliche lokale Quelle verlassen: Der nordländische Dichter und
Pfarrer Petter Dass zeichnete im 17. Jahrhundert in seiner Versdichtung
Die Trompete des Nordlandes und andere Gedichte die Naturgeschichte
seiner Region auf. Er entdeckte, dass der Mahlstrom eine Beziehung
zwischen Strudelstärke und Mondphase aufweist, und argumentierte,
dass die Geschwindigkeit des Wirbels deshalb so enorm ist, weil sich die
Flut in diesem Gebiet durch eine enge Rinne zwischen den Inseln hin-
durchzwängen muss.

Dass' Beobachtungen verliehen Pontoppidan das Selbstbewusstsein,
die Theorie des deutschen Jesuiten und Universalgelehrten Athanasius
Kircher zu widerlegen. Kircher behauptete, der Mahlstrom sei der
Eingang eines Kanals, der unter der Skandinavischen Halbinsel hin-
durchführe – eine Art riesiges Abflussloch, das den Atlantischen Ozean
mit dem Bottnischen Meerbusen verbindet. Er ließ auch verlauten, dass
es sich bei der Mahlstrommeerenge zwischen dem südlichsten Zipfel
der Lofoten und der kleinen Felseninsel Mosken um Skylla und Charybdis aus der klassischen Mythologie handeln könnte. Wenn das stimmte,

wäre Odysseus auf seinem Heimweg nach Ithaka wirklich sehr weit vom Kurs abgekommen ...

Auch der Name Mahlstrom gibt uns Rätsel auf. Zunächst einmal komme ich mit den diakritischen Zeichen nicht klar. Ich habe die erste Silbe als Mahl-, Mael-, Mål- und Mal- und die zweite als -strøm, -ström, -straum, -straumen und -strom gesehen. Suchen Sie sich etwas aus. Das *Oxford English Dictionary* zählt noch weitere Möglichkeiten auf und führt als erste Fundstelle des Wortes in der englischen Sprache den Reisebericht des Diplomaten Anthony Jenkinson von 1589 an. Diesen verschlug es nach Moskowien, wo er Handelsabkommen zwischen Königin Elisabeth I. und Iwan dem Schrecklichen verhandelte. »Es gibt«, schrieb Jenkinson, »zwischen den Røstinseln und den Lofoten einen Strudel namens Malestrand [!], der ein so schreckliches Geräusch macht, dass die Klopfer an den Türen der Inselbewohner in einem Umkreis von zehn Meilen erzittern.« Man vermutet allerdings, dass Jenkinson den Namen flandrischen Karten entnahm und nicht aus norwegischen Mündern hörte. Das niederländische Wort bedeutet »zermalmender Strom«, und das Wort für diesen Strom und inzwischen auch für jeglichen anderen Meeresstrudel in allen skandinavischen Sprachen stammt von diesem ab.

Prinz Breackans Kessel

Dagegen war ich hinreichend überzeugt davon, dass es Großbritanniens berüchtigtsten Strudel wirklich gibt. Er heißt Corryvreckan und liegt zwischen den Inseln Jura und Scarba in den Inneren Hebriden an der Westküste Schottlands. Wie beim Mahlstrom gibt es Streit um den Namen. Auf Gälisch bedeutet »coire« Kessel. »Breacan« ist eine Art Karomuster, und man verwendet das Wort zur Beschreibung größerer Schäfchenwolken, karierter Stoffe und des Gefieders bestimmter Vogelarten. Es kann aber auch ein auffälliges Wellenmuster auf dem Wasser bezeichnen, das beispielsweise durch die Gezeitenströmung entsteht. Corryvreckan könnte also als »Kessel des aufgewühlten Meeres« übersetzt werden. Aber es könnte auch der »Kessel des Schottenstoffs« sein, eine Bezeichnung aus der gälischen Mythologie, in der jener Strudel der Bottich der Schöpfergöttin Cailleach ist, die darin vor dem Einbruch des Winters ihre Wollsachen wäscht.

Eine weitere, vor Ort gebräuchliche Variante des Namens hörte man in Michael Powells und Emeric Pressburgers hervorragendem, allegorischem Film von 1945 *Ich weiß wohin ich gehe*. Die junge, willensstarke Joan Webster reist von Manchester auf die abgelegene schottische Insel Kiloran, die dem reichen Industriellen gehört, den sie heiraten will. Während sie auf das Abklingen eines Sturmes wartet, der sie daran hindert, den letzten Teil ihrer Reise anzutreten, fällt ihr ein Bild an der Wand auf. Es stellt den norwegischen Prinzen Breackan dar, der über das Meer kam, um um die Hand einer Prinzessin anzuhalten, die von jenen Inseln stammte. Ein gutaussehender Marineoffizier auf Urlaub, Torquil MacNeil, der ebenfalls auf die Gelegenheit zur Überfahrt wartet, erzählt ihr folgende Geschichte: Der Vater der Prinzessin werde der Heirat zustimmen, sobald Breackan seine Seemannskunst dadurch beweist, dass er drei Tage und drei Nächte vor Anker liegend im Strudel verbringt. Der Prinz kehrt nach Norwegen zurück und bittet die Ältesten um Rat; sie weisen ihn an, drei Seile mitzunehmen – eins aus Hanf, eins aus Flachs und eins aus dem Haar von Jungfrauen, die ihren Geliebten treu sind. Gut vorbereitet bricht er abermals nach Schottland auf.

Natürlich reißen die ersten beiden Seile. Das dritte … Aber da wird Joan ungeduldig und unterbricht den Offizier. Sie ärgert sich über die Wartezeit und zahlt einem einheimischen Burschen eine absurde Summe Geld, damit er sie trotz des Sturmes in einem Fischerboot auf die Insel bringt. MacNeil springt heldenhaft mit ins Boot, das gerade ablegt. Es kommt dem Strudel sehr nahe, und dann fällt der Motor aus. Allmählich wird es in den Wirbel gezogen, der in einer außerordentlichen Montagesequenz mit großem technischem Können dargestellt wird. Die Sequenz, so erklärte Powell in seinen Memoiren, war eine Kombination aus Liveaufnahmen einer Handkamera aus einem kleinen Boot – »meistens von mir gedreht, der ich an den Mast gebunden war wie Prinz Breackan selbst« – und aus mit Hochgeschwindigkeitskameras gefilmten Teilen. Dazu kam ein Modellboot in einem Becken im Studio, wo man Gelatine ins Wasser gab, um es dickflüssiger zu machen, damit das Meer die richtige, ehrfurchtgebietende Masse erhielt. Diese Tricks hatte sich Powell von Cecil B. DeMilles Stummfilmepos *Die Zehn Gebote* abgeschaut, in dem Moses das Rote Meer teilt. Doch der eigentliche Regisseur war laut Powell »Edgar Allan Poe«.

Mitten in diesem Chaos verrät MacNeil, der, wie wir inzwischen wissen, der Gutsbesitzer des unerreichbaren Kiloran ist, Joan den letzten Teil der Geschichte: Das Seil aus dem Haar der Jungfrauen hielt bis zum Gezeitenwechsel. Aber eine Jungfrau – eine einzige! – war untreu gewesen, und als ihre Strähne riss, zerriss das ganze Seil. Schließlich gelingt es MacNeil, den Motor in Gang zu bringen, und sie entfliehen dem Strudel.

Der Breackan aus der Sage hatte nicht so ein Glück. Er ertrank, und seine Leiche tauchte in einer nahen Höhle wieder auf, wo er angeblich begraben liegt. Und was Joan betrifft, die sich natürlich in den Mann von der Marine verliebt hatte: Die musste akzeptieren, dass der Zufall eine Rolle spielt. Powells und Pressburgers doch sehr britische Filme sind stets von einem sehr unbritischen, expressionistischen Symbolismus geprägt. In diesem Film zeigt Joan der wilde Strudel, dass sie doch nicht so genau weiß, wie ihr Leben verlaufen wird.

Vielleicht hat George Orwell den Film nie gesehen, doch ungefähr ein Jahr nach seinem Kinostart stellte sich heraus, dass Orwell beinahe mit seinem kleinen Sohn Ricky, seiner Nichte Lucy und seinem Neffen Henry Dakin im Corryvreckan ertrunken wäre. Er fuhr mit ihnen in einem kleinen Boot hinaus, während er auf Jura an seinem, wie er bereits ahnte, letzten Roman *1984* arbeitete. Orwell war kein Seemann und hat offenbar die Ratschläge von Menschen, die die örtlichen Verhältnisse besser kannten, ignoriert.

Im Admiralty-Handbuch für diesen Teil der britischen Küste fand sich damals eine deutliche Warnung. Der Corryvreckan sei »bekannt für sein stürmisches Gewässer«, dessen Geschwindigkeit während der Springtide bis auf achteinhalb Knoten ansteigt. Bei Flut gibt es Kehrwasser und daher »Sturzwellen, die manchmal so schwer sind, dass sie kleinen Schiffen gefährlich werden«. Allgemein »ist das Navigieren zwischenzeitlich sehr gefährlich, und Fremde haben keine Befugnis, es zu unternehmen.« Nur selten hört man aus dem lakonischen Geleier jener lebenswichtigen Handbücher der Admiralität Gefühle heraus, doch scheint die zitierte Warnung einen Anflug unterdrückter Hysterie zu enthalten.

Orwell hatte diesen Band sicher nicht zur Hand und war vielleicht durch die Tatsache getäuscht worden, dass die Höhe der Fluten in diesem Gebiet sehr niedrig ist – es gibt am nahen Sund von Jura einen amphidromischen Punkt, an dem der Tidenhub null ist. So fuhren er und seine Begleiter etwas zu früh los, also bevor die Flut wirklich abgeflaut war, der Strudel nachließ und das Gewässer sicher war. Der Außenbordmotor mühte sich, das Boot voranzubringen, und da bemerkten sie, dass sie sich kaum vom Festland entfernten und die Wellen langsam größer wurden. Bald begriffen sie, dass sie sich am äußeren Rand des Corryvreckan befanden – noch nicht im mächtigen Tunnel der Strudelmitte, doch in kleineren Kehrwasserstrudeln an dessen Rand. Orwell versuchte, das Boot mit dem Ruder auf Kurs zu halten, doch dann brach der Außenbordmotor aus seiner Halterung und fiel ins Meer. Man war der Flut ausgeliefert. Da er selbst schwach auf der Brust war, wies Orwell seinen Neffen an zu rudern. Henry versuchte vergeblich, das Boot von den Strudeln wegzubewegen. Immerhin konnte er die Position halten, bis die Strudel mit der ablaufenden Flut allmählich abklangen. Schließlich ließ das Wasser sie los, er konnte wegrudern und die Familie an eine nahegelegene Insel im Strom bringen.

Doch das Unglück war noch nicht vorbei. Während sie versuchten, auf die Insel zu gelangen, kippte das Boot im atlantischen Wellengang um. Orwell und seine jungen Begleiter konnten sich gerade noch ans Ufer retten. Das Boot und ihre ganzen Sachen waren weg. Sie hatten Glück, nur wenige Stunden später von einem Hummerboot entdeckt zu werden.

Im Nachhinein ist Orwells Verhalten höchst merkwürdig. Obwohl Familienmitglieder in Gefahr waren, schien er sich kaum mit der Situation zu beschäftigen. Während das Boot in der Strömung herumwirbelte, stellte er belanglose Naturbeobachtungen an, zum Beispiel dass kurz der Kopf einer Robbe in der Nähe des Strudels auftauchte. Vielleicht war es auch nur der Versuch, alles als Teil eines Abenteuers zu betrachten. Der dreijährige Ricky hatte scheinbar keine Angst und erinnerte sich später nur an ein »Hoch und Runter, plitsch und platsch«. Henry Dakin berichtete jedoch, dass Orwell sich ihm anvertraut habe: »Er dachte, wir wären hinüber.« Ein Gast auf Jura fand den Autor zuvor »in selbstzerstörerischer Stimmung«. War Orwell lebensmüde, wie jemand später Henry gegenüber zu bedenken gab? »Wohl kaum, erwiderte ich, sonst hätte er doch nicht drei andere Leute mitgenommen. So einer war er überhaupt nicht.«

Erstaunlicherweise wurde das Rätsel des Strudels erst 2012 von einem Ozeanographenteam des Scottish Marine Institute unter John Howe gelöst. Es führte eine genaue Vermessung irischer und schottischer Gewässer durch und entdeckte ein langes Unterwasserkliff vor der Küste der Insel Scarba. Die bathymetrische Vermessung, die mit verschiedenen Echolotgeräten durchgeführt wurde, ergab auch, dass der Meeresboden von den starken Fluten blankgescheuert war und das Grundgestein bloßliegt, während Schlamm und Sand in Unterwasserdünen aufgeschichtet sind, in denen die Strömungen schließlich ausklingen.

Die Studie wurde durchgeführt, um Projekte zum Schutz der Meere und zur Nutzung erneuerbarer Energien mit verlässlichen Daten versorgen zu können und auch um die Sicherheit der Schifffahrt zu verbessern. Die offizielle Seekarte für den Golf von Corryvreckan enthält wie alle Karten auch Echolotmessungen, aber einige Messungen wurden noch mit Lotleinen durchgeführt und stammen wohl aus dem 19. Jahrhundert. Deswegen weist keine genaue Umrisszeichnung auf eine Besonderheit hin. Es gibt auch keine Andeutung einer Felsnadel auf dem Boden der Meerenge, die viele für den Auslöser des Strudels hielten und deren Existenz angeblich durch eine frühere Messung bewiesen wurde. »Alle sagten: die Felsnadel! Die Felsnadel! Ich habe sie gesucht, und auf den alten Messungen sieht man sie«, erzählte mir John, »aber wir fanden heraus, dass die Felsnadel eine Felswand ist oder eine Reihe von Wänden und Vorsprüngen, die an der Küste vor Scarba emporragen.« Also keine Felsnadel. Stattdessen eine Reihe von felsigen Strebewerken, die sich entlang der Küste von Scarba erstrecken. Eines reicht fast bis dreißig Meter unter die Meeresoberfläche. Wo die Flut in den Jurasund fließt, wallen große Wassermengen über das Kliff hinweg, die über das Niedrigwasser auf dem Felsen hinweg beschleunigen müssen. Bei einsetzender Ebbe kehrt sich die Fließrichtung um, das Wasser strömt über den Klippenrand und stürzt plötzlich ins tiefere Meer. Das nachfolgende Wasser wird abwärts in einen Wirbel gesogen – in den Corryvreckan.

Strudel sind eine seltene, aber dramatische und wirklich lebensgefährliche Besonderheit vieler Küsten. Der Corryvreckan soll der drittgrößte der Welt sein. Der größte auf der westlichen Halbkugel ist der Old Sow, die Alte Sau, in Passamaquoddy Bay im östlichen Teil der Bay of Fundy zwischen dem US-Bundesstaat Maine und der kanadischen Provinz New Brunswick. 1833 geriet Kapitän FitzRoy vor der Küste von Patagonien in einen Strudel, den er als »regellose Bewegungen in alle Richtungen, genau wie ein Topf beim Kochen, aber riesig« beschreibt. FitzRoy lotet die Tiefe und findet keinen Boden, was charakteristisch für solche Orte ist. Aber der allergrößte Wirbelstrudel ist der Mahlstrom oder Moskenstraumen, wie er hier und da genannt wird, und ich muss ihn sehen.

Die Geschichten schwanken immer noch zwischen natürlichem Phänomen und geographischem Ort (ob mit oder ohne diakritische Zeichen), Wirklichkeit und Unwirklichkeit, Fakt und Fabel. Ich war mir sicher, dass ich etwas finden würde. Aber was? Einen schrecklichen Anblick, wie ihn Poe und Verne heraufbeschworen? Charybdis hatte ich mir erspart, weil ich Angst hatte, dass mich die Wirklichkeit enttäuschen würde. Stimmte es, wie in einem meiner Bücher über Ebbe und Flut lakonisch festgestellt wird, dass der Mahlstrom und die Charybdis »in der Literatur mehr Beachtung finden als in der Ozeanografie«? Wäre das angemessen? Selbst Hilaire Belloc meinte, dass die Gezeitenströme vor Portland Bill den Mahlstrom »verschlingen« könnten, »ohne zu bemerken, dass sie gerade gefrühstückt hätten«. Allerdings gab er zu, dass er noch nie da war. Was sagen uns solche großspurigen Äußerungen über unsere immer wieder andere Einstellung zur Natur? Was sagen sie uns über die Kraft von Geschichten? Wenn der Mahlstrom als geographischer Ort existiert, wäre das der endgültige Beweis dafür, dass die Gezeiten die Macht haben, Orte zu erschaffen. Wenn nicht, nun ja, dann Hut ab vor den Geschichtenerzählern.

Ich muss drei Flugzeuge und eine Fähre nehmen, um auf die Lofoten in der norwegischen Provinz Nordland zu gelangen. In meinen unbedarften, südlichen Ohren hört sich das wie der Norden des Nordens an. Wie bei den meisten Briten wird meine Vorstellung vom Nordmeer durch den täglichen Seewetterbericht im Radio geprägt.

... herausgegeben vom Wetteramt im Auftrag von Marine und Küstenwache am Donnerstag, den 05.05. ... Sturmwarnungen für Fair Isle, die Färöer und Südostisland. Hier der Überblick ...

Die Namen der »Seegebiete«, in die die Gewässer um die Britischen Inseln aufgeteilt sind, haben meist mit der nächstliegenden Festlandsgeographie zu tun, doch zwei erinnern an Triumphe der Marine: Trafalgar und eben FitzRoy, den Wirbelstrudelüberlebenden, der später die telegraphisch übermittelten Unwetterwarnungen für die Schifffahrt einführte. Die Litanei beginnt und endet im Norden. Das Seegebiet Viking kommt immer zuerst dran. Das Letzte ist ...

... Südostisland. Nordwest 9. Schneeschauer. Mäßig, teils stark eingeschränkt. Keine Vereisung.

Ich weiß noch, wie ich als kleines Kind immer diese letzte Kadenz hörte: »No icing.« Icing bedeutet auf Englisch sowohl Vereisung als auch Zuckerguss, und ich stellte mir Südostisland wirklich trostlos vor. Kein Zuckerguss. Erst später erfuhr ich, dass es für Schiffe sehr gefährlich ist, wenn sich Blitzeis schichtenweise auf der Takelage ablagert, bis sein kopflastiges Gewicht eine Schwere erreicht, die das Schiff zum Kentern bringen kann.

Die Seegebiete haben sich über die Jahre hinweg nur wenig geändert. Mit Rücksicht auf das norwegische System hat man den norwegischen Teil von Viking in zwei neue Seegebiete unterteilt:

Utsira Nord, Utsira Süd. Nordwest 6. Heiter. Gut.

Wie exotisch diese Ortsnamen klingen, zumal wenn man sie mit meinen örtlichen Seegebieten Humber und Themse vergleicht! Oft liegen sie, was das aktuelle Wetter angeht, scheinbar Welten entfernt. Während wir uns in windstillem Sonnenschein rekeln, werden sie von Stürmen heimgesucht. Sie hören sich weit entfernt an, obwohl sie gar nicht so weit im Norden liegen. Die Namen stammen von der kleinen Insel Utsira, die unweit der Küste bei Stavanger in Südnorwegen liegt. Selbst Utsira Nord ist weit südlich von meinem Reiseziel.

Ich könnte eine einigermaßen genaue Karte des Mittelmeeres zeichnen; Sie bestimmt auch. Die Römer nannten es *Mare Nostrum*, Unser Meer, und es ist inzwischen auch unser Meer. Aber an den Umriss der Nordseeküsten nördlich des britischen Festlandes erinnern wir uns kaum, obwohl er einst von entscheidender Bedeutung war. Ich bin jetzt unterwegs zu einem Ort, der praktisch außerhalb jeder Landkarte liegt, fast achtundsechzig Grad nördlicher Breite, zweihundert Kilometer nördlich des Polarkreises, nördlich von Island, nördlich von fast ganz Alaska.

Die Logistik der Reise ist das Eine. Wie schon bei meinen anderen Gezeitenrendezvous werde ich meine Fahrt genau planen müssen, damit ich den richtigen Gezeiten begegne. Am Wetter kann ich nichts ändern, und davon hängt wahrscheinlich auch vieles ab, aber ich kann wenigstens die Gezeitentafel zur Hand nehmen und sicherstellen, dass ich den Mahlstrom sehe, wenn die Strömung besonders rasant fließt.

Vielleicht werde ich dann nicht so enttäuscht wie Edmund Gosse, der 1871 durch Norwegen reiste und den Dramatiker Henrik Ibsen für die englischsprachige Welt entdeckte. Ich war verblüfft, als ich herausfand, dass sich der bekannte Schriftsteller und Kritiker Gosse genau wie ich zu Beginn selbst beglückwünschte, weil er nicht wie so viele Reisende gen Süden fuhr, sondern in den Norden, und zwar »zur erhabensten Küstenlandschaft Europas«. Er kam denn auch auf den Lofoten an, »mit nicht viel mehr als der Schulbuchlegende Mahlstrom und vielleicht noch dem unerwünschten Geschmack von Lebertran im Sinn«, und fand nur hier und da ein paar Fischer vor, die gerade den Frühjahrsfang an Kabeljau einbrachten.

Er suchte den Mahlstrom, fand ihn nicht und schloss daraus mit einem Selbstbewusstsein, das nur ein Mann des 19. Jahrhunderts haben kann, dass es ihn auch nicht gab:

Leider muss gerade ich, der Fürsprecher dieser Inseln, im Interesse der Wahrheit mit größtem Nachdruck das romantische Fabelwerk zum Einsturz bringen, das sie seit Jahrhunderten umgibt. Der Maelström, der schreckliche Strudel, der »den grölenden Wal in den Tod wirbelte«, der die größten Schiffe in seinen grauenhaften Schlund riss und der so laut donnerte, dass die Klopfer an den Türen von zehn Meilen entfernten Häusern angesichts dieses Weltwunders laut der *Pilgerfahrt* des wortgewaltigen Purchas er-

zitterten, gehört in jenen Limbus, wo die Mythen der alten Leicht-
gläubigkeit ihrem elenden Ende entgegenfiebern. Den Wirbel,
den Pontoppidan und Purchas beschreiben, gibt es nicht.

Gosse beschreibt sodann die Lage des Wirbelstrudels recht genau und
nennt seinen Lofotennamen. Er erzählt von Fjorden, wo die gegen den
Wind einfließende Flut das Wasser so hoch aufpeitscht, dass er sich
vorstellt, wie es ein kleines Fischerboot überwältigt – er wusste also,
was er suchte. Was ging schief? Ich kann mir nur vorstellen, dass er zu
einem Zeitpunkt da war, als das Wasser gerade ruhig war. Mir darf das
also nicht passieren. Obwohl er die Existenz des Mahlstroms so nachdrücklich bestritt, hatte Gosse kein Problem damit, seinen literarischen
Ruhm zu preisen. Tatsächlich setzte er eine weitere obskure Quelle –
Anders Christensen Arrebo, einen in Dänemark geborenen Bischof von
Trondheim aus dem 17. Jahrhundert, angeblich der »Vater der modernen skandinavischen Dichtung« – auf die immer länger werdende Liste derjenigen, die den Mahlstrom beschrieben. Arrebos *Hexaëmeron* ist
ein Großepos über die sechs Schöpfungstage an den Felsen und Fjorden Norwegens. Dieses nordische Eden wäre ohne den Mahlstrom nicht
komplett, über den es heißt:

Bei den Lofoten, weit im Norden Norwegens,
Herrscht eine Flut, so stark wie keine auf der Welt.
Sie heißt nach hohem Moskefelsen Moskeflut,
Umfließt gehorsam diesen Fels in frommen Ringen
Und führt des Mondes Willen unterwürfig aus.
Wer sich ihr naht, verscheidet gleich von dieser Welt.
Im Frühling werfen sich die Wogen auf wie Berge,
Doch sehn wir noch die Sonne, helles Erdenauge.
Stemmt sich der Wind dann noch der wilden Flut entgegen,
Kämpfen zwei großen Helden einen großen Kampf
Und Land und Haus erzittern, Tür und Fenster klappern,
Die Erde teilt sich fast vor dieser urgewaltigen Schlacht,
Der große Zauberwal wagt jetzt nicht aufzutauchen,
Und furchtsam flieht er, heulend rast er fort.

Mir kommt Arrebos Schilderung eigenartig glaubwürdig vor. Er bezieht sich auf einen Zeitpunkt, an dem das Phänomen wahrscheinlich am aktivsten ist, und auf seine Abhängigkeit von den Gezeiten. Bei ihm gibt es keine wilden Wirbelströmungen wie bei Verne und Poe, aber der Eindruck furchtbarer Wucht ist deutlich. Bestimmt gab es diesen Mahlstrom, auch wenn spätere nicht existierten. Eine weitere Möglichkeit will ich jedoch nicht ausschließen. Vielleicht tut Gosse nur deshalb so, als gäbe es den Mahlstrom nicht mehr, weil er den Ruf der von ihm genannten Autoren aufpolieren möchte.

Eine Brücke über schwerem Wasser

Mein letzter Flug bringt mich nach Bodø an der Ostküste des Vestfjords, jenes dreieckigen Wasserschlundes, in den jeder südwestliche Sturm hineinfährt. Von hier aus dauert es drei Stunden mit der Fähre, um über die Fjordmündung zu den Inseln zu kommen. Hier ist nicht viel los, aber im Vergleich zu meinem Reiseziel ist der Ort eine Metropole. Gosse zufolge ist das Städtchen »für die Einwohner unserer Inseln wie London und Liverpool in einem: jeder Luxus, von Armbanduhren bis zu Klavieren, von einer Packung bester Kekse bis zum Schwein, kommt aus Bodø.«

Bevor ich an Bord gehe, habe ich noch Zeit, mich in Stimmung zu bringen, und zwar mit einem Besuch an einem anderen Ort mit ungestümen Gezeiten. Allerdings gibt es hier keine Geschichte, nur Statistiken. Denn nur etwas südlich von Bodø liegt der schmale Eingang zu einem Fjord, an dem die schnellste Gezeitenströmung der Welt eine Geschwindigkeit von bis zu zwanzig Knoten erreicht. Die Flut in der Naruto-Straße bei Tokushima in Japan ist fast so schnell, sie ist in einem der letzten Werke des berühmten Meisters des Ukiyo-e-Farbholzschnitts, Utagawa Hiroshige, und auf den prächtigen, blattvergoldeten Tafeln der Edo-Zeit abgebildet. Soweit ich weiß, gibt es vom Saltstraumen hingegen keine historischen Abbildungen.

Die Möwen haben sich auf den Straßenlaternen der Brücke über dem Strom versammelt, als ich bei halber Flutwasserhöhe ankomme. Ich lehne mich über das Geländer und schaue auf das Wasser. Aus dieser Höhe macht einen der wirbelnde Zulauf schon nach wenigen Sekunden

schwummrig. Man denkt, man stünde auf einer Schiffsbrücke und nicht auf festem Boden. Das Wasser läuft in der Mitte schnell und glatt und wirft am Rande seines selbstgeschaffenen Stroms dort Blasen auf, wo es vom Boden und von den Seiten des Eingangs abgelenkt wird und nur nach oben ausweichen kann. In regelmäßigen Abständen werden weiße Überlaufwellen aufgescharrt, wenn sich das Wasser in seiner Eile überschlägt. Eine Eiderente gleitet mit hoher Geschwindigkeit durch den Engpass und freut sich über die Mitfahrgelegenheit. Da muss ich laut lachen. So eine schnelle Ente habe ich noch nie gesehen!

Obwohl die Flut hier so schmal ist, bemerke ich eine unnatürliche Schräge auf dem Wasser, das in den Engpass stößt. Das Wasser ist seewärts wohl einen Meter höher als im Fjord. Die Felsen am Ufer sind im Laufe der Jahrhunderte oben von Wellen glattgeschliffen worden, aber

unten, wo sie öfter unter Wasser sind, haben sich feine Rinnen gebildet, die mich an die Haut von Walen erinnern.

Die Flut wird immer schneller und reißt riesige Tangklumpen mit sich, als wären es kleinste Härchen. Kleine Strudel bilden sich und jagen sich selbst, sie glucksen und fließen ineinander, während sie gleichzeitig stromaufwärts sausen. Das Wasser drückt jetzt so stark, dass der größte Zulauf nicht mehr gerade fließen kann. Er biegt sich in mächtigen Schlaufen wie ein Seil, das man in ein Loch schieben will. An der schäumenden Außenseite der Hauptströmung bilden sich nun ständig kleine, spitz zulaufende Wirbelstrudel. Größere entstehen an der Linie zwischen schnellem und stillem Wasser, die sich nicht halten kann, und ein schneller Abschnitt überholt einen langsameren. Gewirbelt wird immer von der Mitte her nach außen, auf der rechten Seite des zufließenden Wassers im Uhrzeigersinn und auf der linken Seite in entgegengesetzter Richtung. Das hat nichts mit dem Geschwätz über Abflüsse und Halbkugeln zu tun; die Kräfte, die hier am Werk sind, sind viel zu stark.

Meine Tagträume werden durch das Auftauchen unbeugsamer Schlauchboote voller Touristen in grellfarbenen Öljacken jäh beendet. Der Fahrtführer winkt mir zu. Vollidiot, denke ich. Etwas später, sobald das Wasser hoch steht und langsamer fließt, erscheinen ein paar Fischer in ihren Booten. Ich vertreibe mir die Zeit, indem ich in einem leeren Café, von dem aus ich die Strömung sehen kann, zu Mittag esse. Mich wundert, dass es draußen ein Schwimmbecken gibt, das wohl nicht mehr benutzt wird und Risse hat. Man sagt mir, dass es nicht für Menschen, sondern für Seehunde da war. Die Tiere konnten die tosenden Fluten durch eine Glaswand an der Seite des Aquariums sehen. Ich weiß nicht, ob man ihnen damit einen Gefallen tat.

Dann kehre ich zurück, um die Ebbe zu erwischen. Der Abfluss ist anders – glatter, schwärzer, irgendwie dickflüssiger, wie Öl, das man aus einer Tonne auslässt. Am Rande der Laminarströmung schäumt das Wasser türkis wie ein Minzbonbon. Sausend rauscht es laut und dauerhaft. Eine Sturzwelle wie auf einem Korallenriff kommt heran und wächst so lange an, bis sie fast die Mitte des Kanals erreicht, obwohl es kein Riff gibt: Schuld ist allein der Druck des Wassers, das aus dem Fjord herausströmen will.

So viel Aufwand – und das Ganze wird sich in wenigen Stunden wiederholen. Bis in alle Ewigkeit.

Der Nabel des Meeres

Sørvågen, Norwegen

	HW	NW	HW	NW
15. Juni 2014	01:51	08:22	14:22	20:35
	3,0 m	0,3 m	2,8 m	0,3 m

Während der Überquerung des Vestfjords auf einer großen Fähre beobachte ich schwarze Alkenvögelchen, die unterhalb des Bugs herumfliegen. Eine Durchsage macht die Passagiere auf eine Herde Schwertwale backbords aufmerksam. Nur andere Schiffe sehe ich nicht.

Durch die salzfleckigen Fenster sieht man bald die Lofoten. Steile Berge mit scharfkantigen, kahlen Gipfeln ragen in einer geraden Linie

aus den Inseln und formen die Lofotveggen oder Lofotenwand, einen mächtigen Schutzwall gegen die Nordwinde des Arktischen Ozeans. Die meisten Dörfer liegen auf der Windschattenseite dieser natürlichen Wand und sind dem Vestfjord zugewandt. Dadurch bekommen sie auch Sonne. Die kleinen, roten Hütten gruppieren sich sehr ansehnlich auf Pfeilern über dem Meer, manche haben noch die traditionellen Torfdächer. Früher wurden sie an Fischer vermietet, die alljährlich zur sommerlichen Kabeljauernte aus Südnorwegen anreisten. Heutzutage werden sie von Touristen genutzt, obwohl immer noch Kabeljau gefangen wird, sodass ein süßer, ammoniakartiger Geruch in der Luft liegt. Er stammt von den an den Felsen befestigten Holzgestellen, an denen die Fische trocknen, bevor sie exportiert werden.

Ich gehe zum südlichsten, dem Zipfel der Lofoten am nächsten liegenden Dorf, das immer noch sechs oder sieben Kilometer vom Mahlstrom oder Moskenstraumen entfernt ist, und überlege, wie ich das letzte Stück meiner Reise am besten bewerkstellige. Obwohl es nicht sehr weit ist, erfahre ich zu meiner Enttäuschung, dass es so gut wie unmöglich sei, zu Fuß zu Edgar Allan Poes gedachtem Aussichtspunkt über dem Mahlstrom am Hang des Hellseggen zu gelangen. Wenn man von einem zweckdienlichen Felsvorsprung aus südwärts schaut, versteht man sofort, warum dem so ist. So weit der Blick reicht, fallen an der ganzen Küste graue, blanke Platten des drei Milliarden Jahre alten Felsens steil in den Fjord ab. Man darf annehmen, dass der Hang unter der Oberfläche des kalten, blauen Meeres weiter in die Tiefe führt.

Ich habe mich immer über die Abenteurer lustig gemacht, die sich über die Natur hinwegsetzen wollen, indem sie mit lauten Motoren durch die Fluten donnern, aber ich habe keine andere Wahl, als einen Ausflug per Schiff mitzumachen, wenn ich zum Mahlstrom gelangen will. Es ist Spätnachmittag, und auch wenn die Sonne heute nicht untergeht, sind ihre Strahlen hinter der Lofotenwand verborgen, als wir uns vorsichtig aus dem schönen Hafen herausbewegen. Die Fahrt in dem zwölfsitzigen Festrumpfschlauchboot kommt mir vor wie eine Attraktion im Vergnügungspark, die uns ratternd und Bild für Bild durch die großartige Landschaft führt. Die uralten, im Schatten liegenden Abhänge blicken uns missbilligend an, Seeadler kreisen träge über uns. Gelegentlich kommen wir an einem verlassenen Fischerdorf vorbei. Die Siedlungen stammen teils aus dem 17. Jahrhundert, aber viele wurden nach dem Zweiten Weltkrieg aufgegeben, als die Bewohner der Lofoten im Zuge der Modernisierung des Arbeitsmarktes mit günstigen Angeboten in die Industrien auf dem Festland gelockt wurden.

Andere waren schon vorher gegangen, viele nach Amerika, an die Großen Seen, vertrieben von den Arbeitsbedingungen: von den Gefahren der Fischerei und vom Unrecht der Leibeigenschaft. Johan Bojer erzählt ihre Geschichte in dem Roman *Die Lofotfischer*, einer nordischen Variante von *Früchte des Zorns*, der die lange Reise Richtung Westen und die Suche nach einem besseren Leben auf einem fernen Kontinent schildert. Bojers norwegische Kapitel zeigen, dass der Mahlstrom für diese mutigen Männer nichts weiter als ein Berufsrisiko unter vielen darstellte, das gewohnheitsmäßig bewältigt werden musste, um zu den atlantischen Fischgründen zu gelangen. Für sie bot das Lofotenabenteuer Aussicht auf den Wohlstand, den ein gutes Kabeljaujahr versprach.

Ein rotes Licht an einer schwarz-weißen Stange markiert den südlichsten Zipfel der größeren Lofoteninseln. Nur noch die kleineren Inseln Værøy und Røst zeichnen sich vor uns ab und vor ihnen liegend die Felseninsel Mosken und die Schären des Moskenstraumendurchlaufs.

Es ist ungefähr vier Stunden nach der Flut, und ich vermute, dass sie immer noch vom Vestfjord durch die Lücken zwischen den Inseln in den Ozean ausfließt. Lars, der das Boot steuert, erzählt, dass er hier sechs oder sieben Meter hohe Wellen gesehen hat, aufgewirbelt von der Dünung, den Sturmwinden und der Flut. Heute ist das Meer ruhig. Die Wasseroberfläche wird von kleinen Wellen gekräuselt, sie laufen zufrieden auf der Dünung mit und brechen sich nicht. Im Laufe der Fahrt tauchen hier und da scheinbar abgeteilte Wasseransammlungen auf, glatter und glasiger als der Rest und von den Wellen geheimnisvoll unberührt. Das sind Blasen, riesige Auftriebe von Wasser aus der Tiefe, die die vom Wind verursachten Wellen glätten, wenn sie sich an der Oberfläche ausbreiten. Sie sind nicht spiegelglatt, aber auf jeden Fall wie etwas vom Menschen Gemachtes, wie die Oberfläche von geschmolzenem Metall.

Kleine Wellen brechen sich am Rand dieser glatten Bereiche wie an einem Strand. Es scheint, als könnten sich die beiden Wasser nicht vermischen. Vielleicht ist das Auftriebswasser kälter oder salziger als das Oberflächenwasser. Außerdem befinden sich am Rand der Blasen kleine Strudel, die sich manchmal zu Abwärtsspiralen verstärken, wenn das aufgetriebene Wasser an Kraft verliert und wieder absinkt.

Sie haben aber nicht lange Bestand, und schon bald fällt der Blick auf neue Spiegelflächen ein Stück weiter oder an der Seite des Bootes. Die Blasen bilden sich fortlaufend auf großen Flächen, manche messen mehrere Hundert Meter. Lars bremst auf Leerlauf, damit wir spüren, wie sich das Boot unter uns bewegt. Ein ungewohntes Gefühl. Wir schaukeln nicht auf den Wellen, sondern werden hochgehoben und wie ein Korken in einem Springbrunnen hin und her gedreht. Trotzdem gibt es dort, wo das Wasser herabgesogen wird, keine entsprechenden Wasserwirbel und auf keinen Fall einen, der Schiffe in Gefahr bringen könnte.

Wir fahren zu einer Anlegestelle auf der Ozeanseite der Inseln, der Sonnenseite der Lofotenwand an diesem Mitternachtssonnen-Abend, zu einer domartigen Höhle mit gemalten menschlichen Figuren aus der Bronzezeit. Archäologen finden Nordnorwegen besonders spannend, weil es hier Beweise für Küstensiedlungen aus der Jungsteinzeit gibt; sie wurden über den Meeresspiegel gehoben, als die Landmasse wieder aufstieg, die nicht mehr vom Gewicht der Eiszeitgletscher heruntergedrückt wurde. Siedlungen weiter südlich sind im Meer versunken.

Nahe dem Korallenstrand, auf dem wir aussteigen, wurde stapel-

weise ausgeblichenes Holz über die Flutlinie gespült, was aussieht wie
Andy Goldsworthys Strandkunst in einem späten Stadium des Zer-
falls. Der Anblick ist seltsam, zumal hier keine Bäume wachsen. Aber
Christian, unser von den Lofoten stammender Führer, erzählt uns von
einem russischen Frachter, der vor einigen Jahren im Moskenstraumen
in Schwierigkeiten geriet und gezwungen war, seine Ladung Holz über
Bord zu werfen, um sein Schiff in der stürmischen See zu retten. Der
Mahlstrom hatte seine sagenhafte Macht nicht ganz verloren. Die Ge-

schichte erinnert an jenes Stück Seemannsgarn, laut dem man ein Ruder oder andere große Holzstücke in den Strudel werfen soll, wenn man mit dem Leben und seinem Schiff davonkommen will.

Hier und da wurden große Holzstämme angeschwemmt. Christian erklärt, dass sie wahrscheinlich in Sibirien abgeholzt wurden, beim Flößen stromabwärts abhandenkamen und in den Strömungen im Arktischen Ozean herumtrieben. Solches Treibgut war für die Einwohner dieser öden, baumlosen Inseln einst sehr wertvoll, es wurde gern für Häuser und Boote benutzt. Leider fällt mir auch manches auf, was nicht hierhergehört – neonfarbene Netze, Plastikbehälter, Zubehör moderner Fischereiausrüstungen und küstenansässiger Industrien sowie eine erstaunlich große Menge gut erkennbarer Gebrauchsgegenstände, zum Beispiel Trinkflaschen. Insgesamt gibt es hier so viel Müll, dass selbst in diesen verlassenen Gegenden Aufräumaktionen am Strand organisiert werden müssen. Säcke voller Abfall stehen am Ufer und warten auf eine angemessenere Entsorgung.

Ein Ruder oder ein Rundholz vom Deck eines Schiffes mag nicht ausreichen, um den Mahlstrom zu beschwichtigen. Manchmal braucht man eine größere Opfergabe. In der Sage opferten Piraten, deren Schiff in die Naruto-Strudel geraten war, die Kleider der Prinzessin, die sie gerade entführt hatten. Als das nicht half, überlegten sie, ihre Gefangene selbst in die tosenden Gewässer zu werfen. Während sie darüber stritten, kam

eine göttliche Botschaft und befahl ihnen, ein Boot zu bauen, das die Prinzessin in die Freiheit befördern sollte. Darbringungen sollen die Gottheit des Wasserstrudels besänftigen, und diese Vorstellung beruht auf zuverlässigem Wissen: Der richtige Gegenstand kann den Wasserwirbel wirklich beruhigen und den Strudel so lange füllen, bis man sich aus seinem Sog befreit hat.

Drei Stunden später, nachdem wir den Moskenstraumen westwärts passiert haben, fahren wir wieder über ihn zurück zum Vestfjord. Jetzt ist eine Stunde nach Ebbe in Sørvågen, dem nächstgelegenen Ort, für den der britische Hydrographische Dienst Daten herausgibt, doch mir kommt es so vor, als würde die Flut noch ablaufen.

Diesmal gibt es mehr zu sehen. Vor uns hebt sich dunkel und fleckig im schrägen Licht eine große Fläche glänzendes Wasser von der unruhigen Oberfläche um ihren Rand herum ab. Die Meeresoberfläche wirkt wie kühn aufgetragene Ölfarbe auf einer Leinwand. Rabiate kleine Wellen machen energische Streifzüge über das aufgetriebene Wasser. Sie brechen sich schaumig und werden auf derselben Linie sofort von neuen Wellen ersetzt. Wir überqueren diese ozeanographisch so wichtige Wasserscheide, eine lebende Grenze zwischen Meeren, die für uns in unserem leistungsstarken Boot doch so unbedeutend ist, da wir bei hoher Geschwindigkeit kaum die Oberfläche berühren.

In der Ferne bemerke ich größere Bögen dieser stehenden Wellen, erst einen, der wegen seiner weißen Sturzwellen unübersehbar ist, dann einen zweiten, konzentrisch zum ersten. Sie scheinen den Rand von irgendetwas zu markieren. Aber dieses Irgendetwas – umgibt uns von allen Seiten. Die Sache kommt mir bekannt vor. »Wir befanden uns jetzt in dem Schaumgürtel, der stets den Strudel umringt, und ich dachte natürlich, dass der nächste Augenblick uns in den Abgrund schleudern werde«, sagt Poes Erzähler. Aber hier gibt es keinen Wirbelstrudel, der uns hinabzieht. Die große Fläche chaotischen Wassers inmitten von Sturzwellen ist in Wahrheit gespenstisch glatt.

Die Wogenkämme brechen so, als jagten sie einander an einer fernen Wellenfront. Vielleicht liegt das an einem hydrodynamischen Effekt, vielleicht spielt der Wind eine Rolle. Wie dem auch sei, der Eindruck einer ehrfurchtgebietenden Drehung im Uhrzeigersinn entsteht, und man bekommt eine klare Vorstellung davon, dass wir uns innerhalb eines gewaltigen Wirbels mit einem Durchmesser von mehreren Hundert Metern befinden. Das Phänomen mag kurzlebig sein: Als er aus dem wässrigen Abgrund befreit wird und sich »auf der Oberfläche des Meeres fand, angesichts der Küste von Lofoten«, wundert sich Poes Erzähler, denn er vermutete sich genau »über der Stelle, wo der Trichter des Moskoeström *gewesen war*«. Ja, kurzlebig mag er sein, je nachdem, in welcher Phase des Gezeitenkreislaufs er auftritt, wie stark die Flut ist (ich bin schließlich extra während der Springtide gekommen) und vielleicht auch welche Wetterbedingungen herrschen – aber er ist zweifelsohne urtümlich. Seine Bahn ist Chaos und Ordnung zugleich, eine Störung der »normalen« Meeresbewegungen, ein von irgendwoher durchgesetztes neues, verstörendes Muster.

Es ist unheimlich, ihm auf der Höhe des Wasserspiegels zu begegnen. Stünde ich am Steuer eines Segelschiffs, wollte ich auf keinen Fall hier sein. Das Wasser ist zwar größtenteils glatt, aber überhaupt nicht ruhig. Man spürt die Energie unter der Oberfläche. Dass die Flut die Stärke besitzt, die vom Wind aufgepeitschten Wellen zunichtezumachen, weist auf die größere Gewalt der Tiefe hin. Verglichen mit dem selbstgefälligen Wüten großer Wellen handelt es sich hier um eine stille, böse Macht. Unser Boot mit seinem Sechszylinder-Doppelmotor und zweihundertfünfzig PS rast unbeeindruckt weiter.

Mythos und Mathematik

Einst glaubte man, dass die Erde an dieser Stelle etwas trank und heftig ausspuckte, was sie nicht mochte. Oder dass riesige Unterwasserfelsen hier das Salz für das Meer mahlten. Selbstverständlich berufen sich Seeleute auf Seeungeheuer, um zu erklären, warum das Meer mit seinen gleitenden Strömungen und rollenden Wellen so unheimlich bewegt ist. Wer wollte sich hier keine Geschichten ausdenken. Kein Wunder, dass Seeungeheuer in der nordischen Sagenwelt und besonders in Norwegen, das mit seinen Inseln und Fjorden immerhin einhunderttausend Kilometer Küste besitzt, eine wichtige Rolle spielen. Was ist denn wohl schlimmer, was tröstlicher, was leuchtet eher ein? Dass die saugenden Fangarme eines Riesenkraken sich einen Menschen geholt haben oder dass das Meer es ganz ohne fremde Hilfe getan hat? Es muss besser gewesen sein, sich ein sonderbares Geschöpf vorzustellen, besser als die unheilvolle, gesichtslose Gewalt, die ein Schiff versenken kann, besser, als sich ständig daran erinnern zu müssen, dass das Meer das alles alleine kann, das Meer, auf dem du gerade treibst, das Meer, das du überqueren willst.

Bischof Arrebo und viele andere vertraten die nur geringfügig vernünftigere Vorstellung, dass der Mahlstrom der Eingang zu einem Unterwasserkanal sei, der den Atlantik mit dem Bottnischen Meerbusen verband und unter der skandinavischen Halbinsel hindurchführte. (Solche Vorstellungen, die heute absurd klingen, waren weit verbreitet. Es gibt einen See in Portugal, in dem die Wracks von im Atlantik untergegangen Schiffen aufgetaucht seien, und das Wasser im Brunnen Aretusa in der Nähe der sizilianischen Stadt Syrakus stammt angeblich aus dem Heiligen Land – vermutlich die christliche Version eines griechischen Mythos, demzufolge es jedoch aus Arkadien stammt.)

1997 wollte eine Gruppe von Mathematikern an der Universität Oslo die Sache endlich wissenschaftlich angehen. »In Anbetracht des seit Langem anhaltenden Interesses an dem Phänomen ist es erstaunlich, dass es noch keine umfangreichen, modernen Untersuchungen dieser starken Gezeitenströmung gibt«, schrieb Bjorn Gjevik, der projektverantwortliche Professor für Hydrodynamik. Zu literarischen Bildern wolle er sich nicht äußern, ihm gehe es um wissenschaftliche Erkenntnisse zu Gezeitenströmungsmustern, die wohl entscheidend daran beteiligt sind, die jungen Kabeljaue im Atlantik zu zerstreuen, wenn sie ihrer Vestfjorder Kinderstube entschlüpft sind.

Gjevik und seine Kollegen simulierten die Gezeitenbewegungen um die Lofoten herum, um herauszufinden, ob sie das große Rätsel des Mahlstroms lösen können. Selbst mit leistungsstarken Computern war es eine große technische Herausforderung, die komplexen, immerwährenden Bewegungen des Wassers zu modellieren und dabei die unübersichtliche Topographie des Meeresbodens und der Küstenlinie mit zu berücksichtigen. Wie sich herausstellte, entsprach das Modell den Beobachtungen der Gezeiten recht genau.

Den Wissenschaftlern zufolge ist ein Meeresgradient – also ein Unterschied in der Höhe des Meeresspiegels – von nur zwölf Zentimetern auf zehn Kilometern nötig, mit anderen Worten ein Gefälle von 1:80 000, um die Strömung mit einer solchen Kraft zwischen die Inseln zu zwingen, die zur Entstehung eines enormen Wasserwirbels notwendig ist. Das ist viel weniger als der Gradient, den ich am Eingang zum Saltfjord bei Bodø sah. Doch auf beiden Seiten des Moskenstraumen, sowohl auf der atlantischen wie auf der Vestfjorder, ist das Meer sofort fast zweihundert Meter tief, während der enge Strom weniger als fünfzig Meter tief ist – keineswegs die vierzig Klafter oder die »unermesslich größeren« Tiefen, von denen Poe spricht. Ungeheure Wassermassen – ungefähr dreihundertfünfzigtausend Kubikmeter oder einhundertvierzig olympische Schwimmbecken pro Sekunde oder etwa ein Drittel Sverdrup – müssen bei jeder Flut mit hoher Geschwindigkeit durch die Rinne geschleust werden.

Das mathematische Modell sagte auch verschiedene Oberflächeneffekte der Strömungen vorher, insbesondere einen gigantischen Strudel von ungefähr sechs Kilometern Durchmesser, der sich langsam in die eine oder andere Richtung durch die Rinne dreht, je nachdem, wohin das Wasser gerade fließt. Die überraschenden Resultate der computergestützten Berechnungen veranlassten Gjevik, Poe in mancher Hinsicht zu vergeben: »Die Strömung nordwestlich und östlich von Mosken dreht sich rechtsläufig, was die damaligen Beobachter irrtümlicherweise als Anzeichen eines großen Wasserwirbels auslegten.« Es handele sich aber »nur um einen schwachen Abglanz jenes Strudels, den die alten Geschichten beschreiben«.

Nach meiner eigenen Begegnung mit dem Mahlstrom überlege ich, warum wir keine große Angst mehr vor der Flut haben. Wissenschaftliche Erkenntnisse über die jeweils wirkenden Kräfte können doch nicht schuld daran sein, dass wir die Gezeiten mit Geringschätzung betrachten; so viele Fragen sind noch offen. Der mangelnde Respekt kann auch nicht nur daraus resultieren, dass viele von uns an der Küste wohnen oder Urlaub machen und daher mehr wissen als früher. Die Hauptursache, glaube ich, ist die überhebliche Annahme, dass wir den Gezeiten technologisch beikommen können. Mark Twain vertrat diese Haltung schon vor über hundert Jahren: »Zeit und Gezeiten warten auf keinen! Ein angeberisches, selbstgerechtes Sprichwort, das sich eine Milliarde Jahre lang gehalten hat, aber heutzutage nicht mehr gilt. In unserer Zeit von Kabeln und Wasserballast drehen wir es um und sagen: Keiner wartet auf Zeit und Gezeiten.« Dieser Satz wird gern in draufgängerischen Managementratgebern zitiert.

Erinnern wir uns aber noch einmal an George Orwell und seinen Außenbordmotor und an die chinesischen Muschelsammler mit ihrem Lastwagen draußen in Morecambe Bay. Sogar Poes Erzähler wird vom Mahlstrom überrascht, weil seine Uhr stehenbleibt.

Nun bin ich also selbst durch den Mahlstrom gefahren, aber mit der Stärke von fünfhundert Pferden. Wie schon am Saltstraumen und am Shubenacadie River gleiten unsere Maschinen leicht über alle Wirbel und Blasen hinweg. Diese Maschinen sind den Naturkräften ebenbürtig, doch der Nervenkitzel, den sie in uns auslösen, hat viel mehr mit uns selbst zu tun als mit den Urkräften der Natur. Maschine und Meer mögen einander in diesem Moment ebenbürtig sein, aber die jeweils in unserem Körper ausgelösten Emotionen in unseren Köpfen sind ganz andere. Wir feiern hier nur unseren eigenen belanglosen Triumph und schotten uns von der Macht der Natur ab.

SIGNAL UND GERÄUSCH

Die Suche nach dem Meeresspiegel

Stockholm

	NW	HW	NW	HW
1. Januar 1774		3,0 m		

Ob man wirklich schon am Ufer steht, weiß man in Stockholm oft gar nicht so genau. Die schwedische Hauptstadt erstreckt sich über eine Inselgruppe im Ausfluss eines großen Sees, des Mälaren, in die Ostsee. An diesem hellen Februartag gibt es überall Eis. Das Ufer des Süßwassersees ist dick zugefroren; vielleicht ist es sogar so kalt, dass das Brackwasser der Ostsee friert. Die riesigen Kreuzfahrtschiffe helfen mir schließlich, mich zurechtzufinden. Die liegen nämlich nur auf der Meerseite der verschiedenen Brücken, die die Inseln verbinden. Und tatsächlich versucht das Salzwasser zu frieren. In schattigen Winkeln zirpt das Meereis, wenn dünne Platten aneinanderschrappen. Größere Stücke, die vom leichten Seegang vorbeifahrender Boote bewegt werden, knacken und krächzen wie Dohlen.

Ich bin in der Stadt, um einen Vortrag zu halten, aber ich habe ein bisschen Zeit und frage zur Überraschung meiner Gastgeber, wie ich zum alten städtischen Gezeitenpegel komme. Wie nicht anders zu erwarten, können sie es mir nicht sagen. Als ich hinzufüge, er müsse in der Nähe von Slussen sein, erinnert man sich und äußert Bedenken. Fast so, als hätte ich gesagt, ich wollte mir die Londoner Abwasserkanäle ansehen oder im Dunkeln einen Spaziergang durch den New Yorker Central Park machen.

Zur Zeit der Wikinger war der Mälaren eine weitläufige Bucht, die es Schiffen ermöglichte, weit landeinwärts zu fahren. Doch allmählich wurde die Wasserstraße zu seicht, und zwar, wie wir inzwischen wissen, weil das Eis nach der letzten Eiszeit schmolz und das Land nicht mehr heruntergedrückt wurde und sich hob. Für Stockholm waren diese geophysikalischen Veränderungen erfreulich, weil die Stadt sich nun am Übergang vom Meer zu einem neuen Süßwassersee befand. Im 17. Jahrhundert wurde eine Schleuse, besagte Slussen, zwischen den Inseln Gamla stan und Södermalm gebaut, um den Wasserfluss zwischen *dem* See und *der* See zu regulieren. Allerdings stieg der Wasserspiegel des Sees bald so hoch, dass jahrhundertealtes Ackerland überflutet zu werden drohte. Die Bauern protestierten, und der König ließ die Sache untersuchen. Herauskamen die erste wissenschaftliche Untersuchung der Wasserstände und der Bau der Schleuse. Zuerst wurde die Meereshöhe gelegentlich auf einer Skala aus Stein festgehalten, bis man 1774 begann, systematisch Daten zu sammeln. Ungefähr einmal pro Woche las man die Höhenwerte ab.

Der aktuelle Nachfolger des Gezeitenpegels steht inzwischen an einem angenehmeren Ort auf der nahen Insel Skeppsholmen. Es handelt sich um eine einfache, achteckige Schindelhütte über dem Wasser, die wie ein Wachhäuschen aussieht und sich unter den Großseglern, die am selben Kai liegen, recht wohl zu fühlen scheint. Treppen führen zu einer Tür an der Seite hinauf. Ich versuche hineinzusehen, kann den Mechanismus aber nicht erkennen. Am Ort der ursprünglichen Schleuse lauern inzwischen metallene Tore im Schatten einer verkehrsreichen Überführung. Das Ganze sieht aus wie der Tatort in einem skandinavischen Krimi.

Vielleicht finden Sie es widersinnig, dass es einen Gezeitenpegel – oder, genauer gesagt, einen Mareographen – an einem Ort mit so schwach ausgeprägten Gezeiten gibt. Die ganze Ostsee ist wegen der engen dänischen Belte und Sunde so gut wie gezeitenlos. Und trotzdem hat der Pegel seinen Sinn, nicht nur wegen seiner ursprünglichen Bestimmung, den Höhenunterschied zwischen Mälaren und dem Meer im Blick zu behalten, sondern vielleicht sogar noch mehr wegen seiner heutigen Aufgabe, wie wir gleich sehen werden.

In Amsterdam mit seinem Tidenhub von damals etwa anderthalb Metern führte man schon viel früher, seit 1700, regelmäßige Messungen durch, aber die Aufzeichnungen wurden nach 1925 nicht weiter fortgesetzt. In Venedig kerbte man im Jahre 1732 Markierungen an der Seite des Dogenpalastes ein, setzte das aber nicht regelmäßig fort. Der

Dockmeister von Liverpool (Tidenhub bis zu acht Meter) begann einige Jahre vor den Schweden mit seinen Messungen, aber auch hier gab es immer wieder Unterbrechungen. So besitzt Schweden die längste kontinuierliche Reihe von Meeresspiegelmessungen der Welt, selbst wenn die Werte nur einstellig sind. Sie haben kaum einen praktischen Wert für die Seeleute, aber gerade weil sich die Gezeiten in den Daten nicht niederschlagen, sind sie für Wissenschaftler interessant, die sich für ein grundlegenderes Merkmal der Weltmeere interessieren: seine Höhe.

Die Gezeitenhöhen misst man natürlich mit denselben Geräten wie den Meeresspiegel, schließlich sind die Gezeiten nichts anderes als kurzfristige Veränderungen genau dieses Meeresspiegels. Wichtig ist nur die Frage, wie oft man die Werte abliest.

Die ersten Gezeitenpegel waren Varianten jener abgestuften Pfosten im Wasser, die man in Buchten und Häfen immer noch sieht. Solche Pegellatten kann man so oft ablesen, wie man will. Dies war im Großen und Ganzen die Technik, die Galilei und Newton zur Verfügung stand, als sie die Gezeiten erforschten. Als aber die Wissenschaft Fortschritte machte, verlangte man nach immer mehr Daten, und es wurde wichtig, mehr oder weniger durchgehende Messungen der Gezeiten über 24-Stunden-Tage hinweg oder über einen Zeitraum von Wochen oder sogar Jahren zu haben. Mit dem Wachstum des Seehandels wurde die Datensammlung zur bedeutenden, zeitraubenden Aufgabe von Hafenmeistern auf der ganzen Welt. Sie trug in großem Maße zum Verständnis der Gezeiten bei, wie wir schon gesehen haben. Aber erst 1831 erfand ein gewisser Henry Palmer, Bauingenieur an den Londoner Docks, ein Gerät, das diese Arbeit automatisch erledigt. Er platzierte einen Schwimmer in einem mit dem Meer verbundenen Schacht, der denselben Wasserstand beibehielt, indem er die Wellenbewegungen ausglich. Vom Schwimmer verlief ein Draht über ein Rädchen, das den Anstieg und das Absinken des Wassers auf eine Schreibfeder übertrug, die diese Veränderungen auf einer Registriertrommel festhielt. Neuere Geräte benutzen Pressluft, Radar oder akustische Laser, um genauere Messwerte zu erhalten, die dann digitalisiert werden.

Außerdem sind wir in der Lage, den Meeresspiegel mittels Satelliten zu messen, indem wir die Meeresoberfläche Funksignale reflektieren lassen. Wenn wir diese Messungen analysieren, können wir den durchschnittlichen Meeresspiegel an jedem Punkt des Ozeans zuverlässig abschätzen, während sich die Messungen früher auf Orte mit verankerten Tiefseebojen beschränkten. Aus den Daten wird auch ersichtlich, inwiefern der Meeresspiegel wegen der Gezeiten oder auch aus anderen Gründen zu einem bestimmten Zeitpunkt vom Durchschnitt abweicht. Neue Satelliten haben die Quantität und die Qualität altimetrischer Daten auch schon seit der Jahrtausendwende wieder stark verbessert.

Trotzdem hat diese Innovation die ganze Sache komplizierter gemacht, wie das oft so ist. Man könnte die Gezeiten als eine Reihe zeitabhängiger, zyklischer Variationen des durchschnittlichen Meeresspiegels betrachten, die durch eine bedenklich große Zahl von Schwerkraftwirkungen von Sonne und Mond (und von einer Reihe kleinerer, lokal begrenzter Faktoren, die wir noch kennenlernen werden) verursacht werden. Aber die Vorstellung von einem Meeresspiegel an sich entpuppt sich als grundsätzlich relativ. Natürlich gibt es einen durchschnittlichen Meeresspiegel überall dort, wo man eine Pegellatte oder eine Boje voller elektronischer Instrumente positioniert. Aber wenn man diese Daten weltweit vergleicht, stimmen sie nicht überein. Um es ganz klar zu sagen: Das Meer ist kein Spiegel. An manchen Orten ist der Meeresspiegel immer höher als an anderen. Das hat nichts mit den Gezeiten zu tun, es ist eine dauernde Verzerrung, die man durch die Erfassung lokaler Daten nie bemerken würde. Nur das allessehende Auge eines Satelliten erkennt sie. Außerdem ist der globale durchschnittliche Meeresspiegel, wenn wir uns denn hier auf einen Bezugspunkt einigen könnten, nicht statisch – er verändert sich.

Jetzt haben wir ein riesiges Paradoxon vor uns: Wir können nicht nur theoretische Gezeiten auf den Millimeter genau vorhersagen – genauer als sie je eintreten werden, denn die Wasserstände werden in der Praxis dann von kurzzeitigen Wetterphänomenen beeinflusst, die wir nicht berücksichtigt hatten; wir wissen auch, dass sich diese Gezeiten auf einem unebenen Meer ereignen, dessen dauerhaft bestehende Höhenunterschiede größer sind als bei jeder Ebbe oder Flut. Lohnt sich da die Forschung? Was sagen uns die Daten überhaupt?

Wissenschaftlern stehen hochentwickelte Instrumente und über viele Jahre hinweg systematisch erfasste Daten zur Verfügung, die ihnen sagen, was mit unseren Meeren geschieht. Aber wo soll unsereins nach Anhaltspunkten für jene geringfügigen Veränderungen der Ozeane suchen, die viel länger dauern als ein Gezeitenkreislauf und viel kleinere Ausmaße, aber möglicherweise eine größere Bedeutung haben? Auf jeden Fall nützt es nichts, den Horizont anzustarren. Dass das Meer uns keinen festen Orientierungspunkt bietet, erfüllt uns mit Schrecken. Sollen wir dorthin schauen, wo Meer und Land aufeinandertreffen? Wir haben gesehen, wie große Städte im Meer verschwanden, während andere ihr Einkommen aus der Seefahrt verlieren, wenn das Meer sich zurückzieht und die Häfen trocken liegen.

Wie wir gesehen haben, liefern Gemälde uns kaum Hinweise darauf, wie die Gezeiten funktionieren. Überraschenderweise sind sie aber eine Quelle nützlicher Informationen über langfristige Veränderungen von Land und Meer. In den 2000er Jahren begann die Krongüterverwaltung, jene britische Behörde, die die meisten Küsten, Watten und den Meeresgrund verwaltet, mit der Durchführung einer Studie historischer Gemälde und Zeichnungen der britischen Küsten seit 1770. Ungefähr damals sah man die Küste zum ersten Mal als Erholungsort, und deshalb wurde sie zum beliebten Motiv für Künstler.

Der Vergleich ihrer Eindrücke mit der Gegenwart bringt Geologen,

Ozeanographen und auch Sozialwissenschaftler, die Interesse an unserer sich wandelnden Beziehung zur Küste haben, auf wichtige Spuren. Künstler mögen die abbröckelnden Felsen in East Anglia vielleicht deshalb so gern gemalt haben, weil sie eine düstere Metapher für den Zerfall der Gesellschaft darstellten, doch heute sind diese Werke wichtige Beweise für die Erosion der Küste. Gerade die Kirche in Eccles wurde eine Zeit lang gern gemalt, denn nachdem schon ihr Lang- und ihr Querschiff in den Wellen untergegangen waren, stand ein ganzes Menschenleben lang allein der Kirchturm noch am Strand, kerzengerade wie ein Wachposten, bis auch er 1895 im Meer versank.

Gelegentlich erzählt ein Kunstwerk eine längere Geschichte. 1830 veröffentlichte Sir Charles Lyell seine *Principles of Geology*. In diesem fast buchstäblich welterschütternden Werk äußert er die Vermutung, dass die wissenschaftliche Erforschung der aktuellen Geologie der Erde die besten Beweise für ihre Vergangenheit liefere. Also reiste er nach Italien, um die Gegend um die aktiven Vulkane Vesuv und Ätna zu erkunden. Er kam zu dem für viele unbequemen Schluss, dass der Planet Hunderte Millionen Jahre alt sein müsse, viel älter als die sechstausend Jahre, die man der Bibel entnahm.

Als Frontispiz für die *Principles* wählte Lyell die Radierung einer römischen Ruine in Pozzuoli bei Neapel, die man damals für einen Tempel des Serapis hielt, obwohl das Gebäude wohl eher eine Markthalle war. Das Bild zeigt die Sockel dreier Säulen, die vom Meer umspült werden. Das untere Drittel einer jeden Säule ist durch eine deutliche, waagerechte Linie markiert. Oberhalb der Linie ist der Marmor dunkel und rau, unterhalb davon hell und glatt. Lyell erkannte, dass der Schaden oberhalb von einer Miesmuschelart verursacht wurde, während der untere Bereich unter einer Schutzschicht aus Vulkangestein begraben sein musste. Das konnte nur bedeuten, dass das Gebäude, das natürlich ursprünglich auf dem Festland stand, zuerst während eines Vulkanausbruchs teilweise zugeschüttet wurde und dann im Meer versunken war, aus dem es sich später wieder heraushob, sodass der Künstler es zeichnen konnte. Die Ruine mit ihren aufschlussreichen Markierungen kann man heute noch besuchen.

Man kann allerdings auf diesem eindrucksvollen Bild nicht sehen, ob sich das Land abwärts und dann wieder aufwärts oder ob sich das Meer aufwärts und dann wieder abwärts bewegt hatte oder etwas von beidem.

Der Geologe Lyell behauptete mit Nachdruck und, wie sich herausstellte, mit Recht, dass dieses Mal die weniger glaubwürdige Möglichkeit die richtige war: Das Land hatte sich gehoben und war dann wieder abgesunken, weil gewaltige Kräfte im Erdinnern riesige Turbulenzen erzeugten.

1834 bereiste Lyell Skandinavien, wo die Ostseeküste ihm noch eine Einsicht bescherte. Mehr als ein Jahrhundert zuvor hatte der berühmte schwedische Physiker Anders Celsius, den wir meist von der nach ihm benannten Temperaturskala her kennen, das offensichtliche Absinken des Meeresspiegels im Bottnischen Meerbusen untersucht. Die

Einheimischen hatten bemerkt, dass sich die Robben nicht mehr wie früher auf ihren Lieblingsfelsen sonnten. Celsius wählte vier dieser früheren Robbenfelsen am Meerbusen aus, was nicht schwer war, da sie in Rechtsurkunden einst als ein Vermögensgut identifiziert waren, das seinem Besitzer einen einfachen Robbenertrag versprach. Einen ähnlichen Felsen mit dem von Celsius eingetragenen Datum 1731 und der Pegelmarke darunter gibt es noch auf der Insel Löfgrund vor der Küste Mittelschwedens. Durch den Vergleich aller vier Felsen konnte Celsius bestätigen, dass der Meeresspiegel im ganzen Bottnischen Meerbusen tatsächlich gefallen war. Seine Forschungsergebnisse inspirierten Linné und andere Wissenschaftler, trafen aber auf Widerstand bei der Kirche, die vor den Auswirkungen auf die Glaubwürdigkeit der biblischen Erklärung der Erdentstehung Angst hatte.

In seinen *Principles* hatte Lyell angenommen, dass nur Vulkane oder Erdbeben dramatische senkrechte Bewegungen eines Geländes hervorrufen könnten, wie sie am Serapistempel abzulesen waren. Lyell wehrte sich zunächst gegen Vorstellungen eher allmählicher, weniger heftiger geologischer Aufwärtsbewegungen, bis er schließlich den Felsen von Celsius auf Löfgrund besuchte, in einem Land, das, wie er zugeben musste, »bemerkenswerterweise kaum je ein gewaltsames Erdbeben sah«. Der Meeresspiegel lag siebenundachtzig Zentimeter unter der hundert Jahre alten Marke von Celsius. Heute ist der Celsiusfelsen voller Pegelmarken und Daten, die zeigen, dass das Land sich stetig hebt. Wenn man die Marke für 2031 anbringen wird, sitzt der Felsen sicher schon fast ganz auf dem Trockenen.

Doch wieder stellt sich die Frage: Was verändert sich denn wirklich? Fällt der Meeresspiegel, wie Celsius behauptet, oder hebt sich das Land, wie Lyell trotz seiner Skepsis im Endeffekt glaubte? Und woher sollten wir das wissen? Man konnte es nicht wirklich wissen, bis man später im 19. Jahrhundert auf unterschiedlichen Höhen über dem Meeresspiegel weitere Meeressedimente identifizieren konnte. Dadurch konnten Geologen die Eiszeit datieren und das Tempo des Auf und Ab einschätzen. Lange bevor irgendjemand etwas von Eiszeiten ahnte, hatte Celsius die ersten Vermessungen der postglazialen Landhebung auf dem Fennoskandischen Schild durchgeführt.

Heute zeigen uns die Pegelmarken auf dem Celsiusfelsen noch einen weiteren, unterschwelligen Effekt an. Die Geschwindigkeit, mit der der

Meeresspiegel sinkt oder das Land sich hebt, ist nicht gleichmäßig, sie scheint sich allmählich zu verlangsamen. Celsius und Lyell beobachteten eine jährliche Veränderung von gut acht Millimetern, heute beträgt sie noch knapp sieben Millimeter. Kommt der massive geologische Ausgleich zum Stillstand? Oder was geschieht da? An der Ostsee wird es uns nicht langweilig werden.

Merkwürdigere Gezeiten

»Die Daten geben die Richtung vor«, sagte mir ein Geologe. »Das ist nie falsch.« Wenn man Wissenschaftler ist. Aber mir ist bewusst, dass mein Thema schon kompliziert genug ist und ich vielleicht nicht jedem kleinsten Gezeitenhinweis hinterherrennen muss. Aber da sind doch diese zusätzlichen Fältchen, die auf dem Meer Veränderungen im Bereich von Millimetern oder allenfalls Zentimetern hervorrufen können und bei vielen Fachrichtungen das Interesse an der Gezeitenforschung als Teilgebiet unseres so komplexen Planeten aufs Neue wecken. Im 19. Jahrhundert vermaßen pflichtbewusste Hafenmeister zum Nutzen der Physiker und Mathematiker und ihrer Theorien plötzlich die Häfen der Welt. Heute versprechen uns hochaufgelöste Datenströme aus allerlei Richtungen und detaillierte Computersimulationen in noch nie da gewesenem Ausmaß Aufschluss über die Meere.

Im weitesten wissenschaftlichen Sinne definiert man die Gezeiten als Bewegung einer Flüssigkeit unter dem Einfluss der Schwerkraft. Das Meer ist die bekannteste Flüssigkeit. Auch die Luft und selbst die Erde werden von der Anziehung von Sonne und Mond beeinflusst. Newton mutmaßte als Erster, dass es Gezeiten sowohl in der Luft als auch in den Ozeanen gibt, und Laplace hoffte zu beweisen, dass sich, wenn schon nicht das Meer, dann wenigstens die Atmosphäre gemäß seiner Gezeitentheorie verhält. Aber es war der preußische Naturforscher Alexander von Humboldt, dem 1799 auf seiner Reise in die amerikanischen Tropen als einem der Ersten auffiel, dass »die Regelmäßigkeit der Ebbe und Flut des Luftmeers weder durch Sturm noch durch Gewitter, Regen und Erdbeben gestört« wird. In diesen Breiten sorgt das beständige Wetter dafür, dass sich der Luftdruck meist kaum ändert und man tatsächlich nur eine zweimal am Tag auftretende Druckschwankung von einem Millibar messen konnte.

Bald danach argumentierten Wissenschaftler wie Thomson, dass auch die Erde dem Einfluss der Schwerkraft nachgebe. Trotzdem stand er der neuen Hypothese, dass unter der Erdkruste ein geschmolzener Kern verborgen liegt, skeptisch gegenüber, obwohl sie jene Theorie untermauerte. Etwas später, 1882, bewies Darwin die Existenz von Erdgezeiten. Die wuchtigen, aufeinanderfolgenden Bewegungen der Atmosphäre oben und der Erde unten bedeuten natürlich, dass man bei der genauen Berechnung der Meeresgezeiten noch mehr Faktoren berücksichtigen muss.

Abgesehen von diesen neuen Gezeiten gibt es auch eine Form von Meeresgezeiten, die wir noch nicht erwähnt haben. Erst waren es nur »Geräusche«, Kobolde, die auf undurchschaubare Art und Weise zum Beispiel die Messungen der Meerestemperatur verzerrten, sodass die Forscher nicht die erwarteten Muster sahen. Schließlich führte man die Abweichungen auf Bewegungen an den Grenzen zwischen verschiedenen, tiefen Schichten des Meeres zurück, die aufgrund unterschiedlicher Temperaturen oder Salzwerte voneinander getrennt sind. (Auch die Gezeiten, die wir kennen, sind in gewisser Weise eine Bewegung an den Grenzen zwischen flüssigen Meerwasserschichten und der Luft.) Diese »internen Gezeiten« wurden zuerst von dem berühmten norwegischen Arktisforscher Fridtjof Nansen entdeckt, der mit Drähten gesicherte Flaschen an Schiffen hinunterließ, um die Temperatur und den Salzgehalt in verschiedenen Wassertiefen zu messen. Sie verlaufen nicht im Einklang mit den Oberflächengezeiten, sondern haben ihre eigenen Rhythmen und Ausmaße, in etwa wie Öl und Essig in einer Flasche Salatsoße, die auch unterschiedlich schnell hin und her schwappen. Rob Hall, auf die Erforschung dieser Tiefengezeiten spezialisierter Schelfmeerozeanograph an der University of East Anglia, benutzt noch einen anderen Vergleich: »Wenn ich in der Kneipe darüber spreche, hole ich mir ein Guinness, weil man da zwischen dem Bier und dem Schaum Wellen erzeugen kann.«

Die vertikale Ausdehnung der internen Gezeiten liegt mit normalerweise dreißig Metern weit über der von Oberflächengezeiten. Die größten wurden in der Luzonstraße zwischen Taiwan und den Philippinen gemessen, wo der Unterschied zwischen internen Höchst- und Tiefstständen in einem viertausend Meter tiefen Ozean bis zu siebenhundert Meter betragen kann. Gelegentlich wird eine interne Flut so riesig, dass sie die Oberfläche erreicht. Als ich davon zum ersten Mal hörte, war ich mir sicher, dass man dadurch das Verschwinden von Schiffen im Bermudadreieck oder ähnliche Rätsel des Meeres erklären könnte. Aber nichts dergleichen. Rob erklärt mir, dass das einzige, auch nur gelegentlich sichtbare Anzeichen dieser tiefen Gezeiten ein glatter Wasserstreifen auf dem ruhigen Meer sei.

Berichte über interne Gezeiten haben nicht nur das Interesse von Ozeanographen geweckt, sondern auch von Klimaforschern und Meeresbiologen, denn diese Gezeiten können neben Pflanzen und Tieren des Meeres auch Sedimente, Mineralien sowie atmosphärische Gase und Wärme in Bewegung bringen. Es entsteht dank der Strömung dieser Gezeiten ein Hin und Her, dessen Tempo und Richtungen die Wissenschaft verblüfften, und darüber hinaus auch ein Auf und Ab von Wärme zwischen Atmosphäre und Meer, das unser Wissen über die wahrscheinlichen Auswirkungen des vom Menschen verursachten Klimawandels bereichert. (Die verborgene kinetische Energie der internen Gezeiten fehlt übrigens letztlich auch den gut sichtbaren Oberflächengezeiten.)

All diese Gezeiten – in der Luft, in der Erde, in den tiefen Schichten des Meeres – müssen bei der detaillierten Berechnung jener bekannten Gezeiten, die den Meeresspiegel verändern, berücksichtigt werden. Und sie müssen außerdem gemessen und verstanden werden, wenn wir uns den wirklichen Meeresspiegel, von dem die Gezeiten in die eine oder andere Richtung abweichen, besser vorstellen wollen.

Isolierte Variable

Das Ausmaß der Gezeiten in Stockholm ist mit etwa drei Zentimetern so gering, dass das halbtägige Bewegungsmuster normaler Gezeitengewässer häufig hinter anderen Phänomenen verborgen bleibt. Einige Gezeitentafeln dokumentieren einen oder zwei ganze Tage ohne die geringste Flut. Wozu sind die Aufzeichnungen derartig winziger und unregelmäßiger Bewegungen überhaupt gut? Seeleute haben vielleicht nichts davon, aber nützlich sind sie trotzdem, denn unwillkürlich bezeugen sie auch einige langfristige Entwicklungen, die sonst nicht zutage kämen.

Nachdem die Behörden in Stockholm den Meeresspiegel schon über einhundert Jahre lang gemessen hatten, analysierte der für den Hafen und die Brücken der Stadt verantwortliche Ingenieur Victor Lilienberg 1891 die gesammelten Daten. Ihm fiel auf, dass der Meeresspiegel stets weiter gefallen war, was ja auch Lyell am Celsiusfelsen festgestellt hatte. Allerdings bemerkte Lilienberg auch, dass sich die *Geschwindigkeit* des Rückgangs langsam stabilisierte. Das konnte zweierlei bedeuten: Entweder verlangsamte sich plötzlich die postglaziale Landhebung, oder das Meer stieg aus irgendeinem Grund an. Lilienberg war vielleicht auf den ersten Beweis für einen durch den Klimawandel bedingten Anstieg des Meeresspiegels gestoßen. Seine Messdaten deckten zufällig genau jenen, vom Abschmelzen der Gletscher begleiteten Übergang zwischen der Kleinen Eiszeit und dem Anfang eines wärmeren Zeitalters ab.

Da der Anstieg des Meeresspiegels im Vergleich zur postglazialen Landhebung so klein ausfällt, könnte man ihn leicht als unwesentlich abtun. Doch hier werden langfristige Messdatenerfassungen wirklich relevant, denn sie helfen uns zu erkennen, was wirklich wichtig ist. Die inzwischen zwei Jahrhunderte lange Stockholmer Datenreihe zeigt, dass der kleine Anstieg im Angesicht des stetigen Rückgangs keine Ausnahme und kein Messfehler war, sondern ein wirkliches, anhaltendes Naturphänomen. Er ist Ausdruck einer Erwärmung, in die inzwischen auch die vom Menschen verursachten Treibhausgasemissionen einfließen.

Mein Wissen über Celsius' und Lilienbergs Untersuchungen des Meeresspiegels der Ostsee verdanke ich dem schwedischen Geophysiker Martin Ekman. Er ist Direktor seiner eigenen, unabhängigen Forschungsstiftung, des Summer-Instituts für Historische Geophysik, das auf den offiziell staatenlosen Ålandinseln im Bottnischen Meerbusen, auf halbem Weg zwischen Schweden und Finnland seinen Sitz hat. Die Inseln haben eine interessante Geschichte. Zu Beginn des 19. Jahrhunderts nahm Russland sie den Schweden ab, weil es einen Hafen für die Ostseeflotte brauchte, der nicht so häufig überflutet wurde wie der große Marinestützpunkt auf der Insel Kronstadt, wo das Meer gefährlich hoch steigen kann, wenn der Wind lange von Westen her weht und enorme Wassermassen in den Finnischen Meerbusen und die enge Newabucht drückt, die den Seeweg nach Sankt Petersburg und zum Marinestützpunkt bilden. Nach Angriffen von Briten und Franzosen während des Krimkriegs wurden die Inseln demilitarisiert. Die von den Russen errichtete Befestigungsanlage auf der Hauptinsel bei Bomarsund war im Kampf zerstört worden, aber ein Gezeitenpegel aus Stein steht dort noch immer. Wie so manch anderer Pegel an der Ostsee steht er allerdings inzwischen auf einem Strand. Anschließend war Åland Teil des russifizierten Finnlands. Nach dem Finnischen Bürgerkrieg wollten sich die Inselbewohner 1918 abspalten und sich Schweden anschließen, doch die finnische Regierung gab nicht nach, und der Streit wurde an den Völkerbund weitergeleitet. Heute gehören die Inseln zu Finnland, aber gesprochen wird Schwedisch. Sie sind autonom, haben eine Fahne und mit ».ax« ein Internet-Länderkürzel, und demilitarisiert sind sie immer noch.

Ich stelle mir Martin Ekmans Status in der Welt der Wissenschaft ähnlich unentschieden vor. Sein Institut ist eigentlich nur »mein kleines Haus und ich«. Wenn er nicht gerade dort arbeitet, kann man ihn auf einem Felsen am Meer hockend finden. »Ich habe hier angefangen, weil ich tun wollte, was ich will, nämlich mich ungestört mit Natur und Geschichte beschäftigen«, erzählt er mir. »Ich bin nicht der Typ, der auf Bürokratie steht. Ich will schreiben und denken.« In den Aufsätzen, die er von Zeit zu Zeit veröffentlicht, schweift er manchmal ab. In einem wertet er astronomische Berechnungen aus, um festzustellen, ob die Wikinger bei der Ankunft in Amerika von ihrem Anlegeplatz aus die Mitternachtssonne sehen konnten, wie es die Sagen schildern (Ergebnis: ja).

Aber vor allem erforscht er eine einzige Variable: den Meeresspiegel der Ostsee. »Mit diesen Daten, die man über drei Jahrhunderte zusammengetragen hat, können wir Rückschlüsse auf die Entwicklung der Erde in ihrer Gesamtheit ziehen: ihr Inneres, die Meere und die Atmosphäre«, versichert er mir selbstbewusst.

Wie kann einer ganz allein so verwegene Aussagen treffen? Es muss ein grotesker Extremfall der Maxime »Global denken, lokal handeln« sein. Aber Martin besteht darauf: »Diese eine physikalische Einzelheit, der Meeresspiegel der Ostsee, vermittelt uns so viel über unseren Planeten. Du kannst es mit eigenen Augen sehen, es ist wunderschön, aber auch verdammt kompliziert.« Sein Institut wirkt einsam, aber ich finde, er ist eigentlich mittendrin. Es gibt für überall an der Ostsee zuverlässige Daten über den Meeresspiegel, sowohl durch die Gezeitenpegel der wissenschaftlichen Moderne als auch durch die viel älteren, einst an der Küste gelegenen und inzwischen im Landesinneren befindlichen Stätten der Wikinger und anderer früher Völker. Wenn wir ihre Bedeutung entschlüsseln könnten, würden diese historischen Belege unsere wissenschaftliche Arbeit über die postglaziale Landhebung, aber auch über den Anstieg des Meeresspiegels im Zuge des Klimawandels bereichern. Sie könnten auch Aspekte der Gezeiten erhellen, die wir in bewegteren Meeren nicht so genau beobachten können, und sogar die Topographie der Meeresoberfläche kenntlich machen, die zu allem Überfluss auch noch feinste Verformungen hat, die vor allem von Unterschieden im Salzgehalt herrühren und in der Ostsee praktischerweise besonders gut zu beobachten sind.

All dies führt uns zu der Frage zurück, was der Meeresspiegel eigentlich ist. Die Gezeiten und verschiedene andere Kräfte bewegen das Meer auf und ab. Dabei kann es auch zu einer senkrechten Bewegung der Erdkruste kommen, die man bei der Berechnung des Meeres mit einbeziehen muss. Hinzu kommt, dass das Meer selbst nie eben ist – und es das selbst an einem völlig ruhigen, gezeitenlosen Tag nicht wäre. Kleine Wellen entstehen durch Wind und Dünung. Der großräumige, unruhige Seegang bereitete Kronstadt so viele Probleme. Die Gezeiten in ihrer ganzen Komplexität sind hier hoch und dort niedrig und immer in Bewegung, wie wir alle inzwischen wissen. Und trotzdem suchen wir nach einem Bezugspunkt für den Meeresspiegel, auf den sich alle einigen können, damit wir über die Höhe der Wellen oder der Gezeiten und über die Erhebungen auf dem Festland, die wir blauäugig als »soundso viel Meter über dem Meeresspiegel« bezeichnen, mit größerer Bestimmtheit sprechen können.

Ein Bezugspunkt für einen einzelnen Ort lässt sich leicht festlegen. Für das Vereinigte Königreich ist es beispielsweise der durchschnittliche Meeresspiegel bei Newlyn in Cornwall oder, um genauer zu sein, der dortige Durchschnittswert der Jahre 1915 bis 1921. Anders als an der Ostsee ist der Meeresspiegel hier seitdem um etwa zwanzig Zentimeter gestiegen, aber benutzt wird trotzdem die alte Zahl. Sie setzt stillschweigend voraus, dass es keine signifikante vertikale Bewegung der Erdkruste gab, was in Gegenden ohne postglaziale Landhebung tatsächlich so ist. Auch andere Länder definierten ihre Bezugspunkte, die Ostseeanrainer zum Beispiel Stockholm, Helsinki, Kopenhagen, Kronstadt und den preußischen Hafen Swinemünde (das heutige polnische Świnoujście). Doch weil sich das Land mancherorts deutlich hebt, ist hier das Standarddatum anders als bei stabilen Festlandsorten veränderlich. Tatsächliche Veränderungen des Meeresspiegels müssen also an der selbstbewegten Skala vor Ort abgelesen werden. In Nordamerika hat man nationale Eitelkeiten überwunden und eine Art Mittelwert aus den Meeresspiegelmessungen der Häfen in Kanada, Mexiko und den Vereinigten Staaten als Bezugspunkt definiert. Auch die europäischen Länder verabschieden sich von ihrem Meeresspiegelnationalismus und verwenden immer häufiger den Amsterdamer Wert.

Diese Entscheidungen kommen mir ziemlich improvisiert und unbefriedigend und vor allem viel weniger objektiv vor, als es die Wissenschaft fordert. Zum Glück gibt es eine Alternative. Wir können den idealen Meeresspiegel wie ein Mathematiker oder Physiker definieren, als die Oberfläche, auf den die Schwerkraft an jedem Punkt genau senkrecht wirkt. Vor ein paar Jahrzehnten wäre eine solche Definition ein reines Gedankenspiel gewesen. Heute können wir diese Oberfläche dank einer Kombination aus Satellitenaltimetrie und Gezeitenpegelmessung tatsächlich als globalen Wert festlegen. Geoid nennen Wissenschaftler diese Idealoberfläche, die keiner je zu Gesicht bekommen wird. Es handelt sich um die Form, die die Meere annehmen würden, wenn die Erde sich nicht mehr drehen würde und es keine Meeresströmung, keine Gezeiten und kein Wetter mehr gäbe. Völlig statisch ist das Modell jedoch nicht. Es berücksichtigt dauerhaft bestehende geophysische Unregelmäßigkeiten wie die Tatsache, dass die Erde keine Kugel, sondern eine Art Ellipsoid ist und dass ihr Inneres keine gleichmäßige Dichte besitzt. Die ungleiche Verteilung der Erdmasse beeinflusst ihr Schwerefeld und damit im wahrsten Sinne des Wortes die Grundlagen des Meeres. Das Weltmeer ist am Nordpol ungefähr zehn Meter in die Höhe gewölbt und hat am Südpol eine Delle von ungefähr dreißig Metern. Andernorts gibt es wegen der ungleichen Massenverteilung im Erdinneren noch größere Unregelmäßigkeiten. Sogar Gegebenheiten wie Unterwassergebirge erzeugen auf dem Meeresspiegel direkt über ihnen Verzerrungen. Diese überhaupt nicht ideale, verbeulte und unregelmäßige Meeresoberfläche bildet heute den Bezugspunkt für die Analyse aller gemessenen

Veränderungen des Meeresspiegels, von den epochalen Umbrüchen der Eiszeit bis zum stundenweisen Auf und Ab der Gezeiten. Ein vom einen oder anderen Staat definierter Bezugspunkt reicht heute ganz offensichtlich nicht mehr aus. Inzwischen kümmert sich eine internationale Organisation, der Permanent Service for Mean Sea Level (PSMSL), gewissenhaft um dieses Schlüsseldatum. In seinem Sitz im Liverpooler National Oceanography Centre wertet der Service Daten von zweitausend Gezeitenpegeln an den Küsten aller Kontinente und auf vielen Inseln im Ozean aus. So sind weitere Abweichungen ans Licht gekommen, zum Beispiel die Höhenunterschiede zwischen bestimmten Teilen der Ostsee und dem offenen Meer, die durch den niedrigeren Salzgehalt der Ostsee zu erklären sind, wodurch deren Wasser stellenweise weit weniger dicht ist. Im Allgemeinen ist das Brackwasser der Ostsee bis zu dreißig Zentimeter höher als das salzigere Wasser an der Nordseeseite von Belten und Sunden. Einige Festsetzungen sind sicher willkürlich. Und doch gibt es durch die weltweit akzeptierten Angaben des PSMSL einen unerlässlichen und vollkommen ausreichenden Richtwert, anhand dessen Veränderungen des Meeresspiegels und aktuelle Auswirkungen der Gezeiten gemessen werden können.

Was kann Martin Ekman von seiner Zuflucht auf einer abgelegenen Insel aus zu dieser dringenden, globalen Frage beitragen? Er erklärt mir, dass seine Forschung der Geschichte genauso viel verdankt wie der Geographie. Er profitiert nicht nur davon, dass es hier so gut wie gar keine Gezeiten gibt und andere Veränderungen des Meeresspiegels daher leichter untersucht werden können. Von diesen Küsten stammen auch einige der weltweit längsten Messreihen von Meeresspiegeldaten. Viele Orte an der Ostsee besitzen bis ins 18. Jahrhundert zurückreichende Datensammlungen, die nicht aus Interesse an den Gezeiten, sondern an der für diese Region so charakteristischen postglazialen Landhebung begonnen wurden. »Aus diesen beiden Gründen haben die Skandinavier so viel zum Verständnis von Veränderungen des Meeresspiegels beigetragen, die nichts mit den Gezeiten zu tun haben«, sagt Martin.

Wissenschaftlern ist bewusst, dass sie sich ihrer Datengrundlage absolut sicher sein müssen, wenn sie glaubwürdige Voraussagen über den Klimawandel machen wollen. Jede Vorhersage kann sich nur an der Vergangenheit orientieren. Den Datenreichtum der Ostsee nutzen Kli-

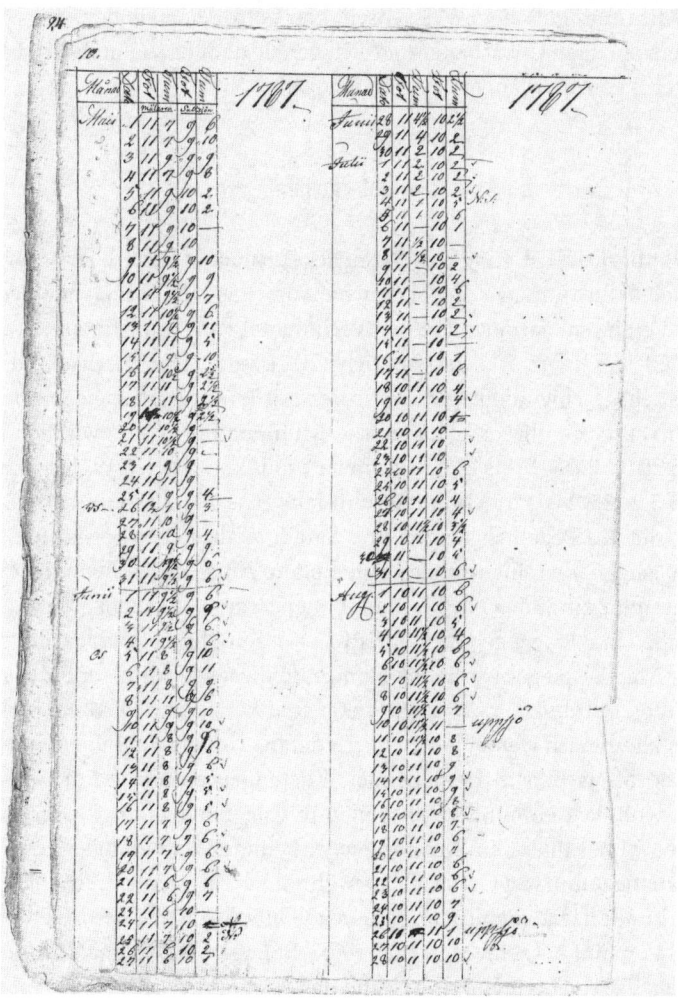

maforscher auf der ganzen Welt, deren für unser eigenes zukünftiges Leben unter Umständen so wichtige Prognosen dadurch auf soliderer Grundlage stehen. Martin fand die historischen Stockholmer Gezeitenpegelmessungen vor dreißig Jahren zufällig im Stadtarchiv, wo sie falsch eingeordnet waren. Die Gezeitenstation in Stockholm sollte damals gerade geschlossen werden. Mit seinem Fund hat er vielleicht nicht nur die Vergangenheit, sondern auch die Zukunft gerettet.

Mir tut es gut, einen Wissenschaftler getroffen zu haben, der an nur einem einzigen Ort arbeitet und sich gerade dadurch tief mit dem Leben unseres ganzen Planeten verbunden fühlt.

Reförmchen

Unter Berücksichtigung von Daten des Permanent Service for Mean Sea Level stellte der Zwischenstaatliche Ausschuss für Klimaveränderung der Vereinten Nationen (Intergovernmental Panel on Climate Change, IPCC) in seinem Abschlussbericht 2014 fest: »Die durchschnittliche Anstiegsgeschwindigkeit des globalen mittleren Meeresspiegels betrug sehr wahrscheinlich 1,7 [1,5 bis 1,9] Millimeter pro Jahr zwischen 1901 und 2010, 2,0 [1,7 bis 2,3] Millimeter pro Jahr zwischen 1971 und 2010, und 3,2 [2,8 bis 3,6] Millimeter pro Jahr zwischen 1993 und 2010. Daten, die aus Pegelmessungen und Satellitenaltimetrie gewonnen werden, zeigen übereinstimmend eine höhere Anstiegsgeschwindigkeit im letzteren Zeitraum.« (In Klammern stehen die Vertrauensgrenzen.) Im Großen und Ganzen sagten die IPCC-Wissenschaftler voraus, der mittlere Meeresspiegel werde bis zum Ende dieses Jahrhunderts um mindestens achtundzwanzig Zentimeter und bis zu einem Meter steigen. Das klingt nach wenig, bis man sich daran erinnert, dass über eine Milliarde Menschen in tiefliegenden Küstengebieten leben, davon derzeit wohl fast einhundert Millionen in Gegenden, die sich weniger als einen Meter über dem Meeresspiegel befinden. Ein globaler Temperaturanstieg um zwei Grad Celsius während der kurzen Zwischenkaltzeit vor hundertzwanzigtausend Jahren soll einen Anstieg des Meeresspiegels von fünf bis zehn Metern verursacht haben, weil damals große Teile der Eisschichten Grönlands und des Südpols abschmolzen. Auf zwei Grad wollte schon die UN-Klimakonferenz in Kopenhagen 2009 den globalen Temperaturanstieg begrenzen, doch in der Praxis ist dieses Ziel wohl kaum zu erreichen.

Die gegenwärtige Anstiegsgeschwindigkeit liegt tatsächlich eher niedriger als das langfristige Mittel seit Ende der letzten Eiszeit vor circa fünfundzwanzigtausend Jahren. In dieser Zeit sollen die Meere um über einhundertdreißig Meter gestiegen sein, also jährlich um durchschnittlich fünf Millimeter. Die Schmelze, aus der das ganze zusätzliche Wasser stammt, war allerdings vor sechstausend Jahren größtenteils abgeschlossen. Seitdem ist die natürliche Anstiegsgeschwindigkeit auf unter zwei Millimeter pro Jahr gesunken. Doch der natürliche Anstieg vollzieht sich seit Anfang des 20. Jahrhunderts aufgrund eines zusätzlichen Faktors schneller, bei dem es sich laut der meisten Wissenschaftler um die durch die Emission von Treibhausgasen verursachte und sich inzwischen offenbar exponentiell steigernde Erwärmung der Erde handelt.

Skeptiker zweifeln diese Daten an, was sowohl die Anstiegsgeschwindigkeit allgemein als auch die jüngsten Veränderungen betrifft. Der IPCC machte kein Hehl daraus, dass die Berechnungen schwierig sind, und verlässt sich bewusst vor allem auf Gezeitenpegel in geologisch stabilen Regionen. Vieles ist auch weiterhin grundsätzlich unklar. Große Teile des Meeresspiegelanstiegs seit 1900 können mit großer Sicherheit schmelzenden Gletschern und der wärmebedingten Ausdehnung der Meere zugeschrieben werden, doch für ein Drittel des Anstiegs gibt es noch keine Erklärung. Der IPCC bemüht sich, die besten zur Verfügung stehenden Daten zu nutzen, und stützt sich in seinen Analysen auf eine Kombination von Pegeldaten und Satellitenaltimetrie. Auch dieses Vorgehen wird von einigen Skeptikern infrage gestellt.

Jedoch machen die Skeptiker grobe Fehler, die ihre Unkenntnis wissenschaftlicher Methoden bloßlegen. Die Behauptung, »der Meeresspiegel in Stockholm fällt«, tönt brausend durch viele Internetforen, aber die postglaziale Landhebung bleibt dabei eben außen vor – weil man sie übersieht oder bewusst übersehen will. Martin Ekman ist bestürzt, als ich ihm davon erzähle. »In den nordischen Ländern würde das keiner sagen«, ist er sich sicher. »Hier weiß jedes Kind über die Hebung Bescheid.«

Der erwartete Anstieg des weltweiten Meeresspiegels ist ein Durchschnittswert, in den auch Extreme einfließen, einschließlich der tatsächlich sinkenden Wasserstände mancher Ostseeorte und der viel stärker steigenden Werte manch anderer Orte. Zum Beispiel erwartet die britische Regierung bis 2050 einen Anstieg von nur siebzehn Zentimetern in Schottland, aber von siebenundzwanzig in East Anglia. In Teilen Alaskas fällt der Meeresspiegel sogar schneller als an der Ostsee, während er in Louisiana sehr rasch ansteigt, um einen Zentimeter pro Jahr und damit dreimal so stark wie der globale Durchschnitt.

Zusätzliche Faktoren, die die örtlichen Meeresspiegel beeinflussen, sind schwerer zu berechnen und widersprechen vielfach unseren Erwartungen. Insgesamt gesehen steigen die Meeresspiegel beispielsweise nicht unbedingt in der Nähe schmelzender Eisdecken am stärksten an. Hier können sie sogar sinken, weil die verringerte Eismasse eine Schwächung der Schwerkraftwirkung zur Folge hat (noch eine Art von »Gezeiten« für die Liste). Dementsprechend werden die Meere fernab der Pole wohl unverhältnismäßig stark anschwellen. Ein 2009 in der Fachzeitschrift *Science* erschienener Aufsatz von Geophysikern der Universität Toronto stellte fest, dass der Anstieg des Meeresspiegels an den US-Küsten höher ausfallen werde als zuvor erwartet. Durchaus hintersinnig spekulierten die Verfasser, dass Washington durch ein Abschmelzen des westantarktischen Eisschilds mit am stärksten bedroht wäre.

Dem Meer wird im Zusammenhang mit dem weltweiten Klimawandel eine immer größere Bedeutung beigemessen. Es tauscht auf immer noch unerklärten Wegen Gase und Wärme mit der Atmosphäre aus. Die Gezeiten tragen ihren beträchtlichen Teil zu diesem Rätsel bei. Zu ihrem Auf und Ab gehört ganz offensichtlich die Umwandlung riesiger Mengen kinetischer in potenzielle Energie und umgekehrt. Doch die große Frage bleibt: Was passiert letztlich mit der Energie? Burntcoat Head und der Saltstraumen ermöglichten mir einen kleinen Einblick in die ungeheure Wucht der Gezeiten. Ihre von den Umläufen des Mondes und der Erde herrührende Energie muss doch irgendwo auslaufen. Die Wasserwirbel und die turbulenten Strömungen, die ich sah, deuteten das an, wenn sich die kinetische Energie des Wassers durch die Reibung der Wellen und Strömungen aneinander und an Luft und Land in Wärme verwandelte.

Aber das ist nicht alles. Irgendwie müssen die Gezeiten ihre einmal gewonnene Kraft auch wieder verbrauchen. Immerhin geht es hier um etwa drei Terawatt – drei Millionen Megawatt! Schätzungsweise verlieren die Gezeiten durch die Wechselwirkung mit den Küsten aller Kontinente nur zwanzigtausend Megawatt, also weniger als ein Prozent der Gesamtmenge. Die Reibung zwischen Meerwasserschichten im Rahmen der internen Gezeiten könnte für zusätzliche Verluste sorgen, aber der Großteil der Energie wird wohl entlang der Mittelozeanischen Rücken ausgetauscht. Die Antwort auf diese ungeklärte Frage könnte die Planung von Gezeitenenergieprojekten beeinflussen, allerdings sollten wir auch bei diesem Spiel mit großen Zahlen bedenken, dass die globale Gezeitenkraftdissipation zwar mächtig ist, aber weniger als ein Zehntel dessen beträgt, was aus geothermischen Quellen zur Verfügung steht, und einen winzigen Bruchteil der Sonnenenergie ausmacht, die konstant auf die Erde gelangt.

Zu gegebener Zeit mögen die sich verändernden Meeresspiegel auch zu einem Wandel der gewohnten Gezeitenverläufe führen. Schon heute beobachten Meeresforscher neue Aspekte der Gezeiten, die nicht durch astronomische Schwerkraftwirkungen allein zu erklären sind. Selbstverständlich fällt der Anstieg des Meeresspiegels im Verhältnis zum typischen Tidenhub höhenmäßig kaum ins Gewicht – diese Binsenweisheit verleitete einige Wissenschaftler dazu, sie als unwichtigen Einfluss auf die Gezeiten abzutun. Aber Computermodelle zeigen nun, dass sogar kleine Veränderungen der Meeresgesamttiefe mancherorts zu bedeutenden Veränderungen der Gezeiten führen könnten. Natürlich ist das alles eine komplexe Angelegenheit, und ausgeprägtere Gezeiten gibt es nicht unbedingt dort, wo der Meeresspiegel am stärksten steigt. Wissenschaftler haben überhaupt keine einfache Korrelation zwischen dem Ausmaß des Meeresspiegelanstiegs und der Veränderung von Gezeitenmustern gefunden. Deshalb kann dort, wo die Gezeiten von lokaler Oszillation beeinflusst werden, zum Beispiel in einer großen, seichten Bucht, eine kleine Veränderung in der Tiefe für eine relativ große Veränderung im Gesamtvolumen des ein- und ausströmenden Wassers sorgen. Dieses Volumen könnte wiederum irgendwann so groß sein, dass es die natürliche Frequenz und das Ausmaß der Oszillation und somit auch den Ablauf und die Höhe der Gezeiten verändert.

Es ist denkbar, dass in manchen Gegenden diese Effekte für die Navigation und die Planung von Küstenschutzmaßnahmen relevant werden. Wenn zum Beispiel ein erwarteter Meeresspiegelanstieg von einem halben Meter die Fluthöhe um einen halben Meter verringerte, bräuchte man den Küstenschutz nicht zu verbessern, obwohl man das vielleicht erwartet hatte. Wo andererseits ein *sinkender* Meeresspiegel einen *größeren* Tidenhub zur Folge hat, müsste man handeln. In den letzten Jahrzehnten sind die Hochwasserhöhen in Teilen der Nordsee mit einer Geschwindigkeit gestiegen, die mit dem Meeresspiegelanstieg vergleichbar ist; die Gründe dafür sind noch unklar. Man erwartet zum Beispiel im Hamburger Elbhafen eine Vergrößerung des Tidenhubs, die über jene Veränderung noch hinausgeht, die man im vergangenen Jahrhundert beobachtet hat und die auf zahlreiche Ausbaggerungen zurückzuführen ist. Dagegen könnte Dublin, das heute beträchtliche Fluten erlebt, eines Tages überhaupt keinen Gezeitenhafen mehr besitzen, weil der Meeresspiegelanstieg der Stadt eine momentan noch siebzig Kilometer südlich liegende Amphidromie (ein Ort ohne vertikale Gezeitenbewegungen) zuleiten wird.

Die Veränderung der Gezeitenmuster könnte auch die Zukunftsfähigkeit von Gezeitenkraftwerken betreffen. Im Moment gibt es beispielsweise Pläne, Teile der Bucht von Swansea zur Lagune zu machen, um aus den großen Höhenunterschieden des Meerwassers zwischen verschiedenen Punkten des Gezeitenkreislaufs Energie zu gewinnen. (Pläne, die riesigen Fluten in der Mündung des Flusses Severn entsprechend zu nutzen, liegen schon seit fast hundert Jahren auf dem Tisch.) Die neun Kilometer lange Sperranlage hätte eine Kapazität von dreihundertzwanzig Megawatt, genug für hundertfünfundfünfzigtausend Häuser – das würde den Strombedarf der Stadt Swansea und ihrer Umgebung abdecken. Anders als bei gewagteren Projekten mit Unterwasserturbinen zur Energiegewinnung in schnellen Gezeitenströmungen wie in der Bay of Fundy und bei den Orkneyinseln handelt es sich hier um eine bewährte Technologie. Eine ganz ähnliche Anlage ist schon seit über fünfzig Jahren bei La Rance in der Bretagne in Betrieb, wo die Gezeiten fast ebenso riesig sind. Verringert sich der Tidenhub im Laufe der einhundertzwanzig Jahre, auf die die Anlage ausgelegt ist, weil der Meeresspiegel steigt, würde die Anlage weit weniger Elektrizität als erwartet produzieren. Und einer neuen Analyse zufolge wird der Tidenhub tatsächlich um zehn Prozent geringer ausfallen, wenn der Meeresspiegel um zwei Meter steigt.

Klimaziele

Die größte Nebenwirkung steigender Meere und veränderter Gezeiten wird die Einschränkung menschlicher Lebensräume sein. In Zehntausenden von Jahren haben wir Siedlungen am Meer nur im schlimmsten Extremfall aufgegeben. Die Zahl der Küstenbewohner wächst, und noch schneller steigt die Zahl derer, die sich in mehr oder weniger großer

Küstennähe auf Überschwemmungen einstellen müssen. Genaue Informationen über das Meer und die Gezeiten der Zukunft sind unerlässlich, wenn der Schutz küstennaher Ansiedlungen bezahlbar bleiben soll. Paradoxerweise macht unsere Vorliebe für den Meerblick die Lage in vielen wohlhabenden Teilen der Welt schlimmer, denn wir kümmern uns mehr um private Immobilien mit Zugang zum Wasser als um die Widerstandsfähigkeit der Küste, von deren Stärkung alle profitieren würden. Die Natur neigt dazu, durch steigende Meeresspiegel gefährdete Strände einfach etwas weiter landeinwärts neu einzurichten. Der Bau von Schutzanlagen wie Betonwällen an Küstengrundstücken verhindert das und könnte zum schnellen Verschwinden genau jener Strände führen, die die Immobilie ursprünglich attraktiv machten. Wahrscheinlich sind teure Wohnhäuser mit Seeblick an Australiens Gold Coast, in Dubai und auf Long Island im US-Bundesstaat New York von diesem Risiko betroffen. Dass wir diesen geophysikalischen Vorgang als Bedrohung und nicht einfach als Veränderung sehen, verrät erstaunlich viel über unsere Vorstellung von Grundbesitz, der unserer Kultur und unserem Rechtssystem gemäß dauerhaft ortsgebunden sein muss, selbst wenn sich das Gelände, auf dem er sich laut Grundbuch befindet, in Bewegung setzt. Wir müssen wohl erst noch lernen, dass ein Grundstück nur dann am Strand bleiben wird, wenn es sich vom Strand nicht abhängen lässt.

Im Allgemeinen haben wir das Glück, dass die Standfestigkeit der meisten Gebäude uns Zeit für eine wohlüberlegte Reaktion auf steigende Meeresspiegel lässt. So manche alte Küstensiedlung könnte allmählich umgebaut werden, damit sie widerstandsfähiger wird, etwa indem Häuser auf Stelzen oder auf schwimmende Plattformen gehoben werden. Man könnte Land auch so nutzen, dass man mit einer gelegentlichen Flutwelle leichter umgehen könnte und sie keine folgenschwere Katastrophe, sondern eine kontrollierbare Unannehmlichkeit wäre, die nur ein paar Stunden dauert. An anderen Orten wird ein »strategischer Rückzug« das Beste sein. Diese schöne Umschreibung heißt natürlich letztlich nichts anderes, als dass wir den entsprechenden Ort aufgeben müssen – einfach weil es unsinnig wäre, neue Häuser in Gegenden zu bauen, die höchstwahrscheinlich in Zukunft öfter unter Wasser stehen werden.

Selbst wenn wir bald keine fossilen Brennstoffe mehr benutzen und sich das Kohlendioxidniveau in der Atmosphäre einpendelt, was im

Moment höchst unwahrscheinlich scheint, würden die weltweiten Temperaturen eine ganze Zeit lang dennoch emporklettern, und die Meeresspiegel würden noch weit länger ansteigen, weil die Erwärmung der Atmosphäre sich erst nach und nach auf die Ozeane auswirkt und das Schmelzen der Polkappen sehr lange dauert. Ein solcher Meeresspiegelanstieg, den Wissenschaftler jetzt euphemistisch Klimaziel nennen, ist schon fest eingeplant. Ein Anstieg der globalen Temperaturen um zwei Grad in nächster Zukunft wird wohl einen Anstieg der Meere um bis zu fünf Meter zur Folge haben, obwohl das Ausmaß der Veränderungen wohl erst in Hunderten von Jahren absehbar ist. Infolge dieser Entwicklungen wird man extreme Sturmwellenereignisse, die schon heute Schäden an unseren Küsten anrichten, noch weniger gut voraussagen können. In vielleicht gar nicht so ferner Zeit wird uns nichts anderes als ein »strategischer Rückzug« übrigbleiben. Am Ende gewinnt nämlich immer das Meer.

DILUVION

Auf der Shinglestraße

»Die Shinglestraße ist etwas ganz Besonderes. Nur du kannst dafür sorgen, dass das so bleibt.« So steht es auf einem Schild, das der Landkreis Suffolk und der »Eigentümer« am oberen Ende des Strandes aufgestellt haben. Der Ort ist wirklich etwas Besonderes, ein ausgewiesenes Naturschutzgebiet und ein seltener, kahler Lebensraum, in dem abgestufte, rundgewetzte Kieselsteine (»shingles«) sich auf dreihundert Metern von einer einsamen Reihe Häuschen der Küstenwache bis hinunter ans Wasser erstrecken.

Durch das pointillistische Grau, Orange und Schwarz der Kiesel verläuft ein Streifen aus verblichenen Wellhornschneckenhäuschen, genau eine Wellhornschnecke breit, den ganzen Weg vom Wasser bis zu jener Stelle, wo das Dünengras endlich festen Halt hat und das Land im eigentlichen Sinne anfängt. Ich hatte so etwas schon einmal gesehen und mich damals gefragt, wer dahintersteckt und wie lange die Sache schon da sei. Worum handelt es sich? Eine Art Gedenkstätte? Eine historisch wichtige Linie?

Mich interessiert das jetzt, weil es mir hilft, die wissenschaftliche Bedeutung des Strandes zu veranschaulichen. Der Streifen aus Schneckenhäusern zeigt, dass die Kiesel keine unstrukturierte Fläche bilden, sondern in scheinbar endlosen, steinernen Wellen angeordnet sind. Der weiße Streifen schlängelt sich wie eine Straße über eine Hügellandschaft hinweg und weicht immer wieder einmal seitwärts aus. Die Wellen unterscheiden sich in jeder Hinsicht: was die Höhe angeht, die Entfernungen zwischen den Wellenkämmen, die Steigungswinkel und die Größe der Kiesel. Sie lassen sich in etwa wie die Jahresringe von Bäumen oder die zusammengepressten Schichten in Eisbohrkernen lesen. Jede Kante ist Beweis für einen größeren Sturm. Die Entfernung zwischen einzelnen Kämmen entspricht den Zeitabständen: Die meist kleinen, aber spitzen Kämme nahe am Wasser rühren von den Stürmen der letzten Wochen oder Monate her, die größeren weiter oben von Jah-

re oder sogar Jahrhunderte oder Jahrtausende zurückliegenden. Solche veränderlichen geologischen Formationen sind nicht leicht zu deuten, aber Höhe und Steigungswinkel jedes kleinen Kieselwalls sagen etwas über die Heftigkeit des jeweiligen Sturms aus.

Etwas ab vom Ufer sind weitere Kiesel in kurzlebigen Schichten aufgehäuft. Durch das Auf und Ab der Gezeiten haben sich kleine Inseln und geschwungene oder hammerförmige Nehrungen gebildet, die so kühn wie Stege des 19. Jahrhunderts ins Meer ragen. In den 1950er Jahren untersuchten Wissenschaftler auf dem Orford Ness – einer weiter nördlich gelegenen, längeren und etwas dauerhafteren Kieselnehrung, auf der das Atomwaffenprogramm einst eine Forschungsstation unterhielt – die Bewegungsmuster der Kiesel bei Wellen und Flut. Sie bestrichen einzelne Kiesel mit radioaktiver Bariumfarbe und untersuchten dann den Meeresgrund und den Strand auf die entsprechende Strahlung hin.

Der Ort wirkt wirklich gespenstisch. In der Landschaft zeichnet sich die Geschichte ab. Sie liegt nicht wie sonst im Untergrund verborgen, man sieht sie in den horizontalen Reihen von Kieselbänken. Irgendwo unter Millionen Kieseln liegen vielleicht die Leichen jener deutschen Soldaten, die im Sommer 1940 hier angeblich an Land gingen, und vielleicht auch die vier toten Männer von der Küstenwache, die vor hundert Jahren mit dem Schiff flussaufwärts nach Aldeburgh fuhren, um Proviant zu holen, aber in Schwierigkeiten gerieten und deren Leichen nie geborgen wurden. Und womöglich liegt auch das verschollene Wrack von Kapitän Hewetts *HMS Fairy* irgendwo da draußen.

Wie ich später erfahre, wird der Streifen mit den Schneckenhäusern von zwei Künstlern instand gehalten. Sie sind seit ihrer Kindheit miteinander befreundet, einer stammt aus Cambridge, der andere aus den Niederlanden. Das Ganze begann 2005 als eine Art Strandkur nach schwerer Krankheit. Inzwischen kommen sie regelmäßig wieder, um Schäden zu beseitigen. Doch ist deutlich zu sehen, dass die meisten Passanten etwas dazu beitragen, dass der Streifen erhalten bleibt.

Die Shinglestraße ist einer der Orte an der Küste von Suffolk, die mir vorkommen wie aus W. G. Sebalds *Die Ringe des Saturn*. Heute folge ich seinen Fußspuren ins öde Lowestoft und an die verbotenen Felsen von Covehithe. Sebalds Wanderungen waren melancholische Streifzüge. Aber auf seinen Wegen stoße ich manchmal auf unbekümmerten Optimismus. Selbst in Dunwich, das schon zu Zeiten des *Domesday Book* (Buch des Jüngsten Tages) im 11. Jahrhundert um die Hälfte geschrumpft war, wird mir im Museum erklärt, die »letzte« Kirche sei 1920 im Meer versunken. Das klingt, als wäre das Schlimmste nun überstanden und als würde der verbleibende Teil der Stadt nicht auch noch in einigen Jahrzehnten in den Fluten versinken. Das Tempo der Erosion wird hier ununterbrochen gemessen, und im Moment hat es sich angeblich verlangsamt, weil die schützenden Kieselbänke gewachsen seien. Wird das auch so bleiben? Es müsste nur ein starker Sturm kommen, der die Kiesel wegfegt, und die See würde die niedrigen Sandfelsen dahinter wegfressen. Trotzdem werden in der Stadt mit viel Lärm neue Häuser gebaut.

Die Ringe des Saturn wurden zuerst von Galilei beobachtet. Sebald vermerkt in einer Nachschrift, dass die Ringe, wie wir heute wissen, aus Eispartikeln bestehen, die die Überreste eines Eismondes sein könnten, der den Saturn so lange immer näher umkreiste, bis er von dessen Gezeitenkräften zerrissen wurde. Das sollte uns eine Warnung sein, denn unsere irdischen Gezeiten verlaufen nur deshalb in einigermaßen geregelten Bahnen, weil unser Mond uns in einer stabilen Umlaufbahn umkreist.

Auf dem Weg zurück in die benachbarte Grafschaft Norfolk halte ich auf einem gepflegten Campingplatz auf den Felsen von Hopton-on-Sea. Ein großer Brocken brach im Frühling 2013 nach anhaltenden Ostwinden und hohen Wellengängen ins Meer ab. Ein Teil des weißen Plastikzauns, der nach Holz aussehen soll, verschwand gleich mit, einige Plätze am Felsrand mussten abgebaut und die Wohnwagen auf einen sichereren Platz weiter landeinwärts geschoben werden. Die Saison hat noch nicht richtig begonnen, aber ein Camper kann mir Auskunft geben. Tony nickt: Die Winterstürme haben Schaden angerichtet, aber er glaube, wie manch anderer hier an diesem Küstenstreifen, dass die durch den Ausbau des Außenhafens im nahen Great Yarmouth beeinflussten Gezeitenströme die Erosion beschleunigten. »Wir kriegen jetzt nur noch bäng, bäng, bäng«, sagt seine Frau heiter und zeigt auf die Bagger, die sich unten am Strand – oder an dem, was davon übrig ist – an Granitbrocken abarbeiten.

Diese massiven Brocken sollen zukünftige Sturmwellen brechen und so die dahinterliegenden Felsen schützen. Aber ihr Einsatz könnte ungewollte Folgen haben. Wenn sie die Erosion von weichem Sand und Felsen hier verhindern, werden weniger Sedimente auf natürliche Art und Weise fortgespült, die sich sonst anderswo anlagern würden. Mir fällt John Donnes berühmte *Meditation XVII* ein, die mit dem Satz »Niemand ist eine Insel« beginnt. Der Dichter fährt fort: »Wenn eine Erdscholle ins Meer gespült wird, wird Europa weniger.« Hier aber werden Teile Europas von Land zu Land transportiert, und wir könnten das für ein belangloses Nullsummenspiel halten. Aber nach der ganzen schweren Heberei hier fehlt irgendeinem Ort in Europa etwas. Und selbst wo ich gerade stehe, haben die Bauarbeiten oft zur Folge, dass sich der Schwerpunkt der Erosion einfach ein paar Kilometer die Küste entlang verschiebt.

Die Kosten für die Bauarbeiten in Hopton-on-Sea werden sowohl vom Staat als auch vom Besitzer des Campingplatzes getragen. Den Schutz an manch anderen Orten dieser gefährdeten Küste will die Regierung allerdings nicht mehr bezahlen. Außerdem wurden bestimmte Planungsauflagen aufgehoben, und nun werden zusätzliche Schutzmaß-

nahmen nötig, weil man sich Gewinne aus küstennahen Grundstückserschließungen verspricht, die früher nicht zugelassen worden wären.
Auch eine Lesart der Aufforderung, für die Zukunft dieses Landstrichs
zu sorgen.

Der wenig bekannte Ausdruck für einst festes Land, das endgültig
zu verlorenem Küstenvorland unterhalb der Gezeitenlinie geworden ist,
lautet Diluvion. In der Rechtsprechung ist das Konzept bedeutsam, weil
es die Übergabe von Land von einem Grundstücksbesitzer an den Besitzer des Küstenvorlandes beinhaltet und mit der Vernichtung des Wertes
von nunmehr ehemaligem Bau- oder Weideland einhergeht. Im Vereinigten Königreich fällt solches Land automatisch an die Krongüterverwaltung, die vielfach von ihrem Recht Gebrauch macht, das britische
Küstenvorland zu nutzen.

»Diluvion« hört sich apokalyptisch nach Sintflut und Plagen an. Die
britische Umweltbehörde schätzt, dass siebentausend englische und wa-
lisische Grundstücke in den nächsten einhundert Jahren im Meer verschwinden werden, achthundert allein in den nächsten zwanzig Jahren.
Die Regierung will die Besitzer nicht entschädigen, weil sie keinen Prä-
zedenzfall für andere Verluste schaffen will, die als Folge des Klimawandels erlitten werden.

Tony erklärt mir, dass Lastkähne die Granitbrocken aus Norwegen nach Hopton-on-Sea bringen. Und ich erinnere mich tatsächlich daran, sehr ähnliche Brocken gesehen zu haben, die allerdings nicht mit Dynamit herausgesprengt worden waren, sondern auf den Stränden der Lofoten lagen, weil der arktische Frost sie den steilen Bergen der Umgebung entrissen hatte. Die Verrücktheit, die harte skandinavische Westküste abzutragen und Felsbrocken übers Meer zu schaffen, damit Englands weiches, östliches Hinterteil besser gepolstert ist, trifft mich wie ein Schlag. Eine dermaßen klägliche Umverteilung geologischer Tatsachen durch den Menschen stemmt sich anscheinend sogar gegen die Erdumdrehung, die letztlich jene Erosionskräfte erzeugt, die an verschiedenen Küsten so unterschiedlich fleißig sind. Wieder versucht der Mensch, das Meer aufzuhalten, und wieder wird er scheitern. Selbst Sisyphos würde das einsehen.

Reiner Wahnsinn

Während ich über die eitlen Versuche des Menschen nachgrübele, die kosmische Ordnung aller Dinge zu manipulieren, fällt mir eine Militärübung ein, auf die mich, glaube ich, Kollegen von Carl Sagan in einem Interview für ein nicht verwirklichtes Buchprojekt aufmerksam machten. Auf dem Höhepunkt des Kalten Krieges untersuchte eine Forschungsstiftung in Illinois im Auftrag der amerikanischen Luftwaffe, ob man auf dem Mond eine Atombombe zünden könnte. Der Codename lautete »Project A119«. Der später so populäre Astronom Carl Sagan war an dem Projekt beteiligt und schrieb im Rahmen dessen 1958 einen wissenschaftlichen Aufsatz mit dem Titel »Possible Contribution of Lunar Nuclear Weapons Detonations to the Solution of Some Problems in Planetary Astronomy« (Mögliche Beiträge lunarer Atomwaffendetonationen zur Lösung einiger Probleme der planetaren Astronomie).

Ganz offensichtlich wollte das Militär eine Möglichkeit finden, die waffentechnischen und radiologischen Effekte von Bomben zu analysieren, die so groß waren, dass man sie auf der Erde nicht testen konnte. Vorstellbar sind aber auch wirkliche naturwissenschaftliche Forschungsfragen, die mithilfe so gewaltiger Mittel untersucht werden könnten, von der Mondgeologie bis zu den Effekten, die eine geringfügige Beeinflussung der Umlaufbahn des Mondes durch den Menschen auf die Erde hätte. Als Einzelheiten des streng geheimen Projekts 2012 an die Öffentlichkeit kamen, rieben sich die Zeitungen die Augen über den inzwischen längst aufgegebenen Plan, den Mond »zu bombardieren« oder sogar »zu sprengen«.

Project A119 wirft die Frage auf, welche Auswirkungen eine Sprengung oder eine anderweitige Entfernung des Mondes aus seiner Umlaufbahn auf die Erde hätte. Eine solche Fragestellung ist alles andere als neu. Im Islam zum Beispiel stellt man sich vor, dass sich der Mond am Ende der Zeiten in zwei Hälften teilen wird, was entweder als vom Propheten vollbrachtes Wunder oder als eine seiner Prophezeiungen interpretiert wird.

1991 entwickelte ein amerikanischer Mathematiker armenischer Abstammung namens Alexander Abian das Projekt an der Iowa State University weiter, natürlich nur rein theoretisch, und er stellte die These auf, dass die Erde ohne den Mond besser dran wäre. Erstens gäbe es keine Gezeiten, und zweitens könnte die Erdachse sich in Abwesenheit eines nahen Schwerkrafteinflusses neu ausrichten, womit auch die Jahreszeiten verschwänden. Wie der Mensch das bewerkstelligen sollte, blieb ein Geheimnis. Selbst wenn man den Mond einfach sprengen könnte, würden mit Sicherheit große Bruchstücke auf die Erde treffen und alles Leben auslöschen. Doch als Abians Kollegen die Theorie als Unsinn abtaten, blieb er stur und verglich sich sogar mit dem schikanierten Galilei.

Der Mond wird diesen Streit beizeiten schlichten, denn er ist kein ganz so konstantes Merkmal unseres Firmaments, wie man meinen könnte. Man weiß zwar nicht genau, wie der einzige natürliche Trabant der Erde entstand; sicher ist aber, dass seine ursprüngliche Umlaufbahn viel erdnäher war, als es die heutige ist. Zuerst hielten die heiße, noch ganz frische Erde und ihr Mond (den sie sich wahrscheinlich bei einem flüchtigen Zusammenstoß mit einem anderen planetenartigen Himmelskörper einfing) einander eng umschlungen. Als das Erde-Mond-System vor über vier Milliarden Jahren entstand, drehte sich die Erde auch schneller um ihre eigene Achse, weshalb ein Tag wahrscheinlich nur sechs Stunden lang war. Allmählich verlangsamten sich die Bewegungen beider Himmelskörper, und sie entfernten sich voneinander. Vor etwa einer Milliarde Jahren hatte sich der Wasserdampf in der Erdatmosphäre in Ozeanen niedergeschlagen, und die Urkontinente bildeten sich heraus. Die Entfernung zwischen Erde und Mond war um etwa ein Viertel geringer als heute, und die größere beiderseitige Anziehungskraft erzeugte gewaltige Gezeiten. Die von diesen umgesetzte Reibungsenergie führte zu jener weiteren Verlangsamung der Achsendrehung und der Umlaufgeschwindigkeiten, sodass Tage und Monate die uns heute geläufigen Längen annahmen. Außerdem wurde der Mond so festgebunden, dass er der Erde immer dieselbe Seite zuwendet. Irgendwann werden die Gezeiten auch die Erde derartig in Position bringen, dass sie dem Mond ebenfalls immer dieselbe Seite zeigt. Das wird jedoch noch fünfzig Milliarden Jahre dauern, und bis dahin werden die Planeten wahrscheinlich längst schon von ihrem verglühenden Zentralgestirn, unserer Sonne, verschlungen worden sein.

Wissenschaftler haben die Geschwindigkeit, mit der sich der Mond entfernt, mithilfe von Laserlicht gemessen, das Retroreflektoren zurückwarfen, die von Astronauten auf der Mondoberfläche befestigt wurden. Der Mond ist jedes Jahr drei Zentimeter weiter entfernt; in einer Million Jahren wird er also in einer Umlaufbahn mit einem dreißig Kilometer größeren Durchmesser um die Erde kreisen. Er entfernt sich derzeit schneller als in einigen früheren Zeitaltern, weil die heutige Anordnung der Kontinente diesem Prozess zuträglich ist. Die Erdteile bilden größtenteils von Norden nach Süden ausgerichtete Landmassen, die rechtwinklig zur Drehrichtung der Erde liegen. Das vergrößert die Gezeitenreibung, und dadurch wiederum verlangsamt sich die Erdrotation, wohingegen die einstigen Superkontinente – wie die vor dreihundert Millionen Jahren hauptsächlich auf der Südhalbkugel liegende Landmasse namens Pangäa – den Gezeiten viel weniger Angriffsfläche boten.

Die Rückkehr des Meeres

Blakeney, Norfolk

	NW	HW	NW	HW
5. Dezember 2013		08:04		20:19
		3,6 m		3,7 m

Zwei Tage nach Neumond, am 5. Dezember 2013, kam es an der Küste von East Anglia zur schlimmsten Sturmflut seit der großen Flut von 1953. Genau wie damals trafen starke Küstenwinde mit der Springtide zusammen und ließen den Meeresspiegel viel stärker als erwartet steigen. Doch diesmal wurden die Küsten von Lincolnshire und Norfolk mehr in Mitleidenschaft gezogen als die von Suffolk und Essex. Der weltweite Anstieg der Meere mag uns winzig und unwichtig erscheinen. In dieser Gegend beträgt er drei Millimeter pro Jahr. Eigentlich kein Grund zur Sorge. Aber das Meer war hier ohnehin schon achtzehn Zentimeter höher als 1953. Das entspricht zwei Backsteinschichten einer Ufermauer. Hatte man den Küstenschutz dem höheren Risiko entsprechend verstärkt?

Auf dem mittleren Abschnitt der Norfolker Nordküste, östlich von Wells-next-the-Sea, war die Sturmflut nicht so heftig wie 1953, aber weiter westlich, in Städten wie Boston und King's Lynn, stieg das Wasser höher. In Wells selbst wird die Hafenmmauer gerade erhöht. Am auf der Seeseite der Mauer gelegenen Sitz des Hafenmeisters zeigen drei an einer Säule angebrachte Edelstahltäfelchen die Fluthöhen von 1978, 1953 und 2013 an. 1978 hätte mir das Wasser bis an die Hüften gestanden. Die Hochwasserlinie von 1953 verläuft auf der Höhe meiner Rippen. 2013 steht mir das Wasser bis zum Hals. Hin und wieder habe ich am Norfolker Küstenweg selbstgemachte Marken gesehen, die die Kleinbauern offenbar aus Wut und Verzweiflung über den unaufhaltsamen Anstieg des Meeres dort angebracht haben. In Wells fällt mir auf, dass viele bunte, hölzerne Strandhäuschen (die gerade so teuer sind wie in anderen Teilen Englands ein großes Haus) seit dem letzten Sturm wieder aufgebaut wurden. Man erkennt gleich, welche neu und welche alt sind. Die Treppenstufen zu den älteren Hütten hinauf und oft sogar die Geländer stecken im Sand, der sich inzwischen hier angehäuft hat. Klugerweise hat man die neuen Hütten auf einen Unterbau aus Pfosten gestellt, die mindestens einen Meter höher sind als die der betagteren Nachbarn.

Doch im Großen und Ganzen haben die Dämme gehalten, es wurde wie geplant evakuiert, und niemand kam zu Tode. Am Morgen nach der Sturmflut machte sich eine ganz eigenartige Stimmung breit, nicht Selbstgefälligkeit, aber Genugtuung, dass alles irgendwie gutging, und auch eine Portion Demut, weil es, wie jeder wusste, viel schlimmer hät-

te kommen können. In Hopton-on-Sea haben die Granitbrocken den ersten Test bestanden, nur ein Lagerbestand an Felsen, die in Kürze in Position gebracht werden sollten, musste eiligst in Beschlag genommen werden, um einen Teil der Klippen zu retten, der schon durch frühere Stürme in Gefahr geraten war. Bei Salthouse schützt eine planierte Kieselbank normalerweise den morastigen Polder vor Übergriffen des Meeres, und diese verwilderte Fläche wiederum dient als eine Art Schwamm, als zusätzliche Schutzvorrichtung für das Festland. In jener Nacht wurde die Kieselbank durchbrochen und weit ins Landesinnere verschoben, und das Meer floss durch die selbst gegrabenen Rinnen hinterher bis über das Marschland, wo es Küstenstraßen überschwemmte und Häuser bedrohte. Das Schild mit der Notfallnummer auf dem Strandparkplatz war bis auf Knöchelhöhe in den Boden geschoben worden, und das Telefon selbst lag tief unter Kieseln begraben. (Bei ruhigem Wetter mühevoll aufgehäufte Kiesel sehen stabil aus, aber der Eindruck täuscht. Godfrey Sayers, vor Ort zuständig für die Küstenbereiche, sagt trocken: »Alles nur Placebomaßnahmen.« Wie nicht anders zu erwarten, sind die im Laufe der Zeit geschaffenen natürlichen Kieselkonturen viel widerstandsfähiger.)

Letzten Endes könnte eine zufällig zur rechten Zeit eingetretene Änderung der Windrichtung dafür ausschlaggebend gewesen sein, dass das Meer einige Dämme nicht überwand. Jedenfalls werden die Küstengemeinden nie wieder so unvorbereitet sein wie 1953. Dafür sorgt eine Mischung aus besseren Wettervorhersagen, besserem Informationsaustausch und Benachrichtigungen per SMS an die Bewohner. Andererseits gibt es einen wachsenden Trend, Extremwetterereignisse als Unterhaltungsspektakel auszubeuten, und auch das Gefühl, »als Konsument ein Recht darauf zu haben«, ohne Rücksicht auf die Naturgewalten immer überall hinzufahren und dort zu machen, was man will. Diese vermessene Einstellung kann dazu führen, dass sich Menschen in neue Gefahren begeben. Unterdessen wurden hastig Pläne für einen verbesserten Küstenschutz in städtischen Räumen wie Boston, King's Lynn und Lowestoft entworfen; dünner besiedelte Küstenstriche und Orte wie Hopton-on-Sea und Salthouse sind immer häufiger auf sich allein gestellt.

Naturwissenschaftler unter anderem vom britischen Zentrum für Ökologie und Hydrologie haben im geschützten Raum ihrer Labore inzwischen auch untersucht, ob die Winterstürme – es gab in großen Teilen Großbritanniens Überschwemmungen durch starke Regenfälle und auch Flutkatastrophen an den Küsten – ganz sicher auf den Klimawandel zurückgeführt werden könnten oder ob es sich eher um Extremwetterereignisse im Rahmen dessen handelt, worauf wir uns sowieso einstellen sollten. Sie kamen zu dem Schluss, dass man sich auf Basis der momentan zur Verfügung stehenden Datenwerte und Computermodelle nicht sicher sein könne und dass eine größere Veränderung in der Zahl der zu erwartenden Sturmfluten »in den nächsten Jahrzehnten unwahrscheinlich« sei, auch wenn die über das nächste Jahrhundert hinaus andauernden Auswirkungen steigender Meeresspiegel für mehr Extremereignisse sorgen werden – in zahlreichen Küstenregionen zehnmal so viele, in einigen sogar hundertmal mehr als bisher.

Letzte Ebbe

Kurz nach dem Sturm von 2013 kehre ich an die Stelle zurück, an der ich meine Gezeitenmessungen gemacht habe. Meine Füße sinken langsam in den blauen Schlamm. Das Marschland ist von abgestorbener Vegetation und aus ihrer Vertäuung gerissenen Booten übersät. Eine Markierungsboje (Steuerbord) liegt wie ein grüner Blindgänger umgekippt hoch oben im Schlamm. Die Brücke, an der ich meine Messlatte festgemacht hatte, ist zerstört. Ein Merkmal dieses Ortes ist, dass er weder steinhartes Land ist noch dauerhaft dem bewegten Meer gehört. Der ständige Austausch zwischen beidem sorgt für den Genius Loci. Heute wird die Flut vom Ostwind zurückgehalten und stürzt herein, als käme sie zu spät zu einem Termin – was auch irgendwie stimmt. Sie schafft es zu guter Letzt, wie immer.

Sieht so die Zukunft aus? Ist diese, meine Ostküste die Vorhut, ein Omen künftiger Umweltkatastrophen und des Untergangs der Menschheit, wie Dichter und Maler sie so oft porträtiert haben? Der Lyriker George Szirtes stellt sich in seinem Gedichtband *An English Apocalypse* fünf nationale Apokalypsen vor. Eine davon ist »Tod durch Überschwemmung« mit einer riesigen Flut, die die Küste von East Anglia erreicht und zuerst das Hinterteil von Dunwich wegschwemmt, dann weiterströmt, über das Flachland, die Flüsse hinauf, über ganze Grafschaften hinweg und hohe Hügel, und schließlich das ganze Land verschlingt. Wird es so kommen? Naturwissenschaftler empfehlen inzwischen tatsächlich den Rückbau des Küstenschutzes an einigen Orten, damit die Auswirkungen von Küstenüberschwemmungen insgesamt abgemildert werden.

Sollten wir also dieser nachgebenden Küste anders begegnen, weniger konfrontativ und nicht mehr mit dem Gefühl, dass sie uns persönlich etwas Böses will? Sollten wir ihre unbeständige Form und ihre Art, uns ständig zu überraschen, lieben lernen? Schenkt sie uns nicht genauso viel, wie sie uns nimmt?

Nicht weit von dem Ort, an dem ich stehe, auf einem anderen Teil der schnell erodierenden Norfolker Küste, gaben uns einige Monate vor der Sturmflut im Dezember die normalen Meeresbewegungen faszinierende Einblicke in eine andere, verlorene Welt – keine Zukunftsvision, sondern den Anblick einer fernen Vergangenheit. Eine Flut machte es möglich, eine der nächsten schwemmte alles schon wieder weg, diesmal für immer.

Ablagerungen aus dem frühen Pleistozän liefern in Happisburgh (ausgesprochen Häysbroh oder eher sogar Häys-brrr) seit Langem Beweise für die Flora und Fauna vorgeschichtlicher Zeiten. 2005 stieß man auf Feuersteinartefakte, die bezeugen, dass Nordeuropa vor fast einer Million Jahren von Menschen besiedelt war, dreihundertfünfzigtausend Jahre früher als zuvor angenommen. Mit fortschreitender Erosion kamen immer mehr erstaunliche Fakten ans Licht.

Stürmisches Wetter legte im Mai 2013 am Fuß der stetig zurückweichenden Felsklippen eine beschichtete Lehmfläche frei. Auf einem Gebiet von der Größe eines kleinen Schlafzimmers fand man weich abgerundete Vertiefungen, die anders aussahen als Tierspuren oder Überreste von natürlichen Abschürfungen. Ein Team von Archäologen vom »Pathways to Ancient Britain«-Projekt war vor Ort und begann gerade mit einer routinemäßigen geophysikalischen Vermessung, als einer von ihnen, Martin Bates von der University of Wales Trinity Saint David, ungewöhnliche Spuren bemerkte und überlegte, ob es sich um menschliche Abdrücke handeln könnte. Da sich die Spuren in der Gezeitenzone befanden, hatten die Wissenschaftler jeden Tag während der Ebbe nur drei oder vier Stunden Zeit für die Untersuchung, und starker Wind und peitschende Regengüsse behinderten die Arbeit zusätzlich. Die Archäologen konnten gerade noch ausreichend viele hochwertige digitale Fotos als Grundlage für die spätere, sorgfältige Analyse machen, während jede neue Flut die Abdrücke schon weiter verwischte. Nach einer Woche konnte man sie kaum noch erkennen. Dann wurden sie von der steigenden Springtide völlig überspült und für immer ausgelöscht.

Glücklicherweise eigneten sich die Aufnahmen jener einen Ebbe, gemacht mit einem Fotoapparat, über den man immer wieder einen Regenschirm halten musste, während die Flut stieg und das Licht schwand, für die fotogrammetrische Analyse. Diese detaillierte Messmethode brachte Ordnung in das Chaos der Spuren im Lehm und bestätigte, dass es sich um menschliche Abdrücke handelte. Das Team konnte die Fußspuren mithilfe von Pollen im Sediment und Spuren inzwischen ausgestorbener Säugetiere auf ein Alter zwischen siebenhundertachtzigtausend und einer Million Jahren datieren. Damit sind sie die ältesten Fußabdrücke von Hominiden, die man je außerhalb Afrikas gefunden hat.

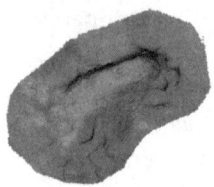

Die Analyse deutete auf eine gemischte Gruppe von mindestens fünf Erwachsenen mit Kindern hin, eine Familie vielleicht, die auf dem Watt im Mündungsgebiet eines großen urzeitlichen Flusses spazieren ging. Der Fluss war im Endeffekt die Themse, die damals auf anderem Wege ins Meer floss. Aus den Fußspuren konnten die Wissenschaftler Rückschlüsse auf den Wuchs der Gruppenmitglieder ziehen: Die Erwachsenen waren ähnlich groß wie die Menschen heute, was mit unserem Wissen über die frühe Menschengattung des *Homo antecessor*, des »Pioniermenschen«, übereinstimmt.

Ich stehe an derselben Stelle wie sie einst und blicke auf die flache, braune See hinaus, und da interessieren mich weniger diese Daten jener frühen Menschen. Ich überlege, wohin sie wohl gegangen sind. Haben sie im Watt nach Essen gesucht? Sind sie einfach gewandert, so wie wir heute? Haben die Kinder an den Gezeitentümpeln haltgemacht und den Inhalt bewundert? Oder sind die Abdrücke Schlaglichter einer längeren Migration, zu der meine Norfolker Urahnen aufgrund ganz anderer Umweltprobleme gezwungen wurden? Die Pollenuntersuchungen ließen auf die Vegetation eines kühlen Klimas schließen, was bedeutet, dass Happisburgh in der Nähe der nördlichen Besiedlungsgrenze des damaligen Europas lag. Es sieht danach aus, als wäre die Gruppe südwärts gegangen.

Im Gespräch mit der Zeitung, die über den Fund berichtete, bemerkten die Archäologen mit Bedauern: »Dieser Fund in Happisburgh ist genauso selten, wie er vergänglich ist, da die schwere Erosion der Küste Stätten von internationaler Bedeutung freilegt und genauso schnell wieder zerstört.« Nun, so sind sie eben, die Gezeiten: Schöpfer und Zerstörer in einem. Immerhin wissen wir jetzt, dass sich zwar nicht die Grundstückseigentümer oben auf den Felsen freuen, dafür aber die Forscher unten am Strand, die schon ungeduldig auf den nächsten Fund warten, den die Erosion freilegen wird.

… ich, der
ich frei bin
durch die Pendelwahrheit der Gezeiten,
dass das Herz noch heute am Boden ist
und morgen in die Höhe steigen wird.

Schlussverse von »At the end« von R. S. Thomas

DANK

Ich war sehr überrascht, als ich am Anfang meiner Beschäftigung mit diesem Thema herausfand, dass es kein aktuelles, für den Laien verständliches Buch über die wissenschaftliche Erforschung der Gezeiten gab. Der Grund dafür wurde mir immer klarer, je länger ich mich mit verwirrenden Schaubildern und furchteinflößenden Gleichungen beschäftigte. Dieses Phänomen, das jeden Tag an allen Küsten der Welt zu beobachten ist, hat mehr als nur eine Ursache. Seine verschiedenen Ursachen sind komplex und eng miteinander verbunden. Mir wurde bald klar, dass ich anders vorgehen musste. Neben den wissenschaftlichen Grundlagen und der Geschichte ihrer Erforschung musste ich die Bedeutung der Gezeiten für die menschliche Kultur, im weitesten Sinne des Wortes, möglichst anschaulich darstellen und die tatsächliche Gewalt der Meere spürbar werden lassen. Mit mathematischen Abstraktionen ist es nicht getan.

Von Beginn an kam ich in den Genuss ausführlicher Gespräche mit zahlreichen Experten. Meine noch sehr offenen Fragen kamen ihnen sicher vage vor, doch mir haben die Gespräche sehr geholfen. Dankbar bin ich Chris Jones und Tim Smith vom United Kingdom Hydrographic Office, Kevin Horsburgh vom National Oceanography Centre, John Mack vom Sainsbury Institute for Art, John Aldridge, Julian Metcalfe und Dave Hetherington vom Centre for Environment, Fisheries and Aquaculture Science, Callum Roberts von der Universität Hull und Rob Hall von der University of East Anglia.

Unterwegs in Nova Scotia standen mir Carl Myers, Peter Smith, Phillip MacAulay, Chris Coolen und Kent Smedbol vom Bedford Institute of Oceanography und vom Canadian Hydrographic Service zur Seite, außerdem Les Smith vom Gezeitenkraftwerk in Annapolis Royal und Mary McPhee vom Forschungszentrum FORCE; in den USA Jerry Mitrovica und Harriet Lau von der Harvard Universität, Richard Lindzen vom Massachusetts Institute of Technology, Benjamin Carp von der

331

Tufts Universität und Graham Giese, emeritierter Ozeanograph von der Woods Hole Oceanographic Institution; in Norwegen Roderick und Lindis Sloan, Lars und Therese Larsen, Tor Tørresen vom Hydrographischen Dienst des norwegischen Amtes für Kartographie und Bjørn Gjevik von der Universität Oslo; und in Venedig Giovanni Cecconi, Elena Zambardi und Chiara Montan vom Consorzio Venezia Nuova.

Andere Wissenschaftler aus den verschiedensten Disziplinen stellten mir ihre Aufsätze zur Verfügung und beantworteten meine laienhaften Fragen, darunter Nick Ashton, Dario Camuffo, Marjorie Chan, Robert Dalrymple, Adriaan de Kraker, Martin Ekman, Rodney Forster, John Howe, Agustí Jansà, Charalambos Kyriacou, Bruce Levell, Susanna Seppala, Colin Shepherd, Paul Stancliffe und Mikis Tsimplis.

Unwiderstehliche Gezeitengeschichten flossen mir aus zahlreichen weiteren Quellen zu. Dazu gehören Torquil Johnson-Ferguson, Robert Macfarlane und Jules Pretty. Die Künstler Susi Arnott, Crispin Hughes, Gayle Chong Kwan und Andy Goldsworthy lehrten mich, die Gezeiten mit anderen Augen zu betrachten. Humphrey Berridge erzählte mir von der Schlacht bei Maldon und erlaubte mir freundlicherweise, Teile seiner Übersetzung des Gedichts zu verwenden. Elizabeth James berichtete mir von der ungewöhnlichen Gezeitenuhr am Turm der Kirche St Margaret in King's Lynn. Helen Johnston und Janita Drew leiteten den Dreckspatzen-Ausflug an der Themse. George Wright und Lynne Bridge von der Environment Agency führten mich durch das Themsesperrwerk. Linda Barron, Anne Page und Tim Miller zeigten mir die Shinglestraße. Helen Francis gestattete mir freundlicherweise, an der Benefizwanderung für die Royal National Lifeboat Institution in der Morecambe Bay teilzunehmen. Cedric Robinson war dort unser unvergleichlicher ortskundiger Führer. Mike Cowling machte mich mit den Kunstprojekten vertraut, mithilfe derer der Crown Estate die Veränderungen an britischen Küsten zu verstehen hofft. Orla Kennelly vom Norfolk Museums Service sowie Julia Orchard und Katy Barratt von den Royal Museums Greenwich informierten mich ausführlich über einige Gemälde in ihren Sammlungen. Grace Pitkethly, Geoff Davidson, Adrian Turpin und Donna Brewster erzählten mir von den Märtyrerinnen von Wigtown. Gaston Dorren gab mir Einblicke in die Etymologie des Wortes Maelstrom, Carl Kears vermittelte mir Einzelheiten über den Gezeitenwortschatz altenglischer Manuskripte. Mitglieder des

Segelvereins Stiffkey Cockle Club unterhielten mich mit ganz viel Seemannsgarn und machten mich auch mit den Experimenten von Kaiser Friedrich II. vertraut.

Viele Freundinnen und Freunde trugen Einsichten und Einzelheiten bei, darunter Jonathan und Laura Austin, Nick Bion, Will und Jane Carter, Ruth Garde, Jane Sears, Andrea Sella, Charlie und Helen Ward sowie James und Sarah Wilding. Gegen Ende der Arbeit schickte mir mein amerikanischer Cousin David Redfield einige unterhaltsame Zeitungsausschnitte, die mir genau zum richtigen Zeitpunkt klarmachten, dass ich mir ein kniffliges Thema vorgenommen hatte.

Ich danke meinem Agenten Antony Topping, meinen Lektoren Daniel Crewe und Matt Weiland sowie den Korrektorinnen Shân Morley Jones und Stephanie Hiebert.

Mein Bruder John erinnerte mich an Einzelheiten lange zurückliegender Segeltörns im Familienkreis. Euch, Moira und Sam, verdanke ich aber alles.

GLOSSAR

Amphidromie, amphidromischer Punkt ein Ort ohne das Auf und Ab von Gezeiten, den die Gezeitenwellen umfließen. Es kann sich um einen tatsächlichen Ort auf dem Meer oder an der Küste handeln oder um eine gedachte Stelle auf dem Festland.

Bore Gezeitenwelle, die entsteht, wenn die Flut sehr schnell flussaufwärts fließt, besonders wenn die Flussmündung trichterförmig ist.

Ebbe das Ablaufen des Wassers. Siehe auch Flut.

Flut das Auflaufen des Wassers. Siehe auch Ebbe.

Gezeitenatlas Sammlung von Seekarten, die für bestimmte Zeitpunkte innerhalb eines Gezeitenzyklus Richtung und Stärke der Gezeitenströmung auf einem Seegebiet anzeigen, üblicherweise durch Pfeile.

Gezeitensinn Himmelsrichtung der Gezeitenströmung.

Gezeitentafel tabellarische Aufstellung zum Hoch- und Niedrigwasser, wobei oft neben dem Zeitpunkt auch die Wasserhöhe angegeben wird. In der Regel eine jährlich erscheinende Publikation mit Bezug auf einen bestimmten Hafen.

Gezeitenzone Bereich zwischen Hoch- und Niedrigwasserlinie.

Harmonische mathematischer Begriff für eine Schwingung, deren Frequenz ein ganzzahliges Vielfaches einer Grundfrequenz ist.

Kehrwasser Wasser, das gegen die Hauptströmung fließt, beispielsweise an den Seiten eines Kanals oder in einer Bucht.

Nipptide relativ kleine Tide bei Halbmond. Siehe auch Springtide.

Oszillation regelmäßige Auf-und-ab- bzw. Hin-und-her-Bewegung, zum Beispiel bei einem Pendel.

Periode die Zeit, die verstreicht, bis sich ein oszillierendes System wieder im Ausgangszustand befindet. Kehrwert der Frequenz. Eine halbtägige Gezeit hat also eine Periode von zwölf Stunden.

Springtide relativ große Tide bei Neu- oder Vollmond. Siehe auch Nipptide.

Strömung die horizontale Bewegung des Wassers.

Tidenhub Höhenunterschied zwischen dem Wasserstand bei Hoch- und Niedrigwasser. Der Unterschied zwischen mittleren Nippwasserhöhen ist geringer als zwischen mittleren Springwasserhöhen. Der größte Tidenhub wird erreicht, wenn bestimmte Rahmenbedingungen in Bezug auf Mond, Sonne und Erde im Einklang miteinander stehen.

ABBILDUNGSVERZEICHNIS

strom vor der norwegischen Nordküste. Wikimedia Commons (gemeinfrei).

S. 277 Utagawa Hiroshige,»Naruto-Strudel, Provinz Awa« aus der Serie *Berühmte Gegenden der mehr als 60 Provinzen.* © 2015 Image Copyright The Metropolitan Museum of Art / Art Resource / © Photo SCALA, Florence.

S. 278 Saltstraumen, Norwegen. Bildnachweis: Hugh Aldersey-Williams.

S. 280 Blick von Åland Richtung Süden. Bildnachweis: Hugh Aldersey-Williams.

S. 283 Treibholz bei Refsvika auf den Lofoten. Bildnachweis: Hugh Aldersey-Williams.

S. 284, 285 Der Maelstrom. Bildnachweis: Hugh Aldersey-Williams.

S. 292 Gezeitenmessstation, Stockholm. Bildnachweis: Hugh Aldersey-Williams.

S. 296 Frontispiz von Sir Charles Lyells *Principles of Geology,* 1832. An den Säulen des Serapistempels sind Veränderungen des Meeresspiegels abzulesen. Wellcome Library, London.

S. 298 Celsiusfelsen. Bildnachweis: Martin Ekman.

S. 303 Gezeitenmessstation, Bomarsund. Bildnachweis: Martin Ekman.

S. 307 Eine Seite aus dem in Stockholm seit 1774 geführten Gezeitenbuch. Bildnachweis: Martin Ekman.

S. 316 Schneckenhauslinie auf der Shinglestraße, Suffolk. Bildnachweis: Hugh Aldersey-Williams.

S. 319 Arbeiten zur Befestigung der Küste bei Hopton-on-Sea, Norfolk. Bildnachweis: Hugh Aldersey-Williams.

S. 324 Wasserstandsanzeiger, 5. Dezember 2013, nahe der Küste von Norfolk. Bildnachweis: Hugh Aldersey-Williams.

S. 328 Früher homininer Fußabdruck, den die Gezeiten durch Erosion des Landes bei Happisburgh in Norfolk freigelegt haben. 3-D-Abbildung von Sarah Duffy vom Projekt Pathways to Ancient Britain.

LITERATURAUSWAHL UND QUELLEN

Sind keine deutschen Ausgaben angegeben, wurden die Zitate vom Übersetzer ins Deutsche übertragen.

Ackroyd, Peter, *London: The Biography*, London: Chatto and Windus, 2000.

Addison, A. C., *The Romantic Story of the Mayflower Pilgrims*, London: Pitman, 1911.

Aldersey-Williams, Hugh, »Between Venice and the Deep Blue Sea«, *New Scientist*, 4. August 1988, S. 45–52.

Aldersey-Williams, Hugh, »Saving Venice«, *Popular Science*, März 1988, S. 66–69.

Arnott, Susi, *Estuary* (DVD), London: Walking Pictures, 2008.

Ashton, Nick et al., »Hominin Footprints from Early Pleistocene Deposits at Happisburgh, UK«, *PLoS One*, 2014. DOI: 10 1371/journal.pone.0 088 329.

Bailey, Roderick, *Forgotten Voices of D-Day: The Battle for Normandy*, London: Ebury Press, 2009.

Ball, Philip, *H2O: A Biography of Water*, London: Weidenfeld and Nicolson, 1999.

Barnes, R. S. K., *Introduction to Marine Ecology*, 2. Auflage, Oxford: Blackwell, 1988.

Barnes, R. S. K., *Coastal Lagoons*, Cambridge: Cambridge University Press, 1980.

Beevor, Antony, *D-Day: The Battle for Normandy*, London: Penguin, 2009.

Bojer, Johan, *The Last of the Vikings*, ins Englische übers. v. Jessie Muir, London: Hodder and Stoughton, 1923.

Bougainville, Louis-Antoine de, *Voyage Autour du Monde*, Paris: Saillant & Nyon, 1771.

Browne, Janet, *Charles Darwin: The Power of Place*, Bd. 2, London: Jonathan Cape, 2002.

Brydone, Patrick, *A Tour through Sicily and Malta*, Perth: R. Morison Junior, 1799.

Bunge, J. H. O., *Tideless Thames in Future London*, London: Thames Barrage Association, 1944.

Byron, George Gordon, *Werke*, Bd. 5, übers. v. Otto Gildemeister, Berlin: Reimer, 1877.

Camuffo, Dario, »Le niveau de la mer à Venise d'après l'oeuvre picturale de Véronèse, Canaletto et Bellotto«, *Revue d'Histoire Moderne & Contemporaine,* Bd. 57, Nr. 3 (2010), S. 93–110.

Camuffo, Dario und Sturaro, Giovanni, »Sixty-cm Submersion of Venice Discovered Thanks to Canaletto's Paintings«, *Climatic Change,* Bd. 58 (2003), S. 333–343.

Carp, Benjamin L., *Defiance of the Patriots: The Boston Tea Party and the Making of America,* New Haven: Yale University Press, 2010.

Carson, Rachel, *Under the Sea-Wind,* London: Penguin, 1996.

Carson, Rachel, *The Sea Around Us,* New York: Oxford University Press, 1989.

Carson, Rachel, *The Edge of the Sea,* Boston: Houghton Mifflin, 1955.

Cartwright, David Edgar, *Tides: A Scientific History,* Cambridge: Cambridge University Press, 1999.

Cashford, Jules, *The Moon: Myth and Image,* New York: Four Walls Eight Windows, 2003.

Church, John A. et al., *Understanding Sea Level Rise and Variability,* Chichester: Wiley-Blackwell, 2010.

Cook, Captain James, *Of the Tides in the South Seas!, Philosophical Transactions of the Royal Society of London,* Bd. 66 (1776), S. 447–449.

Cooper, J.A.G. und Lemckert, C., »Extreme Sea-level Rise and Adaptation Options for Coastal Resort Cities: A Qualitative Assessment from the Gold Coast, Australia«, *Ocean & Coastal Management,* Bd. 64 (2012), S. 1–14.

Cooper, W.S. et al., *A Synthesis of Current Knowledge on the Genesis of the Great Yarmouth and Norfolk Bank Systems,* London: Crown Estate, 2008.

Correspondence between the Society of Antiquaries and the Admiralty respecting the Tides in the Dover Channel, with Reference to the Landing of Caesar in Britain, B.C. 55; together with Tables for the Turning of the Tide-Stream off Dover made in the Year 1862, London: J.B. Nichols and Sons (Druckerei), 1863.

Crossley-Holland, Kevin, *The Penguin Book of Norse Myths,* London: Penguin, 1993.

Cruising Association Handbook, 8. Auflage, London: Cruising Association, 1996.

Cunliffe, Barry, *Facing the Ocean: The Atlantic and its Peoples, 8000 BC–1500 AD,* Oxford: Oxford University Press, 2001.

Daintith, John und Gjertsen, Derek (Hg.), *A Dictionary of Scientists,* Oxford: Oxford University Press, 1999.

Darwin, G.H., *The Tides and Kindred Phenomena in the Solar System,* London: John Murray, 1898.

Davey, Norman, *Studies in Tidal Power,* London: Constable, 1923.

Davidson, Keay, *Carl Sagan: A Life*, New York: Wiley, 1999.

Dawson, R.J. et al., »Integrated Analysis of Risks of Coastal Flooding and Cliff Erosion under Scenarios of Long Term Change«, *Climatic Change*, Bd. 95 (2009), S. 249–288.

de Kraker, A.M.J., »Flooding in River Mouths: Human Caused or Natural Events? Five Centuries of Flooding Events in the SW Netherlands, 1500–2000«, *Hydrology and Earth System Sciences*, Bd. 19 (2015), 2673–2684.

De Zolt, S. et al., »The Disastrous Storm of 4 November 1966 on Italy«, *Natural Hazards and Earth System Sciences*, Bd. 6 (2006), S. 861–879.

Deacon, Margaret, *Scientists and the Sea*, London: Academic Press, 1971.

Defoe, Daniel, *Robinson Crusoe*, übers. v. Karl Aumüller, Leipzig: Bibliographisches Institut, 1866.

DeGregorio, Scott, (Hg.), *The Cambridge Companion to Bede*, Cambridge: Cambridge University Press, 2010.

Denny, M.W. und Paine, R.T., »Celestial Mechanics, Sea-Level Changes, and Intertidal Ecology«, *Biological Bulletin*, Bd. 194 (1998), S. 108–115.

Dickens, Charles, *David Copperfield*, übers. v. Gustav Meyrink, m. e. Essay v. W. Somerset Maugham, Zürich: Diogenes, 1982.

Dickens, Charles, *Unser gemeinsamer Freund*, übers. v. L. Dubois, Stuttgart: Hoffmann, 1866.

Drake, Stillman, »History of Science and Tide Theories«, *Physis*, Bd. 21 (1979), S. 61–69.

Duhem, Pierre, *Le système du monde: histoire des doctrines cosmopologiques de Platon à Copernic*, Paris: Librairie Scientifique Hermann, 1954.

Dyer, George C., *The Amphibians Came to Conquer: The Story of Admiral Richard Kelly Turner*, Washington, DC: US Department of the Navy, 1972.

Ekman, Martin, »An Investigation of Celsius' Pioneering Determination of the Fennoscandian Land Uplift Rate, and of his Mean Sea Level Mark«, *Small Publications in Historical Geophysics*, Nr. 25, Åland: Summer Institute for Historical Geophysics, 2013.

Ekman, Martin, *The Changing Level of the Baltic Sea during 300 Years: A Clue to Understanding the Earth*, Åland: Summer Institute for Historical Geophysics, 2009.

Ekman, Martin, »The World's Longest Sea Level Series and a Winter Oscillation Index for Northern Europe 1774–2000«, *Small Publications in Historical Geophysics*, Nr. 12, Åland: Summer Institute for Historical Geophysics, 2003.

Falconer, William, *An Universal Dictionary of the Marine*, London: T. Cadell, 1771.

Federico, Mauro, und Costanzo, Francesco, »Predicting Marine Currents in the Strait of Messina«, *Atti della Accademia Peloritana dei Pericolanti*, Bd. 91, Nr. 1 (2013), A4.1–5.

Fox, Cyril und Dickins, Bruce (Hg.), *Early Cultures of North-West Europe: H. M. Chadwick Memorial Studies*, Cambridge: Cambridge University Press, 1950.

Garrett, Christopher, »Tidal Resonance in the Bay of Fundy and Gulf of Maine«, *Nature*, Bd. 238 (1972), S. 441–443.

Gillis, John R., *The Human Shore*, Chicago: University of Chicago Press, 2010.

Gillispie, Charles C., *Pierre-Simon Laplace, 1749–1827: A Life in Exact Science*, Princeton: Princeton University Press, 1997.

Gjevik, B. et al., »Strong Topographic Enhancement of Tidal Currents: Tales of the Maelstrom«, unveröffentlichter Aufsatz, University of Oslo, 1997.

Gjevik, B. et al., »Sources of the Maelstrom«, *Nature*, Bd. 388 (1997), S. 837–838.

Gosse, Edmund, *Northern Studies*, London: Walter Scott, 1890.

Greenberg, John L., *The Problem of the Earth's Shape from Newton to Clairaut*, Cambridge: Cambridge University Press, 1995.

Gribbin, John, *Science: A History*, London: Penguin, 2002.

Griem, J. N. und Martin, K. L. M., »Wave Action: The Environmental Trigger for Hatching in the California Grunion Leuresthes tenuis (Teleostei: Atherinopsidae)«, *Marine Biology*, Bd. 137 (2000), S. 177–181.

Grieve, Hilda, *The Great Tide: The Story of the 1953 Flood Disaster in Essex*, Chelmsford: County Council of Essex, 1959.

Griffis, William E., *Fairy Tales of Old Japan*, London: Harrap, 1908.

Halliday, Stephen, *The Great Stink of London*, Stroud: Sutton Publishing, 1999.

Hamilton-Paterson, James, *Seven Tenths: The Sea and its Thresholds*, London: Faber and Faber, 2007.

Hanning-Lee, F. C. und Admiralty Hydrographic Department, *West Coast of Scotland Pilot*, 8. Auflage, London: HMSO, 1934; 17. Auflage, Taunton: United Kingdom Hydrographic Office, 2011.

Haskins, C. H., »Science at the Court of Emperor Frederick II«, *American Historical Review*, Bd. 27 (1922), S. 670–694.

Heilbron, J. L., *Galileo*, Oxford: Oxford University Press, 2010.

Hoare, Philip, *The Sea Inside*, London: Fourth Estate, 2013.

Hogwood, Christopher, *Handel: Water Music and Music for the Royal Fireworks*, Cambridge: Cambridge University Press, 2005.

Homer, *Ilias und Odyssee*, übers. v. Johann Heinrich Voß, Nachwort v. Ute Schmidt-Berger und Jochen Schmidt, Mannheim: Artemis & Winkler, 2012.

Horner, R.W. und Clerk, D., »The Thames Barrier«, *Proceedings of the Institution of Civil Engineers*, Bd. 78 (1985), S. 15–25.

Hoskins, W.G., *The Making of the English Landscape*, Toller Fratrum, Dorset: Little Toller Books, 2013.

Howe, John et al., »The Seabed Geomorphology and Geological Structure of the Firth of Lorn, Western Scotland, UK«, *EGU General Assembly*, 27. April bis 2. Mai 2014, Wien, Oban: Scottish Association for Marine Science.

Hughes, Paul, »Implicit Carolingian Tidal Data«, *Early Science and Medicine*, Bd. 8 (2003), S. 1–24.

Hugo, Victor, *Die Meer-Arbeiter*, Berlin: Janke, 1866.

Humphreys, Colin, »Science and the Mysteries of Exodus«, *Europhysics News*, Mai/Juni 2005, S. 93–96.

Hunter, John, »A Simple Technique for Estimating an Allowance for Uncertain Sea-Level Rise«, *Climatic Change*, Bd. 113 (2012), S. 239–252.

Huntingford, Chris et al., »Potential Influences in the United Kingdom's Floods of Winter 2013/14«, *Nature Climate Change*, Bd. 4 (2014), S. 769–777.

Intergovernmental Panel on Climate Change, *Climate Change 2013: The Physical Science Basis*, Geneva: IPCC Secretariat, 2013.

Inwood, Stephen, *The Man Who Knew Too Much: The Strange and Inventive Life of Robert Hooke 1635–1703*, London: Macmillan, 2002.

Jansa, A. et al., »The Rissaga of 15 June 2006 in Ciutadella (Menorca), a Meteorological Tsunami«, *Advances in Geosciences*, Bd. 12 (2007), S. 1–4.

Jansen, Okka E. et al., »Harbour Porpoises Phocoena phocoena in the Eastern Scheldt: A Resident Stock or Trapped by a Storm Surge Barrier?«, *PLoS One* (2013). DOI: 10 1371/journal.pone.0 056 932.

Kelvin, William Thomson Baron et al., *Mathematical and Physical Papers*, Cambridge: Cambridge University Press, 1911.

Keynes, John Maynard, *Essays in Biography*, New York: W. W. Norton, 1963.

Kingshill, Sophia und Westwood, Jennifer Beatrice, *The Fabled Coast*, London: Random House, 2012.

Koppel, Tom, *Ebb and Flow: Tides and Life on Our Once and Future Planet*, Toronto: Dundurn Press, 2007.

Lamb, Hubert, *Historic Storms of the North Sea, British Isles and Northwest Europe*, Cambridge: Cambridge University Press, 1991.

Lavelle, Ryan, *Alfred's Wars: Sources and Interpretations of Anglo-Saxon Warfare in the Viking Age*, Woodbridge, Suffolk: Boydell Press, 2010.

Linné, Carl von, *Lachesis Lapponica, or A Tour in Lapland*, London: White and Cochrane, 1811.

Lubbock, Basil, *The China Clippers*, Glasgow: J. Brown and Son, 1914.

Lyell, Charles, »On the Proofs of a Gradual Rising of the Land in Certain Parts of Sweden«, *Philosophical Transactions of the Royal Society of London*, Bd. 125 (1835), S. 1–25.

Lynge, Brigit Kjoss et al., »Numerical Studies of Dispersion Due to Tidal Flow through Mosktraumen, Northern Norway«, *Ocean Dynamics*, Bd. 60 (2010), S. 907–920.

MacGregor, David R., *The Tea Clippers*, London: Conway Maritime Press, 1972.

McInnes, R. und Stubbings, H., *Art as a Tool in Support of the Understanding of Coastal Change in East Anglia*, London: Crown Estate, 2010.

Mack, John, *The Sea: A Cultural History*, London: Reaktion, 2011.

McKiernan, Patrick L., »Tarawa: The Tide that Failed«, *US Naval Institute Proceedings*, Bd. 88, Nr. 2 (Februar 1962), S. 38–49.

Macmillan, D. H., *Tides*, London: CR Books, 1966.

Mandelbrot, B. B., »How Long is the Coast of Britain?«, *Science*, Bd. 156 (1967), S. 636–638.

Marmer, H. A., *The Tide*, New York: D. Appleton, 1926.

Marshall, H. E., *Our Island Story*, London: T. C. and E. C. Jack, 1905.

Marten, Michael, *Sea Change*, Heidelberg: Kehrer, 2012.

Martin, Karen, *Introduction to Grunion Biology*, 2006, http://grunion.pepperdine.edu/IntroductionToGrunionBiology.pdf

Mawdsley, Robert J. et al., »Global Secular Changes in Different Tidal High Water, Low Water and Range Levels«, *Earth's Future* (2015). DOI: 10.1002/2014EF000282.

Mayhew, Henry, *London Labour and the London Poor*, New York: Dover, 1968.

Melville, Herman, *Moby Dick oder Der weisse Wal*, übers. v. Wilhelm Strüver, Berlin: Knaur, 1927.

MercoPress, »Unusual Tides in the Falklands«, Montevideo: South Atlantic News Agency, 10. Januar 2005.

Metcalfe, Julian D. et al., »The Migratory Behaviour of North Sea Plaice: Currents, Clocks and Clues«, *Marine and Freshwater Behaviour and Physiology*, Bd. 39 (2006), S. 25–36.

Miller, Stanley L., »A Production of Amino Acids under Possible Primitive Earth Conditions«, *Science*, Bd. 117 (1953), S. 528–529.

Mitrovica, Jerry X. et al., »The Sea-Level Fingerprint of West Antarctic Collapse«, *Science*, Bd. 323 (2009), S. 753.

Moe, H. et al., »A High Resolution Tidal Model for the Area around the Lofoten Islands, Northern Norway«, *Continental Shelf Research*, Bd. 22 (2002), S. 485–504.

Moore, Stuart A., *A History of the Foreshore and the Law Relating Thereto*, London: Stephens and Haynes, 1888.

Morton, Alexander S., *Galloway and the Covenanters*, Paisley: Alexander Gardner, 1914.

Nof, Doron und Paldor, Nathan, »Are There Oceanographic Explanations for the Israelites' Crossing of the Red Sea?«, *Bulletin of the American Meteorological Society*, Bd. 73 (1992), S. 305–314.

O'Reilly, C. T. et al., »Resolving the World's Largest Tides«, in J. A. Percy et al. (Hg.), *The Changing Bay of Fundy – Beyond 400 Years*, Proceedings of the Sixth Bay of Fundy Workshop, Cornwallis, Nova Scotia, 29 September to 2 October 2004, Occasional Report, Nr. 23, Dartmouth und Sackville: Environment Canada–Atlantic Region, 2005, S. 153–157.

Oró, J. et al., »The Origin and Early Evolution of Life on Earth«, *Annual Review of Earth and Planetary Sciences*, Bd. 18 (1990), S. 317–356.

Pai, Hsiao-Hung, »The Lessons of Morecambe Bay Have Not Been Learned«, *The Guardian*, 3. Februar 2014.

Palmieri, Paolo, »Re-Examining Galileo's Theory of Tides«, *Archive for History of Exact Sciences*, Bd. 53 (1998), S. 223–375.

Parker, Bruce, »The Tide Predictions for D-Day«, *Physics Today*, Bd. 64, Nr. 9 (September 2011), S. 35–40.

Parker, Bruce, *The Power of the Sea*, London: Palgrave Macmillan, 2010.

Parker, Bruce B., (Hg.), *Tidal Hydrodynamics*, New York: Wiley, 1991.

Patrides, C. A., (Hg.), *Sir Thomas Browne: The Major Works*, Harmondsworth: Penguin, 1977.

Patterson, Arthur H., *Man and Nature on Tidal Waters*, London: Methuen, 1909.

Pettigrew, Jane, *A Social History of Tea*, London: National Trust, 2001.

Philbrick, Nathaniel, *Mayflower: A Story of Courage, Community, and War*, New York: Viking, 2006.

Pickering, M. D. et al., »The Impact of Future Sea-Level Rise on the European Shelf Tides«, *Continental Shelf Research*, Bd. 35 (2012), S. 1–15.

Pincebourde, Sylvain et al., »An Intertidal Sea Star Adjusts Thermal Inertia to Avoid Extreme Body Temperatures«, *American Naturalist*, Bd. 174 (2009), S. 890–897.

Poe, Edgar Allan, *Phantastische Fahrten*, übers. v. Gisela Etzel, Berlin: Propyläen, o. J.

Pontoppidan, Erich [Erik], *Versuch einer natürlichen Historie von Norwegen*, übers. v. Johann Adolph Scheibe, Kopenhagen: Mumme, 1753.

Pope, Alexander, *Versuch über den Menschen: Eine genauere Übersetzung*, Berlin 1797.

Prater, A.J., »The Ecology of Morecambe Bay III. The Food and Feeding habits of Knot (Calidris canutus L.) in Morecambe Bay«, *Journal of Applied Ecology*, Bd. 9, Nr. 1 (1972), S. 179–194.

Pretor-Pinney, Gavin, *The Wavewatchers' Companion*, London: Bloomsbury, 2010.

Pretty, Jules, *This Luminous Coast*, Woodbridge: Full Circle, 2011.

Pugh, David und Woodworth, Philip, *Sea-Level Science: Understanding Tides, Surges, Tsunamis and Mean Sea-Level Changes*, Cambridge: Cambridge University Press, 2014.

Pugh, David, *Changing Sea Levels: Effects of Tides, Weather and Climate*, Cambridge: Cambridge University Press, 2004.

Pugh, D.T., *Tides, Surges and Mean Sea-Level. Handbook for Engineers and Scientists*, Chichester: Wiley, 1987.

Pye, Michael, *The Edge of the World: How the North Sea Made Us Who We Are*, London: Penguin, 2014.

Raban, Jonathan, *Coasting*, London: Hodder and Stoughton, 1989.

Raban, Jonathan, (Hg.), *The Oxford Book of the Sea*, Oxford: Oxford University Press, 1992.

Raban, Jonathan, *Passage to Juneau*, New York: Pantheon, 1999.

Ray, R.D. und Woodworth, P.L. (Hg.), *Papers from the Tidal Science meeting held in October 1996 at the Royal Society*, Progress in Oceanography, Bd. 40, Nr. 1–4, 1997.

Reidy, Michael S., *Tides of History: Ocean Science and Her Majesty's Navy*, Chicago: University of Chicago Press, 2008.

Reynolds, A.T., »Capt. Wm. Hewett, R.N. and the Loss of H.M.S. ›Fairy‹«, *Nautical Magazine*, Bd. 10 (1841), S. 220–224.

Ricketts, Edward F. und Calvin, Jack, *Between Pacific Tides*, Stanford: Stanford University Press, 1968.

Riedelsheimer, Thomas, *Rivers and Tides: Andy Goldsworthy Working with Time* (DVD), London: Artificial Eye, 2009.

Roberts, Mervin F., *The Tidemarsh Guide to Fishes*, Old Saybrook: Saybrook Press, 1985.

Roberts, Mervin F., *The Tidemarsh Guide*, New York: E.P. Dutton, 1979.

Robinson, Cedric, *Time and Tide*, Ilkley: Great Northern Books, 2013.

Robinson, Cedric, *Sandman*, Ilkley: Great Northern Books, 2009.

Rufus, Quintus Curtius, *Historiae Alexandri Magni*, ausgew. und hg. von Hartmut Froesch, Stuttgart: Reclam, 2015.

Rumble, Alexander R., (Hg.), *The Reign of Cnut: King of England, Denmark and Norway*, London: Leicester University Press, 1994.

Salimbene de Adam da Parma, *Cronica*, hg. v. Giuseppe Scalia, Parma: Monte Università Parma, 2007.

Schofield, Guy, »The Third Battle of 1066«, *History Today*, Bd. 16 (1966), S. 688–693.

Sear, D. A. et al., »Cartographic, Geophysical and Diver Surveys of the Medieval Town Site at Dunwich, Suffolk, England«, *International Journal of Nautical Archaeology*, Bd. 40 (2011), S. 113–132.

Sellar, W. C. und Yeatman, R. J., *1066 and All That*, London: Methuen, 1930.

Shakespeare, William, *Julius Cäsar: Tragödie*, hg. v. Dietrich Klose, übers. v. August Wilhelm Schlegel, Stuttgart: Reclam, 2013.

Shakespeare, William, *König Heinrich der Fünfte*, übers. v. August Wilhelm von Schlegel, Leipzig: Reclam, o. J.

Sprackland, Jean, *Strands: A Year of Discoveries on the Beach*, London: Jonathan Cape, 2012.

Stothard, Peter, *On the Spartacus Road*, London: Harper Press, 2010.

Strabo, *Geographica*, übers. v. Albert Forbiger, Wiesbaden: Marix, 2005.

Tacitus, *Agricolas Leben und Germanien*, übers. v. Heinrich Gutmann, Stuttgart: Metzler, 1829.

Tafuri, Manfredo, *Venice and the Renaissance*, Cambridge: MIT Press, 1989.

Taylor, D. J., *Orwell*, London: Chatto and Windus, 2003.

Telford, Malcolm, »A Hydrodynamic Interpretation of Sand Dollar Morphology«, *Bulletin of Marine Science*, Bd. 31 (1981), S. 605–622.

Tesch, Frederich-Wilhelm, *The Eel*, hg. v. J. E. Thorpe, Oxford: Blackwell, 2003.

Tessmar-Raible, K. et al., »Another Place, Another Timer: Marine Species and the Rhythms of Life«, *Bioessays*, Bd. 33 (2011), S. 165–172.

Theroux, Paul, *The Happy Isles of Oceania*, London: Hamish Hamilton, 1992.

Thompson, Silvanus Phillips, *The Life of William Thomson, Baron Kelvin of Largs*, London: Macmillan, 1910.

Thomson, David, *Seehundgesang: Irische und schottische Legenden*, übers. v. Eike Schönfeld, Hamburg: Mare, 2005.

Tomasino, M. »The Exploitation of Energy in the Straits of Messina«, in: L. Guglielmo, A. Manganaro und E. De Domenico (Hg.), *The Straits of Messina Ecosystem*, Messina: Università degli Studi di Messina, 1995, S. 49–60.

Tsimplis, M. N., »Tides and Sea-level Variability at the Strait of Euripus«, *Estuarine, Coastal and Shelf Science*, Bd. 44 (1997), S. 91–101.

Verne, Jules, *20.000 Meilen unterm Meer*, Wien: Hartleben, o. J.

Vibe, Christian, *Arctic Animals in Relation to Climatic Fluctuations*, Kopenhagen: Reitzel, 1967.

Wadhams, Stephen, *Remembering Orwell*, Harmondsworth: Penguin, 1984.

Walker, Boyd W., »Periodicity of Spawning by the Grunion, Louresthes tenuis, an Atherine Fish«, *Scripps Institution of Oceanography Technical Report*, Los Angeles: University of California, 1949.

Watanabe, Masako, *Storytelling in Japanese Art*, New York: Metropolitan Museum of Art, 2011.

Westfall, Richard S., *Never at Rest: A Biography of Isaac Newton*, Cambridge: Cambridge University Press, 1980.

Whewell, W., »On the Tides of the Pacific, and on the Diurnal Inequality«, *Philosophical Transactions of the Royal Society of London*, Bd. 138 (1848), S. 1–29.

White, Michael, *Isaac Newton: The Last Sorcerer*, London: Fourth Estate, 1997.

Winchester, Simon, *Atlantic: The Biography of an Ocean*, London: Harper Press, 2010.

Wodrow, Robert, *The History of the Sufferings of the Church of Scotland from the Restauration to the Revolution*, Edinburgh: James Watson, 1721.

Wootton, David, *Galileo: Watcher of the Skies*, New Haven: Yale University Press, 2010.

Zalasiewicz, Jan, *The P lanet in a Pebble: A Journey into Earth's Deep History*, Oxford: Oxford University Press, 2010.

Zantke, Juliane et al., »Circadian and Circalunar Clock Interactions in a Marine Annelid«, *Cell Reports*, Bd. 5 (2013), S. 1–15.

Zhang, Lin et al., »Dissocation of Circadian and Circatidal Timekeeping in the Marine Crustacean Eurydice pulchra«, *Current Biology*, Bd. 23 (2013), S. 1–11.

REGISTER